AF454151

Gottlob Frege

Edith Framm · Joachim Framm ·
Dieter Schott

Gottlob Frege

Vordenker unserer digitalen Welt

Edith Framm
Wismar, Deutschland

Joachim Framm
Wismar, Deutschland

Dieter Schott
Hochschule Wismar
Fakultät für Ingenieurwissenschaften,
Bereich Elektrotechnik und Informatik
Wismar, Deutschland

ISBN 978-3-658-49494-0   ISBN 978-3-658-49495-7   (eBook)
https://doi.org/10.1007/978-3-658-49495-7

Die Deutsche Nationalbibliothek verzeichnet diese Publikation in der Deutschen Nationalbibliografie; detaillierte bibliografische Daten sind im Internet über https://portal.dnb.de abrufbar.

Coverfoto: Nils Volster, Wismar

Planung/Lektorat: Frank Schindler
Springer ist ein Imprint der eingetragenen Gesellschaft Springer Fachmedien Wiesbaden GmbH und ist ein Teil von Springer Nature.
Die Anschrift der Gesellschaft ist: Abraham-Lincoln-Str. 46, 65189 Wiesbaden, Germany

Wenn Sie dieses Produkt entsorgen, geben Sie das Papier bitte zum Recycling.

Inhalt

Anhang

Einleitung

Der Mathematiker, Logiker und Philosoph Friedrich Ludwig Gottlob Frege (1848–1925) hat die Entwicklung der modernen Wissenschaft maßgeblich beeinflusst. Viele Abhandlungen und Biografien geben darüber Auskunft. In der breiten Öffentlichkeit ist er aber kaum bekannt. Wir wollen daher sein Leben und Wirken *in Form einer Romanbiografie* beschreiben und einem größeren Leserkreis näherbringen.

War Gottlob Frege zu Lebzeiten die allgemeine Anerkennung noch versagt geblieben, so änderte sich dies später entscheidend. In Fachkreisen wird er heute wegen seiner herausragenden Leistungen auch oft ›Aristoteles der Neuzeit‹ genannt. Mit der *Begriffsschrift,* einer mit logischen Begriffen operierenden zweidimensionalen Zeichensprache, begründete Frege 2 200 Jahre nach Aristoteles die moderne, inzwischen schon klassische zweiwertige Logik. Dieser Geniestreich führte letztendlich in die Computerwelt der Gegenwart. Darüber hinaus hat Frege aber weitere wichtige Arbeiten zu den Grundlagen der Wissenschaft hinterlassen.

In unserer Romanbiografie werden wahre und plausible fiktive Begebenheiten erzählerisch verbunden. Einige Formeln, Tabellen und wissenschaftliche Erörterungen kommen im Text vor. Wir hoffen, dass der Leser dafür Verständnis hat, denn nur so lässt sich eine Ahnung von Freges so bedeutungsvollem Werk vermitteln. Am Ende dieser Einleitung geben wir Hinweise, wie sich die eigentliche Romanhandlung vom fachlichen Teil abgrenzt.

In unserem Buch werden zunächst Freges Kindheit und Jugend in Wismar beschrieben. Das Abitur legt er an der Großen Stadtschule ab. Danach folgen seine Studienjahre in Jena und Göttingen. Professor Ernst Abbe erkennt sein wissenschaftliches Talent und fördert ihn maßgeblich. Gottlob Frege wird promoviert und habilitiert sich im Fach Mathematik. Das sechste Kapitel findet seinen Höhepunkt mit Freges Begriffsschrift, diesem Meilenstein der Logik. Damit verbunden ist die Berufung zum außerordentlichen Professor an der Universität Jena.

In den folgenden Kapiteln werden die späteren ereignisreichen Lebensabschnitte Gottlob Freges geschildert.

Wissenschaftlich verfolgt er weiterhin das Ziel, die Arithmetik und andere Teile der Mathematik logisch auf der Basis der Begriffsschrift und unter Einbeziehung philosophischer Sprachanalysen zu begründen. Es entstehen wegweisende Werke wie ›Die Grundlagen der Arithmetik‹ und ›Grundgesetze der Arithmetik‹. Frege wird in Jena zum Honorarprofessor ernannt. Kurz vor Veröffentlichung des zweiten Bandes der ›Grundgesetze‹ weist der englische Wissenschaftler Bertrand Russell auf einen Widerspruch hin. Es zeigt sich, dass Freges Programm der logischen Begründung der Arithmetik damit scheitert, trotz aller Rettungsversuche. Dieses unerwartete Ergebnis ist eine große Enttäuschung für ihn, die bis ans Ende seines Lebens fortwirkt.

Die Mutter, Auguste Frege, zieht zu ihrem Sohn Gottlob nach Jena und lässt dort gemeinsam mit ihm ein Haus errichten. Der Kontakt zu Gottlobs Bruder Arnold geht praktisch verloren, auch aufgrund der großen Entfernung. Gottlob Frege heiratet Margarete Lieseberg aus Grevesmühlen. Leider bleibt die Ehe kinderlos. Als die Mutter stirbt und auch Margarete kränkelt, wird Meta Arndt als Haushaltshilfe angestellt. Der Tod von Margarete belastet Frege schwer. Als er sich entschließt, den Jungen Alfred aus der zerrütteten Familie Fuchs bei sich aufzunehmen, entsteht zusammen mit Meta wieder eine kleine Gemeinschaft, die ihm neuen Halt gibt.

Bald kommt aber die schwere Zeit des Ersten Weltkrieges mit ihrem nationalen Übermut, vielen Entbehrungen und seelischen Nöten.

Freges Gesundheit ist mittlerweile deutlich angegriffen. Er scheidet aus dem Universitätsdienst in Jena aus und lässt sich mit Meta Arndt und Alfred im mecklenburgischen Ort Bad Kleinen nieder, nur etwa 15 Kilometer von seiner Geburtsstadt Wismar entfernt. In der Zeit nach dem verlorenen Krieg wird die Not zunächst noch größer. Der inzwischen adoptierte Alfred legt sein Abitur in Wismar ab und beginnt zur großen Freude des Vaters ein Studium in Berlin.

Ein Jahr vor seinem Tod schreibt Frege, tief getroffen von der allgemeinen Entwicklung der Nachkriegszeit, bruchstückhaft einige vor allem politische Betrachtungen nieder. Diese privaten Aufzeichnungen werden der Öffentlichkeit 70 Jahre später zugänglich gemacht.

Gottlob Frege stirbt trotz aller Rückschläge mit der Gewissheit, für die Wissenschaft Bleibendes hinterlassen zu haben.

Er ist dankbar und froh, dass er seinem dem Elend entrissenen Adoptivsohn Unterstützung und Lebenshilfe gewähren konnte.

Die Autoren

Hinweise zur Textgestaltung

Diese Romanbiografie über einen bedeutenden Wissenschaftler enthält einige technische Besonderheiten. Wir wollen auf diese Weise einem breiteren Leserkreis Orientierungen und Zusatzinformationen bieten.

Sprache. Im Buch passen wir die Wortwahl der beschriebenen Zeit an, benutzen jedoch die aktuelle Rechtschreibung. *Bei Originalzitaten verwenden wir dagegen die damals übliche Rechtschreibung.*

Eigennamen. Sie werden bis auf Personennamen durch einfache Anführungsstriche ›…‹ gekennzeichnet. ›Begriffsschrift‹ ist der gekürzte Titel von Freges Buch, während das Wort Begriffsschrift Freges Logikdarstellung meint.

Fachtext. Erläuterungen, Ergänzungen, Definitionen oder Ähnliches, die den romanhaften Text sprengen, aber für Interessierte zusätzliche Fachinformationen liefern, erscheinen in einem Rahmen. Diese Rahmentexte sind für die Romanhandlung nicht wichtig und können übergangen werden.

Absätze. Zur Abgrenzung von Inhalten verwenden wir neben Leerzeilen auch Sterne (*), die verschiedene Aspekte des Romans kennzeichnen. Persönliche Geschehnisse werden mit *, historische mit ** und fachliche mit *** eingeleitet. Es gibt aber auch gemischte Abschnitte. Hier ist die Entscheidung für eine der drei Varianten eher subjektiv.

Endnoten. Im Text erscheinen hochgestellte Zahlen, die auf Anmerkungen am Ende der jeweiligen Kapitel verweisen.

Literatur. Im Text stehen in Klammern ( ) kurze Literaturhinweise, die im Literaturverzeichnis vollständig angegeben sind.

Kindheit und erste Schuljahre
1848–1863

1

*

Es war ein trüber Novembertag in der alten Hansestadt Wismar. Grau verhangen ließen die Wolken keinen Sonnenstrahl zu. Der Schuldirektor Alexander Frege beendete gegen Mittag einige Aufzeichnungen. Er dachte an seine Frau Auguste. Sie war hochschwanger, mit der Niederkunft musste jeden Tag gerechnet werden.

An diesem 8. November 1848, einem Mittwoch, hatten die Mädchen seiner höheren Töchterschule nur bis zwölf Uhr Unterricht. Frege entließ sie und verabschiedete sich von den Lehrerinnen. Dann ging er hinauf in die Wohnung, die sich zusammen mit der Schule in der Böttcherstraße 2 befand. Als er sie betrat, kam ihm auch schon eines der Hausmädchen aufgeregt entgegen: »Die Wehen haben bei Ihrer Frau eingesetzt, für die Hebamme ist es aber noch zu früh.«

Nun war es endlich soweit! Alexander Frege schaute gerührt nach seiner Frau. Auguste ging im Wohnzimmer unruhig hin und her, krümmte sich stöhnend, um die Schmerzen vorrübergehen zu lassen. Sie blickte Alexander wehmütig an. Er strich ihr liebevoll über den Kopf und beruhigte sie mit aufmunternden Worten.

»Die Schmerzen werden vorübergehen. Wie werden wir uns über das Kind freuen! Alles andere ist bald vergessen.« Ein letzter Kuss. Dann zog er sich in sein Zimmer zurück. Dies war Frauensache. Auguste hatte schwere Stunden vor sich. Er wollte zu Gott beten, dass alles gut gehen möge. Alexander grübelte vor sich hin. Arbeiten? Sich ablenken? Nein, danach war ihm jetzt nicht zumute. Dann tauchten viele Erinnerungen auf.

*

Gleich nach seinem Studium, im Jahre 1833, hatte Alexander Frege ein Gesuch an »Einen Hochedelen Rat« der Stadt Wismar gestellt, um eine Privatschule zu errichten. Er wies dazu Studienaufenthalte in Göttingen, Halle, Berlin und Rostock nach. Die Zeugnisse wurden beigefügt. Vorzugsweise habe er sich mit der Gottesgelehrtheit befasst und die zur allgemeinen Bildung gehörenden Kenntnisse zu erweitern gesucht, teilte Alexander Frege mit. Gern würde er besonders im Mathematikunterricht nützlich werden. Er begründete sein Anliegen auch damit, dass einige seiner Verwandten, der Onkel sowie die Familien des Bruders und der Schwester, schon in Wismar lebten. Alexander Frege wünschte, »…sich bleibend aufhalten und mit Unterrichten beschäftigen zu dürfen«.

Dr. Caesar Emanuel Frege, der sieben Jahre ältere Bruder, war bereits Lehrer an der Großen Stadtschule. Caesar unterstützte ihn mit einem Begleitschreiben und hob hervor, dass der Bewerber über etwas Vermögen verfüge, womit der Anfang und ein gewisses Auskommen gesichert waren.[1]

Die Erlaubnis wurde erteilt und die Bildungsanstalt für elementar schon vorgebildete zwölf- bis vierzehnjährige Mädchen eröffnet.

Eigentlich wollte Alexander Frege eher Knaben unterrichten. Doch dafür gab es in Wismar bereits die Große Stadtschule. Aber warum nicht Mädchen? Die kamen bisher zu kurz und erhielten nun zunehmend mehr Beachtung, obwohl ihnen weiterhin die Fähigkeit zu studieren abgesprochen wurde. Eine private Schule für Mädchen zu leiten war auch eine Aufgabe, um einen geachteten Platz im Leben zu finden, befand er für sich.

Der Unterricht in Deutsch, Religion, Französisch, Geschichte, Naturkunde, Geografie und Rechnen erfolgte zunächst in einem Haus in der Lübschen Straße. Das gestaltete sich alles andere als einfach, und es blieb mühsam, obwohl die ersten Familien ihre Töchter dieser neuen Schule anvertrauten.

Aber aufzugeben kam Alexander Frege nicht in den Sinn. Im Jahre 1840 konnte er seine Schule in ein Nachbarhaus verlegen. Er entschloss sich, mit einer Schrift für den Schulbesuch in der neuen Einrichtung zu werben.[2] Drei Lehrerinnen würden ihn künftig unterstützen, stundenweise auch der Theologe Dr. Eduard Theodor Haupt. Dieser war wie Bruder Caesar Frege in Wismar Gymnasiallehrer an der Großen Stadtschule.

Als sich Fräulein Auguste Bialloblotzky 1843 an seiner Schule nach einer schriftlichen Bewerbung persönlich vorstellte, hatte er gleich Gefallen an ihr gefunden. Sie schien mit den Anforderungen des Lehrbetriebes bestens vertraut zu sein. Ihre Aufnahme an die Schule erwies sich als echter Glücksfall. Hinter ihrem bescheidenen Wesen steckte eine engagierte, energische und sehr gebildete Lehrerin, genau die richtige für die höhere Töchterschule, in der Mädchen nach christlichen Werten erzogen wurden.

Ein Jahr später hatte er seine Auguste geheiratet, die ihm nun immer so tatkräftig zur Seite stand. Die kirchliche Trauung fand in der Marienkirche statt. Anfang 1846 gelang es dann beiden, das Grundstück Böttcherstraße 2 mit Haus, Hof und Garten zu erwerben. Jetzt standen ihnen eine Wohnung und 13 beheizbare Räume zur Verfügung, in denen unterrichtet werden konnte.[3] Wie gut sich alles gefügt hatte!

Alexander lauschte angestrengt in die Wohnung hinein. Mit der Geburt schien es nur langsam voranzugehen. Das Warten setzte ihm zu. Gespannt war er schon, ob er nun Vater eines Jungen oder eines Mädchens werden würde. Viel Bildung sollte das Kind erhalten. Da war er sich mit Auguste einig, sie hatte diese Impulse bereits im Elternhaus empfangen. Ihr Vater, Johann Bialloblotzky, war ein angesehener Pfarrer und Hofkaplan in Hannover gewesen. Er richtete dort die erste Freischule für die Kinder der Armen ein. Diese Schule bot neben Arbeits- auch Gesangsausbildung. Augustes Ahnen von Seiten des Vaters entstammten einem polnischen Adelsgeschlecht. Ihre Mutter kam ebenfalls aus kirchlichen Kreisen, die sich bis auf Philipp Melanchton zurückführen ließen, diesen bedeutenden Vertreter der Wittenberger Reformationsbewegung.[4]

Alexanders Vater, der Hamburger Kaufmann und sächsische Konsul Gottlob Emanuel Frege, war leider sehr früh verstorben. Seine Mutter Henriette hatte wieder geheiratet. Die drei Kinder, neben Alexander sein Bruder Caesar und seine Schwester Pauline, wurden getrennt. Er blieb bei seiner Mutter. Der Stiefvater, Kaufmann Georg Claren in Boizenburg, war gut zu ihm gewesen. Er würde zur Taufe ihres Kindes kommen und ein Patenamt übernehmen, ebenso der wohlhabende Onkel Louis Frege. Der Onkel stammte aus Marseille und war mit dem sich herausbildenden Welthandel vertraut. 1847 hatte ihn die Stadt wegen seiner Bemühungen um eine Eisenbahnanbindung Wismars zum Ehrenbürger ernannt.[5] Zur Patenschaft war auch Augustes Onkel Dr. Friedrich Ernst Rosen, der inzwischen 74-jährige Kanzler des Fürstentums Lippe, aus Detmold bereit.

Alexander Frege schaute besorgt auf. Die Zeit schien sich zu dehnen. Wie erfreulich war es doch, dass seine zwei Geschwister in Wismar lebten. Mit Caesar verstand er sich besonders gut. Beide hatten Theologie studiert, und sie teilten eine Vorliebe für die Mathematik.

*

Geräusche waren auf dem Flur zu vernehmen. Die Hebamme war eingetroffen. Sie brachte ein Schmerzmittel aus der Apotheke mit. Jetzt konnte es nicht mehr lange dauern. Mit Bangen dachte Frege an seine Auguste.

»Hoffentlich geht alles gut!« Wieder drängten sich Gedanken in den Vordergrund. Das ganze Jahr war so viel Aufregendes geschehen. Im März 1848 kam es an vielen Orten zu revolutionären Ereignissen. In Wismar gab es am 1. April den größten Tumult im Schützenhaus. Das war lange Stadtgespräch. Eine Bürgergarde war gebildet worden, um bedrohliche Auseinandersetzungen zu verhindern. Auch Bruder Caesar wurde Mitglied.

Der Großherzog Friedrich Franz II. in Schwerin hatte Presse-, Versammlungs- und Vereinsfreiheit gewährt, Zusammenkünfte standen überall auf der Tagesordnung. Es wurde die Abschaffung von Privilegien gefordert. In Wismar sollten Verhandlungen der Stadtverordneten öffentlich geführt werden. Doch der Rat tat sich schwer, obwohl es dafür schon seit März einen Beschluss gab.

»Befürchten die Ratsherren denn von der Öffentlichkeit eine Gefahr?«, fragte sich Frege erbost. Im Unterschied zu den wohlhabenden Kaufleuten, den Krämern und Handwerkern hatten die meisten Einwohner keine Möglichkeit, bei Entscheidungen im Bürgerausschuss mitzuwirken. Nur ein Arbeiter war dort zugelassen. Gelehrte, Lehrer, Advokaten und Ärzte waren gar nicht vertreten.[6] Ein Unding! Die Stadtverfassung musste wirklich dringend reformiert werden.

In Lübeck war es gerade zu Unruhen gekommen. Hafen- und Lagerarbeiter, Dienstmänner und Matrosen waren nicht mehr zufrieden mit ihrer Lebenslage. Sie wollten eine neue Ordnung. Die Arbeiter in Wismar verlangten mehr Lohn und eine Verkürzung der Arbeitszeit. Ihre Forderungen konnten nicht länger ignoriert werden. Die Arbeitgeber kamen ihnen jetzt entgegen. Außerdem verlangten die Arbeiter Teilhabe an der Bildung. Ein Volksschulwesen wurde gefordert, um das humanste Gut, die Bildung, allen zuteilwerden zu lassen.

Dieses Begehren fiel im Hause Frege auf fruchtbaren Boden. Wie oft hatten Alexander und sein Bruder Caesar darüber gesprochen. An diesen Gesprächen beteiligten sich selbstverständlich auch Auguste und gelegentlich der Lehrer Eduard Haupt.

Haupt hatte seine ganze Persönlichkeit in den Dienst der notwendigen politischen Veränderungen gestellt. Er verfügte über die besondere Kraft der Rede, konnte damit im Wismarer Reformverein, der sich gleich im Frühjahr gebildet hatte, auch unsinnige Forderungen zurückdrängen. Man vertraute ihm. Er gewann sogar den mecklenburgischen Wahlkreis Wismar und war dann im Mai 1848 als Deputierter in die Frankfurter Nationalversammlung eingerückt. Haupt schrieb ausführliche Berichte für Zeitungen und gab Rechenschaft über sein Tun.

Er ließ die Leser wissen, wie mühsam es sich in Frankfurt gestaltete, wie unterschiedlich die Interessen waren, und er blieb auch in Frankfurt unter den großen Herren der kluge, redliche Mann, den sie in der Heimat alle so schätzten.

Alexander Frege nahm noch einmal die Wismarsche Zeitung vom 21. Oktober 1848 zur Hand. Er hatte sie sich wohlweislich zurückgelegt. Dort empörte sich Eduard Haupt auch darüber, wie perfide Friedrich Dahlmann, der gebürtige Wismarer und in ganz Deutschland hoch geachtete Staatsrechtler, von der preußischen Presse behandelt wurde. Haupt hob in seiner Erklärung hervor:

> »Diese Einheit zu begründen und zu gestalten, eine Verfassung zu geben, die an die Stelle der alten schmachvollen Zerrissenheit eine kräftige, nach innen und außen gesicherte Einheit als Grundbedingung einer besseren Zukunft für die gesamte deutsche Nation setze, dazu war das deutsche Parlament berufen, dazu sitzen und tagen wir hier in Frankfurt, darauf ist unser großes Mandat vor allem gerichtet.«[7]

Alexander Frege atmete tief durch. Wenn das gelänge! Soeben hatte sogar der Großherzog in Schwerin seine Bereitschaft erklärt, mit dem Landtag eine, wie er sagte, neue volkstümliche Verfassung zu vereinbaren. Diese Stunde war voller Hoffnungen.

*

Da kam die Hebamme hochgestimmt zur Tür herein: »Sie haben einen Sohn, Herr Frege, ihrer Frau geht es gut!« Er eilte in das Schlafzimmer.

Auguste wirkte erschöpft, dennoch erschien ein Lächeln auf ihrem Gesicht: »Unser Gottlob ist geboren!«, kam es über ihre Lippen. Sie hatte ihm jetzt, in seinem 40. Lebensjahr, einen Sohn geschenkt! Ja, Gottlob sollte der Sohn heißen wie einer seiner Großväter.

Alexander Frege war beglückt. Versonnen blickte er den Kleinen an und dachte: »Wohin, mein Sohn, wird dich das Schicksal führen?« Dieses Geheimnis schwebte wohl über jedem Neugeborenen. Dankbar drückte er seiner Auguste die Hand. Aber jetzt brauchte sie Ruhe, viel Ruhe. Leise, fast auf Zehenspitzen, verließ er das Zimmer und zog sanft die Tür hinter sich zu.

Wie gut, dass sie zwei Hausmädchen hatten, die Auguste mit allem Notwendigen versorgen konnten. Sie waren wirklich eine große Hilfe. So wurden sie alle in eine neue Situation hinübergeleitet.

Gott sei Dank!

Auguste Frege erholte sich bald. Sie führte natürlich den Haushalt, war jedoch viel zu sehr mit der Schule verbunden, als dass sie beabsichtigte, ihre Tätigkeit als Lehrerin zu unterbrechen. Am 11. Dezember 1848 wurde Friedrich Ludwig Gottlob Frege in der großen Marienkirche getauft. Es gab eine schöne Feier im Haus mit den Verwandten und Paten.[8]

Gottlob wuchs schnell heran, irgendwann krabbelte er durch die Wohnung. Es kam die Zeit, dass sein Bewegungsdrang viel Aufsicht verlangte. Und er blieb nicht allein. Am 31. März 1852 wurde sein Bruder Arnold geboren, dem nun die besondere Zuwendung galt.[9]

Alexander Frege war viel beschäftigt. Nach wie vor ließen ihn auch die politischen Ereignisse nicht los. Mit Bedauern dachte er inzwischen an die Revolution. Zwar hatte die Nationalversammlung in Frankfurt im Dezember 1848 ein Gesetz verabschiedet, in dem die Menschen- und Bürgerrechte erstmals in Deutschland formuliert wurden. Doch Ende Mai 1849 kam es zu ihrer Auflösung, weil der preußische König Friedrich Wilhelm IV. die ihm angebotene Kaiserkrone ablehnte. War der nationale bürgerliche Aufbruch jener Zeit nun vergeblich gewesen?

Hier und da konnte man jedoch eine freiere Auffassung zu politischen und sozialen Fragen erkennen. Lehrer, wie Bruder Caesar und Eduard Haupt, nahmen auf besondere Weise Einfluss, sie reformierten den Unterricht in der Großen Stadtschule und dienten den neuen Ideen in ihrem Umfeld.

*

Wenige Jahre später, 1854 stand Gottlobs Einschulung bevor.

»Wir haben dich in der Großen Stadtschule angemeldet, Gottlob«, verkündeten die Eltern.

»Dort, wo Onkel Caesar unterrichtet?«

»Ja«, erhielt der Kleine zur Antwort, »und auch Doktor Haupt, den du doch schon von unserer Schule kennst.« Die Große Stadtschule gab es seit 1541. In den vergangenen Jahrhunderten hatte sich vieles geändert. Jeder Knabe, für den das Schulgeld aufgebracht werden konnte, durfte sie besuchen. Für Gottlobs Eltern war es wichtig, dass es in Wismar dieses Gymnasium gab. Das Abitur würde einmal zum Studium berechtigen.

Der 29. September 1854 war herangekommen. Die Mutter half Gottlob, den Ranzen aufzusetzen. Schiefertafel, Griffelkasten, alles hatte er dabei. Zur Schule war es nicht weit, entschlossen ging er über den Hopfenmarkt ein Stück die Bademutterstraße entlang und dann in die Schulstraße hinein. Die Schüler kamen von allen Seiten. Mädchen waren nicht dabei, stellte Gottlob erleichtert fest. Die hatten

Abbildung 1-1   Die Große Stadtschule in Wismar vor dem Neubau 1891–1893

ihm manchmal in der elterlichen Schule zugesetzt. Jetzt galt es, an jedem Schultag das geforderte Pensum zu bewältigen.

Im März 1855 wurde die Schulpflicht für alle Kinder ab 6 Jahren bis zu ihrer Konfirmation eingeführt.[10] Möglich waren auch Privatschulen. Für Knaben empfahl sich allerdings die Große Stadtschule, die konsequenter und zielstrebiger auf die höheren Klassen vorbereitete. Alle Schüler besuchten dort zunächst die Elementarklassen. Der Unterricht begann mit wöchentlich vier Stunden Religion, vier Stunden Anschauungsunterricht, vier Stunden Praktischem Rechnen und acht Stunden Schreiben und Lesen.[11] Mit dem Zählen kannte sich Gottlob schon gut aus. Die Eltern hatten es ihm früh beigebracht, zunächst mit Fingern oder ausgewählten Gegenständen. Aber für ihn waren die Zahlen inzwischen schon etwas Eigenständiges.

Lesen und schreiben konnte er vor Schulbeginn auch schon ein wenig. Wie seine Eltern oft genug betonten, waren die Sprachen sehr wichtig. Schon eine Klasse weiter hatten sie sechs Stunden Latein. Gut, dass der Vater sich mit dieser alten Sprache auskannte. Als es soweit war, fragte er gelegentlich nach Gottlobs Fortschritten, und der Sohn gab bereitwillig Auskunft.

Im Elternhaus ging es natürlich auch um andere Dinge. Auguste Frege hatte früh erfahren, wie sehr ihrem Mann Alexander das Aufschreiben wichtiger Gedanken am Herzen lag. Schon 1837 war die erste Auflage seines Buches mit dem Titel »Das Leben Jesu« erschienen. Die zweite Auflage folgte drei Jahre später. (Frege, A., 1840)

»Ich versuchte, die Erzählungen der vier Evangelien des Neuen Testamentes für das jugendliche Alter aufzubereiten und zu einer einzigen zusammenzufügen«, berichtete Alexander wiederholt. »Im großen Büchervorrat unseres lieben Deutschlands fand sich nichts dieser Art. *Die beste Übersetzung schien mir nothwendig, ...damit vor Allem aber die Worte Jesu in ihrer vollen Würde und Kraft und Wahrheit an den Leser gelange.«* (Frege, A., 1840, S. V–VI, Vorrede)

Dabei war es nicht geblieben. Es folgte eine weitere Publikation, die »Uebersicht der Weltgeschichte«. (Frege, A., 1847) Alexander war es wichtig, historische Zusammenhänge zu erkennen. Nur so konnte man in der Gegenwart Ursachen und Wirkungen beurteilen.

Schon 1850 kam dann die zweite Auflage seines Werkes »Hülfsbuch zum Unterrichte in der deutschen Sprache für Kinder von 9 bis 13 Jahren« heraus. (Frege, A., 1850) Alexander Frege wünschte nicht allein die Grammatik durchzubilden, sondern der Sprachunterricht sollte, wie er schrieb,

»den Geist mit klaren, bestimmten Vorstellungen und mit werthvollen Gedanken bereichern und das Gemüth bilden, ... die Gesetze des deutschen Sprachbaus zur Erkenntnis bringen...vor Allem an vernünftiges Denken gewöhnen...« (Frege, A., 1850, Vorwort)

Eine korrekte Darstellung der Gedanken in sprachlichen Sätzen schwebte ihm vor. Er entwickelte symbolhafte Buchstabenbilder für grammatische Zusammenhänge. Dem Verb komme im Satz der höchste Rang zu. Für die beigeordneten Verben in

›Alles rennet, rettet, flüchtet‹

hat man zum Beispiel nach Alexander Frege

a : B = C = D. (Frege, A., 1850, S. 37)

als Formelbild anzunehmen.[12]

Diese und weitere vertiefte Darstellungen gingen weit über ein übliches Hilfsbuch hinaus.

In seiner Auguste hatte Alexander Frege eine Frau gefunden, mit der er alles bereden und erörtern konnte. Sie spürte, dass er vieles durchdringen wollte, in die Tiefe ging und hinterfragte. Er suchte nach wahrer Erkenntnis, es war so interessant mit ihm. Häufig zog er sich nach dem Unterricht an seinen Schreibtisch zurück und berichtete dann beim Abendbrot.

Einmal rühmte er den Königsberger Immanuel Kant: »Dieser große Philosoph verwies darauf, dass die Menschen ihre teils selbst verschuldete Unmündigkeit ablegen müssen. Wahrheit sei das höchste Gut. Eine Meinung habe nur dann Gewicht, wenn man sie mit seinem eigenen Verstand auch begründen könne.«

Ein anderes Mal ging es um die Auswirkungen der Französischen Revolution: »Ich bin dabei, mich mit Rousseau zu beschäftigen. Als sogenannter Gefühlsphilosoph baute er im vergangenen Jahrhundert eine Gedankenwelt auf, die er den sogenannten Vernunftphilosophen, zu denen Voltaire gehörte, entgegenstellte. Rousseau löste in Frankreich eine wahre Begeisterung aus. Natur, Freiheit, Gott und Familie stellte er in den Mittelpunkt. Erziehung, Bildung, Erbarmen mit dem Elend und sogar mit dem Verbrechen, Menschwürde auch für die Unterdrückten, dies waren seine Anliegen als Wegbereiter der Französischen Revolution.«

»Das ist alles wunderbar, aber ich möchte ihm darin nicht folgen, dass die Frau nur die Bedürfnisse des Mannes erfüllen soll«, bemerkte Auguste. »Die Mädchen in unserer Schule werden Zugang zur Bildung erhalten, um am geistigen Leben teilnehmen zu können.«

»Ja, sie sollen teilhaben können am gebildeten Leben, davon wird uns niemand abbringen!«, sagte Alexander mit lebhafter Entschiedenheit.

Oft waren die beiden Kinder bei diesen Gesprächen anwesend. Gottlob verstand noch wenig von dem, was die Eltern besprachen. Warum wollte dieser Rousseau Verbrecher schonen? Das leuchtete ihm nicht ein. Schuld musste doch gesühnt werden.

Alexander Frege war ständig in Gedanken. Eines Tages erklärte er: »Ich will jetzt über die Entwicklung des Gottesbewusstseins schreiben. Wie sich alles im Laufe der Zeit verändert hat, neu bedacht und anders bewertet wurde. Auguste, du kannst dir gar nicht vorstellen, welche Fragen sich dabei auftun.« (Frege, A., 1866) Auch über die menschlichen Rassen hatte er sich Gedanken gemacht, die weiße Rasse dabei sehr hervorgehoben.[13]

»Kommst du denn zu klaren Aussagen?«, fragte sie.

»Das kann ich nun wirklich nicht sagen«, antwortete ihr Mann. »Es ist schon verwirrend. Da sind die Bibel und die Kirchenväter heranzuziehen, außerdem auch die Philosophen Voltaire, Rousseau, Kant und viele andere Geistesgrößen. Es gibt bestimmte Richtungen, jeder kommt zu anderen Vorstellungen, jeder glaubt im Recht, im Besitz der Wahrheit zu sein.« Es würde behauptet, dass die Bibel von Gott selbst inspiriert sei. Die Verfasser hätten sogar geschrieben, was der Heilige Geist ihnen diktierte. Er setzte fort: »Aber warum enthält sie dann Widersprüche und Irrtümer, warum werden dort an der einen oder anderen Stelle unedle Handlungen beschönigt? Wunder, Begebenheiten, die den Naturgesetzen zuwiderlaufen, sollen Beweis für die Wahrheit einer Lehre sein? Auch die Türken halten ihren Koran für göttlich inspiriert, und sie lehren wiederum anders als die Bibel.«

»Noch ist dein Buch ja nicht erschienen. Aber wenn ich dir zuhöre, denke ich, hoffentlich eckst du damit nicht bei der Kirche an, handelst dir vielleicht sogar eine Zurechtweisung der Obrigkeit ein«, antwortete Auguste besorgt.

»Das mag sein, aber ich kann mich diesen Fragen nicht entziehen«, entgegnete ihr Mann. »Weißt du, bereits Luther hat geschrieben: *Die Kirchenverbesserung sei erst die Frucht wahrer Erleuchtung des Verstandes, wodurch er sie für ein fortgehendes Werk … erklärt hatte; wodurch er angedeutet hat, daß die Auslegung fortwährend berichtigt werden könne, so wie die Menschen verständiger würden.* Freies Forschen aller Einzelnen ist unerlässlich.« (Frege, A., 1866, S. 135)

Gottlob lauschte aufgeregt dem Gespräch der Eltern, das sich jetzt um Voltaire drehte. Dieser hätte gesagt: »*Was Gott ist, weiß kein Mensch. … aber es ist die höchste Weisheit, einen Gott zu glauben, welcher straft und belohnt.*« Er hätte auch gesagt: »*Es giebt ein höchstes, ewiges Vernunftwesen, von dem alles stammt, was da lebt und ist; daran ist nicht zu zweifeln.*« (Frege, A., 1866, S. 126)

Andächtig hörte Gottlob zu, als der Vater nun seinerseits bedeutungsvoll erklärte: »Gerade die Botschaften des Neuen Testaments in der Bibel sind wunderbar geeignet, *das Göttliche im Menschen zur Herrschaft zu erheben, um allen edlen Vorsätzen Kraft zu geben, der Verzweiflung Trost zuzusprechen und der Versuchung gleichsam ein Zauberwort entgegenzurufen, vor der sie ohnmächtig fliehen muss.*« (Frege, A., 1840, S. VI, Vorrede)

Auch die neuen politischen Entwicklungen wurden bei den Eltern besprochen. Im Herbst 1862 ernannte König Wilhelm I. den Grafen Otto von Bismarck zum preußischen Ministerpräsidenten. Dieser Entwicklung stand man in Wismar zunächst skeptisch gegenüber. Bismarcks Einheitsstreben stimmte nicht mehr mit dem der bürgerlichen Revolution von 1848 überein. War eine preußische Vorherrschaft zu befürchten?

*

Während Gottlob den gelehrten Worten seiner Eltern stets gespannt lauschte, hatte Arnold damit wenig im Sinn. Er war noch zu klein und kam auch als Spielkamerad für Gottlob kaum in Frage.

Das Spielen mit anderen Jungen reizte Gottlob ohnehin nicht so sehr. Während sich jene draußen laut und lärmend zu gemeinsamen Unternehmungen zusammenfanden, streifte er nach Erledigung seiner Schulaufgaben lieber allein durch die Straßen, um die Stadt zu erkunden. Es gab viele historische Gebäude, die an die Blütezeit der Hanse erinnerten. Kurz war der Weg von seinem Elternhaus zum Hopfenmarkt. Hier trafen die Krämerstraße, die Böttcherstraße, die Breite Straße,

Abbildung 1-2 Die Familie Frege um 1860 (Gottlob Frege ist der zweite von rechts)

die Bohrstraße und die Bademutterstraße zusammen. Oft fiel sein Blick auf den großen »Goldenen Löwen«, der das Portal der Löwen-Apotheke zierte.

An diesem Tag wählte Gottlob wieder die Bohrstraße. Als er die Frische Grube überquerte, blickte er beeindruckt auf die große Nikolaikirche. Dann ging er durch die Scheuerstraße auf den Spiegelberg zu. Dort angekommen, musste er sich entscheiden, ob er links oder rechts weitergehen wollte. Es zog ihn nach links, zum Wassertor.

Als er hindurchschritt, breitete sich vor ihm der spannende Hafen mit all den Handelsschiffen aus. In der Ferne lag, kaum erkennbar, die Ostsee. Auch Dampfschiffe gab es schon. Auf Bänken am Ufer saßen oft alte Fischer und Fahrensleute.

»Na, min Jung, dor büst du ja wedder«,[14] sprachen sie ihn manchmal auf Plattdeutsch an und erzählten wilde Geschichten vom Meer und der weiten Welt. Er wusste meist wenig zu erwidern. Als Hafenstadt bot Wismar ein Tor zu abenteuer-

Abbildung 1-3   Der Marktplatz in Wismar

lichen Reisen ins Ungewisse. Das war ihm schon klar. Wie er hörte, waren viele im Elend lebende Mecklenburger über die Häfen nach Amerika, in die ›Neue Welt‹, aufgebrochen.[15] Er war froh, dass seine Eltern ihr gutes Auskommen hatten.

Wenn Gottlob am Spiegelberg den Weg nach rechts wählte, war der Bahnhof das Ziel. Dieser lag außerhalb der Stadtmauern. Deshalb musste er durch das Poeler Tor gehen. Dort war meistens reger Betrieb. Fuhrwerke mit Planwagen drängten sich aneinander, manchmal musste er abwarten, bis er selbst hindurchschlüpfen konnte. Dann sah man bald das neue Empfangsgebäude des Bahnhofs. Droschken fuhren vor, brachten Fahrgäste oder holten sie ab. Aber besonders beeindruckend waren die Lokomotiven. Die fauchten und dampften! Dunkler Rauch stieg auf und verteilte sich himmelwärts. Wenn die Lokomotiven einmal in Schwung waren, zogen sie die Wagen auf den Gleisen mit erstaunlicher Geschwindigkeit. Noch war Gottlob nicht mit einer Eisenbahn auf Reisen gegangen. Wie das wohl ist, dachte er, wenn der Zug so durch das Land fährt. Bald würde auch er einmal mitfahren dürfen.

Auch andere Stadtteile erkundete Gottlob. Das Treiben auf dem großen Marktplatz mit der Wasserkunst reizte ihn, er brauchte nur die Krämerstraße hinaufzugehen.

An den Markttagen war viel los. Aus dem ganzen Umland kamen die Leute, um ihre Waren anzubieten. Der hohe Turm der Marienkirche überragte alles. Es gab so manches zu entdecken. Die noch von der Hansezeit geprägte Stadt gefiel ihm. Später würde er sie verlassen müssen, um mehr von dieser Welt zu erfahren. Aber das hatte zum Glück noch Zeit. Alles war ihm hier vertraut.

Anmerkungen zu Kapitel 1

1   Frege, Alexander: Gesuch an den Rat der Stadt Wismar mit Begleitschreiben von Caesar Frege. Archiv der Hansestadt Wismar, Ratsakte, XXIII, 15. Siehe auch (Kreiser, 2001, S. 5–7).

2   Frege, Alexander: Bildungsanstalt für Mädchen. Wismar, Ratsdruckerei 1840.

3   Häuser-Buch der Stadt Wismar, III, Nr. 430–665, geführt vom 1.6.1838 bis 1.11.1901, Nr. 1096, S. 511. Archiv der Hansestadt Wismar. Zitiert in (Kreiser, 2001, S. 4).

4   Durch ihre Großmutter Maria Elisabeth Ballhorn, geb. Gödecken, war Auguste Frege mit Philipp Melanchton verwandt. Siehe Rotermund, H. W.: Das Gelehrte Hannover, Band 1, Schünemann, Bremen, 1823, S. 89–91. Zitiert bei Wikipedia unter »Ludwig Wilhelm Ballhorn«.

5   Archiv der Hansestadt Wismar, Ratsakte, XV, 18, 1845–1922, Bl. 2. Zitiert in (Kreiser, 2001, S. 12).

6   Protokoll über die Zusammensetzung des Bürgerausschusses vom Januar 1846. Archiv der Hansestadt Wismar, RA 1258, Bl. 59.

7   Haupt, Eduard: Bericht vom 13.9.1848 über die Tätigkeit der Frankfurter Nationalversammlung, Wismarsche Zeitung, 1848.

8   Taufe von Gottlob Frege, Domarchiv Ratzeburg. Auszug aus dem Taufregister der ev.-luth. Kirchgemeinde Wismar, St. Marien, Jahrgang 1848, S. 56, Nr. 79. Zitiert in (Kreiser, 2001, S. 2–3).

9   Taufe von Arnold Frege, Domarchiv Ratzeburg, Auszug aus dem Taufregister der ev.-luth. Kirchgemeinde Wismar, St. Marien, Jahrgang 1852, S. 97, Nr. 23. Zitiert in (Kreiser, 2001, S. 40).

10 Zum Schulzwangsgesetz siehe Extra-Beilage zu Nr. 27 der Wismarschen Zeitung vom 3.3.1855. Archiv der Hansestadt Wismar, Kastenarchiv Große Stadtschule Nr. 21. Zitiert auch in (Kreiser, 2001, S. 34).

11 Archiv der Hansestadt Wismar, Ratsbibliothek, Große Stadtschule zu Wismar (1846–1855), IX 170, Schulprogramm 1855. Siehe auch (Kreiser, 2001, S. 37).

12 Ausführungen zu Alexander Freges ›Hülfsbuch‹ siehe (Kreiser, 2001, S. 176–181).

13   Siehe (Frege, A., 1866, S. 4–7). Alexander Freges Einstellung zu den verschie-
     denen Völkergruppen entsprach durchaus den damaligen Vorstellungen.
14   Hochdeutsch: Na, mein Junge, da bist du ja wieder.
15   Im Zeitraum von 1850 bis Anfang des 20. Jahrhunderts wanderten aus Meck-
     lenburg mehr als 200 000 Menschen aus.

**

Der Saal der Großen Stadtschule füllte sich. Gottlob und seine Mitschüler warteten bereits auf den hinteren Plätzen. Sie sollten nun die gymnasiale Oberstufe besuchen. Heute, am Donnerstag, dem 29. September 1864, begannen die öffentlichen Prüfungen. Vertreter des Rates der Stadt wollten sich, wie alljährlich, einen Eindruck von den schulischen Leistungen verschaffen. Zur Eröffnung würde wieder der Rektor, Dr. Eduard Haupt, sprechen. Gottlob kannte ihn aus den Begegnungen im Hause seines Onkels Caesar. Manches Mal wurde Gottlob von Haupt freundlich angesprochen, sogar nach seinen Neigungen befragt. Darauf wusste er oft nur ausweichend zu antworten. Aber die Mathematik schien ihm besonders zu liegen.

Schon ein Jahr zuvor hatte Dr. Haupt, der selbst einmal Schüler der Großen Stadtschule war,[1] eine vielbeachtete Rede gehalten. Gottlob erinnerte sich gut daran. Klar hatte der Rektor gesprochen, fast väterlich. Von Pflichten, den inneren und äußeren Gesetzen war die Rede gewesen und davon, dass es ohne Gesetze keine Freiheit geben kann. Gottlob wollte auch an diesem Tag aufmerksam zuhören.

Der Rektor betonte zunächst eindringlich, dass: »... in einer Zeit, wie der unsrigen, die bei allen Vorzügen, welche sie von früheren in Anspruch nehmen möchte, ... doch namentlich für die in ihr heranwachsende und auszubildende Jugend des Bedenklichen, ja, des geradezu Gefahrbringenden vieles habe, auf der anderen Seite alle Verkehrs- und Bildungsmittel in einem solchen Grade vermehrt und zugänglicher gemacht seien, dass unsere heutige Jugend außerhalb der Schule sowohl mit einer Masse von Kulturstoff als auch von Sinnenreiz und Genuss überschüttet werde, von der eine frühere Zeit gar keine Ahnung gehabt.«[2]

Was sollten sie davon halten? Das waren ungewohnte kritische Worte. Doch

© Der/die Autor(en), exklusiv lizenziert an
Springer Fachmedien Wiesbaden GmbH, ein Teil von Springer Nature 2025
E. Framm et al., *Gottlob Frege*, https://doi.org/10.1007/978-3-658-49495-7_3

der Rektor wählte nun freundlichere Bilder. Höchster Zweck des Unterrichts sei zunächst nicht der, den Schülern gewisse Sprachen oder Wissenschaften beizubringen, sondern den Geist im Allgemeinen zu bilden, die geistigen und sittlichen Anlagen eines Schülers, soweit möglich, harmonisch zu entwickeln »… und aus ihnen das zu gewinnen, was wir als die schönste Blüte aller menschlichen Bildung zu betrachten gewohnt sind und was wir mit einem fremden Worte, da uns die Muttersprache versagt, Humanität nennen.«

Dem Unterricht in den alten Sprachen und in den mathematischen Wissenschaften gebühre der erste Rang, wenn es um die Entwicklung der Verstandeskräfte des Schülers ginge. Gottlob merkte auf, als Dr. Haupt sagte, dass die Mathematik allerdings zur sittlichen Bildung nicht beitragen könne. Mit dem Unterricht in den alten Sprachen würde hingegen nicht nur das strenge konsequente Denken durch die Strukturen der Grammatik eingeübt, sondern es würden zugleich historische, poetische und philosophische Schriften behandelt, mit denen der Schüler in eine ganz andere Welt eingeführt werde. Er könne den Einfluss der alten Religionen auf nationale, staatliche und individuelle Gestaltungen studieren, zu unterscheiden lernen und angesichts künftiger Herausforderungen »… von der Borniertheit und Intoleranz eines befangenen Urteils zu wahrhaft humaner Bildung durchdringen.«

Eine Art Heiterkeit kam in den Saal, als Dr. Haupt ausführte: »… und Sie glauben gar nicht, geehrteste Anwesende, welche Freude es bei jedem einigermaßen begabten und aufgeweckten Kind erregt, wenn … die dunkle, verworrene Wolke seiner kindischen Anschauungen nach und nach durch ein immer helleres Licht aufgeklärt wird.«

Dann hörten sie weitere wohlgesetzte Worte des Rektors, der im Strom künftiger Zeiten auch Güte, Maß und Bescheidenheit anmahnte. Gottlob folgte ihm mit ganzer Seele, wenn er das treue, redliche, unbeirrte Streben nach der Wahrheit nun Freude, Genuss und Glück nannte.

Gegen Ende seiner Rede sprach Dr. Haupt die Schüler wieder direkt an: »Und es ist so einfach, was von Euch verlangt wird; Ihr sollt nichts sein als gehorsam und fleißig, Euren eigenen Willen und Eigensinn brechen, Eure Lust zur Trägheit und zum Nichtstun bezwingen lernen … das Glück Eures eigenen Lebens begründen. Gönnt uns die Freude, Euch zu guten und zufriedenen Menschen zu machen, gönnt Euch selbst das Glück, gute und zufriedene Menschen zu werden.«

Es war noch einmal ganz still geworden bei diesen Worten. Nachdenklich ging Gottlob mit den anderen hinaus, noch unfähig, darüber mit seinen Mitschülern zu sprechen. Die meisten ließ das ohnehin unbeeindruckt.

»Durch Selbstzucht sich zum Glück führen«, würde ihm das, könnte ihm das gelingen? Gottlob glaubte in diesen Ausführungen einen neuen Geist zu spüren. Vater und Mutter hätten auch von Gott und Gnade gesprochen, wohl auch von Demut und Hingabe. Aber einen Widerspruch zu den christlichen Gedanken der Eltern enthielt die Rede des Rektors sicher nicht. Freude erfüllte Gottlob. Dr. Haupt war ein großes Vorbild. Er konnte wie kein anderer den Schülern die Stellen der Geschichte aufzeigen, wo die alte Zeit mit der neuen rang, wo »unter inhaltlos gewordenen Formen« eine neue Welt sich bilden wollte. Weil der Rektor die Schriften des Thucydides und Demosthenes, des Cicero und Tacitus so gründlich kannte, konnte er den Schülern die Epoche nach den revolutionären nationalen Bestrebungen von 1848 ausdeuten. Diese spürten, dass Haupt ihnen möglichst viele Freiheiten gestattete, übermäßige Verbote gab es bei ihm nicht. Ja, es war auch von Selbstbestimmung die Rede, an die die Schüler allmählich gewöhnt werden sollten.

Das Ansehen der Schule war über die Stadtgrenzen hinaus gewachsen. Sie sollte in den folgenden Jahren vom Großherzoglichen Ministerium in Schwerin sogar zum Landesinstitut erhoben werden.[3] Vieles war Eduard Haupt und Caesar Frege zu verdanken. Caesar Frege kam 1828 durch Vermittlung des Senators und späteren verdienstvollen Bürgermeisters Anton Haupt an die Große Stadtschule. Er fand dort sowohl räumlich als auch organisatorisch bedauernswerte Zustände vor. Gegen den Widerstand von Lehrern und Schülern gelang es ihm schließlich, seine Auffassungen von einer geordneten humanistischen Schule durchzusetzen.

Ab 1831 war Eduard Haupt, der Bruder des Bürgermeisters Anton Haupt, Mitglied des Lehrerkollegiums.[4] Er wurde Freges zuverlässiger Verbündeter bei der Reformierung der Schule. Dazu gehörten unter anderem solche elementaren Maßnahmen wie die Einführung von Klassenlehrern und Klassenbüchern. Ein frischer Geist des Fortschritts zog ein. 1863 wurde Haupt als neuer Rektor bestimmt. Caesar Frege hätte sich das wohl auch gewünscht. Er akzeptierte aber diese Entscheidung, weil sie gemeinsame Ziele verfolgten.[5]

Im Jahr 1864 kamen von den insgesamt 417 Schülern 154 von außerhalb. Die Große Stadtschule hatte damals elf Fachlehrer, sieben von ihnen hatten einen Doktortitel erworben. Der Rektor selbst unterzog die gesammelten schriftlichen Arbeiten der Schüler halbjährlich einer Durchsicht, um sich einen Überblick über den Leistungsstand zu verschaffen.

Die öffentlichen Prüfungen, die nach der Eröffnungsveranstaltung angesetzt waren, erfolgten an zwei Tagen, getrennt nach Gymnasial- und Realschulklassen. Gottlob war jetzt Schüler in der Sekunda. Sie würden in Anwesenheit der Eltern und einiger Ratsvertreter von Dr. Nölting in Latein examiniert werden. An dem Sonnabend, der auf die Prüfungstage folgte, ertönte zu Beginn einer weiteren öffentlichen Veranstaltung ein feierlicher Choral. Danach hielten drei Primaner einen Vortrag, dazwischen gab es wie üblich Deklamationsübungen der unteren Klassen. Gottlob wurde dazu nicht ausgewählt.[6]

*

Der Vater, Alexander Frege, war wie schon sein Onkel Louis Frege in Wismar Mitglied der Freimaurerloge »Zur Vaterlandsliebe« geworden. Im Jahr 1856 wurde er 2. Aufseher. 1863 wählte man ihn fast einstimmig an die Spitze dieser einflussreichen Vereinigung, die damals über 90 Mitglieder hatte. Sein Neffe Emanuel, der Sohn von Caesar Frege, übernahm die Stelle des 2. Aufsehers. Alexander Frege hielt dort 22 Vorträge, mit Abstand mehr als jeder andere. Der Bann des Papstes über die Freimaurerei beschäftigte die Bruderschaft sehr, wie auch einige Jahre zuvor die feindselige Stellungnahme evangelischer Geistlicher.[7]

Alexander Freges Gesundheit hatte in den letzten Jahren gelitten. 1866 erkrankte er wie nicht wenige in der Stadt an anhaltendem Typhus. Er wurde immer schwächer, aber nach wie vor mühte er sich mit seiner Abhandlung über das Gottesbewusstsein, studierte dazu auch englische und französische Journale. Schon sehr krank rief er eines Tages seinen Sohn zu sich.

»Gottlob, sieh einmal«, sagte er und reichte ihm das Manuskript herüber, das zum Abschluss gebracht worden war. Fast andächtig las der Sohn: »Die Entwicklung des Gottesbewusstseins in der Menschheit in allgemeinen Umrissen dargestellt von Alexander Frege«. (Frege, A., 1866) Das Buch sollte jetzt in kleiner Auflage gedruckt werden.

»Wie schön, Vater, alle deine großen Mühen haben sich gelohnt!«, sagte Gottlob. Er erinnerte sich an die vielen Gespräche der Eltern. Immer wieder hatte er auch das Gefühl, schon etwas verstanden zu haben.

Alexander Frege fragte sich, ob er seine Söhne nicht zu oft sich selbst überlassen hatte. Arnold schien mit philosophischen Erwägungen noch wenig anfangen zu können, doch bei Gottlob spürte er ein wachsendes Interesse.

»Die Gedanken haben mich einfach nicht losgelassen. Wahrheit, was ist Wahrheit? Diese Frage hat mich besonders umgetrieben. Auch bei den Philosophen habe ich Rat gesucht. Ich schreibe, *daß ... objektive Gewissheit undenkbar ist, daß das Wesen aller Gewissheit ist, subjektiv zu sein.*« (Frege, A., 1866, S. 141)

Gottlob erfasste bereits, was mit dieser Aussage gemeint war. Der Vater fuhr fort: »Es muss darum gehen, *einen sichern Prüfstein der Wahrheit zu erhalten.* (Frege, A., 1866, S. 129)

Die Kirchenlehre und die Bibel sind offensichtlich als Grundpfeiler des Wissens unzuverlässig. Auch die von anderen genannte menschliche Vernunft, dieses zweite Licht, ist sehr unbestimmter Natur und nicht zuverlässig. (Frege, A., 1866, S. 130–131) Ach, Gottlob«, meinte er nicht ohne Hoffnung, »ob sich vielleicht einmal etwas finden ließe, womit das Denken vom Subjektiven befreit werden könnte und nur klares Denken übrig bleibt?« Er richtete sich auf und formulierte bedeutungsvoll: »*Es gehört also offenbar größte Klarheit der Erkenntnis zur höchsten*

Abbildung 2-1   Annonce in der Wismarschen Zeitung vom 12.12.1866

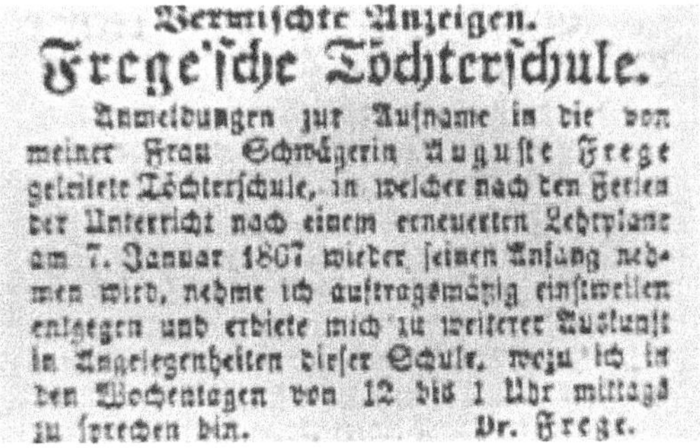

Vermischte Anzeigen.

Frege'sche Töchterschule.

Anmeldungen zur Aufname in die von meiner Frau Schwägerin Auguste Frege geleitete Töchterschule, in welcher nach den Ferien der Unterricht nach einem erneuerten Lehrplane am 7. Januar 1867 wieder seinen Anfang nehmen wird, nehme ich auftragsmäßig einstweilen entgegen und erbiete mich zu weiterer Auskunft in Angelegenheiten dieser Schule, wozu ich in den Wochentagen von 12 bis 1 Uhr mittags zu sprechen bin.   Dr. Frege.

Abbildung 2-2   Die Höhere Töchterschule (Mitte) in Wismar in der Böttcherstraße 2

Vollendung des Menschengeistes und es muss als des Menschen Ziel bezeichnet werden, zu solcher zu gelangen.« (Frege, A., 1866, S. 1)

Gottlob war sehr aufmerksam geworden. Klares, reines Denken, das wünschte sich der vielseitig gelehrte Vater.

Alexander Frege verließen gegen Jahresende endgültig die Kräfte. Er verstarb am 30. November 1866. Große Trauer breitete sich im Elternhaus und in der Töchterschule aus. Wie sollte es nun weitergehen? Nach reiflicher Überlegung entschloss sich die Mutter, die Schule, die sich so erfolgreich in Wismar etabliert hatte, selbst weiterzuführen.

Schließlich hatte sie genügend Erfahrung gesammelt, um dieser Bitte ihres verstorbenen Mannes mit gutem Gewissen nachzukommen. Die Schulaufsicht des Rates erteilte ohne Verzug eine Genehmigung.

Nun musste die Familie ohne die väterliche Führung auskommen. Wie gut, dass die Mutter durch ihre Tätigkeit als Schulleiterin auch für die Ausbildung ihrer Söhne würde aufkommen können. Tröstlich war, dass die Loge eine ehrende Feier für Alexander Frege veranstaltete, an der auch viele Mitglieder der Wismarer Loge »Athanasia« teilnahmen.[8]

Die Adventstage 1866 standen noch ganz im Zeichen der Trauer um Alexander. Die Mutter ging mit ihren beiden Söhnen regelmäßig in den sonntäglichen Gottesdienst. Am vierten Advent wurden in der Marienkirche neben Chorälen auch Weihnachtslieder gesungen. Die Orgel sowie die Stimmen des Chores und der Gemeindemitglieder vereinigten sich zu einem gewaltigen Klangkörper, der die Sorgen des Alltags verstummen ließ und neue Kraft gab. Auguste versuchte, Gottlob und Arnold wenigstens zu Weihnachten und Neujahr vom Verlust des Vaters abzulenken. Auch Besuche bei der Verwandtschaft in Wismar vermittelten Trost.

Am 1. Juli 1868 verstarb dann Eduard Haupt in Folge eines langjährigen Herzleidens. Der Onkel Gottlobs, Caesar Frege, war über den Verlust des Freundes so bestürzt, dass er sich nicht in der Lage fühlte, die Trauerrede bei der Gedächtnisfeier in der Großen Stadtschule zu halten. Dr. Theodor Nölting musste diese schwere Aufgabe übernehmen. Der hob hervor, dass mit Eduard Haupt ein neuer Geist des Fortschritts in die Schule gekommen war. An eindrucksvollen Beispielen belegte er diese Aussage. Abschließend sagte er mit bewegter Stimme: *»Und Ihr, meine jungen Freunde, denen der Verstorbene ein so treuer Lehrer, ein so väterlicher Leiter war, haltet sein Bild fest in Euren Herzen, sucht, wie er, ganze Menschen zu werden … Vor allem erfüllt, wie er es getan, treu Eure Pflichten, bezähmt Euren Eigenwillen, Eure Leidenschaften … durch die Achtung vor dem Gesetz, vor dem Gesetz der Schule und des Staates und vor dem ungeschriebenen Gesetz in Eu-*

rer Brust. Dann lebt Euch Euer Lehrer noch, dann habt auch Ihr ihn nicht ganz ver-
loren.«[9]

Betrübt und ergriffen gingen die Schüler aus dem Saal. Dieser Direktor würde eine Lücke hinterlassen.

*

Als Primaner hatte Gottlob 34 Stunden in der Woche Unterricht, allein 18 Stunden waren den Fächern Latein, Griechisch und Hebräisch vorbehalten, für Deutsch, Geschichte, Französisch und Mathematik waren jeweils drei Stunden angesetzt, für Religion und Naturwissenschaften zwei Stunden. Der Unterricht in Singen und Turnen war freiwillig.[10]

Mit Zahlen war Gottlob inzwischen gut vertraut. Für größere Zahlen ging die Anschauung aber schnell verloren. Rechengesetze wurden gelernt und angewandt. Zu den reellen Zahlen kamen kurz vor dem Abitur noch die komplexen Zahlen hinzu. Ihm fehlte aber schon eine stichhaltige Begründung für die natürlichen Zahlen und ihre Gesetze. Lehrer und Eltern wussten keine Erklärung, die ihn befriedigte.

Im Unterricht wurden neben Zahlen auch Funktionen und Gleichungen behandelt. Eine große Rolle spielte außerdem die Geometrie des Euklid. Sie war historisch neben der Arithmetik das zweite Standbein der Mathematik. Hier gefielen ihm die Anschaulichkeit der Darstellungen und die schlüssige Herleitung der geometrischen Sätze aus zweifelsfrei einleuchtenden Grundsätzen.

Immer wieder griffen Krankheiten in das Schulgeschehen ein. Anfang des Jahres 1868 war es ein tückisches Nervenfieber. Teilweise waren in einzelnen Klassen nur zwei Drittel der Schüler anwesend. Einige Schüler verstarben im Laufe dieses Jahres.

Auch Gottlob war durch Erkrankungen längere Zeit der Schule ferngeblieben. Er verbrachte dadurch dreieinhalb Jahre in der Prima, der obersten Schulstufe, für die eigentlich nur zwei Jahre vorgesehen waren. Zwei weiteren Mitschülern ging es ähnlich, auch sie blieben drei beziehungsweise vier Jahre in der Prima.[11]

*

Am Abitur im Februar 1869 nahmen außer Gottlob nur die Schüler Heinrich Baumann, Paul Meyer, Wilhelm Mühlenbruch, Wilhelm Schönherr und Carl Thiessenhusen teil.[12]

Die Prüfungen begannen mit dem Lateinabitur.[13] Der Lehrer, Dr. Caesar Frege, verkündete den Schülern die Aufgabe: »Sie haben ein Gedicht von Horaz aus dem Lateinischen ins Deutsche zu übersetzen, anschließend einen Kommentar zu verfassen und zum Schluss das Metrum zu beschreiben!«

Gottlob fing an, die ausgewählte Ode zu lesen: »Quem tu, Melpomene, semel nascentem placido lumine videris ...« (Horaz, 1981)

Die Schüler hatten große Fertigkeit darin entwickelt, mit lateinischen Texten umzugehen und einiges Sprachgefühl erworben. Von Horaz war viel gesprochen worden. Bald fügte sich für Gottlob Zeile für Zeile:

»Welchen du, Melpomene, einmal bei seiner Geburt mit sanftem Auge
angeblickt (hast),
den wird nicht der Isthmische Kampf
als Faustkämpfer verherrlichen,

nicht das schnelle Ross auf Archäischem Wagen
als Sieger führen, noch der Krieg (wird) ihn,
den Feldherrn, mit delischen Blättern geschmückt,
weil er der Könige stolze Drohungen zermalmt hat,
auf dem Capitole zeigen.

Aber die Waßer, welche am fruchtbaren Tibur hinfließen und das dichte
Laub der Wälder
werden ihn bilden
zu einem ausgezeichneten Dichter im Aeolischen Liede.

Rom's, der Stadt der Städte, Sprößling würdigt mich
unter den liebenswürdigen Chören der Dichter zu stehen.
Und schon werde ich weniger
vom neidischen Zahne benagt.

O Muse, die du den süßen Ton
der goldenen Cither hervorrufst
und auch den stummen Fischen, wenn du willst,
den Gesang des Schwans verleihen kannst.

Dies Alles ist deine Gnade, daß von den Vorrübergehenden
ich als Spieler der Römischen Leier bezeichnet werde:
was ich athme und gefalle, wenn ich es thue,
ist dein Werk.«

Das war geschafft. Gottlob lehnte sich für einen Moment erleichtert zurück. Es galt nun, Gedanken über den Inhalt zu entwickeln:

»In den ersten beiden Strophen sagt Horaz, dass die Muse ... nicht in den Wettkämpfen oder im Kriege den von ihr Begünstigten Ruhm gewähre, sondern eben nur durch die lyrische Poesie.« Horaz spreche von seinem Lieblingsaufenthalt am Tiber und davon, *»... dass der Lyriker in einer schönen Natur die Stimmung für seine Lieder suchen müsse«.* Gottlob schrieb weiter: *»Dann kommt Horaz auf die Veranlassung und Hauptgrund seines Gedichts, dass nämlich Augustus ihm seine Bewunderung ausgedrückt hatte und gemeint, seine Werke würden unsterblich sein.«*

Tatsächlich wurde Horaz, wie den Schülern im Unterricht gesagt worden war, von Kaiser Augustus so ausgezeichnet. Wie kann ein Mensch Unsterblichkeit erlangen? Horaz war ja wirklich auch nach fast 2000 Jahren unvergessen. Gottlob überlegte einen kurzen Moment, ob jemand in seiner Stadt Wismar Unsterblichkeit erlangen könnte.

Eine solche Gabe musste gnädig verliehen werden, in diesem Fall von der Göttin Melpomene. Es gefiel ihm, dass Horaz für seinen Ruhm als erster römischer Lyriker voller Dankbarkeit war. Danach wandte Gottlob sich noch dem Metrum zu. Diesen Teil des Abiturs hatte er bewältigt.

Bestandteil der Abiturprüfungen war auch ein Text »Über Hannibal, den Sohn Hamilcars«, der ins Lateinische übertragen werden musste. Es folgten die Übersetzung eines deutschen Textes ins Griechische und die Übersetzung eines deutschen Textes ins Französische.

Dann hatten sie noch einen deutschen Aufsatz zu schreiben. Das Thema lautete: »Wie erklärt es sich, dass die Römische Republik innerlich verfiel, während sie die Weltherrschaft errang?«[14]

Nicht nur die lateinische Sprache als solche war ständig Begleiter ihrer Schulausbildung gewesen. Die Schüler hatten zugleich sehr viel über das Römische Reich erfahren, über die Kultur, über historische Entwicklungen und über politische und soziale Veränderungen innerhalb der Jahrhunderte. Auch das Buch des Vaters, die »Uebersicht der Weltgeschichte«, hatte Gottlob schon einiges gelehrt. (Frege, A., 1847)

Wichtig war zu erkennen, dass nicht nach dem Untergang des Römischen Imperiums gefragt wurde. Nein, es ging nur um den Zeitabschnitt der Römischen Republik, die von 510 bis zur Errichtung des Kaisertums im Jahre 27 vor Christus datiert wurde.

Gottlob fing an, seine Gedanken zu ordnen. Er erörterte im Einzelnen:

»Die römische Geschichte besteht seit Errichtung der Republik während zweier Jahrhunderte fast nur aus Parteikämpfen der beiden Stände, der Patrizier und Plebejer. Endlich kam ein schönes Gleichgewicht besonders durch die Licinische Gesetz-

gebung zustande.[15] *Von da an sehen wir die Republik ihre Kraft nach außen wenden
…«* Rom besiegte ein Volk nach dem anderen.

»Umso auffallender ist der Verfall der Republik während des folgenden Jahrhunderts und ihr endlicher Übergang ins Kaisertum.«

Gottlob führte aus: *»Eine der Hauptursachen dieser Erscheinung ist die Menge der Sklaven, welche nach Eroberung Griechenlands und Asiens in Rom zusammenströmte. Von diesen Sklaven wurde fortan alle körperliche Arbeit verrichtet. Sie dienten nicht nur im Haushalt der Großen, sondern auch alle Handwerkerarbeiten wurden von ihnen geleistet. Daher verloren die ärmeren Bürger die natürliche Quelle ihres Verdienstes; sie verarmten und gerieten in vollkommene Abhängigkeit von den Reichen.«*

Aber das Volk hatte in dieser Republik politische Rechte, es wählte alle hohen Magistrate. *»Die stolzesten Aristokraten konnten nur durch das arme Volk ein Amt im Staate erlangen«*, schrieb Gottlob. Das bedeutete, dass die Bürger gütlich gestimmt werden mussten. Bestechungen waren an der Tagesordnung, Sittlichkeit und die Achtung vor den Gesetzen gingen immer mehr verloren.

Gottlob fuhr fort: *»Das niedere Volk hatte natürlich ein Gefühl von der Unwürdigkeit seiner Lage. Denn es lebte ja von der Hand in den Mund. Durch Arbeit war es unmöglich, sich heraufzubringen, und wo sollte Arbeitslust herkommen, wenn man nichts erwerben konnte.«*

Nachdrücklich formulierte Gottlob: *»Die Sittlichkeit beruht ja zum großen Teil auf dem Gefühl von der Würde des Menschen, welche durch die Sklaverei auf das Vollkommenste mit Füßen getreten wird.«*

Dann legte er dar, dass die Vornehmen sich immer mehr bereicherten, Kriegsbeute und die Ausplünderung der Provinzen waren die Grundlage. Übermäßiger Reichtum führte zu Lastern, wie Habsucht, Geiz und Verschwendung. Verweichlichung und Luxus machten sich bemerkbar. Statt der Vaterlandsliebe griffen Zynismus und Egoismus um sich.

Gottlob fügte ein Zitat von Cicero, dem berühmten römischen Politiker und Gelehrten, ein: *»Sie lieben ihre Fischteiche mehr als den Staat.«*

Er fasste zusammen: *»So standen sich nun gegenüber ein Volk ohne Besitz, das lebte, ohne zu arbeiten, entsittlicht durch die Einwirkungen der Sklaverei, welches nach einer würdigeren und gesicherten Existenz verlangte, und ein Adel, welcher von der Arbeit des ungeheuren Reiches lebte, von allen nur denkbaren Genüssen verwöhnt …«*

Zwangsläufig kam es zu Unruhen und Bürgerkriegen, folgerte Gottlob, bis zu dem Zeitpunkt, als ein Führer, ein Kaiser, gefunden wurde, der die Republik vernichten musste, welcher inzwischen alle Grundlagen fehlten.

Gottlob führte diese Grundlagen abschließend auf: *»… der lebhafte Anteil aller Bürger am Staate und seinem Bestehen, ihre Aufopferungsfähigkeit für das Va-*

terland, die politische Einsicht, die Achtung vor den Gesetzen, endlich eine gleich-
mäßige Verteilung des Reichtums …«.

Auch »*der Mangel eines Mittelstandes*« wurde noch erwähnt. Der Aufsatz war bewältigt.

Doch am 9. Februar 1869 ging es mit dem Mathematikabitur weiter. Gottlob hatte unruhig geschlafen und fühlte sich abgeschlagen.

»So, mein Sohn, du musst erst einmal ordentlich frühstücken!«, sagte die Mutter entschieden. Wusste sie doch, wie wichtig dieser Tag für ihn war. Sie nahm Gottlobs Anzug in Augenschein. Alles sollte seine Ordnung haben. Dieser Teil des Abiturs würde ihm sicher liegen. Mathematik war in der Familie stets wichtig gewesen und hatte inzwischen auch an den Hochschulen mehr Bedeutung gewonnen. Wie sehr sich dieses Fach doch von den anderen unterschied. Hier ging es nicht darum, etwas im Sinne der herrschenden Auffassung zu interpretieren, sondern neben den Rechenfertigkeiten war nur klares, analytisches Denken gefragt. Daran hatte ihr Sohn Gefallen gefunden.

Die Mutter besann sich und erklärte: »Du musst los. Denk daran, du schaffst das!« Gottlob war längst bereit. Entschlossen und zügig nahm er den kurzen Weg zur Schule.

Die Mitschüler standen schon vor dem Schuleingang, als er eintraf. Sie blieben noch etwas beieinander und versuchten, ihre Nervosität mit gespieltem Humor zu überdecken. Aber es half nichts, sie mussten pünktlich hinein. Als sie den Klassenraum betraten, wurden sie von ihrem Lehrer Dr. Sievert freundlich empfangen. Geräuschvoll nahmen sie die erforderlichen Utensilien heraus, Schreibzeug, Papier, Lineal, Zirkel und Tafelwerk. Vieles hatte man ihnen in den vergangenen Jahren beigebracht. Jetzt war die Stunde der Bewährung gekommen. Dr. Sievert räusperte sich und begann:

»Meine Herren, das Mathematikabitur umfasst zwölf Aufgaben. Ich habe sie Ihnen an die Tafel geschrieben. Sie müssen sechs bis acht davon lösen, um zu bestehen. Die Reihenfolge bleibt Ihnen überlassen.« Er fügte noch einige aufmunternde Worte hinzu. Gottlob freute sich, dass ein gewisser Spielraum gewährt wurde. Die Schüler der höheren Klassen sollten allmählich an Selbstständigkeit gewöhnt werden, so ähnlich hatte es doch Dr. Haupt, der Rektor, einmal formuliert.

***

Nun wurde es ernst, Gottlob wandte sich der ersten Aufgabe zu.[16] Er las:

»Jemand zahlt am Anfang seines 45. Jahres 4 000 Taler bei einer Altersversicherungsgesellschaft ein, um vom 65. Jahre ab eine am Schlusse jedes Jahres zahlbare Pension von 630 Taler zu beziehen. Wieviel Jahre kann er dieselbe erhalten, wenn die Gesellschaft das Geld zu 3½ Procent benutzt?«

Beim Geld musste der Zinseszins berücksichtigt werden, auch der Logarithmus war anzuwenden, um die gesuchten Jahre im Exponenten zu berechnen. Der gab an, wie oft die Zahl in der entsprechenden Basis mit sich selbst zu multiplizieren war.

»Mal sehen, was noch gefordert wird«, dachte Gottlob gespannt. Die zweite Aufgabe war kurz und prägnant. Es galt, eine algebraische Gleichung dritten Grades zu lösen. Dabei wies die Unbekannte den höchsten Exponenten 3 auf. Mit der nach dem vielseitigen Italiener Geronimo Cardano benannten Lösungsformel hatten sie einige Male im Unterricht gearbeitet. In diese musste man nur über Zwischenrechnungen bestimmte Werte einsetzen und die Lösungen ausrechnen. Die zweite Aufgabe sagte Gottlob zu. Er war gespannt, ob es nur eine reelle Lösung geben würde.

Ergänzung: Kubische Gleichungen

Die Cardanische Formel für kubische Gleichungen enthält die Summe zweier gleichartiger Kubikwurzeln, unter denen jeweils dieselbe Quadratwurzel steht. Sie ist also ziemlich verschachtelt. Sie wurde erstmals in einem Buch von Cardano veröffentlicht, der im 16. Jahrhundert lebte. Es gibt genau drei Lösungen, von denen mindestens eine reell ist, aber zwei auch komplex sein können. Problematisch ist der Fall von drei reellen Lösungen, bei dem in der Formel unter der Quadratwurzel eine negative Zahl steht *(casus irreducubilis)*.[17]

Die dritte Aufgabe ging mit viel Text einher. Dieser beschrieb Zusammenhänge, die in zwei lineare Gleichungen mit drei Unbekannten mündeten. Normalerweise brauchte man für die Eindeutigkeit der Lösungen eine dritte Gleichung. Allerdings waren alle Koeffizienten, diese konstanten Faktoren vor den Unbekannten, ganz und positiv, und die Unbekannten sollten es auch sein. Ihm fiel ein, dass solche Probleme nach dem Griechen Diophant benannt wurden, der um 250 lebte. Ob es bei dieser Aufgabe eine oder viele Lösungen gab, war Gottlob auf Anhieb nicht klar.

»Aber ich werde sie angehen«, ging es ihm durch den Kopf. Ähnliche Aufgaben hatte er im Unterricht gern gelöst.

Die vierte Aufgabe enthielt nur zwei Gleichungen mit jeweils zwei Unbekannten. Diese waren aber teilweise ins Quadrat gesetzt, und in der ersten Gleichung kamen sogar Summen von Brüchen mit Unbekannten vor. Das würde er lieber weglassen. Ob sich sein Mitschüler Heinrich Baumann daran wagen würde? Dem traute er das durchaus zu.

In der fünften Aufgabe sollte eine Geldsumme auf vier Personen aufgeteilt werden. Die Geldbeträge mussten um einen konstanten Faktor anwachsen. Jede Person würde also einen anderen Betrag bekommen, der nach den Formelwerten für geometrische Progressionen zu berechnen war. Das lief wieder auf die Lösung von Gleichungen hinaus. Diese Aufgabe reizte Gottlob besonders, er würde sie als erste lösen.

Die Aufgaben mit den Nummern 6 bis 10 fielen in das Gebiet der ebenen Geometrie. Sie handelten von Vielecken. Zweimal ging es um Sehnenvierecke. Bei ihnen lagen die Eckpunkte auf einem Kreis. Es waren das Verhältnis der Diagonalen im Viereck beziehungsweise Winkel und Flächeninhalt des Vierecks gesucht. Einmal sollten Zusammenhänge in einem Trapez bewiesen werden, einem Viereck mit zwei parallelen Seiten. Schließlich gab es zwei Aufgaben mit Dreiecken, eine hatte einen praktischen Hintergrund. Von einer Turmspitze aus war die Breite eines von dort sichtbaren Flusses zu bestimmen. Zwei Entfernungen und ein Winkel waren bekannt. Sinus und Cosinus, diese elementaren Winkelfunktionen für die Dreiecksberechnungen, würden eine Rolle spielen, wie schon bei anderen geometrischen Aufgaben auch. Sie hatten diese Funktionen ausführlich im Unterricht besprochen.

Die Aufgaben 6, 8 und 10 traute Gottlob sich auf jeden Fall zu. Bei den Aufgaben 6 und 8 mit den Sehnenvierecken konnte man vielleicht die Ergebnisse wechselseitig nutzen. Bei Aufgabe 10 spielte der Inkreis eines Dreiecks eine Rolle. Dieser Kreis im Inneren des Dreiecks berührte dessen drei Seiten.

Die Aufgaben 11 und 12 überflog er nur, sie waren aus dem Bereich der Stereometrie, wo es um geometrische Körper im Raum ging, um ungekürzte und gekürzte Kreiskegel. Dafür reichte die Zeit wohl nicht mehr.

*

Gottlob begann konzentriert, die Lösungen Schritt für Schritt zu entwickeln. Nach der Aufgabe 5 folgten die Aufgaben 3, 2, 8, 6 und 10. Er bewältigte diese ohne große Probleme. Bei der Aufgabe 2 mit der kubischen Gleichung entschloss er sich, nur die reelle Lösung zu berechnen. Die beiden komplexen Lösungen schienen ihm künstlich, ohne wirkliche Bedeutung.[18]

Da ließ sich Dr. Sievert schon vernehmen: »Zehn Minuten bis zur Abgabe. Überlegen Sie, was Sie jetzt noch machen können!« Gottlob schaute erneut auf seine Ausarbeitung. Kleinigkeiten konnten manchmal entscheiden, ob es zum guten Bestehen reichte. Aber er fühlte sich sicher.

Als Dr. Sievert die Arbeiten einsammelte, fragte er Gottlob: »Na, wie lief es?«

Der antwortete wie erwartet recht einsilbig: »Ich bin gut zurechtgekommen.«

»Das freut mich. Grüßen Sie Ihre Mutter von mir«, gab ihm der Lehrer mit auf den Weg. Die freundlichen Worte erinnerten Gottlob daran, dass der Vater vor zwei Jahren verstorben war. Er vermisste ihn noch immer sehr. Etwas wehmütig verließ er das Schulgebäude und wartete auf die anderen.

Es gab noch einen kurzen Austausch über die Ergebnisse. Gottlob ging gedankenverloren nach Hause. Alle schriftlichen Abiturarbeiten lagen jetzt hinter ihm.

»Sollte ich wirklich Mathematik studieren?« Diese Frage wurde nun immer drängender. Naturwissenschaften oder Philosophie wären auch möglich.

Die Mutter nahm ihn zu Hause liebevoll in Empfang. Ihr Gottlob wirkte zufrieden. Das war ein gutes Zeichen. Lange Kommentare waren nicht zu erwarten. Sie war erleichtert. Es war noch nicht lange her, dass er krankheitshalber monatelang aus der Schule genommen werden musste. Einmal hatte sie sogar ein Gesuch eingereicht, ob man ihren Sohn von den schriftlichen Hausarbeiten befreien könnte. Das Gesuch wurde jedoch abgelehnt. Auch Arnold, der jüngere Bruder, ging jetzt von der Schule. Er würde eine Kaufmannslehre aufnehmen. Sie freute sich, dass der noch bei ihr in Wismar blieb. Ohnehin war Arnold nicht so zielstrebig und brauchte ihre Hilfe dringender. Gottlob wollte studieren, den musste sie ziehen lassen.

Dr. Sievert begann noch am selben Tag, sich den Prüfungsarbeiten zuzuwenden. Er legte großen Wert darauf, dass die Schüler die bekannten Formeln mit den variablen Größen umformen und in Zusammenhang bringen konnten. Gespannt suchte er zunächst die Arbeiten der beiden leistungsstarken Schüler heraus. Gottlob Frege lag ihm besonders am Herzen. Sein Elternhaus hatte den richtigen Nährboden für die geistige Entwicklung geboten. Ihm traute er auch ein Mathematikstudium zu.

Dr. Sievert schaute auf Gottlobs gute deutliche Schrift, es gab kaum Streichungen. Alles war wie gewohnt sauber und ordentlich abgeleitet. Verbale Erläuterungen fehlten zwar, aber das war ihm nicht wichtig. Er wusste, dass dies einige Kollegen störte. Es gab immer wieder Bestrebungen für neue Ansätze in der Mathematiklehre, da war auch mal Schnickschnack dabei. Bei der Aufgabe zwei hatte Gottlob nur die reelle Lösung angegeben, die beiden komplexen Lösungen fehlten. Erstaunlich, stellte sich doch am Ende heraus, dass alle anderen fünf Schüler, auch die schwächeren, die Aufgabe vollständig bearbeitet hatten. Dass Gottlob diesen Teil nicht beherrschte, war nicht anzunehmen. Hatte er vielleicht geglaubt, nur die reelle Lösung wäre gefragt? Er wusste um den Eigensinn Gottlobs. Nicht immer richtete sich der nach den Vorstellungen der Lehrer. Aber Dr. Sievert schenkte dem keine weitere Beachtung. Es ging nicht um Kleinigkeiten. Er ergänzte die komplexen Lösungen in Gottlobs Arbeit mit seinem Korrekturstift.

Abbildung 2-3   Das Lösungsblatt zu Aufgabe 5 aus Freges Mathematikabitur

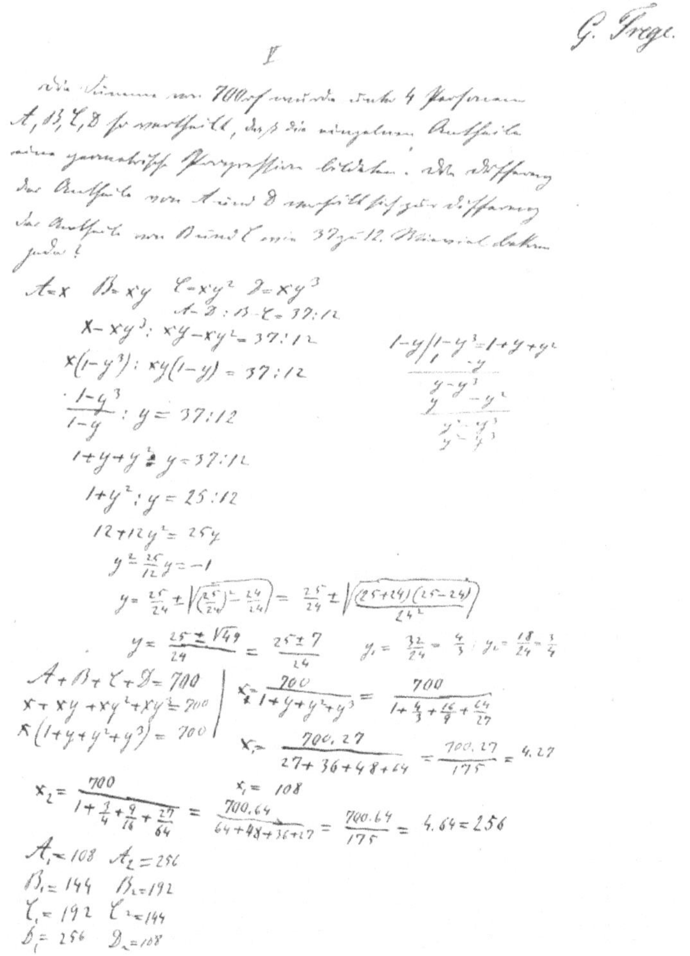

Schließlich schrieb er im Protokoll, dass Gottlob Frege »für sechs Aufgaben …
eine vollkommen richtige Lösung geliefert« hat.

Auch Heinrich Baumann zeigte, wie schon im Unterricht, ansprechende Leistungen. Schade, dass er nicht studieren will, sagte sich Dr. Sievert. Baumann hatte
sogar die schwierige vierte Aufgabe gelöst. Aber sein Vater wollte ihn wohl auf seinem Landgut als Nachfolger behalten. Immerhin, die Ergebnisse der beiden Schüler waren erfreulich. Das war auch sein Verdienst als Lehrer.

Die anderen Arbeiten waren dagegen nicht so gut, zwei mussten sogar von Dr.
Sievert als ungenügend zurückgewiesen werden.[19]

*

Es war Ostersonntag, der 28. März 1869. Wie schön, dachte Gottlob nach dem
Aufstehen, das Abitur liegt hinter mir. Ein neues Leben erwartet mich!

Er hatte die Erwartungen erfüllt, war der Beste geworden und hatte vor allen
anderen ein Zeugnis ersten Grades bekommen. Darauf konnte er stolz sein. Auch
Mutters Lob tat gut. Die freute sich besonders darüber, dass man ihrem Sohn ein
vorbildliches Verhalten attestiert hatte. Wörtlich hieß es: »*Sein Betragen war musterhaft. Sein Fleiß war befriedigend und allen Fächern zugewandt.*« Paul Meyer, einer seiner Mitschüler, war leider durchgefallen.[20]

Auch Arnold verließ die Schule. Er ging mit der Tertia ab und wollte eine kaufmännische Lehre aufnehmen.[21] Augustes Bemühen um eine gute Schulbildung
ihrer Söhne gehörten nun der Vergangenheit an. Welche Berufe würden sie später ergreifen? Würden sie damit eine Familie ernähren können? Die mütterlichen
Hoffnungen und Sorgen bekamen eine neue Dimension.

Als dann die vertrauten Glocken von St. Marien läuteten, wurde es Zeit für
den Kirchgang. Gottlob und Arnold trödelten noch etwas, bis die Mutter sie ermahnte. Bei ihrer Ankunft füllte sich die Kirche bereits. Gottlob nahm das imposante hohe Kirchenschiff heute besonders wahr. Am Altar war Christus nicht als
der Gekreuzigte zu sehen. Nein, ganz oben schwebte er in den Wolken. Sonnenlicht erhellte das Kirchenschiff. Der Gottesdienst, die Osterbotschaft und die Predigt des Pastors taten ihm gut.

Lag in der Auferstehungsgeschichte nicht so viel Hoffnung? Als dann alle mit
kräftigen Stimmen das Lied »Großer Gott, wir loben dich« sangen, berührte es
ihn besonders. Musik hatte etwas Erhebendes und Klares, das den Geist erfrischte.
Begleitet von kräftigen Orgeltönen verließ Familie Frege die Kirche.

»Ich möchte noch gern zum Hafen gehen«, erklärte Gottlob beschwingt. Etwas Bewegung würde ihm gut tun.

»Ja, aber sei bitte pünktlich zum Mittag«, sagte die Mutter. Gottlob trat durch
das Wassertor. Es gehörte zur alten Stadtmauer, die man, nachdem die Zölle nicht

Abbildung 2-4 Das Innere von St. Marien
mit Blick auf Altar und Chor

Abbildung 2-5 Das Innere von St. Marien
mit Blick auf die Orgel

Abbildung 2-6   Stahlstich von Wismar, Mitte des 19. Jahrhunderts

mehr erhoben wurden, im Jahr 1868 zusammen mit dem Altwismartor und dem Lübschen Tor fast überall abgerissen hatte.

»Das Wassertor werden sie wohl stehenlassen?« fragte sich Gottlob. Die alten Bauten hatten doch einen besonderen Wert. Würziger Geruch kam ihm entgegen. Dankbar spürte er die frische Luft und atmete tief ein. Das Treiben am Hafen lockte ihn schon immer an. Der Blick von der Kaikante auf das Wasser, die schier endlose Ostsee, ließ ihn an die unfassbare Ausdehnung der Erde denken. Welcher Horizont wird sich auftun, wenn er jetzt zum Studium geht? Zu weit hinaus würde es ihn sicher nicht treiben, stellte er beruhigt fest.

Dann wandte er sich um und sah wieder auf seine Stadt. Wie doch die drei großen Kirchen, St. Nikolai, St. Marien und St. Georgen alles überragten! Dem Glauben war eine sichere Heimstatt gegeben. Darunter ausgebreitet und wie von ihnen behütet lagen im Halbrund die Häuser und Anwesen. Ob er wohl dereinst nach Wismar zurückkehren würde? Die Vorstellung der Fremde reizte und ängstigte ihn zugleich.

Doch zuversichtlich schlenderte er nach Hause. Dort erwartete ihn schon das liebevoll bereitete Mittagessen. Mutter Auguste verlebte mit ihren Söhnen noch einmal einen festlichen Tag.

Anmerkungen zu Kapitel 2

1   Eduard Haupt war von Ostern 1813 bis Ostern 1823 Schüler der Großen Stadtschule in Wismar. Siehe (Kreiser, 2001, S. 43).

2 Hier und im Folgenden stehen sinngemäße und originale Zitate aus der Rede von Eduard Haupt am 29.9.1864 zur Eröffnung des Examens an der Großen Stadtschule. Er sprach »Über die wissenschaftliche Aufgabe der Schule«. Programm der Großen Stadtschule zu Wismar 1867. Archiv der Hansestadt Wismar, Kastenarchiv Techen, Kasten 37 (Große Stadtschule), Nr. 183, S. 1–12.

3 Schulprogramm 1869. Archiv der Hansestadt Wismar, Kastenarchiv Techen, Kasten 37 (Große Stadtschule), Nr. 185.

4 Anton Friedrich Johannes Haupt lebte von 1800 bis 1835, starb also sehr früh. Mit 26 Jahren wurde er bereits Bürgermeister in Wismar und blieb es bis zum Lebensende. Er schuf die Armenordnung, gründete eine Ersparnisanstalt (Sparkasse) und verhandelte mit der großherzoglichen Regierung Sonderrechte für die Stadt. Er gilt als einer der bedeutendsten Bürgermeister Wismars. Heute ist dort eine Straße nach ihm benannt, die Bürgermeister-Haupt-Straße. Siehe auch (Hollatz, 2006, S. 35–38)

5 Zu den Bestrebungen von Eduard Haupt und Caesar Frege an der Großen Stadtschule siehe (Kreiser, 2001, S. 32 ff.)

6 Siehe Schulprogramm 1864. Archiv Hansestadt Wismar, Kastenarchiv Techen, Kasten 37 (Große Stadtschule), Nr. 180.

7 Geschichte der Freimaurer-Loge »Zur Vaterlandsliebe« zu Wismar a. d. Ostsee von August Liese. Archiv der Hansestadt Wismar. Kastenarchiv Techen, Kasten Freimaurer, Nr. 41.

8 Siehe vorige Endnote 7

9 Gedächtnisrede von Dr. Theodor Nölting für den verstorbenen Rektor Dr. Eduard Haupt in der Großen Stadtschule am 6. Juli 1868. Programm der Großen Stadtschule zu Wismar 1868, Archiv der Hansestadt Wismar, Kastenarchiv Techen, Kasten 37 (Große Stadtschule), Nr. 184, S. 6 ff.

10 Schulprogramm 1868. Archiv der Hansestadt Wismar, Kastenarchiv Techen, Kasten 37 (Große Stadtschule), Nr. 184.

11 Archiv der Hansestadt Wismar. Programm der Großen Stadtschule zu Wismar 1863–1872, IX 172, Schulprogramm 1868, S. 7, S. 17 f. Zitiert in (Kreiser, 2001, S. 38–39).

12 Abitur Ostern 1869, Archiv der Hansestadt Wismar, Große Stadtschule, 355.

13 Abitur Ostern 1869. Archiv der Hansestadt Wismar, Große Stadtschule, 355. Siehe auch im Anhang *Abiturarbeiten von Gottlob Frege (geschrieben Februar/März 1869)*. Eine Ode des Horaz wurde aus dem Lateinischen übersetzt und kommentiert (Horaz, 1981, S. 3, Oden Buch IV).

14 Abitur Aufsatz Deutsch[-Geschichte], Ostern 1869. Archiv der Hansestadt Wismar, Große Stadtschule, 355. Es folgen Überlegungen und Zitate aus

Gottlob Freges Aufsatz. Siehe auch im Anhang *Abituraufgaben von Gottlob Frege, Aufsatz.*

15   Diese Gesetzgebung ist Gaius Stolo Licinius zu verdanken, einem römischen Politiker und Philosophen.

16   Abitur Mathematik, Ostern 1869, Aufgabenstellung von Dr. Siewert vom 9.2. 1869. Archiv der Hansestadt Wismar, Große Stadtschule, 355, Bl. 215. Gottlob Frege, Aufgaben und Lösungen. Siehe auch im Anhang *Abituraufgaben von Gottlob Frege, Fach Mathematik.*

17   Heute wird die *Cardanische Formel* (auch: Cardanosche Formel) zur Lösung einer kubischen Gleichung in *x* mit der Struktur

$$x = a + \sqrt[3]{b + \sqrt{D}} + \sqrt[3]{b - \sqrt{D}}$$

kaum noch verwendet, zumal man bei einer negativen Diskriminante *D* kubische Wurzeln aus komplexen Zahlen erhält. Zur Formel siehe z.B. (Bartsch, 1993, S. 103–104), (Wußing & Arnold, 1983, S. 116–118). Kennt man eine reelle Lösung *c*, kann man das kubische Ausgangspolynom durch den Linearfaktor *x* − *c* dividieren. Das führt auf ein quadratisches Polynom, dessen Nullstellen die beiden anderen Lösungen der gegebenen Gleichung sind. Graphisch stellt das Ausgangspolynom eine kubische Parabel dar, deren Nullstellen gerade die reellen Lösungen der kubischen Gleichung sind. Nach dem *Fundamentalsatz der Algebra* hat eine Gleichung *n*-ten Grades im Bereich des Komplexen genau *n* Lösungen. Den ersten Beweis dieses Satzes hat Carl Friedrich Gauß 1799 in seiner Dissertation geliefert. Siehe z.B. (Wußing, 2008/2009, S. 184–185, Band 2). Hier geht es um den Fall *n* = 3.

18   Abitur Mathematik, Ostern 1869, Lösung der Aufgaben von Gottlob Frege. Archiv der Hansestadt Wismar, Große Stadtschule, 355, Bl. 179.

19   Abitur Mathematik, Ostern 1869, Bewertung der Ergebnisse vom 19.2.1869 durch Dr. Sievert. Archiv der Hansestadt Wismar, Große Stadtschule, 355, Bl. 177.

20   Protokoll gehalten in der Prima der Großen Stadtschule in Gegenwart der Scholaren und Lehrer, Ergebnis des Abiturs 1869 der Großen Stadtschule, ohne Datum. Archiv der Hansestadt Wismar, Ratsbibliothek, Große Stadtschule (1863–1872) IX, 172. Siehe auch Schulprogramm 1869. Archiv der Hansestadt Wismar, Kastenarchiv Techen, Kasten 37 (Große Stadtschule), Nr. 185. Siehe auch Abitur, Ostern 1869, Ergebnisse. Matura Z. vom 8.3.1869. Archiv der Hansestadt Wismar, Große Stadtschule, 355.

21   Schulprogramm 1869. Archiv der Hansestadt Wismar, Kastenarchiv Techen, Kasten 37 (Große Stadtschule), Nr. 185. Archiv der Hansestadt Wismar, Ratsakte, Abt. III, 3, J. Zusatzprotokollbuch, Quinta 1861-Ostern 1870. Siehe auch (Kreiser, 2001, S. 41).

*

Die vier Primaner Frege, Mühlenbruch, Schönherr und Thiessenhusen entschlossen sich, gemeinsam in Jena zu studieren. Die dortige Universität lag weiter entfernt als die Universitäten in Rostock und Greifswald. Dennoch galt Jena als beliebter Studienort. Es war klein und überschaubar wie Wismar und nicht so überlaufen wie die Universitätsstädte Berlin oder Göttingen. Unlängst hatten sich dort auch die ehemaligen Wismarer Schüler Hermann Burmeister, Robert Marsmann und Gustav Walther eingeschrieben.

Ermutigend war außerdem, dass Leo Sachse, der junge Mathematiklehrer an ihrer Schule, sie in dieser Entscheidung bestärkte. Er kam aus Jena. Gottlob war mit ihm näher bekannt geworden, als er auf Anraten der Mutter von Sachse Privatunterricht bekam, um das krankheitsbedingte Fehlen in der Schule auszugleichen. Sachse half auch, für Gottlob bei der Jenenser Familie Lurz Unterkunft zu finden. Er hatte dort einige Zeit selbst gewohnt. Damit war schon einmal die leidige Zimmerfrage geklärt.

Die Mutter freute sich sehr über Sachses Unterstützung. Es beruhigte sie auch, dass ihr Sohn nun in Begleitung der drei Schulkameraden nach Jena ging.

In der zweiten Aprilhälfte des Jahres 1869 kam der Tag, an dem Abschied genommen werden musste. Gottlob umarmte die Mutter und den Bruder. Ein Koffer und ein Rucksack enthielten die notwendigen Dinge. Die Begleitung zum Bahnhof lehnte er aber ab. Lange Abschiede waren für ihn eher belastend.

»Pass gut auf dich auf, mein Junge«, sagte die Mutter eindringlich, »achte auf dein Geld und schreibe uns ab und zu einen Brief!« Die Mathematik würde wohl das Richtige für ihn sein, dachte sie noch.

Am Bahnhof angekommen wies Gottlob sein Billett vor. Heute würde er auf die große Reise gehen. Es war schon ein besonderes Gefühl, als das Pfeifsignal des Schaffners ertönte und der Zug sich langsam in Bewegung setzte. Zunächst ging die Fahrt bis Hagenow. Gottlob schaute aus dem Fenster. Die schöne mecklenburgische Landschaft mit den sanften Hügeln sollte er wohl für eine Weile nicht zu sehen bekommen. Trotzdem mischte sich kaum Bedauern unter seine Gedanken. Er war viel zu sehr gespannt darauf, was ihn erwartete.

Als Gottlob in Hagenow ausstieg, hieß es auf dem Bahnhof gleich »Hallo!« Wilhelm Mühlenbruch, dessen Vater Amtmann in Hagenow war, erwartete ihn schon. Bald traf auch Wilhelm Schönherr aus seiner Heimatstadt Boizenburg mit dem Zug in Hagenow ein. Zu dritt kampierten sie im Hause Mühlenbruch. Doch erst am folgenden Morgen, als der Schnellzug Hamburg-Berlin in Hagenow einfuhr, begann das richtige Abenteuer. Keiner von ihnen war schon einmal in Berlin oder Thüringen gewesen. Der Zug ratterte im gleichmäßigen Takt über die Schienen. Diese Bahnstrecke gab es schon seit 1846. Die Reise führte über Ludwigslust, Wittenberg, Neustadt/Dosse und Spandau. Ab und zu gab es einen kurzen Halt. Sie saßen entspannt in ihrem Abteil. Es blieb viel Zeit zum Erzählen.

»Du willst nun Lehrer werden, Gottlob?«, spöttelten die Freunde. »Ausgerechnet Mathematik? Da hast du dir aber etwas vorgenommen!« Die beiden anderen waren froh, dieses Fach hinter sich gebracht zu haben.

»Lehrer zu werden, wie meine Eltern, kann ich mir gut vorstellen, und die Mathematik sagt mir schon zu«, entgegnete Gottlob bestimmt und argumentierte: »Ihr habt euch also der Jurisprudenz verschrieben? Die würde mir weniger liegen. Paragrafen über Paragrafen, eine verwirrende Welt, in der verschiedene Deutungen möglich sind. Denkt an den Satz des Pythagoras für rechtwinklige Dreiecke. Der ist so wunderbar klar und unumstößlich.« Das Gelächter der Freunde ließ Gottlob unberührt. Er kannte diese Scherze. Es hatte keinen Zweck, weiter darauf einzugehen. Andere zu verspotten war eben ein lustiger Zeitvertreib.

Carl Thiessenhusen, der Vierte im Bunde, war schon vor zehn Tagen nach Jena abgereist. Carl wollte Philologie belegen. Über Abwesende ließ sich besonders gut lästern. Ach, diese elende Paukerei mit den Sprachen! Das war nichts für sie, darin waren sich alle drei einig. Einer der Freunde kam dann auf Fritz Reuter zu sprechen, den inzwischen in ganz Deutschland berühmten mecklenburgischen Heimatdichter. Reuter hatte 1832 auch in Jena studiert.

»Das ist ihm aber damals gar nicht bekommen«, bemerkte Mühlenbruch. »Er trat der Burschenschaft bei. Da wurde mächtig Rabatz gemacht. Man forderte Einheit und Freiheit für ganz Deutschland. Die Obrigkeit witterte Hochverrat, und Reuter wurde sogar zum Tode verurteilt.«

»Zum Glück haben sie ihn begnadigt, aber er hat lange in einer Festung gesessen«, wusste Schönherr zu ergänzen. Im Winter 1865 war Reuter auch nach Wismar gekommen. Junge Leute hatten ihn mit einem Fackelzug geehrt. Schönherr erinnerte sich: »Ja, das hat mich damals sehr beeindruckt, obwohl es ganz schön kalt war.«

Die Drei machten sich Gedanken über die politische Lage. Mit der Einheit Deutschlands schien es durch Otto von Bismarck inzwischen voranzugehen. Unter preußischer Führung war es nach dem Krieg mit Österreich zur Gründung des Norddeutschen Bundes gekommen. Dieser Bund vereinte alle deutschen Staaten nördlich der Mainlinie. Würden bald die süddeutschen Staaten folgen? Würde Frankreich dies denn zulassen? Irgendwie war zu spüren, dass sich da etwas zusammenbraute. Sie diskutierten eifrig darüber, und die Zeit verging wie im Fluge.

Als die jungen Männer dann auf dem Hamburger Bahnhof in Berlin ankamen, staunten sie sehr. Was für eine große, noble Bahnhofshalle und welch ein Gewimmel auf den Straßen! Das kannten sie nicht aus ihren kleinen Städten. Soviel Geschäftigkeit! Was hatten die Leute bloß alles zu tun? War dies schon die große, weite Welt?

Zum Glück gab es einen großen Wartesaal. Er bot genug Platz, die Zeit zu überbrücken. Es sollte erst Stunden später weitergehen. Die angehenden Studiosi schauten interessiert zu, wie sich die Leute dort aufführten. Der derbe Berliner Jargon wirkte auf sie jedoch befremdlich.

Schließlich fuhren sie mit der Droschke zum Anhalter Bahnhof. Belebte Straßen zogen an ihnen vorüber. Bald saßen sie wieder im Abteil eines Schnellzuges gen Süden.

»In Weimar müssen wir aussteigen, wir werden dort spät eintreffen«, wussten die Freunde.

»Zu dumm, dass Jena noch keinen Bahnhof hat«, warf Gottlob ein, »da müssen wir wohl nach Jena wandern«, fügte er verschmitzt lächelnd hinzu.

»Das kannst du aber nicht im Ernst meinen, wir zu Fuß, mit unserem Gepäck! Es wird ja auch in Weimar ausreichend Droschken geben«, bemerkte Mühlenbruch.

»Ob uns in Weimar wohl Schiller über den Weg läuft?«, spaßte Schönherr. »Unsere Lehrer wären begeistert!« Er gefiel sich darin zu zitieren:

»Mich hält kein Band, mich fesselt keine Schranke,
frei schwing ich mich durch alle Räume fort.
Mein unermesslich Reich ist der Gedanke,
und mein geflügelt Werkzeug ist das Wort.«[1]

»Wie wunderbar doch Sprache klingen kann«, fanden die beiden anderen. Schönherr setzte etwas bedachter hinzu: »Schillers Vorstellungskraft ist enorm gewesen.

Auch mit der Historie kannte er sich gut aus. Er war nie in der Schweiz, und doch gilt auch dort sein ›Wilhelm Tell‹ so viel!«

»Dass Gedanken solch eine Wirkung entfalten können!«, meinte Gottlob beeindruckt. Es musste großartig sein, andere mit geistreicher Sprache zu beflügeln.

Irgendwann ging auch diese lange Bahnfahrt in Weimar zu Ende. Es war spät geworden. Die Nacht verbrachten sie im Wartesaal. Das konnte den jungen Leuten wenig anhaben. Plaudernd und scherzend verging die Zeit. Früh am Morgen entdeckten sie eine freie Droschke. Auf nach Jena! Froh nahmen sie Platz, der Kutscher verstaute das Gepäck.

Nach einer abwechslungsreichen Fahrt durch hügelige Landschaften kamen sie endlich in Jena an. Als sie ausstiegen, atmeten sie tief durch, reckten und streckten sich, um dann beherzt ihr Gepäck zu ergreifen.

»Was haltet ihr davon, wenn wir morgen gemeinsam die Stadt erkunden?«, hieß es noch. Eine gute Idee. Als Treffpunkt wurde der Markt ausgemacht, um neun Uhr. Gottlob suchte das Quartier auf, das Leo Sachse ihm vermittelt hatte. Er wurde von Frau Lurz, der Vermieterin, ausgesprochen freundlich empfangen. Als sie ihn schließlich allein ließ, setzte er sich in seinem Zimmer an den Tisch. Er dachte zufrieden: Geschafft, im doppelten Sinne des Wortes! Die lange Anreise, die vielen Eindrücke, er wollte sie nun in aller Stille auf sich wirken lassen.

*

Am nächsten Morgen machte Gottlob sich nach einem ausgiebigen Frühstück auf den Weg. Frau Lurz hatte gut vorgesorgt. Sie ahnte wohl, dass er erst wieder zu Kräften kommen musste. Mühlenbruch und Schönherr waren schon da, als er auf dem Markt eintraf. Sie tauschten sich erst einmal darüber aus, wie sie es mit ihren Unterkünften angetroffen hatten. Alle drei waren zufrieden und zuversichtlich.

Frühling lag in der Luft, die Sonne schien, aber auch mit Aprilschauern war noch zu rechnen. Interessiert schauten sie sich um. Der würdige alte Platz bot sich ihnen dar, gesäumt von hohen Häusern und dem charakteristischen Rathaus mit den zwei spitzen Giebeln.

»Ein Zeuge vergangener Jahrhunderte und alter akademischer Freiheit«, bemerkte Gottlob beeindruckt. Gerade schlug die große Uhr des Rathauses zur neunten Stunde. Eine beseligende Ahnung ergriff ihn. Auch sie würden nun bald zu den freien jungen Männern gehören, die hier in Jena den Ton angaben. Unser Markt in Wismar ist größer, dachte Gottlob noch, und unser Rathaus kann sicher mithalten. Plötzlich fiel ihnen auf, dass sie beobachtet wurden. Schon traten zwei junge Herren in nobel wirkenden Anzügen an sie heran. Beide trugen auffällige Mützen und hatten Spazierstöcke in der Hand. Es waren eindeutig Studenten aus höheren Semestern.

Abbildung 3-1 Das Rathaus in Jena

»Sie sind gewiss neu hier in Jena und wollen ins Studium eintreten?«, fragte der eine.

»Ja«, kam es unisono von den Dreien.

»Haben Sie heute schon etwas vor? Wenn nicht, könnten wir Ihnen die Stadt zeigen.« Frege, Mühlenbruch und Schönherr stimmten zu. Es war bestimmt von Nutzen, sich Ortskundigen anzuvertrauen.

»Dann führen wir Ihnen erst einmal unseren ›Hanfried‹ vor.« Sie gingen auf ein bronzenes Denkmal zu, das von einem schmiedeeisernen Zaun umgeben war.

»Gestatten«, sagte einer ihrer Stadtführer, und er machte einen Bückling dazu, »dies ist Kurfürst Johann Friedrich I., der ehrwürdige Gründer unserer Universität. Ist er nicht inspirierend mit seinem starken Schwert in der rechten Hand? Links hält er, weil er nach der Reformation um die wahre Lehre besorgt ist, die Bibel. Man nennt ihn sogar den Großmütigen. Wir sagen aber im Spaß, dass er das Kommersbuch hält, denn unser ›Hanfried‹ bekommt viel zu sehen. Hier gibt es oft lebhaftes Treiben. An den Markttagen werden frische Lebensmittel angeboten. Doch vor allem halten die Studenten hier ihre Frühschoppen, ihren Kommers, ab.«

»Nachts muss er sich so manchen derben Streich gefallen lassen, aber das macht ihm nichts aus«, ergänzte der andere. Er wies auf Gaststätten und Weinstuben, die sich hier aneinanderreihten. »Wir nennen diesen Teil des Marktes die ›Feuchte Ecke‹. Der Name kommt nicht von ungefähr.« Alle lachten und schritten nun auf die Stadtkirche St. Michael zu.

Ein hoher Turm, aber unsere drei Backsteinkirchen in Wismar sind gewaltiger, stellte Gottlob für sich fest. Nun wollten die selbsternannten Stadtführer ihnen die Universitätsgebäude zeigen.

»Haben Sie sich denn schon in die Matrikel eingeschrieben?« Mühlenbruch antwortete, dass dies erst für den nächsten Tag vorgesehen ist. Sie gingen ein Stück die Johannisstraße entlang, blickten auf das hohe Stadttor, das mitsamt den angrenzenden Mauern zur alten Befestigungsanlage gehörte. Gottlob sah würdige Häuser mit Rundbogenportalen, die ihm schon in den anderen Straßen aufgefallen waren. Die Erbauer hatten sie kunstvoll aus Sandstein errichtet, eigentümlich wirkten auf beiden Seiten die Sitznischen. Da konnte man offenbar behaglich Platz nehmen und alles beobachten, was auf der Straße passierte. Ein paar Schritte weiter kamen sie zur Bibliothek.

»Meine Herren, vermutlich werden Sie diese würdige Stätte häufiger aufsuchen wollen«, bemerkte einer der Stadtführer nicht ohne Ironie. Dabei war es richtig schön anzusehen, das große, zweistöckige Gebäude, das durch die Klarheit seiner Linienführung imponierte. Auf der rechten und der linken Seite befand sich jeweils ein Eingang, der eine von Säulen getragene Überdachung hatte. Treppen führten zu den zwei Eingängen herauf. Der ganze Bau wirkte angenehm klassisch.

Dann kamen sie am breit angelegten Fürstengraben vor ein repräsentatives mehrstöckiges Bauwerk.

»Und dies ist das Neue Collegiengebäude«, hieß es achtungsvoll, »in dem viele der Vorlesungen stattfinden. Lassen Sie uns doch hineingehen und es einmal von innen betrachten.« Dazu waren Frege, Mühlenbruch und Schönherr nur allzu bereit. Lange Flure schritten sie nun respektvoll entlang, warfen gespannt Blicke in die Hörsäle und Studierräume. Hier würden sie wohl schon in den nächsten Tagen sitzen, um zu lernen.

Dann besuchten sie das alte Collegium Jenense, das nicht weit entfernt war. Sie gingen in den Innenhof des in der Reformation aufgelassenen Dominikaner-Klosters.

»Hier zog 1548 die neugeschaffene ›Academia Jenensis‹ ein. Neben der Collegienkirche,[2] die für Gottesdienste und festliche Anlässe der Universität genutzt wird, gibt es weitere Räumlichkeiten, vor allem für die Anatomie und Physiologie«, wurde ihnen von den Stadtführern berichtet.

»Der gestrenge Herr Universitätshauptmann haust an diesem Ort, der alle Vergehen contra usum grimmig ahndet, nächtlichen Ulk und so weiter. Na, die Herren werden ja hoffentlich nicht mit ihm in Konflikt kommen.«

»Davon können Sie getrost ausgehen«, antworteten die Angesprochenen unisono.« Ein wenig Flachserei tat allen gut. Der kleine Rundgang war jetzt zu Ende.

»Wie ist es, wollen Sie noch auf ein Bier in unsere Kneipe mitkommen?«, fragte einer der beiden Stadtführer. Die drei Neuen stimmten nach leichtem Zögern zu. Warum sich nicht in gemütlicher Runde noch etwas berichten lassen von diesen Herren? Sie verfügten sicher über Erfahrungen, die nützlich sein könnten.

Gottlob hörte aufmerksam zu, was die beiden Fortgeschrittenen über die Studienfächer und die Professoren wussten. Einige der Professoren unterrichteten sogar in ihren Häusern, erfuhr er.

Und dann wollten die neuen Bekannten plötzlich auf etwas Anderes hinaus.

»Wir sind Corpsbrüder«, erklärten sie, »ihr seht es an unseren Mützen. Die Farben, die wir tragen, geben Auskunft darüber, welcher Burschenschaft, auch Verbindung genannt, wir angehören.« Frege, Mühlenbruch und Schönherr wussten bisher wenig davon. Sie sollten offenbar angeworben werden.

»Wenn Sie Lust haben, laden wir Sie gerne zu uns ein. Da können Sie sich mit unseren Gepflogenheiten vertraut machen. Gerade für Neuankömmlinge bietet sich eine sehr gute Möglichkeit, eine verschworene Gemeinschaft zu finden, die Ihnen an der Universität und auch darüber hinaus zur Seite steht«, erklärten sie.

»Und kostet die Mitgliedschaft etwas?«, fragte Schönherr mit einigem Unbehagen.

»Ja, natürlich«, lautete die Antwort, »aber es wird dann schon ausgeholfen, wenn jemand vorerst nicht zahlen kann.« Hieß das nicht, Schulden zu machen? Gottlob dachte daran, dass Leo Sachse von den Verbindungen abgeraten hatte. Der sprach von Geld- und Zeitverschwendung. Früher, so hatte Sachse betont, gab es sie, die ehrenwerten politischen Ziele von Einheit und Freiheit. Die Allgemeine Burschenschaft wurde 1818 in Jena erstmals als Studentenverbindung für ganz Deutschland gegründet. Die Stadtführer redeten mit Engelszungen und schwärmten wortreich. Gottlob hielt sich zurück und stellte keine Fragen. Dies war wohl nichts für ihn. Auch die Freunde wirkten wenig begeistert. Höflich dankend verabschiedete man sich. Mit Mühlenbruch und Schönherr würde Gottlob jedenfalls am nächsten Tag zur Immatrikulation gehen. Das war ausgemacht.

*

Auf dem Weg in sein Quartier überdachte Gottlob seine Eindrücke. Jena mit seinen winkligen, engen Gassen gefiel ihm durchaus. Die Stadt hatte etwas Friedfertiges, Behagliches. Viele Bürger lebten in kleineren Häusern. An den Fenstern sah man bereits Blumenkästen. Schon Leo Sachse hatte von den vielen schönen Geranien und Fuchsien berichtet.

Ausgelassene Studenten, die Mützen identifizierten sie als Corpsbrüder, kamen plötzlich auf einem kutschenähnlichen Gefährt entgegen. Es handelte sich um eine sogenannte Spritzfahrt, wie Gottlob später erfuhr. Der eine trank aus einer Bierflasche, die anderen hatten lange Pfeifen und bliesen ihren Tabakqualm in die Luft. Sie preschten förmlich durch die Straße, trieben das Pferd an. Dann hielten sie, standen auf und sangen auch noch lauthals. Grölend winkten sie zu den Fenstern hinauf. Junge Frauenzimmer winkten zurück, während andere verständnislos den Kopf schüttelten.

Am liebsten wollen die Mädels wohl mitfahren, dachte Gottlob. Er fühlte sich darin bestärkt, keiner Verbindung beizutreten. War nicht bei diesen Studenten auch so etwas wie Dünkel zu spüren? Das war nicht seine Sache.

Am nächsten Tag, am 26. April 1869, trafen sich Frege, Mühlenbruch und Schönherr zur Immatrikulation.[3] Als sie sich dann an der Universität eingeschrieben hatten, konnten sie ihre Freude kaum verbergen. Soeben waren sie in die akademische Welt eingetreten. Sie gehörten jetzt zu den Studenten und wollten mit ganzem Herzen dabei sein. Durch die unterschiedlichen Studienrichtungen würden sie sich wohl nicht mehr so oft sehen. Aber sie würden sich in Jena nicht aus den Augen verlieren.

*

Bereits in den ersten Tagen dieses Sommersemesters freundete sich Gottlob mit August Michaelis an. Der wirkte sympathisch und strebsam. Michaelis hatte schon viel erlebt. Er erzählte, dass er in Göttingen Pharmazeutische Chemie studiert und ein Jahr in Bremen als Apotheker gearbeitet hatte. Daher besaß er schon genügend praktische Erfahrung. Er war weiter sehr an der Chemie interessiert und wollte sein Wissen in diesem Fach in Jena vertiefen.

Es war ein schöner Sonntag im Mai 1869, als Gottlob mit August Michaelis, seinem neuen Freund, nach Ziegenhain wanderte. Andere hatten von diesem Dorf in der näheren Umgebung geschwärmt. Sie empfahlen, in Höhe des ›Paradieses‹, einer an der Saale gelegenen parkähnlichen Wiesenlandschaft, die Fähre zu benutzen. Beide folgten dieser Empfehlung. Die Fähre legte gerade dort an, wo der Bach des Ziegenhainer Tales in die Saale mündet. Sie gingen den Bach entlang. Der Weg führte leicht aufwärts.

Es tat Gottlob gut zu wandern und die Gegend zu erkunden. Seinem Begleiter schien die schöne Landschaft ebenfalls zu gefallen. Sie redeten nicht viel, fanden aber bald heraus, dass ihre Väter beide Theologie studiert hatten, eine bemerkenswerte Gemeinsamkeit.

Auf der linken Seite blickten sie auf den teilweise bewaldeten Hausberg und den Fuchsturm, rechts waren die Kernberge zu sehen. Das frische Grün leuchtete. Es war schon sommerlich. Die Bauern mussten sich bestimmt recht mühen, wenn sie die höherliegenden kleinen Ackerflächen bewirtschafteten. Es war bekannt, dass man in Jenas Umgebung vor Zeiten Weinbau betrieben hatte.

»Sicher ist das auch hier geschehen«, sagten sich die jungen Männer. Eine Weintraube zierte doch sogar das Siegel der Stadt. Die Menschen schätzten den belebenden Wein schon seit Jahrhunderten.

Da erblickten sie auch schon das Dorf Ziegenhain, das von seinem Kirchturm überragt wurde. Gottlob erkannte, dass das Tal hinter dem Dorf endete. Dort formte sich das Bergland wieder auf.

»Wie vor der übrigen Welt versteckt«, befand er. August stimmte ihm zu. So friedlich wirkte alles in der Sonntagsruhe. Es roch nach Viehwirtschaft, offenbar gab es auch Kleingewerbe. Drei Straßen umgaben die Kirche und bildeten ein Dreieck. Häuser und Hofgebäude grenzten aneinander, das mochte in früherer Zeit für die Abwehr von Feinden von Bedeutung gewesen sein.

Im Unterschied zu den Dörfern in Mecklenburg glich Ziegenhain eher einer sehr kleinen wehrhaften Stadt. So hieß eine der Straßen zutreffend Wehrgasse.

Vor dem Wirtshaus, das sich am Dorfeingang befand, saßen schon gut gelaunte Gäste. Gottlob und August gesellten sich zu ihnen. Von der frühsommerlichen Hitze durstig geworden, bestellte jeder einen halben Liter Bier, den ihnen die Wirtin in hölzernen Krügen vorsetzte. »Auf Ex! Wie es sich für Studenten gehört!«, rief August vergnügt. Das gelang beiden auf Anhieb.

Was für eine reizvolle Umgebung! Gottlob sah sich nun in Jena auf dem richtigen Weg. Es war eine angenehme Vorstellung, gelegentlich die Studierstube verlassen zu können und zu wandern.

Aber es schien ratsam, den lärmenden Corpsstudenten, die am Nachmittag zunehmend das »Bierdorf« bevölkerten, aus dem Weg zu gehen. Nach Trinkerei und Pöbeleien stand ihnen nicht der Sinn. Sie beschlossen daher, bald die drei Kilometer nach Jena zurückzuwandern.

*

Die ersten Wochen des Semesters waren vergangen. Gottlob hatte bereits einiges in Erfahrung gebracht. Wie auch andernorts üblich, gab es an der Jenaer Universität vier Fakultäten, die theologische, die juristische, die medizinische und die philosophische. Die philosophische Fakultät war erst 1818 den anderen gleichgestellt worden und umfasste inzwischen auch die Mathematik und die Naturwissenschaften. Fast ein Drittel der etwa 400 Studenten gehörte ihr jetzt an.

Bei den Vorlesungen wehte ein anderer Wind als in der Schule. Das bekam man schnell zu spüren. Hier ging kein Lehrer durch die Bankreihen, der Mitarbeit einforderte und Hausaufgaben anordnete oder gar Noten erteilte. Gottlob verstand, dass nur Selbstständigkeit und zielstrebiges Lernen zu einem erfolgreichen Abschluss führen würden. Studieren war anspruchsvoll. Das Wissen vermehrte sich enorm und Universalgelehrtheit war kaum noch denkbar.

Die Studenten der philosophischen Fakultät wurden in der Regel zu Lehrern für den höheren Schuldienst ausgebildet. Wer sein Wissen gern an Jüngere weitergab, dem eröffnete sich dann eine befriedigende berufliche Perspektive.

Gottlob merkte, dass er bei den Lehrveranstaltungen gut folgen konnte. Vor allem war das wohl ein Verdienst seiner ehemaligen Lehrer, wie er dankbar feststellte. Andere hatten mehr fachliche Schwierigkeiten und weniger Lust zum gründlichen Studium.

»An der Universität hat man keinen vorgegebenen Studienplan, du musst dir die Vorlesungen selbst auswählen«, hatte Leo Sachse zu Gottlob gesagt und ihn beraten. Aber schon früh entwickelte er eigene Vorstellungen, prüfte, was ihn anzog.

Besonderen Wert legte er darauf, das Wesen mathematischer und naturwissenschaftlicher Lehrsätze zu verstehen. Kein Stochern im Ungewissen, sondern einwandfreie Beweisführungen und Klarheit der Gedanken imponierten ihm.

Es war richtig, dass er am Anfang Professor Schaeffers Vorlesungen über Analytische Geometrie und Experimentalphysik gewählt hatte. Dieser gutmütige Professor trug zwar kaum etwas zur Forschung bei, konnte das Wissen jedoch für alle verständlich vermitteln. Dazu hatte er noch viel Humor. Die Studenten lagen ihm wirklich am Herzen. Schon seit 1850 bemühte er sich um die jungen Menschen, die jederzeit mit Fragen und Problemen zu ihm kommen konnten. Er hatte ein gutes Gespür dafür, schwierige Sachverhalte anschaulich zu erklären.

Gottlob wusste, dass Geometrie und Arithmetik die ursprünglichen Disziplinen der Mathematik waren. Mit ihnen sollte man auch beim Studium beginnen. Und dann die Experimentalphysik! Was hatte der Professor Schaeffer nicht alles an Apparaten und Modellen für die Anschauung entwickelt! Theoretisches und Praktisches verschmolzen und wurden damit verständlich. Vater und Mutter hätte es gefallen, wie sich Schaeffer über die Lehrtätigkeit an der Universität hinaus für die Bildung der Allgemeinheit einsetzte. In öffentlichen Vorträgen ging es um Telegrafie, Astronomie, Meteorologie und Maschinenkunde. Mit Kindern spielte er zu Hause und auf der Straße, um ihnen erste wissenschaftliche Kenntnisse zu vermitteln.[4]

Gottlob wollte seiner Mutter in einem Brief darüber berichten. Sicher wartete sie schon sehnlich auf weitere Nachrichten aus Jena.

Auch die Vorlesungen von Professor Anton Geuther zur Allgemeinen Chemie interessierten Gottlob. Die Chemie hatte, wie die Mathematik, ihre eigene Sprache. Man konnte Zusammenhänge kurz und prägnant beschreiben. Hier traf er dann immer August Michaelis, mit dem er über physikalische und chemische Fragen sprechen konnte. Kenntnisse in den Naturwissenschaften würden ihm später ganz bestimmt von Nutzen sein. Ohne sie war kein Weltverständnis möglich.

Es galt, tief in die Wissenschaften einzudringen. Freudig wurde Gottlob bewusst, dass ihm dies nicht schwerfiel, nein, es belebte ihn sogar. Für die von den Professoren Schaeffer und Geuther angebotenen praktischen Übungen schrieb er sich nicht ein, er wollte vor allem seine theoretischen Kenntnisse vertiefen.

Der dienstälteste und schon betagte Ordinarius an der Fakultät war Carl Snell. Sein großes Haus in der Neugasse stand allen offen, die über Wissenschaft, Philosophie, Musik und Kunst debattieren wollten. Frau Snell verstand es ausgezeichnet, dafür im Hintergrund für alles Notwendige zu sorgen. Professor Snell las neben Mathematik und Physik auch über Naturphilosophie. So konnten die großen Fragen der Wissenschaft von vielen Seiten beleuchtet werden. Bemerkenswert fand Gottlob den wiederholten Ausspruch Snells: »*In der Mathematik muß alles so klar sein wie 2 × 2 = 4. Sobald da irgendetwas Geheimnisvolles erscheint, ist das ein Zeichen, daß nicht alles in Ordnung ist.«* (Frege, 1969, erweitert 1983, S. 300)

Auf Snells Betreiben war Ernst Abbe, ein ehemaliger Schüler von ihm, nach Jena zurückgekommen.[5] Abbe bot neben Höherer Mathematik physikalische Spezialfächer an. Dessen Einführungsvorlesung ließ sich Gottlob nicht entgehen. Der junge Privatdozent, er war nur acht Jahre älter als Gottlob, las über »Mathematische Theorie der Gravitation, der Elektrizität und des Magnetismus«. Außer Gottlob hatten sich noch einige weitere Studenten eingefunden, etwa ein Dutzend. Mit einem amüsierten Gesichtsausdruck fragte Abbe: »Sind denn die Herren alle versammelt?« Dieses Ritual sollte sich später in jeder seiner Veranstaltungen wiederholen.

Einige nickten nun kräftig, andere schwiegen, teils mit keckem Blick, teils mit gesenktem Kopf. Sicher hätten es weit mehr sein können. Abbe ließ es jedoch dabei bewenden. Zunächst verzichtete er ganz auf die Tafel und bemühte sich, den Studenten zugewandt, eine allgemeine Einführung in die zu behandelnden Gegenstände zu geben. Gottlob erinnerte sich an den Unterricht auf dem Gymnasium. Galileo Galilei hatte den freien Fall von Körpern untersucht und eine einfache Gesetzmäßigkeit gefunden, Johannes Kepler die Bewegung der Planeten erforscht und mathematisch beschrieben. Das waren die Anfänge. Es war oft ein langer Weg, bis sich wissenschaftliche Wahrheiten durchsetzten. (Simonyi, 2001, S. 193–197)

»Die Gravitation ist eine universelle Anziehungskraft zwischen Körpern«, führte Abbe aus. »Sie sorgt dafür, dass in die Höhe geschleuderte Körper wieder auf die Erde fallen. Sie hält im Sonnensystem die Planeten und ihre Monde auf ihren Bahnen, wirkt aber auch im gesamten Weltall. Die Anziehungskraft zwischen zwei Körpern, so erkannte schon Isaac Newton, ist proportional zu deren Massen und umgekehrt proportional zum Quadrat des Abstandes. Die Proportionalität wird durch Einführung der sogenannten Gravitationskonstante in eine Gleichung für die Kraft verwandelt. Die kann man durch Experimente sogar annähernd bestimmen.« (Simonyi, 2001, S. 257–266)

Das war gut vorstellbar. Abbe fuhr fort: »Aufgrund der unbegrenzten Reichweite der Gravitationskraft ziehen sich quasi alle Körper gegenseitig an, wobei die massereichen Körper in einer Umgebung den größten Einfluss haben und die Wirkungen kleiner oder weiter entfernter Körper vernachlässigt werden können.«

So ging es fort und nun weit über den Gymnasialstoff hinaus. Gottlob verstand, dass hier die reale Welt mit abstrakten Begriffen und mathematischen Beziehungen erfasst wurde. Messungen und Experimente bestätigten die Theorien erstaunlich gut. Abbe war es wichtig, diesen Zusammenhang herauszustellen. Es war faszinierend, die Geheimnisse der Natur zu entschlüsseln.

Was wird mir die Wissenschaft wohl alles erschließen, dachte Gottlob. Wie sicher sind die gewonnenen Erkenntnisse überhaupt?

Abbe erklärte, es würde später noch über Energie und Gravitationspotentiale zu reden sein. Die entsprechenden Integrale, im Grunde unendliche Summen, würden über einen unendlich langen Weg genommen. Davon hatte Gottlob noch nichts gehört. Bei der Erwähnung des Unendlichen merkte er besonders auf. Hier musste es sich wieder um geistige Konstruktionen handeln. Die reellen Zahlen erstreckten sich ja im Positiven wie im Negativen ohne eine endliche Begrenzung. Aber schon das war nur schwer vorstellbar.

»Noch spannender als das Phänomen der Gravitation ist das von Elektrizität und Magnetismus«, leitete Abbe zu den weiteren Themen der Vorlesung über. Inzwischen wüsste man, dass beide Erscheinungen eng zusammenhängen. Er sprach über Spannung, Stromstärke, Widerstand und das Ohmsche Gesetz, benannt nach Georg Simon Ohm. Außerdem erwähnte er die von Gustav Robert Kirchhoff aufgestellten Gesetze für elektrische Stromkreise. (Simonyi, 2001, S. 334–335)

In der Elektrostatik gelte das Coulombsche Gesetz, das Charles Auguste de Coulomb gefunden hatte. Abbe führte dazu aus: »Die Kraft, die zwischen zwei Ladungen wirkt, ist proportional zu diesen und umgekehrt proportional zum Quadrat ihres Abstandes.« (Simonyi, 2001, S. 329–331)

»Trotzdem gibt es einen entscheidenden Unterschied zum Gravitationsgesetz. Während die Massen stets positiv sind, können die Ladungen sowohl positiv als auch negativ sein. Daher existieren sowohl anziehende als auch abstoßende elektrische Kräfte.«

Gottlob merkte auf. Es gab eine gleichartige mathematische Formel, aber durch die physikalische Deutung kamen Unterschiede zum Vorschein. Für einen Augenblick war er in den eigenen Gedanken verfangen. Dann folgte er sogleich wieder dem Vortrag.

»Die mathematischen Methoden«, hörte er Abbe sagen, »seien teilweise sehr anspruchsvoll, könnten somit nicht vollständig in der Vorlesung besprochen werden.« Schien Abbe das zu bedauern? Trotz seiner nüchternen Art hatte dieser eine innere Erregung spüren lassen. »An der Wissenschaftlichkeit dürfe man aber keine Abstriche machen«, ermahnte er die Zuhörer noch.

»Meine Herren, stellen Sie sich darauf ein, dass ich dem Gegenstand der Vorlesung mehr Aufmerksamkeit widmen muss als Ihren Gelüsten nach kurzweiligem Zeitvertreib.«

Abbe fuhr noch eine ganze Weile so fort. Inzwischen erschienen immer mehr mathematische Formeln an der Tafel. Einige Kommilitonen schienen schon nicht mehr bei der Sache. Dabei ging Abbe in der ersten Vorlesung noch nicht allzu sehr in die Tiefe. Er schaute jetzt überrascht auf seine Taschenuhr und sprach unvermittelt: »Die Zeit ist leider abgelaufen. Weiteres erfahren Sie beim nächsten Mal.«

Es wurde eifrig auf die Tische geklopft, ein studentisches Beifallsritual, das manchen aus seiner Schläfrigkeit erweckte. Einige verließen sofort den Raum, andere blieben und suchten das Gespräch. Gottlob hatte es gepackt. Das war ein interessanter Vortrag gewesen! Wie Mathematik und Physik hier auf das Engste verbunden waren, also das Reich der Gedanken mit der wirklichen Welt, das gefiel ihm. Die Werkzeuge der Mathematik schienen universell einsetzbar, und sie hatten praktische Bedeutung. Eine besonders schöne Feststellung.

Gottlob verließ den Hörsaal. Die frische Luft, die ihm entgegenschlug, tat ihm gut. Er machte einige tiefe Atemzüge, um die Müdigkeit zu vertreiben. So schnell wie möglich wollte er das Gehörte nacharbeiten. Und begreifen wollte er es in seinem ganzen Ausmaß. Der eine oder andere seiner Mitstudenten mochte es nicht so ernst nehmen. Ja, nach Wissenschaft und Wahrheit zu streben, kostete offenbar einige Mühen. Aber das schreckte ihn nicht ab, ganz im Gegenteil.

*

Der Sommer 1869 ging ins Land. Noch innerlich mit einer Vorlesung beschäftigt, hörte Gottlob eines Tages auf dem Weg in sein Quartier vertraute Stimmen. Es waren Carl Thiessenhusen und Wilhelm Mühlenbruch, die alten Schulfreunde. »Na endlich sehen wir uns einmal wieder. Was treibst du eigentlich so?« Noch ehe Gottlob Auskunft geben konnte, sagten sie: »Komm doch heute mit zu unser Ziehung ins Geleitshaus!«

»Was meint ihr denn damit?«

»Du wirst schon sehen, ein Bierabend. Hermann Burmeister, Robert Marsmann und Gustav Walther aus Wismar sind auch mit von der Partie. Dann können wir über alles reden und richtig lustig sein!«, meinten sie vergnügt. Das hatte Gottlob nun weniger im Sinn. Er wollte sich eigentlich mit seinen Kollegs beschäftigen. Aber die alten Kameraden enttäuschen, nein, das wollte er auch nicht.

»Abgemacht!«, sagte er nach kurzem Zögern.

Es war noch recht warm am Abend, als Gottlob sich auf den Weg machte. Das Geleitshaus war eine Gaststätte etwas außerhalb der ehemaligen Altstadt an der Camsdorfer Brücke, die über die Saale führte. Studenten schienen sie zu bevorzugen. Lag dies vielleicht daran, dass die Gerichtsbarkeit der Universität nicht bis hierher reichte? Das Gebäude wirkte eher schlicht. Gottlob trat ein. Die geräumigen Gaststuben sagten ihm zu, kein Vergleich zu den vielen mittelalterlich geprägten Kneipen der Innenstadt.

Der Wirt am Tresen, die Freunde nannten ihn später ›Geleitshaus-Walter‹, musterte den Neuling kritisch. Er war im mittleren Alter und besaß eine untersetzte, kräftige Gestalt. Seine schwarzen Haare hatten einen Mittelscheitel. Mit hellwachen dunklen Augen achtete der Wirt auf sein Hausrecht. Nichts durfte hier aus dem Ruder laufen. Sonst hatte er die Behörden auf dem Hals.

Abbildung 3-3 Das ›Geleitshaus‹ an der Camsdorfer Brücke in Jena

Da sah Gottlob auch schon seine alten Wismarer Kameraden.

»Komm hier zu uns, Gottlob!«, rief Robert Marsmann. Er war wohl der Wortführer.

»Zehn Bier und ein Skatspiel«, rief er dem Wirt wenig später zu. Als das Tablett mit den zehn Bieren gebracht und auf den Tisch gestellt worden war, stellte Marsmann eines der Gläser mit einem Bierdeckel auf eines der verbleibenden neun Gläser und erklärte Gottlob: »Die Skatkarten haben diesmal einen höheren Zweck. Sie werden gemischt, dann zieht jeder reihum eine Karte. Wer als erster einen Unter zieht, wie man hier den Buben nennt, nimmt das Glas, das auf dem Bierdeckel steht, und muss ›Antrinken‹. Beim nächsten, der einen Unter zieht, heißt es ›Mittrinken‹. Beim dritten gezogenen Unter gilt: ›Austrinken‹. Na, und was bedeutet wohl der vierte Unter?«

»Bezahlen!«, erschallte es lautstark in der Runde. Auf diese Art sollte der Abend also ablaufen, für Gottlob eine völlig neue Erfahrung. Langsam wurden die jungen Leute lebhafter. Die Stimmung stieg, sie tranken immer schneller. Gottlob hatte seine liebe Mühe mit dem vielen Bier. Nun wurde auch noch gesungen, nicht unbedingt wohltönend, aber aus voller Brust:

> »Und in Jene lebt sich's bene,
> und in Jene lebt sich's gut.
> Bin ja selber drin gewesen,
> wie da steht gedruckt zu lesen,
> zehn Semester wohlgemut.«[6]

Immer wieder wurden neue Lieder angestimmt. Gottlob kannte die wenigsten davon. Weitere Biere wurden gebracht. Überschäumende Lebenslust brach sich Bahn. Gottlob staunte über sich. Schon etwas benommen von dem vielen Bier lachte er fröhlich mit und klopfte den anderen auf die Schulter. Am Nachbartisch fiel ein Stuhl um, erregte Stimmen waren zu hören. Einer torkelte und stürzte kreideweiß nach draußen. Krachend schlug die Tür ins Schloss. Der Wirt trat auf den Plan. »Meine Herren, jetzt reicht es! Wer spuckt oder randaliert, der fliegt!« Seit langem ließ er abends Frau und Tochter nicht mehr in den Schankraum. Die derben Späße und Anzüglichkeiten der Studenten wollte er ihnen ersparen.

Einige Stunden vergingen. Gottlob sehnte sich nach dem Ende der Zecherei. Kurz darauf drängte auch Marsmann zum Aufbruch. Der Wirt achtete darauf, dass die Rechnung am Tisch beglichen wurde. Er kannte seine Pappenheimer. Beim Aufstehen schienen Gottlobs Füße nicht mehr recht zu gehorchen. Für einen Augenblick dachte er beschämt: »Was würde die Mutter wohl dazu sagen?«, und gleich danach, »wie soll ich bloß in mein Quartier kommen?« Draußen verstärkte die frische Luft das Gefühl von Übelkeit. Doch sie hakten sich unter und blieben so auf den Beinen. Plötzlich ließ einer los und wankte davon. Wollte der etwa von der Brücke in die Saale springen? Schließlich fingen sie ihn wieder ein und zogen lärmend weiter.

Laut, ziemlich laut, hallte es in der engen Oberlauengasse:

»...nie kehrst Du wieder gold'ne Zeit,
so froh, so ungebunden...«[7]

Das mochte wohl stimmen, dachte Gottlob bei sich. Vielleicht würden sie wirklich nie wieder so ausgelassen sein! Aber peinlich war es irgendwie auch. Zum Glück schienen die Stadtbewohner, von Studenten respektlos ›Philister‹ genannt, keinen Anstoß zu nehmen. Niemand goss sein Nachtgeschirr über ihnen aus, wie manchmal aus früheren Zeiten berichtet wurde. Von den Herren Studenten war man einiges gewohnt. Sie gehörten hierher und brachten ja auch Geld in die Stadt. Kaum ein anderer Ort war im Lande so ausschließlich von seiner Universität und dem Studentenleben geprägt wie Jena.

Schließlich waren sie auf dem Markt angekommen.

»Schau mal, unser ›Hanfried‹«, rief einer von ihnen aus. Sie begannen, um das Denkmal des Kurfürsten und Universitätsgründers Johann Friedrich I. herumzutanzen, ihre Mützen zu schwenken und allerlei Albernheiten anzustellen. Einige nutzten die Pause, um ihre Blasen zu entleeren. Keck wollte einer sogar auf das Denkmal klettern. Die anderen schauten dem Spektakel belustigt zu und feuerten ihn an.

Gottlob nutzte diesen Moment, um sich in Richtung seines Quartiers abzusetzen. Ziemlich angetrunken und immer wieder Halt suchend, schaffte er es gerade noch ins eigene Bett. Erleichtert blieb er fest auf dem Rücken liegen, nachdem der Schwindel nachgelassen hatte. Das Erbrechen bleibt mir wohl erspart, dachte er erleichtert. Dann war er auch schon eingeschlafen.

Als Gottlob am nächsten Morgen aufwachte, ging es ihm gar nicht gut. Mühsam erinnerte er sich an die Geschehnisse der letzten Nacht. Seine Vorlesungen ließ er an diesem Tag ausfallen. Wo war gestern Abend die Vernunft geblieben? Er war in Hochstimmung gewesen, gewiss, aber solche Geleitshaus-Ziehungen würden doch die Ausnahme bleiben. Ob die nächtliche Ruhestörung ein Nachspiel haben könnte? Wie er von den anderen gehört hatte, verstand die Obrigkeit seit einiger Zeit wenig Spaß. Ein beunruhigender Gedanke!

Da wurde seine Zimmertür einen Spalt geöffnet. Die Wirtin, Frau Lurz, schaute herein: »Geht es Ihnen auch gut, Herr Frege? Es ist wohl gestern ziemlich spät geworden, wie?« Sie ahnte, dass er etwas über den Durst getrunken hatte, und fügte begütigend hinzu: »Ich mache Ihnen jetzt erst einmal ein kleines Frühstück und warmen Tee, glauben Sie mir, morgen sieht die Welt schon anders aus!« Als Gottlob kleinlaut antworten wollte, war sie schon verschwunden. Er war dankbar, dass er keine Vorwürfe bekam.

Die Wirtin sollte recht behalten. Am nächsten Tag strebte Gottlob wieder erfrischt zu seinen Vorlesungen. Die Obrigkeit hatte sich nicht gemeldet. Gottlob beschloss, es nicht wieder darauf ankommen zu lassen.

Anmerkungen zu Kapitel 3

1   Aus: Friedrich Schiller. Die Huldigung der Künste. Ein lyrisches Spiel. Erstaufführung in Weimar am 12.11.1804.
2   Siehe bei Wikipedia unter: Kollegienkirche Jena.
3   Siehe unter Google: Matrikel der Universität Jena 1854–1882. JPortal (uni-jena.de), Jahr 1869, Seitenbereich 61r–62v.
4   Siehe (Bast, Schlüter, & Thissen, 2017, S. 69–72)
5   Zu Ernst Abbe siehe u. a. (Wittig, 1989), (Dörband & Müller, 2005).
6   In: Zeitung für die elegante Welt. Berlin 1841. Hrsg. Karl Spazier. Text nach Ernst Heinrich Meier. Studenten- und Trinklieder aus dem Jahr 1839.
7   In: Zeitschrift »Der Freimüthige oder Unterhaltungsblatt für gebildete, unbefangene Leser. Berlin 1825. Hrsg. August Kuhn. Aus dem Studentenlied »O alte Burschenherrlichkeit«.

*

Das erste Semester, das Sommersemester 1869, war vorüber. Zufrieden bedachte Gottlob seine Fortschritte im Studium. Er hatte überall gut folgen können. Aber die Semesterferien in Jena verbringen? Nein, das war schon wegen der Hitze, die dort herrschen konnte, nicht das Richtige. Es zog ihn in die Heimat. Er wollte zu Hause neue Kräfte sammeln und kündigte sein Kommen an.

»Gottlob, da bist Du ja endlich!«, rief die Mutter freudig aus, als sie ihn in Wismar in Empfang nahm. Natürlich kam es recht bald zu Gesprächen mit Onkel Caesar und Leo Sachse, der kürzlich an der Universität Rostock mit einer philosophischen Arbeit den Doktortitel erworben hatte.

»Wie geht es denn dem guten alten Schaeffer?«, wollte Sachse gleich wissen.

»Es gefällt mir, wie er alles erklärt, einfach und verständlich«, berichtete Gottlob. »Die Studenten mögen ihn. Aber mein Favorit ist der Privatdozent Ernst Abbe. Er ist jung und fordernd. Ich freue mich schon auf seine Vorlesungen im Wintersemester. Viele Studenten werden sie meiden, weil er wissenschaftliche Strenge zum Maßstab macht. Doch ich kann gar nicht genug davon bekommen. Die hohen Ansprüche motivieren mich.«

»Und was macht die Philosophie?«, fragte der Onkel.

»Danach steht mir noch nicht der Sinn«, gab Gottlob zur Auskunft. »Es gibt zu viele Für und Wider. Nichts ist fest und sicher. Dafür ist es abwechslungsreich und unterhaltsam.«

Gottlob nutzte die Zeit in Wismar, um Verwandte und Bekannte aufzusuchen. Er musste viel von Jena erzählen und erfuhr Neuigkeiten aus der Heimat. Sogar der Großen Stadtschule stattete er einen Besuch ab. Dr. Sievert freute sich, dass sein Schützling so gut vorankam und ließ sich von den Mathematikvorlesungen berichten.

***

Rechtzeitig zu Beginn des Wintersemesters traf Gottlob in Jena ein. Schnell fand er in den Studienbetrieb zurück.

Abbes Vorlesungen über Galvanismus und Elektrodynamik hatten erwartungsgemäß nur wenige Zuhörer, was Abbe aber nicht zu stören schien. Für Gottlob erwies sich das sogar als Gewinn. Er fand den Mut, zwischendurch oder am Ende Fragen zu stellen. Andere taten es ihm gleich. Abbe selbst war erfreut, dass sein Monolog gelegentlich durch Wortmeldungen unterbrochen wurde. Das aufkommende Interesse einiger Studenten gefiel ihm.

Abbe sprach vom französischen Physiker Ampère, der von der Newtonschen Naturphilosophie ausgehend 1820 ein Kraftgesetz sich bewegender Stromelemente entwickelt hatte. Abbe führte aus: »Damit läutete Ampère die Elektrodynamik ein. Zwei Jahrzehnte später wurde dieses Gesetz wiederum von dem Göttinger Physiker Wilhelm Weber so überarbeitet, dass Geschwindigkeit und Beschleunigung der Ladungen explizit vorkommen und als Sonderfall wieder das Coulombsche Gesetz entsteht. Meine Herren, Sie erinnern sich an meine Vorlesung im letzten Semester? Im Übrigen, ich habe selbst bei Weber Vorlesungen gehört. Er ist ein herausragender Wissenschaftler. Seine Theorie ist jedoch nicht unumstritten, einige Annahmen erscheinen künstlich. Sollte diese Theorie allerdings experimentell bestätigt werden, könnte man versuchen, auch das Newtonsche Kraftgesetz in gleicher Weise zu modifizieren. Wie Sie sehen, kommt man über die Brücke der Mathematik zu theoretischen Ideen, die zugleich verschiedene Gebiete der Physik befördern. Letztlich müssen aber Experimente über die Wahrheit entscheiden. So habe ich von einem ganz anderen Ansatz zum Kraftgesetz Kenntnis erlangt, der auf Hermann Grassmann zurückgeht, einen Gymnasiallehrer. Leider ist sein Aufsatz schwer zu verstehen, sodass viele ihn gar nicht erst richtig lesen. Manchmal entpuppen sich solche Ansätze allerdings später als wahre Geniestreiche. Wer von Ihnen die akademische Laufbahn anstrebt, dem kann ich eine nähere Beschäftigung damit wärmstens empfehlen.«

Gottlob nahm sich vor, bei Gelegenheit die Arbeiten von Ampère und Grassmann zu vergleichen. Ungewohnte Ansätze reizten ihn sogar. Abbe würde ihm sicher behilflich sein, wenn er fachlichen Rat wünschte.

Gerade weil Gottlob den Grundlagen große Aufmerksamkeit schenken wollte, kamen eigentlich auch philosophische Vorlesungen und Seminare über logische, und metaphysische Themen für ihn in Frage. Wie er hörte, las Professor Kuno

Fischer darüber mit seiner gewinnenden Art. Das zog sehr viele Studenten an. Gottlob behagte jedoch dessen lauter und extrovertierter Stil nicht sonderlich. Man fühlte sich wohl gut unterhalten, aber was blieb an theoretischer Substanz? Schon sein Förderer Dr. Sachse hatte ihm von Fischer abgeraten. Es wäre nur eine Neuauflage Kantischer Thesen, die Philosophie Herbarts hatte Sachse mehr zugesagt. So beschloss Gottlob, vorerst darauf zu verzichten.

Nach Psychologie und praktischer Philosophie, die Carl Fortlage las, stand Gottlob auch nicht der Sinn. Dr. Sachse hatte ihm einmal erzählt, wie Psychologen sich die Entstehung des Zahlbegriffs vorstellen. Was sollte die Psychologie in der Mathematik? Das hatte mit einer sauberen Einführung von Zahlen in die Wissenschaft nichts zu tun. Davon war er überzeugt.

Die von dem bekannten Jenenser Professor Ernst Haeckel vorgetragene Darwinsche Evolutionstheorie hingegen war wissenschaftlich recht gut belegt, widersprach offenbar aber der Kirchenlehre von der Schöpfung Gottes. Gottlob erinnerte sich an die Ausführungen des Vaters, dass man Wissenschaft und Religion in Einklang bringen müsste. Das war ein großes Thema, das viele bewegte. Vielleicht würde er sich später damit beschäftigen.

Wichtiger erschienen ihm hingegen jetzt die Vorlesungen zur Geometrie von Professor Snell und von Professor Schaeffer zur Algebraischen Analysis. Schaeffers Vorlesung zur Telegrafie und über elektrische Maschinen ließ er sich auch nicht entgehen.

*

An einem Sonntag, Ende Oktober 1869, wählte Gottlob für die sonntägliche Wanderung den sechs Kilometer entfernten Ort Kunitz aus. Er überquerte die Camsdorfer Brücke, der breite Weg führte an der Saale entlang. Wanderungen waren ihm nun schon zur Gewohnheit geworden. Das freie Spiel der Gedanken begann.

Nach den Ferien tat es gut, wieder zu studieren. Er bewunderte Ernst Abbe, wenn der seine nicht gerade einfachen mathematischen Formeln an der Tafel entwickelte. Diese folgerichtige Formelsprache der Mathematik gefiel ihm. Keine Schnörkel, kein unnützes Gerede.

Er durchschritt das Dorf Wenigenjena. Rechts vor ihm lag der steile, mit Nadel- und Laubholz bewachsene Jenzig, fast 400 Meter Höhe erreichte dessen kahle Nase. Linker Hand floss die Saale mit ihren von Weiden gesäumten Ufern. Warme Sonne begleitete seinen Weg. Der Blick von halber Höhe auf Kunitz und die Kunitzburg ließ ihn frohgemut dahinschreiten.

Heute war es besonders reizvoll, die in schönen Herbstfarben leuchtenden Wälder auf den Hügelzügen des anderen Saaleufers zu erblicken. Gottlob blieb eine Weile stehen. Es war überwältigend. Er liebte Mecklenburg, gewiss, aber dieser Anblick berührte so sehr sein Gemüt, dass er ins Schwärmen kam. Sollte er hier in Jena heimisch werden? Vielleicht sogar als Dozent, der Universität verbunden? Das war ein bisher nicht gekanntes Hochgefühl. Gottlob ließ es zu, obwohl die Vernunft natürlich Einwände machte.

Schließlich erreichte er Kunitz. Auch hier gab es ein Wirtshaus. Es war für seine schmackhaften Eierkuchen bekannt. Aber Gottlob wollte noch ein Stück weiter auf die vor ihm aufragende Burg zuwandern. Leichten Schrittes ging er durch den friedlichen Ort. Ein älterer Landmann stand plötzlich am Wege. Die hohe Gestalt, der würdige Ausdruck seines Gesichts ließen vermuten, dass er hier schon seit Generationen zu Hause war. Ernsthaftes und kraftvolles Streben mochte diesem Mann beschieden gewesen sein, verwurzelt in den Traditionen seiner ländlichen Welt. So suchte jeder sein eigenes Glück. Es zu finden, war wohl eine Gnade, dachte Gottlob noch.

Unterhalb der Kunitzburg stehend, sah er dann zwei große Vögel, Raubvögel. Sie kreisten majestätisch um die Ruine, nutzten spielerisch den warmen Auftrieb vor dem Bergmassiv. Warum machten sie das eigentlich? Lag darin ein Sinn? Vielleicht warben sie umeinander? Oder genossen sie einfach das gemeinsame Fliegen? Schon Aristoteles hatte den Tieren eine Seele zugesprochen. Belebte dieses Schweben die Seele der Vögel? Auch Gottlob liebte es, wenn er sich beim Wandern mit seiner Gedankenwelt beschäftigen konnte. Wie unterschiedlich auch die Menschen waren. Viele suchten die Gemeinschaft und erhielten dadurch Anregung, Belebung und Belehrung. Bei ihm war es nicht so, er schätzte für das Formen seiner Vorstellungen das Alleinsein. Die anderen kreisten in ihrer eigenen Welt und brachten ihn eher davon ab. Sie zu überzeugen, konnte schwierig sein.

Als er nach der Stärkung im Wirtshaus langsam nach Jena zurückwanderte, beschäftigte ihn das eine oder andere mathematische Problem. Manchmal hatte er dabei einen guten Einfall. Kurz vor Jena nahmen ihn seine Studien mehr und mehr gefangen. Doch dieser hoffnungsvolle Moment, dort vor Kunitz, beim Anblick der herbstlich gefärbten Hügelzüge, sollte ihm in Erinnerung bleiben.

Gottlob verfolgte aufmerksam, wenn etwas Neues in Jena zu entdecken war. Er sah, dass am 13. Januar 1870 das 100-jährige Jubiläum der Akademischen Konzerte in Jena angekündigt wurde. Die Humoreske »Gaudeamus igitur« von Franz Liszt sollte aufgeführt werden.

Gaudeamus igitur? Lasst uns also fröhlich sein! Das alte und weithin bekannte Studentenlied war Gottlob vertraut. Er hatte gleich zwei Strophen parat, die erste mit dem Liedtitel und die vierte, die gut zur Universität passte:

Gaudeamus igitur,
Iuvenes dum sumus.

Post iucundam iuventutem,
Post molestam senectutem,
Nos habebit sumus.

Vivat Academia,
Vivant Professores,
Vivat membrum quodlibet,
Vivant membra quaelibet,
Semper sint in flore![1]

Einer von Gottlobs Professoren, Carl Snell, förderte und unterstützte gern Musiker und Komponisten. Er nahm regelmäßig an den Akademischen Konzerten in den Rosensälen am Fürstengraben teil, die gemäß der Ankündigung des Jubiläums bereits eine beachtliche Tradition hatten.

Der Komponist Franz Liszt sagte Gottlob wenig. Wie er erfuhr, war es eine Uraufführung. Ein großes Ereignis für die Stadt. Dass Goethe und Schiller hier so wirkmächtig gewesen waren, wusste natürlich jeder. Aber dass durch Liszt offenbar auch mit der Musik in Jena Bedeutsames geschah, berührte Gottlob. Franz Liszt hatte hier als Weimarer Kapellmeister bis 1861 regelmäßig mit seinen Musikern gastiert. »Gaudeamus igitur« war von ihm für Orchester, Soli und Chor bearbeitet worden. Dirigent war Karl Ernst Naumann. Das Konzert wurde mit großem Zuspruch aufgenommen. Diese Welt der Künste war schon zu bewundern, dachte Gottlob. Doch sein Studium stand für ihn im Vordergrund.

Der Winter setzte Gottlob etwas zu. Es war kalt draußen, selbst in seiner Studierstube war dies deutlich spürbar. Er ging auch hinaus an die Luft, um der Enge der Stube von Zeit zu Zeit zu entfliehen. Wenn tiefer Schnee lag, war das seinen Wanderungen nicht förderlich. Er kam nur langsam voran und blieb ab und zu stecken. Wie gut hatten es doch seine Kommilitonen, deren Eltern im näheren Umkreis Jenas lebten. Die konnten ihre Söhne an den Wochenenden mit warmen Mahlzeiten und neuer Wäsche versorgen. Montagmorgens saßen sie dann gestärkt und wie frisch gebügelt im Hörsaal. Das war ihm nicht vergönnt. Wismar war weit, sehr weit entfernt. Aber er wollte nicht klagen, das führte zu nichts.

Gottlob hielt sich ans Studieren, und das belebte ihn auch immer wieder. Wenn es ihm zu viel wurde, war oft die Jenzighöhe sein Ziel. Diese Anstrengung tat ihm gut. So gingen die Winterwochen dann doch langsam vorüber. Erste Vogellaute, die Frühblüher und zartes Grün an den Zweigen ließen auf das nahende Frühjahr hoffen.

**

Es war schon im Frühling 1870, als er einmal mit Mühlenbruch, Schönherr und Walther in einer Kneipe zusammenkam. Sie sprachen natürlich auch über die aktuelle politische Entwicklung. Der Kampf um die Vorherrschaft im Deutschen Bund war zugunsten Preußens ausgegangen. Die große Lösung eines Deutschlands unter Einbeziehung von Österreich war vom Tisch. Vehement brachte ein jeder vor, was er noch dazu wusste.

»Unsere Professoren sind des Lobes voll über den Norddeutschen Bund«, sagte Mühlenbruch. In den Einzelstaaten des von Preußen 1866 nach dem Österreich-Feldzug geschaffenen neuen Bundes war immerhin das Frankfurter Reichswahlgesetz von 1849 fast wörtlich übernommen worden. Jeder Mann hatte in dem Wahlkreis, in dem er wohnte, eine Stimme für einen Kandidaten des Reichstages. Der auf dieser Grundlage gewählte Reichstag wollte unverzüglich beweisen, wie modern, wie attraktiv der Norddeutsche Bund in kürzester Zeit ausgestaltet werden konnte. Liberale und konservative Kräfte vereinten ihre Anstrengungen. Zahlreiche Privilegien und Zwangsrechte wurden aufgehoben, die Bürger erhielten mehr Möglichkeiten, ihr Leben selbst zu gestalten.

»Über 80 Gesetzeswerke haben Reichstag und Bundesrat beschlossen«, fuhr Mühlenbruch begeistert fort, »Gesetze zur Gleichberechtigung der Konfessionen, zur Freizügigkeit und für das Passwesen, außerdem wurde ein Strafgesetzbuch herausgegeben.«

»Auch eine einheitliche Maß- und Gewichtsordnung, die Gewerbeordnung, ein Postgesetz und der einheitliche Militärdienst wurden beschlossen«, fügte Schönherr hinzu, »Preußen versucht nun, die wirtschaftliche Zusammenarbeit mit den süddeutschen Staaten voranzubringen.«

»Militärdienst?«, hörte Gottlob heraus. Da kam noch etwas auf ihn zu, das ihn beim Studium aufhalten konnte.

»Und wie verhält sich Frankreich?«, fragte er besorgt.

»Man sagt, Kaiser Napoleon III. würde sicher nicht zusehen, wie Deutschland an Stärke gewinnt und Frankreich seine bevorrechtigte Position in Europa verliert. Er wird die Vorbehalte, die es in den süddeutschen Ländern gegenüber Preußen gibt, nach Kräften fördern«, wusste Mühlenbruch. »Vielleicht wirkt Bismarck sogar auf einen Krieg hin«, sagte er noch leise. Das war kein schöner Gedanke. Man diskutierte noch lange, sprach über das Studium und verabschiedete sich zu später Stunde.

Auch im Sommersemester 1870 bevorzugte Gottlob die Vorlesungen von Ernst Abbe, dem verehrten Lehrer, der inzwischen zum außerordentlichen Professor berufen worden war. Der eifrige Studiosus blieb bei seinem klaren Kurs, die mathematischen und physikalischen Kenntnisse zu vertiefen und sein Wissen über die bisher zu kurz gekommene Chemie zu erweitern.

***

Es gab noch eine andere Gelegenheit, die eigenen Fähigkeiten auszubilden. Professor Schaeffer warb für die Mathematische Gesellschaft, die von ihm bereits 1852 gegründet worden war. Er betonte, wie wichtig es sei, dass künftige Absolventen nicht nur Wissen aufnehmen, sondern auch vermitteln können. Deshalb sollten Studenten über ausgewählte Themen selbst referieren. Und im Übrigen wären akademische Kultur und Geselligkeit damit verbunden. Mit Stolz erwähnte er den 500. Vortrag, den man am 8. Mai 1869 kräftig gefeiert hatte.

Gottlob war, von Abbe bestärkt, 1869 Mitglied dieser Gesellschaft geworden. In deren Album hatte der junge Mann sogar geschrieben: »Auf der Suche nach der Wahrheit ist mir die Mathematik ans Herz gewachsen.«[2] Eines Tages schlug ihm Professor Schaeffer vor, dass er über das Unendliche sprechen sollte,[3] ein heiß umstrittenes Thema, das die gesamte Geschichte der Mathematik durchzog. Schaeffer empfahl dazu unter anderem das Buch ›Paradoxien des Unendlichen‹, verfasst vom tschechischen Theologen und Mathematiker Bernard Bolzano. (Bolzano, 1851) Diesem ging es schon um eine schärfere Fassung von mathematischen Begriffen.[4]

Abbildung 4-1   Haus von Professor Carl Snell mit Auditorium in der Neugasse in Jena, später auch Wohnhaus von Professor Ernst Abbe

Gottlob fand neben Bolzanos Buch noch andere interessante Quellen. Danach vereinbarte er mit Schaeffer, das Thema aufzuteilen. In seinem ersten Vortrag im Jahre 1870 begann er mit dem unendlich Kleinen. Vorn an der Tafel entwickelte er seine Beispiele und Formeln. Die meisten studentischen Zuhörer schrieben mit. Gottlob verwies auf die Antike. Wie Aristoteles berichtete, hatte sich der griechische Philosoph Zenon von Elea unter anderem mit dem Trugschluss beim Wettlauf von Achill und der Schildkröte befasst. Zenon argumentierte, dass der schnelle Achill die langsame Schildkröte eigentlich niemals erreichen könne, wenn man ihr einen Vorsprung von 100 Metern zubillige.

»Das kann man sich erfahrungsgemäß nicht vorstellen. Aber die Betrachtung von Teilstrecken mit fallender Zehnerpotenz lässt diesen Trugschluss zu«, führte Gottlob aus.

»Zenon nahm an, dass Achill zehnmal schneller läuft als die Schildkröte, und er rückt auch immer mehr an sie heran, ohne sie jedoch jemals zu erreichen. Denn auch die Schildkröte bewegt sich fort. Die folgende Tabelle verdeutlicht das.«

Gottlob schrieb an die Tafel:

| Schildkröte | 100 m | 110 m | 111 m | 111,1 m | 111,11 m |
| Achill | 0 m | 100 m | 110 m | 111 m | 111,1 m |

»So geht das immer weiter bis ins Unendliche.« Hier machte er eine Pause und schaute in die verwunderten Gesichter der Zuhörer. Er fuhr dann fort: »Meine Herren, zunächst gab es philosophische Einwände. Diese Aufteilung der Strecke in immer kleinere Teilstrecken geschieht rein hypothetisch im Denken, entspricht also nicht den tatsächlichen Verhältnissen. Aber auch mathematisch löste sich dieses Problem später in Luft auf, als man Grenzwerte bestimmen konnte und damit unendliche Summen, sogenannte Progressionen oder Reihen. In diesem Fall errechnet man mit der geometrischen Progression

$$100 + 10 + 1 + 0,1 + 0,01 + \ldots,$$

bei der das Verhältnis aufeinanderfolgender Summanden stets gleich bleibt, dass Achill die Schildkröte beim Grenzwert $111 + 1/9$ m tatsächlich einholt.[5] Außerdem ergibt sich durch die Anwendung einfacher physikalischer Formeln, dass Achill schon nach 200 m einen Vorsprung von 80 m haben müsste. Wir können das leicht überprüfen.« Er schrieb die Formeln an die Tafel und setzte die entsprechenden Zahlen ein. Schließlich erklärte er: »Meine Herren, unsere Welt ist wieder in Ordnung!« Die Zuhörer klopften anerkennend auf ihre Tische. Gottlob ließ weitere Wunderlichkeiten folgen.

»Ähnlich kann man zeigen, dass die unendliche Summe

$$1/2 + 1/4 + 1/8 + 1/16 + 1/32 + \ldots$$

genau 1 ergibt. Die Punkte am Ende bedeuten, dass es immer so weitergeht, ohne jemals aufzuhören. Es handelt sich wieder um eine geometrische Progression. Die Brüche werden irgendwann beliebig klein, schließlich unendlich klein. Nun mag man meinen, dabei müsste trotzdem etwas unendlich Großes herauskommen. Aber das stimmt nicht, wenn die Summanden schnell genug unendlich klein werden. Eine hypothetische Person, die mit jedem Schritt ihre Schrittlänge halbiert, kommt also auch nach beliebig vielen Schritten nicht beliebig weit.

Ich will ein weiteres bekanntes Beispiel dieser Art bringen. Der geniale Schweizer Leonhard Euler hat im 18. Jahrhundert das sogenannte Basler Problem gelöst.[6] Worum ging es dabei? Es sollte die Summe der Kehrwerte aller Quadrate natürlicher Zahlen gebildet werden, also von Brüchen mit einer Eins im Zähler und Quadratzahlen im Nenner.« Gottlob schrieb:

$$1 + 1/4 + 1/9 + 1/16 + 1/25 + \ldots$$

»Euler fand durch mathematische Überlegungen heraus, dass diese Summe ein Sechstel des Quadrates der Kreiszahl ist, also den Zahlenwert von etwa 1,645 hat. Die Summanden nehmen schnell genug ab, um einen endlichen Wert zu erhalten. Das Ergebnis ist wirklich ungewöhnlich. Was hat denn diese Summe mit einem Kreis zu tun?

Im Gegensatz dazu ist die Summe der Kehrwerte aller natürlichen Zahlen, das heißt

$$1 + 1/2 + 1/3 + 1/4 + 1/5 + \ldots$$

wirklich unendlich groß, obwohl die Summanden ebenfalls unendlich klein werden. Hier fallen die Summanden jedoch nicht schnell genug gegen 0. Ich zeige Ihnen meine Behauptung gleich durch eine einfache Abschätzung.«

Wieder hatte Gottlob seinen Zuhörern ein spannendes mathematisches Phänomen vorgetragen.

Nun kam er auch noch auf das Universalgenie Leibniz und den genialen Physiker Newton zu sprechen, die sich einen erbitterten Streit lieferten, wer die Infinitesimalrechnung erfunden hatte, die Rechnung mit den unendlich kleinen Größen. Diese hätten sie beim Differenzieren und Integrieren beschäftigt. Die waren einerseits kleiner als jede positive Zahl und andererseits trotzdem nicht Null. Üblicherweise ließ man sie bei Rechnungen am Ende einfach weg und kam so zu richtigen Ergebnissen. Das hörte sich eher nach Kochrezepten an als nach exakter Mathematik. Logische Komplikationen waren die Folge.

Abbildung 4-2   Bernard Bolzano

Er erwähnte nun Bernhard Bolzano und Augustin Cauchy, die den Grenzwert von Reihen, das heißt von unendlichen Summen, exakt definierten. Bolzano erläuterte dazu: »*…wie ich denn auch statt der sogenannten unendlich kleinen Größen mich … des Begriffes solcher Größen bediene, die kleiner als jede gegebene werden können…*« (Bolzano, 1816)

Durch diesen feinen, aber wesentlichen Unterschied bestimmte Bolzano Grenzübergänge auf exakte Weise.[7]

Gottlob schaute auf seine Taschenuhr. Knapp eine Stunde war vorüber. Er musste zum Schluss kommen.

»Meine Herren, haben Sie Fragen?« Es wurde noch etwas hin und her diskutiert. Nicht alles schien sofort klar. Gottlob hielt sich tapfer. Ein Student trat unter Beifall aus der Bank und versuchte den Vorwärtsgang mit einer Halbierung der Schrittweiten, den Gottlob im Vortrag erwähnt hatte. Jeder Schritt wurde vom rhythmischen Fußstampfen der Zuhörer begleitet. Irgendwann trippelte der Student auf der Stelle. Ging es noch vorwärts oder nicht? Das war nicht wirklich zu erkennen. Die Anwesenden redeten amüsiert durcheinander. Schließlich beendete Professor Schaeffer die Veranstaltung. Er sagte: »Die humorige Einlage setzt einen schönen Schlusspunkt.« Er wandte sich nun an Frege. »Der Vortrag war sehr gelungen, doch vielleicht sollten Sie noch etwas lebhafter sprechen, mein junger Freund.« Die Zuhörer klopften anerkennend auf ihre Tische.

Gottlob freute sich über das Lob. Seine nüchterne, ruhige Denkungsart und seine Bescheidenheit standen ihm aber im Wege. Er wusste nicht recht, wie er das abstellen sollte.

Schon einige Wochen später durfte Gottlob seinen zweiten Vortrag halten. Über das unendlich Große konnte er wieder manch Erstaunliches vorbringen:

»Von Aristoteles stammt die Überzeugung, dass das Ganze mehr als die Summe seiner Teile ist, so wie eine Silbe mehr als die Summe ihrer Laute ergibt, aus der sie besteht. Aus Buchstaben lässt sich Unendliches gestalten, auch hier ist das Ganze, das Geschriebene, mehr als die einzelnen Worte.«

Auch die Gerade wäre mehr als eine reine Ansammlung von unendlich vielen Punkten, denn Punkte wären nicht in der Lage, die Bewegung längs einer Geraden zu erfassen. Diese Auffassung wurde immer wieder vertreten.

»Das sind jedoch philosophische Formulierungen, schon der Begriff ›Summe‹ ist hier unklar. Wenn man außerdem die statische Gerade aus der Geometrie mit der realen Bewegung in Verbindung bringt, können leicht Widersprüche entstehen. Das hat mit Mathematik nichts zu tun.« Hier machte Gottlob eine Pause, um Zeit zum Nachdenken zu lassen.

»Wenden wir uns nun wieder dieser Wissenschaft zu! Dort kann im Unendlichen schon ein echter Teil die Größe des Ganzen haben. Das klingt paradox. Ein einfaches Beispiel soll zeigen, wie das gemeint ist. Es gibt so viele Quadrate natürlicher Zahlen wie natürliche Zahlen selbst. Man kann nämlich die Quadratzahlen abzählen, 1 ist die erste Quadratzahl, 4 ist die zweite Quadratzahl, und so weiter, also

1	2	3	4	5	6	7	...
1	4	9	16	25	36	49	...

Damit lässt sich jeder Quadratzahl genau eine natürliche Zahl zuordnen und umgekehrt. Es gibt dabei unendlich viele Paare Zahl-Quadratzahl, ohne dass eine dieser Zahlen partnerlos übrigbleibt. Entsprechend verhält es sich mit den Primzahlen, die nur durch 1 oder sich selbst teilbar sind, also zum Beispiel 2, 3, 5, 7 und so weiter. Sie kann man ebenfalls auf diese Weise abzählen. So haben unendliche Mengen und ihr unendlichen Teilmengen die gleiche Anzahl.« Er fügte hinzu, dass dieses Phänomen, schon bei Bolzano in seiner Arbeit ›Paradoxien des Unendlichen‹ herausgestellt worden sei. Dieser schreibt von *»einer höchst merkwürdigen Eigenheit, die in dem Verhältnisse zweier Mengen, wenn beide unendlich sind,…immer vorkommt, die man aber bisher zum Nachtheil für die Erkenntnis mancher wichtigen Wahrheiten…übersehen hat, und die man…in einem solchen Grade paradox finden wird, daß es nöthig sein dürfte, bei ihrer Betrachtung etwas länger zu verweilen.«* (Bolzano, 1851)

Gottlob warf sogleich weitere Fragen auf. »Was ist mit den rationalen oder gar mit den reellen Zahlen? Kann man die auch abzählen? Das ist noch zu klären. Außerdem ist bisher nicht sicher, wie sich die Zahlen der Arithmetik zu den Geraden der Geometrie verhalten. Gibt es die lückenlose Zahlengerade?«

Bevor Gottlob zum Ende kam, gab er noch eine Reihe von Beispielen, die mit dem unendlich Großen zu tun hatten. Der Vortrag wurde sehr gelobt. Die offenen Probleme seien ein Ansporn für junge Akademiker. Das Darstellen von Problemen und Lösungsansätzen läge ihm und seine Neigung zum Grundsätzlichen und Philosophischen träte deutlich zutage. Wie ermutigend!

Auf Empfehlung von Professor Abbe hielt Gottlob in der Mathematischen Gesellschaft 1870 noch einen dritten Vortrag, diesmal über das elektrodynamische Gesetz von Ampère.[8] Er nutzte dazu seine Aufzeichnungen aus der Vorlesung ›Galvanismus und Elektrodynamik‹ und ließ sich von Abbe weitere Literatur geben. Interessant fand er, dass Ampère zunächst die Wechselwirkung von Strömen experimentell untersuchte und danach Grundsätze postulierte, aus denen das Gesetz herleitbar war. Das erinnerte an Euklids axiomatischen Aufbau der Geometrie. Um Axiome, grundlegende Sätze, deren Wahrheit zweifelsfrei feststeht und die deshalb keines Beweises bedürfen, kreisten Gottlobs Gedanken gern.

**

Im Juni 1870 machte sich in der Stadt Jena langsam Unruhe bemerkbar. Würde es zum Krieg mit Frankreich kommen? Robert Marsmann und August Martens, die zwei Wismarer, waren schon zum Bundesheer eingezogen worden. Offensichtlich wurden Vorbereitungen für den Ernstfall getroffen.

Und nun dies! Unübersehbar berichtete das »Jenaische Tageblatt« bereits am 17. Juli 1870, zwei Tage vor der offiziellen Kriegserklärung:

»Telegraphische Depesche … Der unerhörte Frevel ist begangen. Frankreich hat unserem Lande den Krieg erklärt …«[9]

Wie ein Lauffeuer ging die Nachricht herum. Es war Sonntag, die Menschen strömten auf die Straße, sie trafen auf dem Markt zusammen. Die Stimmung war von Sorge und Begeisterung erfüllt. Als Gottlob auf dem Markt ankam, las jemand gerade laut die Depesche vor: »…Wir sind voll der Zuversicht, dass der alte Gott, welcher Deutschland in so manchen Nöthen erhalten hat bis zur jetzt begonnenen Wiedergeburt, diese nunmehr vollenden …wird.« Die Depesche endete mit: »Hoch Deutschlands Schwert! Hoch Deutschlands Einheit!«

Von Jena und Auerstedt sprachen sie auf dem Markt, der großen Schlacht von 1806, als die Franzosen unter Napoleon I. die Preußen entscheidend besiegten.

»Wir werden es ihnen heimzahlen!«, wurde überall gerufen. Waren sie auch nicht selbst daran beteiligt gewesen, ihre Vorfahren hatten über die furchtbaren Ereignisse und die Schmach der Niederlage berichtet. 1806 und 1808 hatte sich sogar Napoleon mit Truppenteilen in Jena aufgehalten.

Gottlob schaute sich um. Nach und nach trafen auch die Wismarer Freunde und Bekannten ein. Sie waren alle voller Begeisterung.

»Meldest du dich zum Militär?«, fragten sie einander. Und: »Selbstverständlich. Ja. Ohne Frage!«, war zu hören. Sie wollten für das Vaterland ins Feld ziehen. Gottlob bewunderte den Mut und die Entschlossenheit seiner Wismarer. Doch bei ihm wollte keine rechte Hochstimmung aufkommen.

»Was werden die Mutter und der Onkel Caesar dazu sagen?«, fragte er sich. Er hatte Bedenken, war er doch seit der Kindheit von christlichem Gedankengut umgeben. Ihm wurde schnell klar, dass er sich nicht freiwillig melden wollte. Als Gottlob in sein Quartier zurückging, drängten sich schwere Gedanken auf. Welchen Anteil hatte Bismarck an dieser Entwicklung? Und wie würde es überhaupt in den nächsten Wochen und im Wintersemester an der Universität weitergehen?

»Ich muss mit August sprechen«, ging es ihm durch den Kopf. Sie waren die beiden Einzigen, die die physikalischen Übungen von Ernst Abbe besuchten.

Gottlob war erleichtert, als er erfuhr, dass sich auch August Michaelis nicht freiwillig melden wollte. Dieser stand inzwischen unmittelbar vor seiner Dissertation, strebte selbstbewusst eine akademische Laufbahn an. Alles wäre mit einem Schlag gefährdet. Sie diskutierten, ob sie dem Vaterland nicht auf ihre eigene Weise würden dienen können. Am Ende brachte ihnen dieser Gedanke Trost.

Das Kriegsgeschehen war in aller Munde und verursachte viel Aufregung. Die Franzosen hatten zunächst versucht, auf das deutsche Gebiet vorzudringen. Aber, vom französischen Kaiser und seinen Diplomaten nicht erwartet, schlossen sich die Truppen der süddeutschen Staaten Baden, Bayern und Württemberg dem Heer des Norddeutschen Bundes an. Schließlich verlagerten sich die Kämpfe zunehmend nach Frankreich.

Die Semesterferien verbrachte Gottlob wieder in Wismar. Als er Ende September 1870 nach Jena zurückkehrte, gab es viel zu erzählen, denn bereits Anfang September hatte es einen großen Sieg des deutschen Heeres bei Sedan gegeben.

Kaiser Napoleon III. wurde gestürzt, er war mit etwa 100 000 Franzosen in Gefangenschaft geraten. Daraufhin riefen die Franzosen erneut eine Republik aus.

»Herr Frege, was glauben Sie, was hier bei uns los war, als am 3. September die Nachrichten eintrafen. Reicher Flaggenschmuck in der Stadt, Böllerschüsse, eine Stunde läuteten die Glocken, danach versammelten sich sehr viele Einwohner in der Kirche St. Michael zu einem Dankgebet. Abends war die Stadt herrlich beleuchtet, wunderschön erstrahlte der Markt. Die Feuerwehr organisierte ein großes Freudenfeuer, dazu gab es Musik und Gesang. Immer wieder ertönte die ›Wacht am Rhein‹. Knaben zogen mit bunten Laternen durch die Stadt, auch sie sangen fröhlich.[10] Überall gab es eine ausgelassene Stimmung!«, berichteten Kommilitonen, die dabei gewesen waren.

»Ja, so ähnlich war es in Wismar«, sagte Gottlob, »die Häuser waren mit Flaggen geschmückt. Jemand sprach vom Balkon des Rathauses. Aber richtig los ging es erst am Abend, es gab eine schöne Illumination auf dem Markt und einen großen Fackelzug. Zum Schluss wurden die Fackeln auf dem Markt zusammengeworfen, dann erschallte auch bei uns unter Führung der Kapelle mit über 1 000 Stimmen ›Die Wacht am Rhein‹. Noch lange zogen die Menschen in dieser Nacht voller Freude durch die Stadt.«[11]

*

Die Hörsäle waren jetzt nicht mehr so gefüllt wie zuvor. Gottlob erfuhr, dass von den 331 eingeschriebenen Studenten 131 bei der Armee im Felde waren. Von den 106 Studenten der Philosophischen Fakultät waren 30 in den Krieg gezogen. Wie viele von ihnen würden nicht zurückkehren? Das war der bittere Geschmack des Krieges.

Im Wintersemester 1870/71 belegte Gottlob die Vorlesung von Abbe zur Mechanik der festen Körper und die Vorlesung von Snell zur Mechanischen Physik. Bei Geuther nahm er mit August Michaelis zusammen an chemischen Übungen teil. Ernst Abbe riet ihm, bei Kuno Fischer die Vorlesung über die Philosophie von Immanuel Kant zu hören. Der hätte der Mathematik eine besondere Rolle in der Wissenschaft zugewiesen, ein wichtiger Gesichtspunkt. Das überzeugte Gottlob nun doch, nachdem er vorher Veranstaltungen von Fischer nicht besuchen wollte. Hatte nicht schon der Vater die Philosophie Kants so sehr geschätzt? Also ging er im Wintersemester 1870/71 zu Fischers Vorlesung über ›Das System der Kantischen oder kritischen Philosophie‹, um etwas über die Rolle der Mathematik bei der Erkenntnisgewinnung zu hören. Eines Tages erklärte Fischer, warum Kant etwa so einfache Zahlengleichungen wie $7 + 5 = 12$ nicht als analytisch, sondern als synthetisch bezeichnete. Beim Ergebnis 12 brauchte man Erfahrungen wie etwa das Abzählen an den Fingern. Hier wurde Gottlob stutzig. Das leuchtete ihm nicht ein. Er hatte in der Vorlesung fleißig mitgeschrieben und stellte die entscheidenden Punkte für sich auf einem Blatt Papier zusammen.[12]

Thesen: Kant-Vorlesung

- Sinnliche und begriffliche Erkenntnis sind streng zu unterscheiden. Sie kommen aus unterschiedlichen Quellen. – Erkennen ist Urteilen. Ein Urteil ist ein Satz mit Subjekt und Prädikat.
- Im *analytischen* Urteil drückt das Prädikat etwas aus, was schon als Merkmal im Subjekt vorkommt. Es ist ein *Erläuterungsurteil* wie etwa in: Der Körper ist schwer.
- Im *synthetischen* Urteil liefert das Prädikat zusätzliche Merkmale, die noch nicht im Subjekt stecken. Es ist ein *Erweiterungsurteil* wie in $7 + 5 = 12$.
- Reine Erkenntnis beinhaltet synthetische wahre Urteile, die von Allgemeinheit und Notwendigkeit geprägt sind. Deren Wahrheit ist a priori, sie steht von vornherein, schon ewig, unabhängig von Erfahrungen fest.
- *Reine Mathematik* und *Naturwissenschaft* enthalten synthetische Urteile a priori. Sie fußen auf den apriorischen Anschauungsformen von Zeit und Raum. Beim Addieren ist das Ergebnis, das Prädikat, mit den Summanden noch nicht gegeben. Es muss erst berechnet werden, in einem zeitlichen Akt des Zählens. Auch in der Geometrie werden räumliche Gegenstände erst konstruiert. Abstände müssen berechnet werden.
- Dagegen sind die Urteile der *formalen Logik* analytische Urteile a priori.

**

Im November 1870 wurde in den Zeitungen berichtet, dass die süddeutschen Staaten Baden, Bayern und Württemberg dem Norddeutschen Bund beigetreten waren. Nun konnte unter preußischer Führung das Deutsche Reich entstehen.

Das ereignisreiche Kriegsjahr 1870 ging zu Ende. Im »Jenaischen Tageblatt« war zu lesen, dass der preußische König Wilhelm I. sich in Versailles befand. Auf einem Neujahrsempfang dankte er für den Heldenmut, die Ausdauer und die Tapferkeit der Truppen. Der Großherzog von Baden hob dort am gleichen Tag bei einem Festmahl hervor, dass die Einheit der deutschen Nation gegen den äußeren Feind erkämpft wurde.[13]

Noch immer herrschte Krieg, aber man war sehr siegesgewiss. Die innere Einheit zu entwickeln würde der schönste Lohn für die Opfer sein. So stand es in den Zeitungen, und so sahen es auch die meisten Bürger.

»Die Einheit ist vollendet!«, zeigte sich Gottlob erleichtert. Das würde auch die Wissenschaft voranbringen, eine wunderbare Aussicht.

Am 20. Januar 1871 erschien in der Zeitung eine Erklärung des preußischen Königs.[14] Er war dem Ruf der deutschen Fürsten und der freien Städte gefolgt und hatte die Kaiserkrone angenommen. Dies geschah zwei Tage zuvor im Spiegelsaal des Schlosses von Versailles, im Zentrum des nun schon vergangenen französischen Kaiserreiches. 60 Jahre hatte die deutsche Kaiserwürde geruht. Nun würde es sie in dem neuen Deutschen Reich wieder geben!

Das war eine triumphale Provokation, der die Franzosen bewusst demütigte. Was bedeutete dieses Ereignis für die weitere Zukunft? An der Universität Jena gingen die Meinungen darüber auseinander. Professor Snell, der schon öfter Bismarck kritisiert hatte, verurteilte die demonstrative Demütigung. Auch die Professoren Schaeffer und Abbe äußerten Bedenken. Und der Krieg war noch nicht zu Ende. Wer Gefallene oder Verwundete zu beklagen hatte, konnte das allgemeine Hochgefühl nicht teilen.

Nun wurde in Berlin der Reichstag des Norddeutschen Bundes durch den kaiserlichen Reichstag ersetzt, der sich eine Verfassung gab. Kanzler Otto von Bismarck verkündete, dass er eine auf Frieden und Ausgleich orientierte Außenpolitik betreiben wolle. Viele Bürger unterstützten diese politische Ausrichtung.

***

Ende Januar 1871 sprach Gottlob erneut in der Mathematischen Gesellschaft über Ampères elektrodynamisches Gesetz. Ein weiterer Vortrag Freges folgte an demselben Abend, in dem es um einen Ellipsenzirkel ging, also um ein Instrument, mit dem man nicht nur Kreise, sondern allgemeiner auch Ellipsen zeichnen konnte.

Die Erkenntnisse Ampères interessierten die Gesellschaft so sehr, dass Frege bald darauf noch über die »Vergleichung der elektrodynamischen Theorien von Ampère und Grassmann« sprach.[15] Kurz skizzierte Gottlob die Theorie von Ampère und wandte sich dann den Vorstellungen Grassmanns zu. Er hatte noch die Passagen aus Abbes Vorlesung im Ohr, der den eher unbekannten Hermann Grassmann als großartigen Denker pries. Das Kraftgesetz von Ampère stammte aus dem Jahre 1820 und benutzte die Begriffe der klassischen Analysis. Grassmanns Artikel zur Elektrodynamik erschien 1845 in Poggendorffs Annalen. (Grassmann, 1845) Der Gelehrte aus Stettin legte seine ungewöhnliche Ausdehnungslehre dar, in der Analysis und Geometrie auf neue Weise verbunden wurden, um seine Formel des Kraftgesetzes herzuleiten. Gottlob konnte zwar die Ansätze vergleichen und theoretisch bewerten, aber die Korrektheit der Theorien musste schließlich in der realen Welt geprüft werden.

*

Als diese Sitzung der Mathematischen Gesellschaft geschlossen wurde, kam Professor Abbe auf ihn zu. »Recht ordentlich, Herr Frege«, erklärte er. »Sie haben jetzt bereits sechs Vorträge mit ansprechendem Niveau gehalten. Dazu kann man Ihnen gratulieren! Ich wollte jedoch noch etwas Anderes ansprechen.« Gottlob blickte erstaunt auf.

»Ja, wir sind in der Fakultät der Meinung, dass Ihre Begabung und Ihre Zielstrebigkeit bemerkenswert sind. Was haben Sie denn für berufliche Pläne?«

»Herr Professor, ich wollte ursprünglich wie meine Eltern Lehrer werden, an einem Gymnasium, wenn möglich in meiner Heimatstadt Wismar. Manchmal habe ich auch schon daran gedacht, dass ich vielleicht hier bei Ihnen zum Doktor promoviert werden könnte.«

»Meine Vorstellungen und die Gedanken der Herren Snell und Schaeffer gehen darüber hinaus. Professor Snell ist gerade 65 Jahre alt geworden. Er hat sich jetzt auch noch für die Wahlen zum Reichstag aufstellen lassen, obwohl es mit seiner Gesundheit nicht zum Besten steht. Unser Lehrkörper braucht frische Kräfte. Wären Sie bereit, nach dem Studium an der Universität zu bleiben, Herr Frege?«

»Sie meinen tatsächlich, ich würde…?«, Abbe unterbrach ihn: »Ja, hier in Jena. Aus meiner Sicht hätten Sie die Fähigkeiten für eine Universitätslaufbahn. Dafür sollten Sie aber Ihre Studien anderweitig vervollkommnen und vertiefen, außerdem, wie Sie schon richtig meinten, eine Promotion zum Doktor anstreben. Der Doktortitel schadet im Übrigen auch nicht, wenn Sie als Oberlehrer tätig werden sollten. Ich würde Ihnen einen befristeten Wechsel nach Göttingen empfehlen.« Abbe wurde nun persönlicher: »Diese Hochburg der Mathematik ist mir selbst wohlbekannt, ich habe ja dort studiert. Man spürte damals beim Studium den überragenden Geist von Gauß. Auch Dirichlet und Riemann haben dort ihre Spuren hinterlassen.« Dann fragte er noch: »Würden denn die Zuwendungen Ihrer Mutter ausreichen, wenn Sie später in der Lehre tätig sind und bei uns zunächst kein Gehalt bekommen?«

»Das denke ich«, sagte Gottlob bescheiden, überrascht von diesen Aussichten. Er hatte gehört, dass Professor Abbe in seiner Studienzeit und auch in den ersten Jahren an der Universität kaum über Geldmittel verfügte.

»Es ist gut, wenn Sie darauf vorbereitet sind«, sagte dieser noch.

Vieles ging Gottlob auf dem Heimweg durch den Kopf. Sollte es möglich sein, in dieser aufstrebenden Stadt Jena mit den vielen großen Persönlichkeiten Fuß zu fassen? Eine wunderbare Vorstellung, sie beflügelte seinen Schritt.

»Was werden nur Mutter und Onkel Caesar dazu sagen?« Vater war Student in Göttingen gewesen. Jetzt könnte er in seine Fußstapfen treten. Gottlob erinnerte sich auch, dass sein Freund Michaelis von den dortigen Professoren geschwärmt hatte. August Michaelis hatte inzwischen seinen Doktor gemacht. Als Gottlob ihn aufsuchte, berichtete er August freudestrahlend von seinen neuen beruflichen Aussichten. Der gab ihm für die neue Universität noch einige hilfreiche Ratschläge.

Voller Zuversicht packte Gottlob am Ende des Semesters, im März 1871, seine Habseligkeiten und reiste zurück nach Wismar. Er war gespannt, wie man dort über seine neuen Pläne und Aussichten denken würde.

Anmerkungen zu Kapitel 4

1   Siehe bei Wikipedia unter ›Gaudeamus igitur‹ mit allen lateinischen Strophen und den deutschen Übersetzungen.

2   Erinnerungsblätter der Mathematischen Gesellschaft zu Jena. Den Mitgliedern derselben gewidmet von Hermann Schaeffer. Jena 1870. Handschriftensammlung der UB Jena, Signatur 8 H. 1. VI, 98, S. 51.

3   Erinnerungsblätter der Mathematischen Gesellschaft zu Jena (wie in 2). Fünfte Sammlung, Jena 1877. Siehe auch (Kreiser, 2001, S. 65–66, 126).

4   Bolzanos Arbeiten wurden zu Lebzeiten kaum gewürdigt. Aus heutiger Sicht kann man ihn als einen Vorläufer einer strengen Logik und als einen der größten Mathematiker des 19. Jahrhunderts bezeichnen. In seiner ›Wissenschaftslehre‹ in vier Bänden war die Logik die mathematische Methode schlechthin. Neben Aussagen kamen auch Aussagefunktionen vor. Sätze und Wahrheiten ›an sich‹ erinnern an Kant und später an Freges Wahrheitskonzept. (Wußing & Arnold, 1983, S. 320–333)

5   Das Paradoxon von Achill(es) und der Schildkröte wurde in der Geschichte immer wieder aufgegriffen. Es hat eine philosophische und eine mathematische Seite (Bewegung, Grenzwert). Siehe u. a. in (Wußing & Arnold, 1983, S. 163–164) oder in Wikipedia.

6   Das sogenannte Basler Problem wurde schon vom Italiener Pietro Mengoli 1650 gestellt, konnte von ihm aber noch nicht gelöst werden. Später beschäftigten sich vor allem Basler Mathematiker damit.

7   Bolzano und Chauchy verdanken wir ein allgemeines Kriterium, mit dem man die Konvergenz einer Folge oder einer Reihe nachweisen kann, ohne den Grenzwert zu kennen. Heute wird es meist Cauchy-Kriterium genannt. Siehe z. B. (Zeidler, 1996, S. 247) oder Wikipedia unter ›Cauchy-Kriterium‹.

8   Erinnerungsblätter der Mathematischen Gesellschaft zu Jena (wie in 2). Fünfte Sammlung, Jena 1877. Siehe auch (Kreiser, 2001, S. 65–66, 126).

9   Blätter von der Saale, Centralorgan für Thüringen, Osterland und Franken
     verbunden mit Jenaischem Tage- und Gemeindeblatt. Bericht vom 17.7.1870.
     Telegrafische Nachricht vom 16.7.1870.

10   Blätter von der Saale (wie in 9). Bericht vom 5.9.1870.

11   Extra-Ausgabe der »Neuen Wismarschen Zeitung« vom 4.9. 1870. Archiv
     der Hansestadt Wismar.

12   Fiktive Zusammenfassung Freges. Zur Kant-Vorlesung siehe (Kreiser, 2001,
     S. 103 f.)

13   Blätter von der Saale (wie in 9). Bericht vom 5.1.1871. Telegrafische Nachricht
     vom 3.1.1871.

14   Blätter von der Saale (wie in 9). Bericht vom 20.1.1871. Erlass einer Prokla-
     mation des Königs von Preußen vom 19.1.1871.

15   Erinnerungsblätter der Mathematischen Gesellschaft zu Jena (wie in 2).
     Fünfte Sammlung, Jena 1877. Siehe auch (Kreiser, 2001, S. 65–66, 126).

*

Tief atmete Gottlob die frische Seeluft ein, als er im Frühjahr 1871 in Wismar ankam. Die leichte Brise tat ihm gut. Wie schön, wieder in der Heimat zu sein. Die Mutter nahm ihn im Elternhaus glücklich in Empfang: »Ist das eine Freude, dich wiederzusehen. Ich bin gespannt, was du zu erzählen hast.«

»Es gibt tatsächlich etwas mit dir und Onkel Caesar zu besprechen«, antwortete Gottlob. »Aber erst einmal will ein wenig zur Ruhe kommen. Die Reise war doch anstrengend.«

Als sie dann beim Abendbrot waren, sagte er »Ich möchte in Göttingen weiterstudieren. Professor Abbe hat mir dazu geraten. Das wäre auch für eine akademische Laufbahn wichtig. Was hältst du davon?«

»Göttingen?«, die Mutter sah ihn überrascht an, »das ist ja großartig. Schon mein Vater Johann, also dein Großvater, dann dein Vater sowie Onkel Caesar und mein Bruder Friedrich, dein Onkel, sie alle haben in Göttingen studiert. Und zwar Theologie.[1] Wie schade, dass mein Bruder nicht mehr lebt. Er starb, wie du weißt, erst vor zwei Jahren, 1869. Friedrich war in den Jahren davor noch Privatdozent in Göttingen gewesen. Er hätte dir viel erzählen können. Sein Leben war sehr bewegt. Er wirkte zunächst in Göttingen, bald gab es jedoch Konflikte. Er zog nach England, war dort unter anderem Sprachlehrer für Hebräisch, Deutsch, Griechisch und Latein. Später hielt er sich als Missionar einige Jahre in Griechenland und Ägypten auf. Friedrich hatte einen ausgeprägten Sinn für die Armen. Leider war sein Temperament mehr als unausgeglichen, und die Ehefrau ließ sich von ihm scheiden.«[2] Gottlob war überrascht, davon zu hören. Was so alles passieren konnte, wenn man seine Eigenheiten nicht meisterte! Er hoffte auf ein ruhigeres Leben, obwohl ihm ebenfalls ein gewisser Eigensinn nachgesagt wurde.

Dr. Caesar Frege machte es sichtlich Freude, dem Neffen von Göttingen zu berichten: »Sie sind dort sehr stolz auf den großen Gauß. Seine Entdeckungen haben die Mathematik und Physik enorm bereichert. Er hat sie auch selbst angewandt bei der Landvermessung und in der Astronomie. Du wirst bestimmt viel über ihn erfahren. Außerdem gibt es diese Geschichte mit Dahlmann. Er stammt ja aus Wismar, ist hier geboren. Im Jahre 1829 wurde er in Göttingen Professor für deutsche Geschichte und Staatswissenschaften. Ich muss dazu etwas ausholen«, erklärte der Onkel.

»Dahlmann war, wie unser Eduard Haupt, 1848 Mitglied in der Frankfurter Nationalversammlung geworden. Doch bis es dazu kam, hatte er eine Menge durchzustehen. Weißt du, das Königreich Hannover, zu dem Göttingen gehörte, wurde in Personalunion, wie man das zu nennen pflegt, vom englischen König regiert, ab 1830 von Wilhelm IV. In dieser Zeit gab es überall in Europa Unruhen und revolutionäre Zustände, und so stimmte Wilhelm IV. notgedrungen einem neuen liberalen Staatsgrundgesetz zu.«

»Das hört sich gut an«, meinte Gottlob.

»Ja, darin enthalten waren die Pressefreiheit, die Abschaffung feudaler Rechte und die Beseitigung konfessioneller Diskriminierungen. Du kannst dir vielleicht vorstellen, wie sehr das Dahlmann als Staatsrechtler gefreut haben muss. Doch dann kam alles ganz anders, als Wilhelm IV. im Jahr 1837 starb. Sein Bruder Ernst August I. bestieg den Thron. Der hatte nun nichts Eiligeres zu tun, als das neue Staatsgrundgesetz außer Kraft zu setzen. Diese Kehrtwendung rief heftigsten Widerstand hervor. An der Spitze stand Dahlmann als Wortführer mit weiteren sechs Professoren, darunter die Gebrüder Grimm. Man nannte sie später die ›Göttinger Sieben‹.[3] Dahlmann verfasste eine Protestnote. Es war von Anfang an klar, dass dazu Mut gehörte, aber sie konnten nicht anders.«

»Und wie ging es weiter?«, fragte Gottlob.

»Der neue König ließ sich nicht beirren, er hielt nicht viel von rebellischen Professoren und entließ sie. Drei von ihnen, auch Dahlmann, wurden sogar des Landes verwiesen. Dieser Vorgang erregte viel Aufsehen in den süddeutschen Landen, in Preußen und Österreich, sogar im Ausland.« Gottlob hörte gespannt zu. Caesar fuhr fort: »Ein Leipziger Solidaritätskomitee beschloss sogar im November 1838, den sieben Göttinger Professoren so lange ein Jahresgeld in Höhe ihres früheren Gehaltes zu zahlen, bis sie wieder eine feste Anstellung erhalten würden.[4] Die Leipziger Buchhändler Salomon Hirzel und Karl August Reimer schlugen den Gebrüdern Grimm außerdem vor, ein neues großes Wörterbuch der deutschen Sprache zu verfassen.«[5]

»Was ist denn aus Dahlmann geworden?«, erkundigte sich Gottlob.

»Dahlmann verlegte seinen Wohnsitz nach Jena. Zum Glück wurde er fünf Jahre später als Professor an die Universität Bonn berufen. Danach war er sogar maßgeblich für die Frankfurter Reichsverfassung tätig. Mein ehemaliger Kollege an der Großen Stadtschule, Rektor Eduard Haupt, sprach von Dahlmann immer voller Bewunderung. Im Jahre 1866 wurde das Königreich Hannover eine preußische Provinz. Damit untersteht die Göttinger Universität seitdem der königlich-preußischen Ministerialbürokratie in Berlin. Das wird wohl Deine Studien nicht beeinträchtigen«, fügte der Onkel noch an.

Wie aufschlussreich waren doch alle diese Gespräche, befand Gottlob. Schnell, viel zu schnell verging die Zeit. Andererseits wuchs die Vorfreude auf Göttingen, einer Stadt mit 16 000 Einwohnern, wie er erfuhr.

*

Ende April 1871, einige Tage früher als erforderlich, verlies Gottlob Wismar. Nach langer Bahnfahrt hielt der Zug in Göttingen. Er stieg aus und war voller Neugier, was ihn erwarten würde. Die Stadt hatte im Unterschied zu Jena einen ansehnlichen Bahnhof, der sich etwas abseits vom Zentrum befand. Flüchtig warf er einen Blick auf die Landschaft. Göttingen lag in einem breiten Tal, anmutige Hügelzüge waren in der Ferne zu sehen. Viele Türme überragten die Häuser. Gottlob hielt sich jedoch nicht lange mit diesen Betrachtungen auf. Später war sicher Zeit genug, in die Umgebung zu wandern.

Bereits auf dem Bahnsteig nahm er den einen oder anderen Corpsstudenten wahr. Als ihm jemand anbot, seinen Koffer zu tragen und ihm auch sonst behilflich sein wollte, lehnte er dankend ab. Er war erfahren genug, diese Dienste zu durchschauen. Das lief sicher wieder auf eine Anwerbung hinaus.

Entschlossen machte sich Gottlob auf den Weg in die Stadt hinein. Bald kam er auf eine breitere Straße, es war wohl die Hauptstraße, und dann stand er schon auf dem Markt vor dem gotischen Rathaus. Da sah er am späten Nachmittag noch viel Geschäftigkeit und munteres Studententreiben. Das reizte ihn wenig. Sein Ziel war, hier das Mathematikstudium fortzusetzen und vielleicht etwas Philosophie zu hören.

Gottlob hatte nach Beratung mit Abbe in der Roten Straße 32 ein Quartier gefunden, das mitten in der Stadt lag.

»Ach, der Herr Stedente«, wurde er von der Wirtin, der Frau des Viehhändlers Neuhaus, begrüßt. Sie trug ein schlichtes Kleid und wirkte angenehm.

»Kommen Sie, wir müssen die Treppen hinauf.« Es war eine einfache, braun gestrichene Treppe. Mit solchen, eher bescheidenen Wohnverhältnissen war Gottlob groß geworden. Im zweiten Stock öffnete Frau Neuhaus eine Tür: »Herr Frege, diese beiden Zimmer stehen Ihnen zur Verfügung.« Er schaute sich um.

Ein Zimmer zum Studieren und ein kleineres Zimmer, das Cabinet, zum Schlafen. Das war in Ordnung. Im Cabinet gab es eine Kommode mit Waschschüssel und Wasserkrug, das Nachtgeschirr stand unter dem Bett. Er sah schöne Federkissen, und das »Studierzimmer« hatte mit Tisch und zwei Stühlen alles, was er brauchte.

»Das Frühstück bringe ich Ihnen jeden Morgen herauf. Ich hoffe, dass Sie sich bald zurechtfinden. Die Universität ist ja nicht weit, das ist bestimmt ein Vorteil«, hörte er die Wirtin noch sagen, während sie die Treppe wieder hinunterging.

»Vielen Dank, es ist alles in bester Ordnung«, rief er ihr nach. Gottlob war erleichtert, er war jetzt in Göttingen gut angekommen und versorgt.

*

An den nächsten Tagen begann er, seine Umgebung zu erkunden. In der Roten Straße war wirklich jede Menge los. Es gab einen Kolonialwarenladen, zwei Bäcker und zwei Metzgerläden, selbst Schuhmacher, Tuchmacher, Klempner, Färber, Gerber und Buchbinder konnte die kleine Straße aufweisen. Auch ein Modegeschäft mit nobler Kleidung zeigte sein Angebot in den Schaufenstern. Das Bild bestimmten aber eindeutig die sieben Gastwirtschaften. Wie viel Leben davon ausging, bekam er oft genug zu spüren. Später erfuhr er, dass fünf Häuser von seinem Quartier entfernt Otto von Bismarck gewohnt hatte. Das Gebäude war natürlich ansehnlicher als die meisten anderen.

Am 2. Mai 1871 war es schließlich so weit. Er legte ein Zeugnis der Universität Jena vor und trug sich in die Matrikel ein.[6] Ein gutes Gefühl. Was mochte wohl der Vater empfunden haben, als er sich hier im Jahr 1828 eingeschrieben hatte?

Gottlob Lebensmittelpunkt sollte jetzt die ›Königlich Preußische Georg-August-Universität‹ werden. Sie wurde 1737 gegründet und verfügte über schöne repräsentative Bauten. Da war das Aula-Gebäude am Wilhelmsplatz, nur wenig entfernt von seinem Quartier in der Roten Straße. Es wurde nach dem Vorbild einer römischen Basilika zum hundertjährigen Bestehen der Universität erbaut. Im Figurenschmuck am oberen Giebel befand sich eine geflügelte Gestalt.

Was mochte sie darstellen? Er erfuhr, dass dies der Genius der Wissenschaften sei, der mit einem Schmetterling über dem Haupt, dem antiken Seelensymbol, in Erscheinung trat. Rechts und links dazu angeordnet waren auf diesem Giebel allegorische Gestalten der vier Fakultäten zu sehen.

Im Innern des Gebäudes erblickte Gottlob die mit zweigeschossigen Säulenreihen ausgestattete Aula, ein äußerst würdiger Raum, in dem Festakte stattfanden. Irgendwo hatte er von dem Leitspruch der Universität gelesen, der »In publica commoda« lautete. Das sagte ihm zu. Bedeutete es doch so viel wie »Zum Wohle aller« oder auch »Im öffentlichen Interesse«.

Abbildung 5-1 Figur im Giebel des Aula-Gebäudes in Göttingen

Abbildung 5-2 Das sogenannte Auditorium der Universität Göttingen

Unweit lag die Bibliothek, die im alten Kollegienhaus und der angrenzenden Paulinerkirche untergebracht war. In dem schönen, großen Saal der Bibliothek mit den hoch aufragenden Bücherregalen würde er sich vielleicht gelegentlich aufhalten. Aber das Lesen von anderen Quellen war mühsam und lenkte zudem ab.

Außerdem gehörte das sogenannte Auditorium zur Universität. Erst vor sechs Jahren vollendet, lag es im Norden, direkt vor dem Stadtwall an der Hauptstraße. Es war ein großes Gebäude mit zwei wuchtigen Seitenflügeln. Gottlob stand davor und war beeindruckt.

Die Vorlesungen würden vor allem hier, in den Räumen des ›Auditoriums‹, stattfinden. Schon drängten sich dort viele junge Männer. Göttingen hatte im Unterschied zu Jena bereits etwa 1 000 Studenten aufzuweisen!

**

Wie Professor Abbe empfohlen hatte, schrieb sich Gottlob in Lehrveranstaltungen der Professoren Clebsch und Schering ein. Bei Alfred Clebsch wollte er Analytische Geometrie hören und bei Julius Schering Funktionen komplexer Variabler. Während Clebsch von außerhalb berufen wurde, war Schering schon lange in Göttingen. Er hatte sogar noch bei Gauß studiert, eine Erfahrung, die ihn stets begleitete.

Über Carl Friedrich Gauß wusste man in Göttingen gut Bescheid. Er kam aus einfachen Verhältnissen. Sein Vater war Maurer. Gauß besaß sehr früh außergewöhnliche Fähigkeiten und galt schon zu Lebzeiten als Princeps mathematicorum, als König der Mathematiker. Mit 18 Jahren gelang ihm als Erstem der Beweis, dass man ein regelmäßiges Siebzehneck nur mit Zirkel und Lineal konstruieren konnte, und zwar auf der Grundlage von rein algebraischen Überlegungen. Das war sensationell, hatte es doch seit etwa 2000 Jahren auf diesem Gebiet kaum Fortschritte gegeben. Im Jahre 1807 wurde Gauß Professor für Astronomie und Direktor der Sternwarte in Göttingen. Er war immer bestrebt, das erworbene Wissen mit praktischen Erfordernissen zu verbinden. Neben seinen Beiträgen zur Landvermessung und aufsehenerregenden astronomischen Entdeckungen schuf er ein zeitlos klassisches Werk über die Bewegung der Himmelskörper. Schließlich gingen die moderne Zahlentheorie und etliche funktionale Zusammenhänge auf seine Arbeiten zurück.[7]

Den exzellenten Nachfolgern von Gauß an der Universität, den Professoren Peter Dirichlet und Bernhard Riemann, war leider nur eine kurze Lebenszeit beschieden. Doch Alfred Clebsch und Julius Schering hielten das hohe Niveau und verfolgten Riemanns Ideen weiter.

Clebsch wurde 1868 als Nachfolger von Riemann berufen. Er war unter anderem Mitbegründer der »Mathematischen Annalen«, die eine der weltweit angesehensten mathematischen Zeitschriften wurde. Er bestellte vor allem das Feld der Geometrie in Göttingen und betrachtete sie als abstrakte deduktive Theorie von möglichen Raumstrukturen, aus denen die Geometrie des physikalischen Raumes durch Experimente und Messungen zu ermitteln war.

Gottlobs Interesse galt zunächst der Geometrie. Er erfuhr in den Veranstaltungen von Clebsch etwas über die Arbeiten zur nichteuklidischen Geometrie, die auf Gauß zurückgingen, und von Riemanns Untersuchungen zur elliptischen Geometrie. Er hörte von hypergeometrischen Funktion, algebraischer Geometrie sowie der Erweiterung der Geometrie auf Räume mit konstanter Krümmung und beliebiger Dimension.

Gottlob brachte Clebsch viel Respekt entgegen, meinte aber, dass die Euklidische Geometrie, die er schon aus der Schule kannte, die gesuchte Theorie der Physik sein musste.

Professor Schering verband die Geometrie vor allem mit der theoretischen Physik. Er war zugleich Direktor des Erdmagnetischen Observatoriums, das zuvor von Gauß geleitet worden war. Schon 1859 hatte man Schering damit betraut, den Nachlass von Gauß zu ordnen. Gauß hatte sich seit 1830 auch mit dem Erdmagnetismus beschäftigt. Gemeinsam mit dem Göttinger Physiker Wilhelm Weber gelang ihm 1833 die Konstruktion eines elektromagnetischen Telegrafen, der zwischen Universität und Sternwarte lange Zeit erfolgreich betrieben wurde. Über Weber, der zu den gesinnungstreuen Göttinger Sieben gehörte, hatte schon der Onkel Caesar in Wismar gesprochen. Weber wurde zwar aus dem Dienst entlassen, aber doch 1849 erneut berufen.

Sehr bald fand Gottlob sich nun ständig in den Hörsälen und Seminarräumen wieder. Wie in Jena bemühte er sich, die Vorlesungen in der Studierstube sorgfältig nachzuarbeiten, und erhielt schon bald für seinen Eifer Sympathie und Anerkennung. Zu Mittag aß er in einer der Gastwirtschaften in der Roten Straße, Frühstück und Abendessen nahm er, wie viele andere Studenten aus Kostengründen, in seinem Zimmer ein.

Da man die Neuimmatrikulierten und ihr Quartier in der › Göttinger Zeitung ‹ veröffentlichte, wurden die Studenten von Händlern, Schneidern, Schustern und anderen Gewerbetreibenden aufgesucht. Einige meldeten sich bei Gottlob Frege und fragten an, ob er ihre Dienste wünschte. Sogar einen Kredit hätte er aufnehmen können. Unter Studenten war es durchaus üblich, Schulden zu machen. Aber das kam für Gottlob, wie manches andere, nicht in Frage.

*

Natürlich gab es in der vorlesungsfreien Zeit einiges zu entdecken. Als er an einem Sonntagmorgen die Treppe herunterstieg, lief ihm seine Wirtin über den Weg.

»Herr Frege, Sie wollen wohl auch auf den Bummel?«

»Bummeln, nein, Frau Neuhaus, ich gehe zum Gottesdienst«, antwortete Gottlob erstaunt.

»Na, Sie werden schon sehen«, meinte sie noch.

In der Weender Straße, der Hauptstraße, kamen ihm sehr viele junge Männer entgegen. Ihre Mützen wiesen sie als Studenten aus. Bald erfuhr er, dass es sich um einen Brauch handelte, den sogenannten ›Weender Bummel‹. Den gab es bereits seit Jahrzehnten. Jeden Sonntag wurde flaniert, von der Ecke Theaterstraße/Weender Straße bis zur Ecke Weender Straße/Rote Straße, und zwar hin und zurück auf der Straßenseite, auf der das Eckhaus mit der Rats-Apotheke lag. Es war ein ziemliches Gedränge, aber die gegenüberliegende Straßenseite zu benutzen, kam offenbar nicht in Frage. Dort gingen nämlich die Philistertöchter auf und ab, die Töchter der angestammten Einwohner, die so manche Blicke auf sich zogen. Doch der Geldbeutel vieler Studenten war einfach zu schmal. Die jungen Damen wurden manchmal von den Eltern gefoppt: »De Stedente sind nichts, haben nichts, müssen fleißig lernen, und wenn sie dann mal fertig sind, verdienen sie zunächst kaum etwas!« Und doch lag beim Bummel etwas von jugendlicher Leichtigkeit in der Luft. Darauf wollten die jungen Leute nicht verzichten. Gottlob hingegen hielt nicht viel von dem Spektakel. Ihn zog es am Sonntagmorgen in die Jacobikirche. Er schätzte besonders den Altar mit seiner klaren, regelmäßigen Gestaltung. Vier rechteckige Tafeln waren miteinander verbunden, in jeder Tafel gab es vier ebenfalls rechteckige Bilder. Auf diesen 16 Bildern wurde kunstvoll und mit schönen Farben auf goldenem Hintergrund das Leben Jesu dargestellt. Je näher man herankam, umso lebendiger wirkte alles. Es beeindruckte Gottlob, wie in diesem christlichen Werk Geometrie und Arithmetik vereint waren. Er dachte an seine Vorfahren, den Vater, den Großvater und die beiden Onkel, die vor ihm hier in Göttingen studiert hatten. Sie mochten wie er vor diesem Altar gestanden haben. Die künstlerische Kraft wirkte über die Generationen hinweg stets aufs Neue.

Wenn Gottlob danach wieder in seine Wohnung ging, freute er sich an dem so kunstvoll gegliederten Fachwerk vieler Häuser. Es zog sich wie ein Ornamentband durch die Straßen. Feine, bemalte Schnitzereien zierten das eine oder andere Bauwerk. Eine Augenweide fand Gottlob.

Er nahm jedoch auch Armut in Göttingen wahr. Besonders im Frühsommer schien manche Bewohner der Hunger zu plagen. Die kleinen Ackerbürger mussten die Kartoffelvorräte und das Brotgetreide sorgsam einteilen. Die vorjährige Ernte aus Feld und Garten hatte unbedingt bis zur neuen Ernte zu reichen. Das

Abbildung 5-3   Altar in der Göttinger Kirche St. Jacobi (Sonntagsseite)

galt ebenso für die Erträge des Schweineschlachtens, des größten Festes im Jahr. Jeder Speckstreifen wurde aufgespart. Wenn sie etwas zukaufen wollten, waren die Preise oft unerschwinglich. Feldhüter sorgten dafür, dass nichts von den Feldern und aus den Gärten gestohlen wurde. Sie waren meist mit Knüppeln bewaffnet.

Bei den besser gestellten Bürgern Göttingens galt im Übrigen die Lesart, dass man »mit vier Schweinen und drei Studenten« gut zurechtkam.

*

Wie in Jena war es Gottlob hier zur Gewohnheit geworden, sonntags eine Wanderung zu machen. Schon mehrfach wählte er das beliebte, etwa zehn Kilometer nördlich gelegene Ausflugslokal ›Mariaspring‹. An diesem Sonntag im Juli des Jahres 1871 nahm er wieder den Wanderweg an der Aue des Leineflusses. In den breiten Wiesen war der Wasserlauf kaum zu erkennen, einige Schäfer weideten dort ihre Herden. Etwas weiter nördlich säumten die Leine wohltuend schattenspendende Laubbäume. Wie reizvoll wirkte das Sonnenlicht auf den Blättern im Unterholz und das Zwitschern der Vögel. Vergnügte Familien kamen Gottlob entgegen. Dann weitete sich wieder der Blick. Liebliche Hügelzüge waren zu sehen. Das Auge konnte in die Ferne schweifen, ohne verwirrt zu werden. Gottlob stand versonnen auf einer hölzernen Brücke, hörte die Gurgellaute des verwirbelten Wassers, dann setzte er sich auf eine Bank. Würde er sich in Göttingen behaupten können? Die Einwohner mochten verklärt auf das Glück der Studenten schauen. Das war für diejenigen aus begüterten Kreisen wohl berechtigt. Doch die Sorgen vieler junger Leute, auch seine eigene Sorge um das Fortkommen, kannten sie nicht. Er schritt auf den Ort Bovenden zu und erreichte dann die Gaststätte. Man hatte dort an den Hängen Bänke aufgestellt und eine Tanzfläche angelegt. Es gab viel Betrieb. Waren schon alle Tische besetzt?

»Kommen Sie ruhig herein, Herr Stedente, hier sind noch einige Plätze frei«, rief man ihm zu. Das ließ er sich nicht zweimal sagen.

Um 15 Uhr begann die Musikkapelle zu spielen. Ein stämmiger großer Mann, der offenbar nicht mit sich spaßen ließ, kassierte das Eintrittsgeld. Gottlob war noch zugegen, als der Tanz begann. ›Mariechenhüpp‹ hieß das Lokal ›Mariaspring‹ ja deshalb auch. Doch es gab offenbar verschiedene Neigungen, die in Widerstreit geraten konnten. Die Familienväter wollten in Ruhe ihr Bier trinken, die Studenten sich amüsieren, die Töchter tanzen, und einige Mütter hielten Ausschau nach einem geeigneten Schwiegersohn. Mitunter wurde die Musik ziemlich laut, Gespräche verstummten dann oder wurden sehr lebhaft.

Ob August Michaelis, sein Jenaer Studienfreund, einmal hier gewesen war? August hatte in Göttingen drei Semester Chemie studiert und manchmal von seinen Erlebnissen erzählt.[8] Er wäre bestimmt mit auf diese Wandertour gekommen, dachte Gottlob. Schade, dass sie sich wohl aus den Augen verlieren würden.

Wenn die Musiker Durst hatten, hörten sie einfach auf zu spielen. Dann kehrte plötzlich Ruhe ein, die allmählich wieder von Stimmengewirr verdrängt wurde. Das war schon alles sehr liebenswert, obwohl Gottlob selbst nicht der Sinn nach Tanzen stand. Er war ohnehin zurückhaltend, wenn es darum ging, junge Damen anzusprechen. Lieber debattierte er mit anderen Studenten über Politik und Welterkenntnis. Angenehm ermüdet kehrte Gottlob schließlich in sein Quartier zurück. Seine Studien ließ er an diesem Abend einmal ausfallen.

*

Nicht nur die Professoren Clebsch und Schering hatte Abbe empfohlen, die für die Mathematik und Physik zuständig waren. Er hatte auch auf den Philosophen Hermann Lotze hingewiesen. Hofrat Lotze war zunächst als Arzt tätig gewesen und verband gern naturwissenschaftliche und philosophische Erkenntnisse. Er galt als einer der großen Denker seiner Zeit. Auf dem Gebiet der Psychologie waren seine medizinischen Studien sogar Pionierarbeiten. Gottlob schrieb sich für Lotzes Vorlesungen zur Religionsphilosophie ein. Er wollte mehr darüber wissen, wie Glaube und Erkenntnis zusammenhängen.

Gottlobs Vater hatte so viel über die Bibel geschrieben, sich für die vier Evangelien des Neuen Testaments begeistert und zugleich kritische Kommentare verfasst. Schon in Jena war bei Professor Snell die biblische Schöpfungsgeschichte kaum einer Erwähnung wert gewesen. Nicht mehr der gütige, im Himmel thronende Gott war Gegenstand der Betrachtungen. Nein, der Gott der Philosophie erschien als Prinzip, als Gesamtheit der in der Welt wirkenden, sie entwickelnden Kräfte, der Naturgesetze. Die psychische Entwicklung von Vorstellungen über die Natur, ihre Entstehungsgeschichte, kann jedoch nicht über deren Richtigkeit entscheiden. (Lotze, 1884, S. 1, Einleitung) Gottlob fand diese These bemerkenswert. Die Wahrheit durfte nicht psychisch begründet werden.

Lotze spannte nun diesen Bogen etwas weiter. Die Axiome der Wissenschaft grenzte er klar von einem Fürwahrhalten ab, das die Religion als Glauben bezeichnet. Religiöse Überzeugung schöpfe noch aus einer anderen Quelle, die in der Psyche des Menschen liege und nur subjektive Geltung beanspruchen dürfe. Das religiöse Gefühl habe immer die expansive Liebe, die zur Mitteilung ihrer Seligkeit an andere Wesen drängt, als das Motiv der Schöpfung angesehen.

Lotze fragte dann: »... *warum sind die nicht denknotwendigen, sondern empirischen Gesetze der Natur gerade so, wie sie sind und nicht anders?*« Er betonte: »*Diese Frage ist unbeantwortbar, und wir müssen uns bescheiden, im religiösen Glauben die gegebene Welt als tatsächlich zur Verwirklichung des höchsten Zwecks berufen zu denken, ohne die Gründe für diese Berufung noch weiter erforschen zu können.*« (Lotze, 1884, S. 76, 77) Er meinte zudem, man dürfe sich eine höhere Instanz zwar vorstellen und ihr den Namen ›Gott‹ geben. Man dürfe ihr auch die ewigen Wahrheiten der Logik und der Mathematik zuschreiben. Aber das sei kein Beweis für ihre Existenz. (Lotze, 1884, S. 44 f.)

Bekenntnishaft sagte Lotze, dass die Lehre und die Lebensgeschichte Christi unendlich wertvoll sei. Und am Schluss seiner letzten Vorlesung formulierte er:

»...*es soll nicht der Schein bestehen bleiben, als gäbe es ... wirklich einen theoretischen Beweis für die Richtigkeit des religiösen Gefühls, auf dem unser Glaube an einen guten und heiligen Gott und an die Bestimmung der Welt zur Erreichung eines seligen Zwecks beruht. ... Nennen wir jeden Versuch dieser Art im Denken oder Handeln ›Religion‹ so ist eben ›Religion‹ niemals ein beweisbares Theorem, sondern die Überzeugung von ihrer Wahrheit eine dem Charakter zuzurechnende Tat.*« (Lotze, 1884, S. 81)

Dankbar nahm Gottlob die philosophischen Einsichten auf, die er bei Hofrat Lotze empfing. Seine Botschaft könnte man wie einen Schatz hüten.

******

Wenn Gottlob einmal gut und billig essen wollte, war der Flecken Weende, unweit im Norden, sein Ziel. Die Gastwirtschaft hatte zwei Räume, im vorderen hielten sich die Knechte, Kutscher und Diener auf. Die Studenten gingen in die große Gaststube. Mettwurst- und Schinkenbrote lockten nach der Devise »Mettwurst nährt und Schinken regt den Geist an«. Das Bier war gut. Alkoholfreie Getränke kannte man kaum.

Wehe dem Ausflugslokal, das bei den Studenten in Verruf kam. Wie um Jena herum gab es auch hier weitere »Bierdörfer«. Gelegentlich zog es Gottlob nach dem etwas südlich gelegenen Geismar. Dort gab es besonders gut belegte Butterbrote, dicke Milch und Kuchen. Allerdings ging er den zechenden und lärmenden Corpsstudenten aus dem Weg. Er konnte dem Pokulieren, wie man das ausschweifende Biertrinken nannte, wirklich nicht viel abgewinnen.

Doch manchmal, wenn er sich von den schwierigen mathematischen Gebilden, die im Kopf herumschwirrten, lösen wollte, setzte Gottlob sich mit an die Biertische vor seiner Haustür. Dort kamen regelmäßig rührige Bismarckverehrer zu Wort. Bismarck galt als der berühmteste Göttinger Student. Seine erstaunlichen Geschichten wurden gerne erzählt.

»Meine Vermieter sagen, dass er ›Achilles, der Unverwundbare‹ genannt wurde. Ein Haudegen war er, ging keinem Kampf aus dem Wege. Zig Mensuren hat er ausgefochten«, wusste einer, »und er soll viele Schulden gemacht haben.« Das imponierte manchem. Ein anderer ergänzte: »Bismarck war voller Lebenskraft und hat die Obrigkeit immer wieder geärgert.«

Die Besitznahme des Königsreichs Hannover durch Preußen lag fünf Jahre zurück. Am 22. Juni 1866 waren die preußischen Truppen in Göttingen einmarschiert. Gottlob entging nicht, dass es dazu unterschiedliche Stimmen gab. Gewiss, die älteren Bürger fühlten sich nach wie vor mit dem ehemaligen Herrscherhaus der Welfen verbunden. Auch im Umland wollte man sich noch nicht mit den neuen Verhältnissen abfinden. Aber in der Stadt hatte die nationalliberale Strömung bereits die Oberhand gewonnen. Man begann die Segnungen der Reichsgründung zu schätzen. Handel und Wandel belebten sich zusehends. Die einsetzende Bautätigkeit ließ erkennen, dass sich die Stadt in alle Richtungen ausdehnen würde.

**

Die Monate gingen ins Land. Im Wintersemester 1871/72 und im Sommersemester 1872 besuchte Gottlob die Vorlesungen und Demonstrationen von Geheimrat Weber zur Experimentalphysik. Weber war berühmt, er wurde zu den weltweit führenden Physikern gezählt. Die Psychologie-Vorträge von Hofrat Lotze hörte er ebenfalls, war letztlich jedoch nicht ganz zufrieden damit. Vieles davon schien ihm zu spekulativ. Lotze vertrat allerdings die Auffassung, dass sich die Mathematik aus der Logik begründen lasse.

»Die Mathematik aus der Logik begründen?« Das war eine faszinierende Idee. Für die Arithmetik konnte er sich das gut vorstellen. Aber für die Geometrie, die mit räumlicher Anschauung verbunden war? Das leuchtete ihm nicht ein.

In der Folgezeit waren ihm dann neben der Vertiefung seiner mathematischen Kenntnisse die Theorien und Methoden der Elektrodynamik wichtig geworden. Auch dort spielte die Mathematik eine große Rolle.

Im November 1872 kam es erneut zu einem tragischen Ereignis für die Göttinger Mathematiker, denn Professor Clebsch verstarb im Alter von 39 Jahren an Diphtherie. Seine Vortragsweise war stets besonders gut gewesen, galt als stilistisch vollendet. Zum Glück hatte Gottlob bei Clebsch noch die Geometrie hören können.

Dass die Universität Göttingen ihrem Ruf als Arbeitsuniversität gerecht wurde, stand außer Frage, und manche Vorlesung begann schon früh um sechs Uhr. Es gehörte jedoch durchaus zum guten Ton, vor dem Kolleg einen Frühschoppen abzuhalten. ›Krone‹, ›Bären‹, ›Alte Fink‹ und das ›Gasthaus zum Schwan‹ waren beliebte Orte für solche Rituale. Manche Corpsbrüder tranken in den oberen Stockwerken der Kneipen ihre Frühstücksbouillon und weitere nahrhafte Flüssigkeiten. Humorvoll bestärkten sie sich dabei in dem Gefühl, die Zeit trotz der verpassten Vorlesungsstunden auf eine ›ehrenhafte‹ Weise zu verbringen.

Es war schon erstaunlich, was die Studenten in Göttingen Tag für Tag anstellten. Abends ging es draußen eigentlich immer lärmend zu. Die Bürger hatten sich offenbar an die nächtlichen Ruhestörungen gewöhnt. Oft ertönte lauter Gesang. ›Gaudeamus igitur‹ war noch eine der angenehmeren Varianten. Wer bei einem Ständchen gut vorgetragene Studentenlieder zu hören bekam, durfte es sich als besondere Ehre anrechnen. Auch wenn die Töne nicht schön waren, wurde dies noch freundlich aufgenommen. Wer aber den Unmut der Studenten auf sich gezogen hatte, wurde mit einer Katzenmusik geärgert. Noch einigermaßen erträglich hörte sich das an, wenn nur falsche Töne erklangen und die Hunde jaulten. Wenn die Studenten aber Topfdeckel mitführten, die sie kräftig gegeneinanderschlugen, wurde es wirklich schlimm.

Gottlob sah in Göttingen zum ersten Mal Radfahrer. Es war seltsam, wie sie, um das Gleichgewicht bemüht, in die Pedale traten. Bereitwillig zeigten einige Kommilitonen, die sich die Anschaffung eines derartigen Geräts leisten konnten, ihre Künste. Ein reines Vergnügen schien das Radfahren auf den holprigen Wegen nicht zu sein, aber es kam in Mode. Radfahrerklubs gründeten sich.

Nein, das ist nichts für mich, entschied Gottlob, ich gehe lieber wandern.

Im Jahre 1873, mitten in diesem großen Aufbruch, der durch die Reichsgründung und die Reparationszahlungen Frankreichs entstanden war, gab es aus heiterem Himmel einen schlimmen Börsenkrach. Überall in Deutschland flogen spekulative Firmengründungen auf. In Göttingen wurden vor allem durch die Thüringer Bank viele kleine Sparer betrogen. Man hatte ihnen Aktien verkauft, die schließlich wertlos wurden.

Gottlob bemerkte dies nur am Rande. Immerhin schienen ihm Aktien nicht geheuer. Das Hin und Her der Börsenkurse war kaum kalkulierbar. Viel Psychologie eben!

An der Universität blieb er der Geometrie verbunden. Er erfuhr, dass Clebsch sich mit der Theorie imaginärer Gebilde beschäftigt hatte. Schon vor Gauß spielten imaginäre Zahlen, Wurzeln aus negativen Zahlen, in der Mathematik eine wichtige Rolle, da sie bei der Lösung von algebraischen Gleichungen auftraten. Sie entzogen sich zunächst völlig der Anschauung, galten als mystisch und wurden nur wegen ihrer Nützlichkeit respektiert.

Erst als Gauß die aus reellen und imaginären Zahlen gebildeten komplexen Zahlen in der Ebene veranschaulichte, wurden diese allgemein anerkannt. Gauß verwendete ein kartesisches Koordinatensystem, in dem auf der x-Achse der reelle und auf der y-Achse der imaginäre Anteil aufgetragen wurde. Hinzu kam, dass die sogenannte projektive Geometrie in Mode war, die sich an der Zentralprojektion räumlicher Gebilde in der Ebene orientierte. Um auch parallelen Geraden einen Schnittpunkt zuzuordnen, wurden unendlich ferne Punkte eingeführt.

Die Sicherung der Anschaulichkeit bei höherdimensionalen geometrischen Problemen mit komplexen Zahlen schien ein geeignetes Thema für die Dissertation zu sein. Als Gottlob Professor Schering darauf ansprach, war dieser sofort bereit, ihn dabei zu betreuen.

Durch die Arbeit an der Dissertation kam es zu einer neuen Form der geistigen Beanspruchung. Das ging deutlich über das Nacharbeiten von Lehrinhalten und die kritische Auseinandersetzung mit ihnen hinaus. Jetzt galt es, selbst mutig Gedanken zu entwickeln. Zwangsläufig waren bei diesen Arbeiten Pausen notwendig. Reichte die Zeit nicht für eine größere Wanderung, dann spazierte Gottlob auf den Wallanlagen entlang, die einstmals zum Schutz um die Stadt herum errichtet wurden. Gern lief er abends auch zum Wilhelmsplatz hinüber, dieser schönen Anlage mit Bäumen und Blumenrabatten vor dem Aula-Gebäude, und setzte sich zu den anderen, die wie er etwas Ruhe brauchten.

Gottlob suchte in dieser Zeit öfter eine Gastwirtschaft in seiner Straße auf. Einmal sprach ihn ein Theologiestudent an: »Sie schauen so grüblerisch daher, kann man nach dem Grund fragen?«

»Ach, wissen Sie, ich bin mit meiner Doktorarbeit beschäftigt, es ist ein Thema der Mathematik«, sagte Gottlob.

»Das stelle ich mir wirklich nicht einfach vor«, bemerkte sein Gegenüber und fragte: »Worum geht es denn da?«

»Imaginäre Zahlen, ich suche nach dem Sinn solcher imaginären Gebilde.«

»Imaginär? Das kennen wir, wenn es um die Gottesvorstellung geht«, wusste der angehende Theologe. Mancher Gedankenaustausch konnte sich auf diese Weise entwickeln. Aber Vorsicht! Wörter bedeuteten nicht immer dasselbe. Das war eine Quelle für Missverständnisse. In der strengen Wissenschaft musste man so etwas ausschließen.

***

Gottlob war dankbar, ein reizvolles Thema zu haben. Zielstrebig kam er voran. Im Frühsommer 1873 konnte er dann die Dissertation mit dem Thema

›Ueber eine geometrische Darstellung der imaginären Gebilde
in der Ebene‹

zum Abschluss bringen. (Frege, 1873) Sie wurde in Jena gedruckt. Einleitend formulierte Frege:

> *»Es ist nun vor Allem wichtig zu erfahren, wann man einen Satz, der von reellen Gebilden gilt, auf imaginäre übertragen darf. … Es entsteht nun ebenso wie bei der Betrachtung der unendlich fernen Punkte das Bedürfnis, diese uneigentlichen Elemente nicht nur in gleicher Weise wie die eigentlichen zu behandeln, sondern auch vor Augen zu haben… Das Entsprechende für die imaginären Gebilde zu leisten, soll im Folgenden versucht werden.«* (Frege, 1873, S. 5)

Noch galt die allgemeine Vorstellung, mathematische Begriffe und Gebilde anschaulich in der Außenwelt wiederzufinden. Gottlob schrieb:

> *»Wenn man erwägt, dass die ganze Geometrie zuletzt auf Axiomen beruht, welche ihre Gültigkeit aus der Natur unseres Anschauungsvermögens herleiten, so erscheint die Frage nach dem Sinne der imaginären Gebilde wohlberechtigt, da wir ihnen Eigenschaften beilegen, welche nicht selten jeder Anschauung widersprechen.«* (Frege, 1873, S. 3)

Er wollte den Versuch unternehmen, ein Teilgebiet der Mathematik auf sichere Grundlagen zu stellen. Im Hintergrund spielte auch die philosophische Frage eine

Rolle, welche Art von Existenz imaginären Größen zukam. Gab es vielleicht eine Möglichkeit, die Mathematik aus Sicht der abstrakten Geometrie zu begründen? Aber welche Entsprechungen hatten abstrakte Dinge in der Außenwelt? Das war Frege noch nicht klar.

Es war ein besonderer Moment, als Gottlob im Juli 1873 mit den Druckexemplaren zu seinem Doktorvater ging. Das ist geschafft, dachte er erleichtert, als er Professor Scherings Dienstzimmer betrat und die Arbeit abgab. Der nickte ihm freundlich zu. In den vergangenen Monaten hatte Schering die eine oder andere inhaltliche Klarstellung verlangt, ihn im Übrigen stets ermutigt und seinem Schützling freie Bahn gelassen. Er blätterte in der Doktorarbeit und schien zufrieden. Nach einem kurzen, eher belanglosen Gespräch verließ Gottlob den Raum.

Wie würde das Gutachten ausfallen, das die Voraussetzung für die Zulassung zur mündlichen Doktorprüfung war? Diese Frage beunruhigte Gottlob etwas. Doch schon kurze Zeit später erfuhr er, dass das Datum für diese Prüfung auf den 8. August 1873 um sechs Uhr abends festgesetzt war.[9]

Einige Tage vor der Prüfung bestellte Schering Gottlob noch einmal zu sich und sagte: »Ich gratuliere Ihnen zu dieser gelungenen Arbeit. Ihre neuen Gedanken wurden konsequent und systematisch ausgeführt. Ich bin damit recht zufrieden. Sie haben außerdem einige Bemerkungen über die Voraussetzungen unserer Geometrie gemacht. Die bedürfen wohl doch noch einer bestimmteren Fassung?«

»Ich weiß nicht recht, ob und wie das fruchtbar werden könnte«, antwortete Gottlob mit höflicher Zurückhaltung.

»Das haben Sie abschließend erwähnt. Ihre Bescheidenheit gefällt mir, junger Mann«, sagte der Professor. Er verwies darauf, dass sich schon sein eigener Doktorvater Gauß mit nichteuklidischer Geometrie beschäftigt hatte. Gottlob wusste das und bemerkte, es müsse eine abstrakte Geometrie geben, die über euklidischer und nichteuklidischer Geometrie stehe. Aber er brachte auch seine Zweifel zum Ausdruck: »In Jena hat uns Herr Professor Fischer eine Prämisse Immanuel Kants nahegebracht. Kant hätte gelehrt, dass unsere sinnlichen Vorstellungen eng mit der euklidischen Geometrie verbunden wären. Mathematische Objekte sollten schon einem realen Inhalt entsprechen.« Schering stimmte zu. Gottlob äußerte ermutigt noch weitere Gedanken. Er wünsche sich, zu den Grundlagen der Mathematik einmal etwas beitragen zu können. Schering wurde aufmerksam.

»Hat nicht der Funktionsbegriff die Potenzen, die für die Begründung gebraucht werden?«, meinte Gottlob. Dann fuhr er fast ein wenig dozierend fort: »Funktionen vermitteln ja Zusammenhänge zwischen Größen, etwa bei einem Zusammenhang zwischen x und y. Üblicherweise nutzt man reelle Größen, aber zunehmend werden wie in meiner Dissertationsschrift komplexe Größen verwendet. Warum sollte man nicht auch Funktionen von abstrakten Größen betrachten können?«

Abbildung 5-4   Titelblatt der Dissertationsschrift für die Promotion

Ueber eine

geometrische Darstellung

der

imaginären Gebilde in der Ebene.

Inaugural-Dissertation

der

philosophischen Facultät zu Göttingen

zur Erlangung der Doctorwürde

vorgelegt

von

G. Frege

aus Wismar.

Jena, 1873.

Druck von A. Neuenhahn.

Gottlob erwähnte noch, dass sich viele Operationen in der Mathematik auf eine wiederholte Anwendung von Funktionen zurückführen ließen.

Schering fand diese abstrakt-theoretische Ausrichtung sehr vielversprechend und schlug ihm vor, eine Habilitation anzustreben. Dieser Gedanke hatte sich bei Gottlob schon im Stillen geformt. Nun erhielt er eine unerwartete Bestärkung.

Die Doktorprüfung beunruhigte Gottlob nicht sonderlich. Er fühlte sich gut vorbereitet. Als Prüfer war neben Professor Schering der Geheimrat Weber bestimmt worden, der ihn im Fach Physik examinieren würde. Professor Lotze war ebenfalls als Prüfer benannt worden. Er ließ sich jedoch entschuldigen.

Schering und Weber stellten Fragen, die Gottlob wie erwartet gut beantworten konnte. Es zahlte sich aus, dass er von Anfang an die Physik im Blick behalten hatte.

Wie üblich gehörte zu seiner Dissertation ein öffentlicher Vortrag mit anschließender Disputation. Gottlob Frege bat darum, diese Disputation, statt traditionell in Latein, auf Deutsch halten zu dürfen. Ihm fehlte die nötige Übung in der lateinischen Sprache. Ein solcher Wunsch war damals für Doktoranden der mathematisch-naturwissenschaftlichen Richtung nicht ungewöhnlich. Dem Antrag wurde daher problemlos stattgegeben. Am 12. Dezember 1873 wurde er dann zum *Doctor philosophiae* ernannt.

Gottlob Frege atmete befreit auf. Das Studium in Göttingen war bewältigt und konnte sogar mit einer akademischen Weihe abgeschlossen werden. Außerdem wusste er jetzt, welche Richtung seine Habilitation nehmen sollte. Diese Perspektive stimmte ihn mehr als zuversichtlich. In den vergangenen Monaten hatte er schon mit intensiven Studien begonnen.

Es galt, die Lebensreise in akademische Höhen fortzusetzen. Mit der Quartierwirtin war längst alles besprochen. Aus Dankbarkeit für ihre Fürsorge hatte er ihr ab und zu ein paar Kleinigkeiten aus der Stadt mitgebracht. Bei der Mietzahlung war er großzügig gewesen.

»Alles Gute für Ihre Zukunft, Herr Frege!«, sagte sie freundlich bei der Verabschiedung.

»Solche ruhigen und strebsamen Studenten wie Sie beherbergen wir gern. Empfehlen Sie uns bitte weiter.«

»Danke, das werde ich gewiss tun«, antwortete Gottlob.

*

Dann stand er mit einigem Gepäck beladen auf dem Bahnsteig. Er schaute noch einmal zur Stadt hinüber. Zweieinhalb Jahre hatte er hier gelebt, tüchtig studiert, aber auch frohe, unbeschwerte Stunden verbracht. Größere Freundschaften waren nicht entstanden. Ein lebendiges Verhältnis zum Lehrkörper, wie es sich in Jena mit den Professoren Abbe, Snell und Schaeffer herausgebildet hatte, war für ihn in Göttingen nicht möglich gewesen. Auch der intensive Austausch in der Mathematischen Gesellschaft fehlte ihm.

Beim Abschied stellte sich keine große Wehmut ein. Gottlob Frege freute sich auf Jena! Gewiss, Göttingen war die richtige Empfehlung gewesen, er hatte viel hinzugelernt, aber in Jena würde es jetzt mit seiner akademischen Laufbahn weitergehen. Das durfte er hoffen.

Der Zug lief ein, beherzt nahm er sein Gepäck und fuhr der weiteren Zukunft entgegen. Im Übrigen stand Weihnachten vor der Tür, eine schöne Zeit, um in Wismar über alles in Ruhe nachzudenken.

***

Gottlob Frege kehrte nach Jena zurück und setzte die Arbeit an seiner Habilitationsschrift fort. Er kam dabei zu der Erkenntnis, dass durch die Einbeziehung der komplexen Zahlen der Größenbegriff der euklidischen Geometrie aufgegeben werden musste, da solche Maßbestimmungen wie Länge, Flächeninhalt, Winkel und Rauminhalt ihren ursprünglichen Sinn verloren. Jetzt galten nur noch allgemeine Eigenschaften und Zusammenhänge ohne die alten Vorstellungen. Das war eine reine und abstrakte Größenlehre. Philosophisch ergab sich die Frage, welche Rolle die euklidische Geometrie überhaupt für die Erkenntnis spielt.

Es gelang ihm, große Teile der Mathematik so darzustellen, dass bestimmte funktionale Zusammenhänge aus der wiederholten Anwendung von einfachen Funktionen entstanden.

Als Ernst Abbe sich nach dem Stand der Habilitation erkundigte, gab Frege gern Auskunft. Er fügte hinzu: »Über wiederholte Verdopplungen kann man zum Beispiel zu Exponentialfunktionen kommen, bei Bestimmung der Verdopplungsanzahl zur Umkehrung, den Logarithmusfunktionen.« Mit solchen Iterationen von Funktionen, ihren mehrfachen Wiederholungen, würden sich viele allgemeine Zusammenhänge erforschen lassen.

Abbe ermutigte Frege, auf diesem Wege fortzufahren. Beide verabredeten regelmäßige Konsultationen, um den Abschluss der Arbeit zu beschleunigen.

Ergänzung: Freges Habilitation

Frege orientierte sich bei seinen Überlegungen an der Addition, die abstrakt als Ersetzung von zwei Elementen x und y einer Familie durch ein Element z aus dieser Familie gedeutet werden konnte und damit als Funktion von zwei Veränderlichen:

$$z = f(x, y) = x + y$$

Allgemein untersuchte er, wie Operationen auf die wiederholte Anwendung einer Basisoperation reduzierbar waren, eventuell mittels eines unendlichen Prozesses. Die Begründung der Zahlen würde so auf der Grundlage einer allgemeinen Größenlehre beziehungsweise Funktionentheorie gelingen. Die vom Verstand konstruierte analytische Theorie war dann zwar von der anschaulichen Geometrie getrennt, konnte aber auf diese ohne Weiteres angewendet werden. Die Arithmetik als Teil der Mathematik erhielt dabei das Primat in deren Begründung, das zuvor die Geometrie eingenommen hatte. Frege wagte sich auf das Gebiet der rekursiven Funktionen und Funktionalgleichungen.

Schon in erstaunlich kurzer Zeit war es so weit. Nach dem Statut der Universität Jena wurde jemand aber nur dann zur Habilitation zugelassen, wenn die zuständige Fakultät einen Antrag auf Genehmigung einer Privatdozentur stellte. Frege bat darum am 16. März 1874. Der Zeitpunkt war insofern günstig, als in der philosophischen Fakultät dringend ein Dozent gesucht wurde, der Professor Carl Snell in der Lehre vertreten konnte. Snell fiel immer öfter wegen Krankheit aus. Hinzu kam, dass auch Ernst Abbe weniger Lehrverpflichtungen wahrnehmen wollte, da er inzwischen stark in das Optikunternehmen von Carl Zeiss eingebunden war. Die Einrichtung einer neuen Professur war aus Kostengründen jedoch nicht möglich.

Der Dekan der Fakultät, Professor Ernst Haeckel, ersuchte Snell um eine Stellungnahme, die dieser an seinen Kollegen Abbe delegierte. Snell brachte aber schon zum Ausdruck, dass Frege aus seiner Sicht als ein sehr strebsamer und fähiger junger Mann bestens geeignet wäre.

Das Urteil Abbes zur Habilitationsschrift fiel sehr positiv aus. Er bescheinigte Frege eine besondere Fähigkeit, das Allgemeine anzustreben und zweifelsfrei zu begründen. Frege habe eine ungewöhnlich erfinderische Kraft und erhebe sich zu einer außerordentlichen Höhe der Abstraktion. Abbe war sich aber nicht sicher, wie fruchtbar Freges Ideen für die weitere mathematische Entwicklung wären.[10]

Haeckel informierte die Fakultät über die günstigen Urteile von Snell und Abbe. Er ergänzte, dass Frege bereits auf das Vorteilhafteste bekannt sei. Schließlich fügte er hinzu, dass Frege die erforderlichen Mittel für seinen Lebensunterhalt durch eine Erklärung der Mutter vorweisen könne. Es waren ja durch eine Privatdozentur kaum Einnahmen zu erwarten. Das Kolloquium zur Habilitation wurde daraufhin auf Sonnabend, den 18. April 1874, 16 Uhr festgelegt.[11]

In diesem Kolloquium war die Lehrbefähigung des Kandidaten zu prüfen. Schwierige wissenschaftliche Probleme sollten für die Studenten fassbar vermittelt werden. Unter Abbes Leitung gab es Anfragen zu historischen, philosophischen und methodischen Aspekten. In der Lehre waren solche Einlassungen erwünscht. Frege argumentierte auf seine ruhige, immer wieder nachdenkliche Art. Das Kolloquium endete so zu aller Zufriedenheit. Frege wurden gute Kenntnisse über die unterschiedlichsten Disziplinen bescheinigt. Kritisch merkte Abbe allerdings an, dass Freges Auslassungen weder besonders schlagfertig noch fließend wirkten. Frege hatte sich an derlei Bemerkungen schon gewöhnt. Ihm fehlte die Gabe, andere rhetorisch in seinen Bann zu ziehen. Seinem Forscherdrang würde das nicht im Wege stehen, und manchmal konnten bei bedächtigem Reden noch Ideen eingebracht werden. Frege sah auch keine Veranlassung, ein Examen für Lehrer im höheren Schuldienst abzulegen, obwohl damals schon diskutiert wurde, dies als zusätzliche Lehrbefähigung an der Universität zu fordern.

Abbildung 5-6 Titelblatt der Dissertationsschrift für die Habilitation

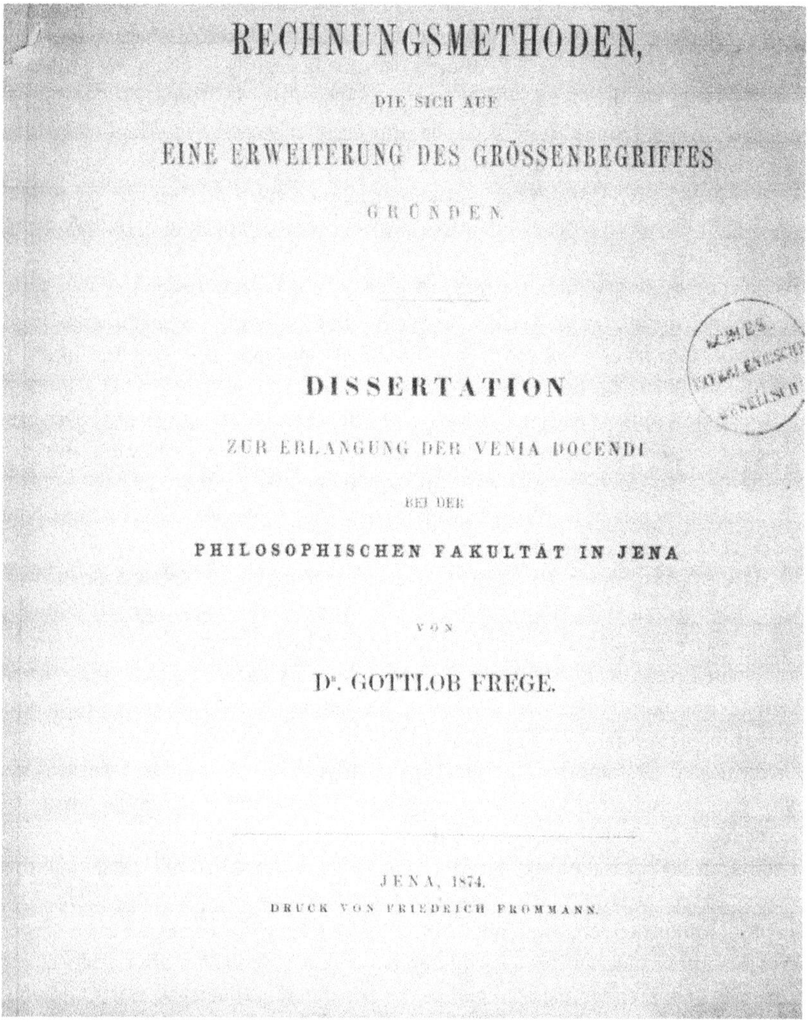

RECHNUNGSMETHODEN,

DIE SICH AUF

EINE ERWEITERUNG DES GRÖSSENBEGRIFFES

GRÜNDEN.

DISSERTATION

ZUR ERLANGUNG DER VENIA DOCENDI

BEI DER

PHILOSOPHISCHEN FAKULTÄT IN JENA

VON

D^r. GOTTLOB FREGE.

JENA, 1874.
DRUCK VON FRIEDRICH FROMMANN.

Gottlob Frege hatte sich endgültig für die Universitätslaufbahn entschieden. Jetzt stand noch die öffentliche Disputation bevor, die der damalige Prorektor, der Chemiker Professor Anton Geuther, für den 16. Mai 1874 ansetzte.[12] Dazu reichte Frege fünf Thesen ein, die den Rang von philosophischen Behauptungen hatten, aber immer wieder Bezug auf die Mathematik nahmen. Es ging um solche Begriffe wie Raum, Geometrie, Zahl, Größe und Wahrheit. Axiome, Grundwahrheiten und ihre Folgerungen spielten dabei eine Rolle, zum Beispiel die Feststellung, dass die Summe der Winkel in einem ebenen Dreieck für alle Ewigkeit und unabhängig von unserer Erfahrung, also *a priori,* genau 180 Grad ergibt, das Doppelte eines rechten Winkels.[13] Es kam zu lebhaften Diskussionen. Verschiedene Fachvertreter brachten ihre Sicht ein.

Frege mühte sich nicht ohne Erfolg, seine Standpunkte gegen Einwände zu verteidigen. Aber philosophische Thesen waren immer angreifbar, fußten auf teilweise sich widersprechenden Prämissen. Mit endgültigen Urteilen war nicht zu rechnen.

Die Probevorlesung fand dann am 18. Mai 1874 statt.[14] Damit waren alle Hürden erfolgreich genommen.

»Herr Frege, wir gratulieren Ihnen!«, hieß es von vielen Seiten. Er gehörte jetzt zum Lehrkörper der Universität Jena und hatte die Pflicht, regelmäßig über Geometrie vorzutragen. Seine erste Vorlesung erfolgte im Sommersemester 1874 vor zehn Studenten über das Imaginäre. Er versuchte, die Ideen seiner Doktorarbeit allgemeinverständlich darzulegen. Das geriet etwas mühsam, und nicht alle Zuhörer waren bei der Sache.

Außerdem las er in diesem Semester noch über Anwendungen des Infinitesimalkalküls, also der Differential- und Integralrechnung, auf die Geometrie.[15] Nur sehr wenige Studenten besuchten diese Vorlesungsreihe. Frege irritierte das wenig. Er erinnerte sich an die Teilnehmerzahlen in Abbes Vorlesungen. Die lauten und ungehobelten Studenten blieben jedenfalls fern. Frege löste sich kaum von der Tafel, war ganz mit seinen Formeln beschäftigt.

Schließlich bot er wieder Vorträge in der Mathematischen Gesellschaft an. Sie standen meist im Zusammenhang mit seinen Vorlesungen und sollten den Studenten zusätzliche Anregungen liefern. Vor allem aber blieb nun Zeit, neuen Ideen nachzugehen und wissenschaftlich zu begründen. Er fühlte eine große Kraft in sich entstehen.

Anmerkungen zu Kapitel 5

1 Selle, Götz (Hrsg.): Matrikel der Georg-August-Universität zu Göttingen, 1937. Johann Bialloblotzky wurde am 9.5.1778 immatrikuliert, Friedrich Bialloblotzky am 19.5.1818, Caesar Frege am 13.10.1823 und Alexander Frege am 21.10.1828.

2 Voigt, Karl Heinz in: Biographisches-Bibliographischen Kirchenlexikon, Verlag Traugott Bautz, Band XV (1999) Spalten 132–142. Schuldig geschieden wegen häuslicher Gewalt, Artikel vom Consistory Court, Wednesday, June 14, Londoner Evening Mail, 16.6.1848, S. 3.

3 Siehe u.a. Wikipedia unter ›Die Göttinger Sieben‹. Zu Dahlmann siehe auch (Springer, 1870) oder (Hollatz, 2006, S. 13–16).

4 Siehe (Springer, 1870, S. 8, Teil 2). Zitiert von Fritz Huschner in: Friedrich Dahlmann, Wortführer der »Göttinger Sieben« – ein Sohn Wismars. Wismarer Beiträge, Schriftenreihe des Stadtarchivs Wismar, Heft 2, 1985, Seite 71.

5 Siehe u.a. Wikipedia unter ›Salomon Hirzel‹.

6 Erwähnt in (Kreiser, 2001, S. 86).

7 Siehe z.B. (Wußing & Arnold, 1983, S. 300–320), (Wußing, 2008/2009, S. 158–164, 178–191, Bd. 2).

8 Briefliche Auskunft des Universitätsarchivs Göttingen vom 15.12.2021: August Michaelis schrieb sich an der Georg-August-Universität am 16.5.1865 für das Fach Chemie ein und studierte in Göttingen drei Semester. Er wurde ab 1890 Ordinarius für Chemie an der Universität Rostock und war einige Jahre auch dort Rektor.

9 Universitätsarchiv Göttingen, Dekanatsbuch der Philosophischen Fakultät, Buch-Nr. 159, Bl. 405. Zitiert in (Kreiser, 2001, S. 93).

10 Siehe Abbes Gutachten zur Habilitationsschrift von Gottlob Frege. Universitätsarchiv Jena, Bestand M, Nr. 639, Bl. 148–150. Zitiert in (Kreiser, 2001, S. 127–129).

11 Universitätsarchiv Jena, Bestand M, Nr. 639, Bl. 145. Zitiert in (Kreiser, 2001, S. 117).

12 Quelle siehe Anmerkung 11, Bl. 151. Zitiert in (Kreiser, 2001, S. 123).

13 Quelle siehe Anmerkung 11, Bl. 146. Zitiert in (Kreiser, 2001, S. 123).

14 Universitätsarchiv Jena, Bestand BA, Nr. 548, Bl. 154 Zitiert in (Kreiser, 2001, S. 125).

15 Universitätsarchiv Jena, Bestand: Universitätsamt/Akademische Quästur, G, Abt. I, Vorlesungsverzeichnisse, Nr. 210, Vorlesungsverzeichnis V, Sommersemester 1874. Zitiert in (Kreiser, 2001, S. 125).

*

Schon seit 1874 verfolgte Gottlob Frege die selbstgestellte große Aufgabe, eine inhaltlich orientierte Logik zu erfinden, in der man aus zweifelsfrei wahren Prämissen rein formal weitere wahre Aussagen folgerte. Er kannte die Idee des großen Gelehrten Gottfried Wilhelm Leibniz von einer universellen Logik mit einer symbolischen Sprache, genannt ›*characteristica universalis*‹, die alle menschlichen Begriffe mechanisch auf Grundbegriffe zurückführt und mit der man alle wahren Sätze mechanisch erhält. Damit konnte man das Denken entlasten und Denkfehler vermeiden. Leibniz erklärte:

» *Und wenn dies geschieht [die Realisierung einer solchen Sprache], werden zwei Philosophen, die in einen Streit geraten, nicht anders argumentieren als zwei Rechenmeister. Es genügt, dass sie eine Feder in die Hand nehmen, sich vor ein Täfelchen setzen und zueinander sagen: ›Calculemus!‹ (Rechnen wir!)*« (Leibniz, 1875–1890)

Diese Idee einer universellen symbolischen Logik war immer noch nicht umgesetzt worden. Eine ganze Fülle neuartiger Überlegungen waren bei Frege dazu entstanden. Sorgfältig konnte er Schritt für Schritt mit seiner ›Begriffsschrift‹, wie er sie nannte, wichtige Formeln erarbeiten, die logische Gesetze beschrieben. Auch einige Anwendungen hatte er hinzugefügt. Seine Notation war originell, versehen mit Verbindungslinien in zwei Richtungen. Ihm schien sie besonders zweckmäßig.

Bei den eigentlichen wissenschaftlichen Abhandlungen begnügte Frege sich mit kurzen Kommentaren. Er hielt die von ihm entwickelte Formelsprache für

Abbildung 6-1   Gottlob Frege um 1875

weitgehend selbsterklärend. Seine Absichten machte er in einem Vorwort deutlich.

Nach vier Jahren, im Dezember 1878, war das Werk niedergeschrieben.

Schon seit dem Herbst 1878 hatte sich Gottlob Frege bemüht, einen Verlag für den Druck des Manuskriptes zu finden. Das erwies sich als schwierig, weil er weitgehend unbekannt war. In einer Jenaer Druckerei stellte sich außerdem heraus, dass seine mathematischen Darstellungen, die Zeichen und Formelgebilde, einen besonderen Aufwand bedeuteten und für einen vernünftigen Preis kaum umzusetzen wären. Was konnte er tun? Frege sprach mit Paul Langer. Dieser war ein Jahr nach ihm Privatdozent für Mathematik und Physik an der Philosophischen Fakultät geworden. Langer hatte eine Publikation über die Grundprobleme der Mechanik bei einem Verlag in Halle an der Saale drucken lassen. Dieser Verlag von Louis Nebert publizierte offenbar viele Arbeiten erstklassiger Mathematiker. Außerdem erschienen dort auch Werke, die über die reine Mathematik hinausgingen. Das war den Inseraten zu entnehmen, die man in den renommierten ›Mathematischen Annalen‹ lesen konnte. Auch der in Jena bekannte Professor Johannes Thomae, der Ordinarius in Freiburg, hatte eine ganze Reihe wissenschaftlicher Werke bei Nebert veröffentlicht.[1]

Gottlob Frege fasste sich ein Herz, schickte das Manuskript nach Halle. Und er bekam umgehend Antwort! Louis Nebert war bereit, sein Buch herauszugeben. Der Verleger wollte als Buchdrucker den Hallenser Erhardt Karras beauftragen, der sich mit den schwierigen Anforderungen wissenschaftlicher Abhandlungen bestens auskannte. Nebert erklärte außerdem, dass das Buch schon im Frühjahr 1879 auf den Markt kommen könnte. Er versprach, mit Anzeigen in philosophischen Journalen für Freges Begriffsschrift zu werben. Unmittelbar nach dieser Zusage wurde begonnen, den Drucksatz zu erstellen. Als der Drucker dann kurz vor

Weihnachten auch das Vorwort erhalten hatte, trafen schon im Januar 1879 die ersten Druckfahnen ein.

Gottlob Frege musste sich noch einmal stark konzentrieren und alles gründlich durcharbeiten. Neben Druckfehlern waren auch kleinere Textänderungen notwendig. Der Drucker zeigte erfreulicherweise Verständnis für alle Wünsche und Anfang April 1879 kam die ›Begriffsschrift‹ in die Welt. (Frege, 1879)

Frege wurden einige Druckexemplare zugesandt. Was war das für ein schönes Gefühl! Er war sich sicher, dass er etwas Bedeutendes gefunden hatte, einen Meilenstein der Logik, eine Sprache der exakten Wissenschaft, nach der andere herausragende Geister wie Leibniz oder Descartes lange vergeblich gesucht hatten.

Frege war überzeugt, dass ihm nach diesem Sieg des Verstandes auch der nächste Schritt gelingen würde, nämlich nachzuweisen, dass die Mathematik einzig und allein auf Logik beruht! Hier den überall gewürdigten Philosophen Kant zu widerlegen, wäre wirklich eine kühne Tat. Er erwartete nun positive Reaktionen aus der Fachwelt. Leise Zweifel gab es zwar, aber er ließ ihnen wenig Raum.

*

In diesen Wochen kam die inzwischen 64-jährige Mutter Auguste zu Gottlob nach Jena.[2] Die höhere Töchterschule, die sie nach dem Tod ihres Mannes Alexander zwölf Jahre geleitet hatte, war von der Stadt übernommen worden. Der Sohn Arnold ging inzwischen eigene Wege. Er strebte eher nach Unabhängigkeit von mütterlicher Fürsorge. So fiel ihr der Entschluss etwas leichter, den Lebensabend bei dem älteren Sohn in Jena zu verbringen. Sie äußerte sogar den Wunsch, dort ein Wohnhaus zu bauen.

Im fernen Wismar hatte die Mutter nur aus den Briefen etwas über ihren Ältesten erfahren. Nun war sie tagtäglich um ihn. Sie spürte, wie sehr Gottlob in dieser Zeit durch die Arbeit an der Begriffsschrift geplagt und umgetrieben wurde. Eines Tages sagte sie zu ihm: »Erkläre mir bitte, wovon handelt sie? Welche Ziele verfolgst du damit?« Gottlob war erstaunt über das Interesse seiner Mutter. Könnte er ihr etwas von dem nahebringen, was ihn so sehr beschäftigte?

»Du weißt ja, wie Vater immer wieder über das klare Denken gesprochen hat. Und das lässt mich nicht mehr los. Sogar in der auf Exaktheit bedachten Mathematik beobachte ich immer wieder, dass etwas als wahr vorausgesetzt wird, was zu hinterfragen ist. Nach der Habilitation begann ich deshalb, ein rein logisches Werkzeug zu erfinden, mit dem man zu klaren, von subjektiven Absichten und Vorstellungen befreiten Urteilen gelangen kann. Man muss die Entdeckung von wissenschaftlichen Wahrheiten, die sich oft auf Psychologie und Erfahrung stützt, und die wissenschaftliche Begründung dieser Wahrheiten streng unterscheiden. Das wird vielfach durcheinandergebracht.« Gottlob ergänzte: »Außerdem soll von der besonderen Beschaffenheit der Dinge abgesehen werden. Es geht mir um die vollkommenste Art der Beweisführung, letztlich die Gesetze des reinen Denkens.«

Er zeigte der Mutter stolz das Titelblatt seiner ›Begriffsschrift‹.

»Gottlob, wie erfreulich! Ist dir da etwas Großes gelungen?«, wollte sie wissen.

»Ja, das funktioniert zweifelsfrei«, war seine bestimmte Antwort. »*Die Arithmetik ... ist der Ausgangspunkt des Gedankenganges gewesen, der mich zu meiner Begriffsschrift geleitet hat.*[3] Ich will das Rechnen mit Zahlen auf eine sichere Grundlage stellen und damit auch die anderen Gebiete der Mathematik.«

»Dazu möchte ich mehr erfahren. Kann ich einmal in deinem Manuskript lesen?«, wünschte nun die Mutter.

»Lass mich lieber versuchen, dir einiges verständlich zu machen. Diese Formelsprache ist ungewöhnlich und verwickelt. Sogar Professoren äußern sich bisher zurückhaltend, weil sich ihnen meine Einsichten nur mit großer Mühe erschließen. Bei meinem Vortrag ›Anwendungen der Begriffsschrift‹ im Januar vor der Jenaischen Gesellschaft für Medizin und Naturwissenschaft gab es kaum Resonanz.« (Frege, 1879)

Gottlob bekannte: »Vielleicht muss ich mein Anliegen noch verständlicher machen. Ich will versuchen, dir in kleinen Schritten eine Vorstellung davon zu geben.«

Als die Mutter schließlich in ihr Zimmer ging, um sich auf die Nachtruhe vorzubereiten, war sie voller Gedanken. Alexander, ihr verstorbener Ehemann, fehlte doch sehr. Schade, dass der Sohn diese Ideen nicht mehr mit seinem Vater besprechen kann, dachte sie traurig. Dieses intensive Streben nach der Wahrheit musste Gottlob von ihm haben. Nun würde sie hoffentlich bald etwas an seiner Gedankenwelt teilhaben können. Sie ahnte aber schon, dass es wohl bei sehr einfachen Vorstellungen bleiben würde.

Bald ergab sich die Gelegenheit, mehr zu erfahren.

»Weißt du«, sagte Gottlob, »bei den Arbeiten zur Dissertation und Habilitation spürte ich, dass die Grundlagen der Mathematik weitgehend ungeklärt sind. Plötzlich tauchten so viele Fragen auf. Was sind eigentlich natürliche Zahlen, von denen wir glauben, sie gut zu kennen? Mit welcher Berechtigung gehen wir mit ihnen in der gewohnten Weise um? Wie sicher ist die Arithmetik, ja, die Mathematik überhaupt? Kann ich sie in meiner Begriffsschrift erfassen? Ist die Wahrheit ihrer Aussagen streng logisch beweisbar?« Gottlob holte tief Luft.

»Es muss die Logik sein, Mutter, die uns die angestrebten Auskünfte geben kann. Sie lässt durch festgelegte Verknüpfungen der Gedankeninhalte erkennen, ob etwas wahr oder falsch ist. Die Logik unserer Tage fußt weitgehend auf der Syllogistik des Aristoteles, die eine ganze Reihe von Schlussfolgerungen für Argu-

Abbildung 6-2   Titelblatt der Begriffsschrift

mente enthält.[4] Sie leistet aber nicht das, was ich brauche. Bei ihm ist sie noch zu sehr an die Muster der gewöhnlichen Sprache gebunden. Davon muss ich mich lösen. Auch die neueren Arbeiten zur Logik im Rahmen der Mathematik sind in meinem Sinn nicht ergiebig genug.«

»Wen nennst du da? Den großen Aristoteles?«, unterbrach ihn die Mutter mit einiger Unruhe, »mein Sohn, willst du wirklich in seine Fußstapfen treten? Und dann noch auf unsere schöne Sprache verzichten? Kein Wunder, wenn man dich dann nicht versteht oder ignoriert.«

»Es ist notwendig, die Logik des Aristoteles weiterzuentwickeln und durch eine neue Art der Logik zu ersetzen. Meine Begriffsschrift tut das auch. Die Leistungen von Aristoteles werden dadurch keineswegs herabgesetzt«, antwortete Gottlob mit ruhiger Überzeugung.

»Mutter, du musst dir das so vorstellen. Meine Begriffsschrift ist ein wissenschaftliches Hilfsmittel. Alle Erfindungen unseres Jahrhunderts beruhen darauf, dass man für die Forschung neue Methoden entwickeln konnte. Denke doch nur an das Mikroskop, das von Professor Abbe hier in Jena so großartig verbessert wurde. Am Beispiel des Mikroskops lässt sich aber noch mehr erklären«, setzte er fort. »*Das Verhältnis meiner Begriffsschrift zu der Sprache des Lebens glaube ich am deutlichsten machen zu können, wenn ich es mit dem des Mikroskops zum Auge vergleiche.*[5] Zunächst muss man erst einmal staunen, was schon das Auge vermag. Es kann in die Nähe und in die Ferne schauen, es kann rundum blicken, Farben erkennen, Hell und Dunkel unterscheiden. Das kann das Mikroskop nicht, es hat weder diese Beweglichkeit noch die anderen Eigenschaften. Für einen bestimmten wissenschaftlichen Zweck, wenn es um die *Schärfe der Unterscheidung* geht, ist es *auf das Vollkommenste angepasst, aber eben dadurch für alle andern Zwecke unbrauchbar.*[6] Die Begriffsschrift soll das Denken schärfen, während die Umgangssprache der allgemeinen Verständigung dient.«

»Das hast du recht anschaulich gemacht, mein Großer«, sagte die Mutter. Lebhaft sprach Gottlob weiter: »Unsere Sprache hat eine gewisse Weichheit und Veränderlichkeit. Das ist die Bedingung ihrer Entwicklungsfähigkeit und vielseitigen Tauglichkeit. Für meine Untersuchungen zu den Zahlen genügt die Wortsprache aber nicht.«

Gottlob überlegte kurz und ergänzte: »*Wir bedürfen eines Ganzen von Zeichen, aus dem jede Vieldeutigkeit verbannt ist, dessen strenger logischer Form der Inhalt nicht entschlüpfen kann.*«[7]

Gottlob fuhr dann fort: »Wenn ich dir jetzt das Manuskript zeige, findest du darin viele Symbole, Striche sowie griechische, lateinische und deutsche Buchstaben. Das mag verwirren. Aber glaube mir, darin ist eine eindeutige Schlüssigkeit. Ich kann natürlich nur hoffen, dass meine Begriffsschrift gelesen und verstanden wird. Sie erscheint zwar nur in Formelbildern, aber ein Inhalt wird durch meine

Zeichen in genauerer und übersichtlicherer Weise zum Ausdruck gebracht, als es durch Worte möglich ist.«

»In deinem Manuskript ist bisher nur die logische Methode enthalten, die eigentlichen Untersuchungen zur Mathematik soll später erfolgen?«, fragte die Mutter nach.

»Ja, so ist es. Ich habe mich entschlossen, jetzt schon mit der Begriffsschrift in den Druck zu gehen, weil, wie ich dir vor einiger Zeit schon angedeutet hatte, die Zukunft der gesamten Universität in Jena unsicher ist.[8] Trotz des allgemeinen Aufschwungs, den man überall sehen kann, ist die finanzielle Unterstützung für die Universität eher dürftig. Man hat mir geraten zu publizieren, damit ich im Fall einer Bewerbung an einer anderen Hochschule etwas vorzuweisen habe. Im Übrigen bin ich mir sicher, dass die Begriffsschrift auch für weitere wissenschaftliche Aufgaben dienlich sein wird. Zunächst geht es mir um die Arithmetik der Zahlen, dann auch um die Differential- und Integralrechnung sowie um die Geometrie. Außerdem sind die Bereiche der Naturwissenschaft, wo zur Denknotwendigkeit noch die Naturnotwendigkeit hinzutritt, durch meine Logik leicht zu erschließen. Selbst den Philosophen dürfte sie ein brauchbares Werkzeug sein, um durch den Sprachgebrauch entstandene Täuschungen aufzudecken.«

»Mein lieber Gottlob, für heute reicht es mir mit den allgemeinen Betrachtungen. Aber zu den konkreten Ausführungen möchte ich noch mehr wissen«, erklärte die Mutter.

Ihre Gedanken gingen zurück in Gottlobs Kindheit. Ach, wie einfach war es doch damals, als sie ihm in Wismar die Anfänge des Lesens und Rechnens beibrachte. Mit etwas Wehmut dachte sie an diese Zeit zurück. Mal sehen, wie weit ich Gottlob überhaupt folgen kann. Die akademische Welt ist sehr anregend und anstrengend zugleich, sagte sie sich.

∗∗∗

Als sie an einem der folgenden Tage wieder zusammensaßen, fragte die Mutter: »Aber was hast du nun mit den natürlichen Zahlen? Was stört dich an ihnen? Mit welcher Absicht willst du später deine Untersuchungen zu den Zahlen durchführen?«

Gottlob sagte: »Das hat seine Berechtigung. Ich gebe dir ein Beispiel mit dem Satz ›die Zahl Eins ist ein Ding‹.«[9]

»Ist sie das nicht auch?«

»Ja, Mutter schon, nur ist das nicht eindeutig.«

»Aber Gottlob, die Eins ist eine Eins, was sonst!«

»Schau bitte genauer hin. In diesem Satz kommt *die,* ein bestimmter Artikel, und zum anderen *ein,* ein unbestimmter Artikel, vor. Das ist aber keine Definition, denn es gibt nur *eine* Zahl Eins, aber *viele* Dinge. Ein Ding kann alles Mögliche sein, und so könnte derselbe Satz von der Zahl Eins für jeden etwas Verschiedenes bedeuten, es gäbe keinen gemeinsamen Inhalt solcher Sätze.[10] In diese Gedanken möchte ich Ordnung bringen. Subjektives, Psychologisches muss verbannt werden, um eindeutige, unmissverständliche Aussagen zu gewinnen, das ist mein Anliegen.«

Die Mutter spürte, wie ernsthaft sich ihr Sohn bei seinen wissenschaftlichen Arbeiten bemühte.

»Ich hoffe, dass ich dir den springenden Punkt, das *punctum saliens* der Begriffsschrift, allmählich nahebringen kann. Du musst aber etwas Geduld haben, das wird sich dir nicht gleich erschließen.«

Gottlob begann: »Eine Sprache der Wissenschaft muss entwickelt werden, die allein die Gesetze benutzt, auf denen alle Erkenntnis beruht. Du weißt, wie schwierig es in der Umgangssprache ist, Gedanken so auszudrücken, dass die Hörer oder Leser sie im gleichen wahren Sinne verstehen. In der Wissenschaft muss man aber Fehlerquellen ausmerzen, um zu sicheren Urteilen zu kommen. Nur so ist Wahrheit erreichbar. Diesem Ziel dient meine Begriffsschrift.« Gottlob wählte mit Bedacht einen Sachverhalt aus der gemeinsamen Erfahrung, um seine Logik zu erklären. »Nun pass auf! Nehmen wir den Satz

A: ›Der Morgen hat begonnen.‹

Ich könnte auch sagen: ›Der Vormittag hat angefangen.‹ Beide haben den gleichen *begrifflichen Inhalt,* der entweder zutrifft oder nicht, also beurteilbar ist, während die Vorstellung vom Morgen oder vom Vormittag für sich genommen keine solche Beurteilung zulässt. Zur Unterscheidung von anderen Inhalten, die ich danach verwende, spreche ich vom ›Inhalt A‹.« Gottlob zeichnete auf einem Blatt Papier:

———— A

»Das ›A‹ kommt auf die rechte Seite. Ein waagerechter Strich links davon ist der *Inhaltsstrich,* der besagt, was wir ausdrücken wollen, zum Beispiel also ›Der Morgen hat begonnen‹. Von diesem Inhalt machen wir uns zunächst nur eine Vorstellung, ohne ihn zu beurteilen. Dieser Inhalt kann entweder bejaht oder verneint werden.

»Ein kleiner senkrechter Strich am linken Ende ist nun der *Urteilsstrich.* Der besagt, dass der ›Inhalt A‹ bejaht wird, also in unserem Beispiel, dass der Morgen tatsächlich begonnen hat:

Das Gegenteil ist damit ausgeschlossen.

Die *logische Verneinung* kann ich leicht hinzufügen. Wollen wir zum Ausdruck bringen, dass der Inhalt ›Der Morgen hat begonnen‹ *nicht* stattfindet, dann wird in der Mitte des waagerechten Striches ein kleiner senkrechter Strich nach unten gemacht, der *Verneinungsstrich.* Das sieht so aus:

Wenn die Verneinung bestätigt werden soll, also der Inhalt ›Der Morgen hat begonnen‹ zu verneinen ist, folglich *der Morgen nicht begonnen hat,* wird wiederum links der Urteilsstrich angefügt. Das zeichne ich als

Wird die Verneinung des ›Inhaltes A‹ nochmals verneint, d. h., schreiben wir zwei Verneinungsstriche vor dem A, so wird der ›Inhalt A‹ bejaht: ›nicht(nicht(A))‹ und ›A‹ haben den gleichen begrifflichen Inhalt. Die *doppelte Verneinung* hebt sich auf.

Du hast sicher schon gemerkt, dass zur Bewertung prinzipiell nur ›ja‹ oder ›nein‹, Bejahung oder Verneinung, zugelassen sind. Es gibt in meiner Formelsprache somit nur zwei Zustände. Ein Beispiel aus dem praktischen Leben wäre: Die Kerze ist ›an‹ – das entspricht dann ›ja‹ oder sie ist ›aus‹ – das entspricht dann ›nein‹.«

»Offenbar hat es eine besondere Bedeutung, dass nur diese beiden Urteilswerte zugelassen sind. Es gibt also kein ›ungefähr‹ oder ›vielleicht‹?«

»Ja, so ist es, doch nun geht es weiter«, setzte Gottlob fort, »angenommen, wir haben außer dem ›Inhalt A‹ noch einen weiteren beurteilbaren ›Inhalt B‹, wie zum Beispiel

B: ›Die Sonne scheint in dein Schlafzimmer.‹

Bei zwei beurteilbaren Inhalten ergeben sich grundsätzlich vier Fälle, da wir nur ›ja‹ und ›nein‹ zulassen. Die folgende Aufstellung der Möglichkeiten wird nun für weitere Betrachtungen stets verwendet.« Er schrieb auf:

1) *A wird bejaht und B wird bejaht;*
2) *A wird bejaht und B wird verneint;*

3) *A wird verneint und B wird bejaht;*
4) *A wird verneint und B wird verneint.*[11]

Die Mutter schaute gespannt zu: »Aber damit kann ich noch nicht viel anfangen.«

»Ja, dafür muss man beurteilbare Inhalte zu einem neuen beurteilbaren Inhalt verbinden«, setzte Gottlob fort. »Nun kommt die *Bedingtheit* ins Spiel. Ich brauche sie für meine logischen Schlüsse. Gottlob zeichnete:

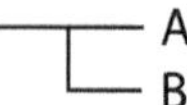

»Also, in meine Formelsprache umgesetzt, sind die von A und der *Bedingung* B für A nach links abgehenden, waagerechten Striche wieder die Inhaltsstriche und der senkrechte Verbindungsstrich zwischen den Inhaltsstrichen ist dann der *Bedingungsstrich*. Wenn die Formel links mit dem Urteilsstrich versehen ist«, sagte Gottlob und zeichnete

»besagt dies, *dass die dritte dieser Möglichkeiten nicht stattfinde, sondern eine der drei andern.*[12] Mit den Bedingtheiten und Verneinungen kann ich jede beliebige logische Aussage darstellen. Dazu kommen wir noch.«

»Mein Sohn, diese Formeln verstehe ich nicht«, sagte die Mutter entschieden, »das erkläre mir bitte.«

»Ja, natürlich. Aber da muss ich etwas ausholen. Am einfachsten kann ich die Bedingtheit mit einem Beispiel aus dem Alltag erklären. Wie schon gesagt, gehen wir von zwei beurteilbaren Inhalten A und B aus. In der Umgangssprache wird die Bedingtheit etwa durch

›wenn B – so A‹

ausgedrückt. Wir benutzen die schon gewählten Inhalte und prüfen jetzt gemeinsam den Wahrheitsgehalt dieser Bedingtheit.

›*Wenn die Sonne in dein Schlafzimmer scheint* (wenn B), *so hat der Morgen begonnen* (so A)‹.

Nun schau Dir einmal die vier Kombinationen an. Ich habe mir für dich eine besonders anschauliche Darstellung ausgedacht.«

Es entstand die folgende Urteilstabelle:[13]

A	B	wenn B – so A
ja	ja	ja
ja	nein	ja
nein	ja	nein
nein	nein	ja

Gottlob erklärte dazu: »In der linken und mittleren Spalte stehen oben die Inhalte A und B, darunter, entsprechend den vier bereits genannten Möglichkeiten, die Bewertung der Inhalte. In der rechten Spalte siehst du dann das Ergebnis für die Bedingtheit, deren Bewertung. Wie schon gesagt, ist die dritte Möglichkeit ausgeschlossen. Das heißt, sie wird hier mit ›nein‹ bewertet. Wir wollen das einmal veranschaulichen. Stelle dir bitte die Situation in deinem Schlafzimmer vor.«

»Ich probiere es mit der ersten Zeile. Wenn die Sonne in mein Schlafzimmer scheint und somit der Morgen begonnen hat, weil die Fenster ja nach Osten gehen, ist die oben genannte Bedingtheit zu bejahen.

Nun die zweite Zeile: Wenn die Sonne wie bei bewölktem Himmel *nicht* in mein Schlafzimmer scheint, aber der Morgen trotzdem begonnen hat, wird die oben genannte Bedingtheit nicht unwahr, wir sollten sie daher bejahen.«

»Richtig, und nun bitte die dritte Zeile«, forderte der Sohn.

»Wenn die Sonne in mein Schlafzimmer scheint und der Morgen in diesem Moment nicht begonnen hat, ist die Bedingtheit ›wenn B – so A‹ nicht gegeben, sie ist folglich zu verneinen. Zum Beispiel könnte mein Schlafzimmer nach Westen liegen.

Zuletzt noch die vierte Zeile. Wenn die Sonne tatsächlich nicht in mein Schlafzimmer scheint und in dieser Situation der Morgen nicht begonnen hat, dann ist die oben genannte Bedingtheit trotzdem nicht unwahr und kann daher bejaht werden«, folgerte die Mutter und nickte dann zögernd.

»Meine Zusammenstellung in der Tabelle stimmt also?«, fragte Gottlob.

»Ja, sie ist irgendwie zu verstehen«, bemerkte die Mutter, »aber in den Zeilen zwei und vier bin ich eher unsicher.«

»Da kann ich dir noch etwas helfen. Die Zeilen eins und drei entsprechen dem natürlichen Sprachgebrauch. Man geht davon aus, dass die Bedingung B erfüllt ist. In den Zeilen zwei und vier ist die Bedingtheit nicht zwingend zu verneinen.

Hinweis: Zur logischen Bedingtheit

Zwischen B und A ist in der logischen Bedingtheit ›wenn B – so A‹ kein *Ursache-Wirkungs-Zusammenhang* erforderlich. Die Aussagen B und A können beliebig sein.

Zum Beispiel ist die Bedingtheit

›Wenn 2 ungerade ist, so ist Sommer.‹

nach Freges Festlegung stets zu bejahen, weil die Bedingung

B: ›2 ist ungerade‹

verneint werden muss. Keinen Einfluss auf das Urteil hat A und damit auch

A: ›Es ist Sommer.‹

Deren Bejahung aber hat sich in der Sprache des reinen Denkens als sinnvoll erwiesen. Praktisch spielen diese Fälle zwar keine Rolle, aber die Logik hat sie zu berücksichtigen.«

»Das muss ich wohl einsehen. Die Verneinung der Aussage ›wenn B – so A‹ in der dritten Zeile ist wirklich angebracht. Aber wozu ist das gut?«, wollte nun die Mutter wissen.

»Ich will es dir am Beispiel einer wichtigen *Schlussregel* der Logik erklären. Im Grunde ist das die einzige Regel, die ich benötige. Alle anderen Schlüsse kann ich darauf zurückführen. Es soll *aus zwei Urteilen ein drittes Urteil folgen.*« Er schrieb die Regel für die Mutter auf.[14]

1. Urteil:	›wenn B – so A‹ ist zu bejahen
2. Urteil:	›B‹ ist zu bejahen

3. Urteil (Folgerung):	›A‹ ist zu bejahen

»Mit meinen Formelbildern sieht das so aus:

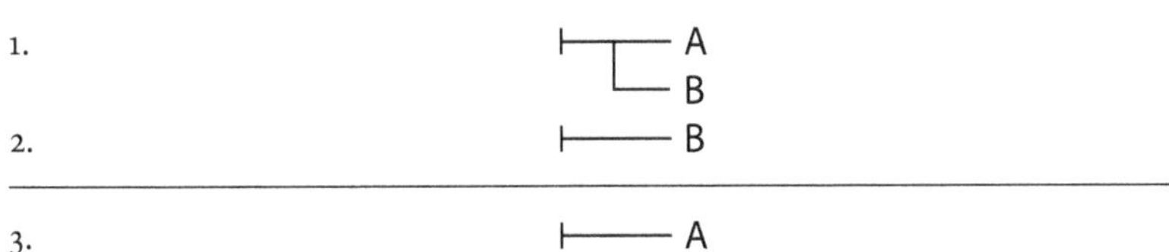

Wie kommt nun diese Schlussfolgerung zustande? Von den vier möglichen Fällen ist der dritte durch die erste Formel, der zweite und vierte Fall aber durch die zweite Formel ausgeschlossen, sodass nur der erste Fall übrigbleibt.«

»Wie meinst du das? Ich kann das nicht nachvollziehen!«, unterbrach ihn die Mutter unsicher.

»Wir nehmen erneut unsere Urteilstabelle mit der Bedingtheit zu Hilfe«, erklärte Gottlob. Er zeigte sie ihr noch einmal:

A	B	wenn B – so A
ja	ja	ja
ja	nein	ja
nein	ja	nein
nein	nein	ja

»Ich sehe es jetzt. ›Wenn B – so A‹ zu bejahen ist, gibt es zunächst drei Möglichkeiten. Soll aber *zugleich* B bejaht werden, verbleibt nur die eine Möglichkeit in der ersten Zeile. Folglich gilt: *A ist zu bejahen!*«, freute sich die Mutter, »jetzt habe ich es verstanden!«

»Im Alltag fußt eine solche Schlussweise weitgehend auf dem gesunden Menschenverstand, während sie hier zweifelsfrei und unabhängig von der Sprache logisch folgt.

Ich habe noch ein Blatt vorbereitet, was du dir einmal in Ruhe anschauen kannst, wenn du magst. Es enthält zwei *logische Gesetze*, Formelbilder, die unabhängig von ihren Inhalten immer zu bejahen sind. Im ersten Gesetz geht es um die Verknüpfung von Inhalten durch das Wort ›oder‹. Es gilt ›A oder *nicht* A‹. Im zweiten Gesetz kommt das Wort ›und‹ vor. Es gilt *nicht* zugleich ›A und *nicht* A‹.

Ergänzung: Freges Extrablatt

Die Formel

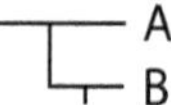

drückt die Verknüpfung ›*A oder B*‹ aus.[15] Im Urteil wird in der Aufstellung der Möglichkeiten nur der vierte Fall verneint, und die anderen werden bejaht.

Setzt man für ›B‹ die Verneinung von ›A‹ ein, dann entsteht (doppelte Verneinung entfällt)

›wenn A – so A‹ bzw. ›**A oder (nicht A)**‹.

Es bleiben nun nur zwei jeweils zu bejahende Fälle übrig. Zu A und seinem Gegenteil gibt es nichts Drittes. *(Gesetz vom ausgeschlossenen Dritten)*

Weiter bildet die Formel

die Verknüpfung ›*A und B*‹ ab.[16] Im Urteil wird in der Aufstellung der Möglichkeiten nur der erste Fall bejaht, und die anderen werden verneint.

Ersetzt man wieder ›B‹ durch die Verneinung von ›A‹, so verbleiben nur zwei jeweils zu verneinende Fälle. Deren Verneinung, also (doppelte Verneinung entfällt)

›wenn (nicht A) – so (nicht A)‹ bzw.
›**nicht (A und (nicht A))**‹,

wird daher stets bejaht. Es kann nicht zugleich A und sein Gegenteil gelten. *(Gesetz vom ausgeschlossenen Widerspruch)*

»Ich zeige jetzt, wie ein Urteil aus mehreren Bedingungen folgt«, setzte Gottlob fort, »ich nehme zum Beispiel die zweifache Bedingtheit mit Urteilsstrich.« Er schrieb

»Für beide Bedingungen steht jeweils ein Bedingungsstrich. In Worten heißt das: Es gilt ›wenn C und B – so A‹, genauer ›wenn C – so (wenn B – so A)‹. Ist nun C zu bejahen, stimmt das auch für ›wenn B – so A‹. Ist außerdem B zu bejahen, so folgt für A ein ›ja‹. Durch doppelte Anwendung meiner Regel ist eine neue Regel entstanden.[17]

Es lassen sich jederzeit weitere Bedingungen D, E, F mit Hilfe von Bedingungsstrichen anfügen. Wenn diese Bedingungen jeweils zutreffen und die mehrfache Bedingtheit zutrifft, so trifft A ebenfalls zu, das heißt, der ›Inhalt A‹ ist dann zu bejahen.

Nun kann ich dir eine wichtige Formel zeigen, indem ich C durch A ersetze«, Gottlob zeichnete:

»Sie ist immer richtig, für beliebige B und A. Nach meiner Definition der Bedingtheit findet nur der Fall, dass A verneint, B bejaht und A bejaht wird, nicht statt. Das ist aber klar, da A nicht zugleich bejaht und verneint werden kann. Wenn du willst, stelle dir die Urteilstabelle dazu auf.«

»Wozu dient das Ganze?«, wollte die Mutter wissen.

»Diese Formel wurde in meine Begriffsschrift als *Grundgesetz* aufgenommen, ein Gesetz, das am Anfang meiner Schlussketten steht. Euklid hätte es *Axiom* genannt«, sagte Gottlob mit Nachdruck. »Die Formel hat unter anderem für die Mathematik eine große Bedeutung. Wenn man zum Beispiel wissen will, ob der

Satz A: ›Die Winkel in einem Dreieck betragen zusammen 180 Grad.‹

auch dann gilt, wenn der

Satz B: ›Einer der Winkel hat 90 Grad.‹

zutrifft, dann braucht man genau dieses Urteil.«[18]

»Ist das denn nicht klar?«, fragte die Mutter.

»Doch schon, aber genau betrachtet, bleibt es zunächst fraglich. Das zweifelsfreie Ergebnis kann man nun aus meiner Formel herleiten.« Gottlob schrieb:

1. Urteil: › wenn A – so (wenn B – so A) ‹ ist zu bejahen
2. Urteil: › A ‹ ist zu bejahen

---

3. Urteil: › wenn B – so A ‹ ist zu bejahen.
(Schlussfolgerung)

» Deine Formel sagt das also aus? «, fragte die Mutter etwas unsicher.

» Ja, so ist es. Aber ich kann dir auch wieder eine Urteilstabelle aufstellen, wie du sie schon kennst. Dann siehst du es selbst, dass der Satz über die Winkelsumme im Dreieck nicht nur allgemein, sondern tatsächlich auch für Dreiecke mit einem Winkel von 90 Grad gelten muss. «

» Danke, mein Sohn, das wird nicht nötig sein. Ich glaube, dass ich das Prinzip inzwischen verstanden habe «, sagte die Mutter erfreut.

» Wie ein Mathematiker, der gewohnt ist, Formeln zu verwenden, um etwas zu berechnen, hast du Formelhaftes entwickelt, mit dem man gedankliche Inhalte sicher verknüpfen kann. Ohne dabei sprachliche Ungenauigkeiten bedenken zu müssen, gelangst du so zu eindeutigen Ergebnissen. «

***

Einige Zeit später ergab sich erneut eine Gelegenheit, über die Begriffsschrift zu sprechen.

» Ich weiß noch nicht recht, warum du deine Zeichenschrift gleich in zwei Richtungen entwirfst, waagerecht und senkrecht «, wollte die Mutter wissen.

» Für mich ist diese Darstellung einfach übersichtlicher. Sie nutzt die zweifach ausgedehnte Schreibfläche von oben nach unten und von links nach rechts. Die Inhalte stehen ganz rechts und deutlich voneinander getrennt, links davon werden die Gedankenverknüpfungen, die logischen Beziehungen der Inhalte durch die senkrechten Linienverbindungen leichter auffindbar. Ich brauche außerdem keine Klammern. Das erleichtert die Erfassung der Zusammenhänge weit mehr als die rein lineare Anordnung, wie sie bisher üblich war. «[19]

Bei einem letzten Austausch zur Begriffsschrift kam Gottlob zu einem weiteren wichtigen Punkt:

» Das eigentlich Neue für die Logik ist nun, wenn Buchstabenzeichen *für Dinge* und damit Funktionen ins Spiel kommen.[20] Die Begriffe › Subjekt ‹ und › Prädikat ‹ des Aristoteles, wie zum Beispiel in dem Satz

› Der Vogel dort oben kann fliegen. ‹

werden durch die Begriffe ›Argument‹ und ›Funktion‹ ersetzt. Hier ist der spezielle ›Vogel dort oben‹ das Argument x und ›Flugfähigkeit‹ die Funktion F, die eine Eigenschaft ausdrückt. Ich schreibe dann allgemein F(x). Dabei hat F Gegenstände als Argument und logische Werte.

Meisen können fliegen, Strauße nicht. Also wird F(x) bejaht, wenn x eine Meise ist und F(x) verneint, wenn x ein Strauß ist. Zugleich ist ›Flugfähigkeit‹ ein Begriff, der alle Gegenstände (wie etwa Vögel) erfasst, die unter ihn fallen (für die die Flugfähigkeit zu bejahen ist). Nicht zufällig heißt meine Logik ›Begriffsschrift‹.

Nun betrachte die beiden Thesen:

Alle Vögel können fliegen.
Einige Vögel können fliegen.

Die erste These betrifft die Allgemeinheit im Sinne von ›für alle … gilt‹.[21] Sie ist zu verneinen. Es gibt also Vögel, die nicht flugfähig sind.

Die zweite These betrifft die *Existenz* im Sinne von ›für mindestens ein … gilt‹. Sie ist zu bejahen, denn Meisen sind flugfähig, und andere Vögel sind es auch.

Erläuterung: Allgemeinheit, Existenz

In der Begriffsschrift werden für solche Sachverhalte die folgenden *Formelbilder* verwendet:

$$\underline{\underline{x}}\ F(x)$$

$$\underline{\top\,\underline{x}\,\top}\ F(x)$$

Das erste betrifft die Allgemeinheit: Für alle x gilt F(x) bzw. alle x haben die Eigenschaft F. Dabei stehen die betreffenden Gegenstände x in einer Höhlung.

Das zweite benutzt die Allgemeinheit unter Einbeziehung von zwei Verneinungen, um die Existenz von Gegenständen x auszudrücken.

Zum Beispiel ist (in Bezug auf Personen) der Satz

›Nicht alle verstehen die Begriffsschrift nicht.‹

gleichbedeutend mit dem Satz

›Mindestens einer versteht die Begriffsschrift.‹

Eine solche Funktion kann auch zwei oder mehr Argumente enthalten. Dann werden nicht Eigenschaften, sondern Beziehungen (Relationen) ausgedrückt. Ich will zum Beispiel das Gewicht von Vögeln vergleichen. So soll etwa F(x,y) besagen, dass der Vogel x schwerer als der Vogel y ist.«

»Oder, dass der Vogel x schneller als der Vogel y fliegt?«, warf die Mutter ein.

»Ja, auch das ist eine mögliche Beziehung. Es lassen sich noch viele weitere Fälle anführen«, erwiderte Gottlob. Er hing kurz seinen Gedanken nach und setzte fort:

»Nun will ich dir noch einen logischen Schluss angeben, in dem ›Allgemeinheit‹ (also ›alle‹) und ›Existenz‹ (also ›ein‹ beziehungsweise ›einige‹) vorkommen. Du erinnerst dich sicher an das Urteil

Mein Beispiel lautet:

C: Alle Physiker sind Naturwissenschaftler.
B: Einige Wissenschaftler sind keine Naturwissenschaftler.

A: Einige Wissenschaftler sind keine Physiker.

Aus C und B wird A gefolgert. Die Einzelheiten der Beweisführung will ich dir ersparen. Das ist übrigens ein Schluss, der schon in der Syllogistik des Aristoteles vorkommt. Dort gelingt er durch Rückführung auf bestimmte allgemein akzeptierte Grundformen des Schließens, während er mit Hilfe meiner Formeln zweifelsfrei logisch hergeleitet werden kann. Das wirkt zwar umständlich, ist aber sicher.«

»Gottlob, großartig! Ich begreife, wie du mit Hilfe deiner Begriffsschrift gedankliche Inhalte verbinden kannst und zu neuen logischen Schlussfolgerungen kommst, ohne den gesunden Menschenverstand und ohne die Schwierigkeiten mit der Sprache berücksichtigen zu müssen. Ich ahne nun auch, welche wissenschaftlichen Möglichkeiten sich mit deinem Verfahren auftun könnten.«

»Mutter, und das geht immer so weiter, eine Überlegung mit der Formelsprache folgt aus der anderen. Besonders hilfreich waren mir, wie du schon sehen konntest, die *Bedingtheit* und die *Verneinung,* auf die man die anderen möglichen logischen Verknüpfungen reduzieren kann. Hinzu traten *Funktion* und *Allgemeinheit,* um Eigenschaften und Relationen von Gegenständen zu erfassen. Ich kam gar nicht davon los und gelangte in den vergangenen Jahren mit Hilfe meiner

Zeichen schrittweise in einen Raum der Abstraktion, in dem diese Weiterentwicklung der Logik, meine Begriffsschrift, zu wissenschaftlich brauchbaren, zwingenden Ergebnissen kommt«, sagte Gottlob.

»Kannst du mir auch schon zeigen, wie du nun die Grundlagen der Mathematik untersuchst?«, wollte die Mutter noch wissen.

»Nein, das kommt erst. Was ich mit meiner Begriffsschrift gefunden habe, ist das Instrumentarium, die Methode für die künftigen Arbeiten«, erklärte der Sohn.

Als die Mutter später das gedruckte Buch in einer ruhigen Stunde zur Hand nahm, las sie in Gottlobs Vorwort:

> *Wenn es eine Aufgabe der Philosophie ist, die Herrschaft des Wortes über den menschlichen Geist zu brechen … so wird meine Begriffsschrift, für diese Zwecke weiter ausgebildet, den Philosophen ein brauchbares Werkzeug werden können.«*[22]

Hatte ihr Sohn mit seinen gerade 30 Jahren wirklich etwas so Bedeutungsvolles geschaffen? Sie blickte gedankenvoll auf: »Wenn das Alexander noch erlebt hätte!« Wie oft hatte ihr Mann über das klare Denken gesprochen als die höchste Vollendung des Menschengeistes. War das nicht eigentlich eine Aufforderung für den begabten Sohn gewesen? Auch die Buchstabenbilder für die Grammatik, damals in seinem Lehrbuch für die Schule, mochten Gottlob inspiriert haben, diesen Weg zur Begriffsschrift zu gehen.

Überwältigt und demütig nahm sie Zuflucht in einem Gebet.

Gottlob Frege hatte erkannt, dass die Verwendung seiner Zeichen auf anderen Gebieten immer dann sinnvoll war, wenn man auf die Schlüssigkeit und Lückenlosigkeit einer Beweisführung Wert legte. Die logischen Verhältnisse kehren überall wieder, Zeichen für die besonderen Inhalte können so gewählt werden, dass sie sich in den Rahmen der Begriffsschrift einfügen.

*

Bereits Anfang 1879 bahnte sich eine weitere, wichtige Entwicklung an. Fast fünf Jahre war es nun bereits her, dass sich Gottlob Frege habilitierte und Privatdozent wurde. Professor Abbe förderte ihn, wo er nur konnte. Ein intensiver Kontakt wurde gepflegt, ob in der Mathematischen Gesellschaft Professor Schaeffers, sonntags bei den Abenden im Hause von Professor Snell, Abbes Schwiegervater, oder in der Medizinisch-naturwissenschaftlichen Gesellschaft. Allmählich verdichtete sich an der Fakultät die Vorstellung, Frege zum außerordentlichen Professor zu berufen.

Es war der Philosoph Rudolf Eucken, der sich an den Dekan der Fakultät, Carl Fortlage, wandte. Er führte aus, dass Frege schon neuneinhalb Semester an der Universität tätig sei und dass er soeben eine bemerkenswerte mathematisch-philosophische Arbeit zum Abschluss gebracht habe.[23] Daraufhin forderte der Dekan seinerseits Ernst Abbe auf, eine Antragsbegründung für die neue Professur zu verfassen. Abbe kam dem gern nach. Er wies in seinem Gutachten auf die hohe Qualifikation und vorzügliche Lehrtätigkeit Freges hin, die dazu führe, die strebsamen Studenten an die schwierige Materie der Mathematik heranzuführen.

Mit der Begriffsschrift dagegen, die er zu diesem Zeitpunkt nur als Manuskript kannte, tat er sich schwer. Er war der Meinung, dass sie kein glückliches schriftstellerisches Debüt sei. Abbe vermutete auch, dass sie nur von wenigen Kollegen verstanden, gewürdigt und gründlich gelesen werde. Und doch schien er etwas von ihrer Bedeutung zu spüren, wenn er schrieb, dass sie das Gepräge originaler Forschung trage und eine nicht gewöhnliche geistige Kraft verriete.[24]

Auch Professor Snell, der sich krankheitsbedingt ganz aus der Lehre zurückziehen wollte, befürwortete die Berufung nachdrücklich. Er betonte, dass Frege ein unabhängiger, selbstständiger Denker sei und von seinen Zuhörern in den Lehrveranstaltungen sehr geschätzt würde. Über die Begriffsschrift wollte er sich nicht äußern, da er sie noch nicht zu Gesicht bekommen hatte.

Schon auf der Sitzung der Fakultät am 11. Januar 1879 wurde der Antrag zur Berufung Freges einstimmig angenommen.[25] Doch nun mussten noch der Prorektor und die Ministerien zustimmen. Dem Kurator der Universität, Freiherrn von Tuercke, fiel die eher zurückhaltende Beurteilung der Begriffsschrift auf. Er vermutete, dass dies im Staatsministerium in Weimar Bedenken hervorrufen könnte. Da war es hilfreich, dass zu diesem Zeitpunkt in der »Jenaer Literaturzeitung« eine günstige Rezension der Begriffsschrift erschien.

Der Mathematiklehrer Dr. Kurd Laßwitz hatte sie verfasst. Er stammte aus Breslau und war seit 1874 am Gymnasium in Gotha tätig. Vielseitig interessiert und freisinnig hatte er keine Anstellung in Preußen gefunden, wo er ursprünglich eine Hochschullaufbahn anstrebte. Laßwitz fand offenbar einen guten Zugang zur Begriffsschrift. Er schrieb am Schluss seiner Besprechung, dass das »kleine, aber tief durchdachte Buch, offenbar Resultat langer, mühevoller Arbeit ... ein wertvoller Beitrag zur Theorie des Denkens« sei. (Laßwitz, 1879)

So kam es, dass das Großherzogliche Staatsministerium in Weimar am 16. Juli 1879 Gottlob Frege zum außerordentlichen Professor für Mathematik ernannte.[26]

»Wie bin ich erleichtert!«, berichtete er der Mutter, nachdem er davon erfahren hatte.

»Mein Junge, was für eine gute Nachricht! Ich freue mich sehr für dich!« Nun ist er schon Professor, dachte sie. Die Stelle war zwar unbesoldet, und die Hörgelder der wenigen zahlenden Studenten aus den Vorlesungen waren gering. Doch dies trübte die Freude nicht. Die eigenen Mittel würden sowohl den Bau eines gemeinsamen Wohnhauses in Jena als auch ihren Unterhalt der kommenden Jahre ermöglichen. Und dann würde man weitersehen.

Am 2. August 1879, es war ein Sonnabend, verpflichtete der Prorektor Georg Meyer den Dozenten Gottlob Frege offiziell als außerordentlichen Professor der Universität Jena.[27] Es war ein besonderer Moment, der in Erinnerung bleiben würde. Als er danach wieder in die Wohnung zurückkehrte, hatte die Mutter zur Feier des Tages eine schmackhafte Mahlzeit bereitet. Eine Flasche Wein stand auf dem festlich gedeckten Tisch. Sie nahmen Platz. Viele Erinnerungen kamen noch einmal lebhaft zur Sprache. Die Rückschläge erschienen in freundlicherem Licht und Erfolge traten in den Vordergrund.

Am Abend ging Gottlob Frege, wie so oft, noch einmal hinaus. Hochgestimmt strebte er dem ›Paradies‹ zu, dieser parkähnlichen Wiesenlandschaft an der Saale. Ein heißer Augusttag neigte sich dem Ende zu.

»Bis hierhin hat das Schicksal mich geführt«, sprach er leise zu sich, »ich bin jetzt Professor!« Er dachte daran, wie sehr der Vater die Gelehrsamkeit geliebt hatte, die stille und anregende Arbeit am Schreibtisch, das Studium der einschlägigen Literatur, das Vortragen der Ergebnisse und die kritische Verarbeitung anderer Auffassungen. Ihm würde er weiter nacheifern. Aber was hatte ein Kollege ihm heute mit auf den Weg gegeben?

»Lieber Herr Frege, nun müssen Sie auch Professor sein!« Was er wohl damit meinte, die Verantwortung des Amtes, das noch höhere Streben in der Wissenschaft, das selbstbewusste Auftreten unter Kollegen und Studenten?

Ja, es gab kein Ausruhen, seine wissenschaftliche Arbeit sollte unaufhaltsam weitergehen. Die Arithmetik mit Hilfe seiner Begriffsschrift auf eine sichere Grundlage zu stellen, dies war das nächste große Ziel.

»Ob ich dabei mit der Unterstützung von Professor Thomae rechnen kann?« Das blieb abzuwarten. Thomae hatte soeben ein eigenes Ordinariat für Mathematik bekommen. Und ob denn die Begriffsschrift überhaupt eine gute Aufnahme finden würde? Professor Abbe war nicht besonders angetan gewesen. Seine Zurückhaltung schmerzte immer noch. Er setzte sich auf eine Bank, die Dämmerung kam. Angenehm, dass es inzwischen kühler wurde.

Nein, ein Paradies würde Jena für ihn nicht werden, so reizvoll auch diese Abendstimmung an der Saale sein mochte. Es gab zu viel Widerstreit an der Universität. Paare schlenderten an ihm vorüber. Sie scherzten und lachten. Er sah ihnen nach und lächelte versonnen. »Ach, möge mir doch auch bald solch ein Glück beschieden sein.«

Gottlob Frege stand auf und ging zurück. Er würde noch etwas am Schreib-

tisch arbeiten. Nur Mut! So vieles lag vor ihm, nun musste er die Schritte zum
Ziel auch gehen! Er war aber voller Zuversicht. Sein wissenschaftliches Programm
hatte mit der ›Begriffsschrift‹ ein festes Fundament erhalten. Darauf ließ sich bestimmt manches aufbauen. Die Mathematik musste sich den Ruf der Unfehlbar-
keit auch verdienen, den sie in den Augen vieler schon genoss.

Freges neue Logik gehört in die Ruhmeshalle der Wissenschaft

Mit der Begriffsschrift ist es Gottlob Frege gelungen, ein vollständiges und wi-
derspruchsfreies Formelwerk der elementaren Prädikatenlogik zu schaffen.

Diese Formale Logik ermöglicht es, sichere Erkenntnisse der Wissenschaft
so miteinander zu verbinden, dass neue zweifelsfreie Erkenntnisse gewonnen
werden.

Freges logische Methode hat nicht nur die Entwicklung der Mathematik
und Philosophie in besonderer Weise gefördert. In unserer Zeit hat sie auch für
die Informatik große Bedeutung erlangt!

Die Nachrufe im Anhang geben dazu weitere Auskünfte.

Anmerkungen zu Kapitel 6

1   Eine werbliche Annonce des Verlags von Louis Nebert, Halle/S., in den *Ma-
     thematischen Annalen,* Jg. 1878, Heft 3 weist für Dr. P. Langer eine Publika-
     tion, für Prof. Dr. J. Thomae sechs Publikationen aus.
2   Ein genauerer Zeitpunkt ist nicht bekannt.
3   Siehe (Frege, Begriffsschrift, 1879, S. VIII, Vorwort).
4   Siehe (Aristoteles, I 4–6) und kommentiert (Patzig, 1969).
5   Siehe (Frege, Begriffsschrift, 1879, S. V, Vorwort).
6   Siehe (Frege, Begriffsschrift, 1879, S. VI–VII, Vorwort).
7   Siehe (Frege, Ueber die wissenschaftliche Berechtigung einer Begriffsschrift,
     1882, S. 52).
8   Stenographenprotokoll des XXI. ordentlichen Landtags des Großherzogtums
     Sachsen-Weimar-Eisenach in Weimar vom 22.3.1878. Die finanzielle Lage
     der Universität Jena war wirklich bedenklich. Ein Diskussionsredner sagte
     zur Berichterstattung der Finanzkommission in dieser Sitzung: »...an euch
     liegt es, soll die Universität nicht untergehen«. Zitiert in (Kreiser, Gottlob
     Frege: Ein Leben in Jena, 2000, S. 16–17).

9 Siehe (Frege, Grundlagen der Arithmetik, 1884, S. I, Vorwort).

10 Wie oben, (… S. I, Vorwort).

11 Siehe (Frege, Begriffsschrift, 1879, S. 5), § 5 Die Bedingtheit.

12 Siehe (Frege, Begriffsschrift, 1879, S. 5), § 5 Definition der Bedingtheit. Heute wird die Bedingtheit als (materiale) Implikation bezeichnet.

13 Die Urteilstabelle, auch Wahrheitstafel genannt, wird hier verwendet, um der Mutter und dem ungeübten Leser das Verständnis der logischen Zusammenhänge zu erleichtern. Nachweisbar kommt sie bei Ludwig Wittgenstein in seinem Werk ›Tractatus logico philosophicus‹ vor (Wittgenstein, 1922), möglicherweise angeregt durch das Studium der ›Begriffsschrift‹ von Gottlob Frege.

14 Siehe (Frege, Begriffsschrift, 1879, S. 7–10), § 6 Schlussweisen.

15 Siehe (Frege, Begriffsschrift, 1879, S. 11–12), § 7 Die Verneinung. Die oder-Verknüpfung heißt heute Disjunktion bzw. Alterative.

16 Wie oben. Die und-Verknüpfung wird heute Konjunktion genannt.

17 Siehe (Frege, Begriffsschrift, 1879, S. 9), § 6.

18 Siehe (Frege, Begriffsschrift, 1879, S. 26), § 14. Die ersten beiden Grundgesetze der Bedingtheit.

19 Siehe (Frege, Ueber die wissenschaftliche Berechtigung einer Begriffsschrift, 1882, S. 53).

20 Siehe (Frege, Begriffsschrift, 1879), §§ 9–10 Die Function.

21 Siehe (Frege, Begriffsschrift, 1879), §§ 11–12 Die Allgemeinheit.

22 Siehe (Frege, Begriffsschrift, 1879, S. VI–VII, Vorwort).

23 Eucken, R., Universitätsarchiv Jena, Bestand M, Nr. 459, Bl. 86. Zitiert in (Kreiser, 2001, S. 357).

24 Siehe Antrag der Philosophischen Fakultät vom 13.1.1879 an den Prorektor, der weitgehend der Vorlage von Ernst Abbe entspricht. Universitätsarchiv Jena, Bestand BA, Nr. 438, Bl. 105 f. Zitiert in (Kreiser, 2001, S. 360).

25 Einstimmiger Beschluss der Philosophischen Fakultät vom 11.1.1879. Universitätsarchiv Jena, Bestand M, Nr. 459, Bl. 85. Zitiert in (Kreiser, 2001, S. 358).

26 Thüringer Staatsarchiv Meiningen, Staatsministerium, Abt. Kirchen- u. Schulsachen, Nr. 11977, Bl. 261 f. Zitiert in (Kreiser, 2001, S. 363).

27 Verpflichtung Gottlob Freges zum außerordentlichen Professor durch den Prorektor, Professor Dr. Meyer. Universitätsarchiv Jena, Bestand BA, Nr. 1669[b]. Zitiert in (Kreiser, 2001, S. 363–364).

*

Gottlob Frege hatte mit seinen jungen Jahren schon viel erreicht und erwartete nun gespannt die Meinung der Fachwelt zu seinem Logikkonzept. Er hoffte natürlich große Anerkennung zu bekommen, war aber doch etwas unsicher, ob er auf Verständnis stoßen würde. Schließlich fiel es schon seinem Mentor Professor Ernst Abbe schwer, die ›Begriffsschrift‹ zu beurteilen.

Es sollte nicht lange dauern, bis die ersten Kritiken erschienen. Vor allem in mathematischen Fachkreisen fand sie wenig Anklang. Außer der zunächst hilfreichen, kurzen Rezension[1] des Gothaer Gymnasialprofessors Kurd Laßwitz gab es weitere Rezensionen, die sich mehr als nur kritisch dazu äußerten. Diese Urteile trafen Gottlob Frege schwer.

Als Auguste Frege an einem Morgen im Juni 1880 aufstand, sah sie, dass ihr Sohn bereits an seinem Schreibtisch saß. Etwas schien ihn zu beunruhigen.

»Was hast du, Gottlob?« Er blickte nur kurz auf.

»Wir werden jetzt in Ruhe etwas essen und dann erzählst du mir alles«, beharrte sie. Nach dem Frühstück blieb der Sohn noch eine Weile in Gedanken versunken.

Dann äußerte er: »In der ›Zeitschrift für Mathematik und Physik‹ gibt es eine umfangreiche Rezension von Professor Ernst Schröder aus Karlsruhe. (Schröder, 1880) Ich habe sie erst heute Morgen gründlich gelesen.«

Auguste fragte nach: »Geht es um deine Begriffsschrift?«

»Ja, Mutter«, erklärte Gottlob aufgebracht, »Schröder ist ein führender Mathematiker und Logiker. Er ist in der Fachwelt bestens bekannt und sehr einflussreich.«

»Und was macht dich so betroffen?«

»Er hat meine Schrift auf 14 Seiten entschieden zurückgewiesen. Anfangs kommt er ganz freundlich daher, spricht auch von einer eigenartigen, aber durchaus originellen Form der Darstellung. Doch danach hagelt es Kritik. Das Gesamturteil ist eigentlich vernichtend«, sagte der Sohn bedrückt und betonte nun jedes Wort: »Ich fühle mich am Boden zerstört.«

»Ich verstehe. Was wirft Professor Schröder dir denn vor? Du warst dir doch so sicher.«

»Ja, das bin ich in der Sache auch heute noch.« Gottlob stand auf und holte die Zeitschrift. »Höre mal. Schröder schreibt:

>*In erster Linie finde ich an der Schrift auszusetzen, dass dieselbe sich zu isoliert hinstellt und an Leistungen, welche in sachlich ganz verwandten Richtungen – namentlich von Boole – gemacht sind, nicht nur keinen ernstlichen Anschluss sucht, sondern dieselben gänzlich unberücksichtigt lässt.*< (Schröder, 1880, S. 83)

Als wäre ich ein Unkundiger oder doch jemand, der auf ein Gebiet vordringen will, das andere bereits ausreichend erforscht haben. Ich fasse es nicht!«

Auguste spürte seine Erregung.

»Meint Schröder sich damit vielleicht auch selbst?«, wollte die Mutter wissen.

»Das mag schon sein, er hat wohl viel von diesem englischen Mathematiker George Boole übernommen und dessen Konzept weiter ausgebaut«, bestätigte Gottlob.

»Aber nun weiter. Schröder möchte >*zur Richtigstellung der Ansichten die weiterhin begründete Bemerkung beitragen, dass die Frege'sche Begriffsschrift gar nicht so wesentlich von Boole's Formelsprache sich unterscheidet.*< (Schröder, 1880, S. 83)

Als hätte ich nichts Neues geschaffen, so blind kann man doch gar nicht sein!«

»Hast du denn solche Quellen nicht angegeben?«, fragte die Mutter nach.

»Natürlich habe ich mich umgesehen, bevor ich meine Ideen entwickelte. Aber was ich fand, wurde meinen Zwecken, die Logik auf eine neue, allgemeinere Basis außerhalb der Mathematik zu stellen, nicht gerecht. Daher sah ich keine Veranlassung, mich auf andere Ansätze zu berufen. Für eine ausführliche Textkritik, die gründliche Auseinandersetzung mit dem einschlägigen wissenschaftlichen Schrifttum, fehlte mir außerdem die Zeit, wie du dich vielleicht noch erinnerst«, erklärte der Sohn.

»Wahrscheinlich nimmt dir Professor Schröder übel, dass du in sein Fachgebiet eingedrungen bist, ohne ihn gebührend zu erwähnen. Was schreibt er denn noch?«

»Er rügt ein Übermaß an Raumverschwendung bei den Formeln und einen großen Mangel an Systematik bei der Darstellung. Den Rest will ich dir ersparen«, sagte Gottlob. Dann setzte er doch noch hinzu: »Schröder meint offenbar, bei besserer Kenntnis der anderen Publikationen hätte ich mir die Mühe sparen können.« Er schien innerlich in Aufruhr.

»Mein Sohn, gibt es denn weitere Rezensionen, vielleicht auch positive?«

»Ja. Weitere werden wohl noch kommen. Vermutlich wird sich aber keiner gegen Schröder stellen wollen.«

Die Mutter sprach ihm Mut zu. Auch Alexander, ihr Mann, hatte doch immer wieder Fehlurteile von Autoritäten angeführt. Hoffentlich nahm Gottlob das nicht zu schwer. Schließlich konnte sie ihn doch noch auf andere Gedanken bringen, bevor er sich auf den Weg in die Universität machte.

Frege wollte eine ausführliche und fundierte Entgegnung zu Schröders kritischer Einschätzung schreiben. Er durfte aber nichts übereilen, musste alles in Ruhe bedenken. Schröder hatte sich gründlich mit seiner Arbeit beschäftigt. Das konnte man ihm nicht vorwerfen. Der kannte neben der Rezension von Kurd Laßwitz (Laßwitz, 1879) sogar seinen Vortrag vom 10. Januar 1879 in Jena, der veröffentlicht wurde. Frege hatte dort in der ›Gesellschaft für Medizin und Naturwissenschaft‹ gezeigt, wie die Begriffsschrift für mathematische Sätze, zum Beispiel über Primzahlen, anwendbar war. (Frege, Anwendungen der Begriffsschrift, 1879)[2] Einen nennenswerten Nutzen wollte Schröder allerdings nicht erkannt haben. Wie verschieden Urteile ausfallen konnten! Ein Mangel an Systematik? Ein weiterer Vorwurf. Was meint er nur damit? Es wurden doch mit Hilfe der Begriffsschrift eine ganze Anzahl logischer Sätze hergeleitet und zwar nicht willkürlich, sondern in geordneter Reihenfolge.

Gottlob Frege ging aufgebracht durch sein Arbeitszimmer. War es denn möglich, dass der bedeutende Schröder sein eigentliches Anliegen nicht erfasst hatte? Hätte ich meine Logik ausführlicher darlegen müssen?

So wechselten sich Vorwürfe und Selbstvorwürfe ab. Frege gewann den Eindruck, dass andere Rezensenten die Mühe scheuten, sein Werk zu durchdringen. Oder sie verstanden wie Schröder Grundsätzliches falsch. Meist gehörten sie der algebraischen Logikschule an. So war es offenbar auch den beiden ausländischen Rezensenten ergangen, von denen Frege erfuhr.

Schon 1879 erklärte Paul Tannery, ein französischer Mathematikhistoriker, dass die Begriffsschrift nicht recht brauchbar wäre. (Tannery, 1879)

Auch der Engländer John Venn äußerte sich kritisch. (Venn, 1880, S. 297) Für ihn war die Begriffsschrift umständlich und unbequem.[3] Er glaubte nicht, dass sich Frege nur einen Moment lang mit Boole vergleichen könnte.[4]

Es war vermutlich von Nachteil gewesen, nur das Wesentliche auszudrücken und so vieles beim fachkundigen Leser vorauszusetzen. Als Neuling auf der akademischen Bühne und als Begründer einer neuen Logik musste Gottlob Frege wohl oder übel Lehrgeld zahlen. Aber er fürchtete bereits, dass der Schaden in seinem Fall sehr groß sein würde. Unbedachte Reaktionen waren zu vermeiden. Neben seiner Erwiderung auf Schröders Einwände wollte er auch die Begriffsschrift noch genauer erläutern. Vielleicht half das.

*

An der Universität Jena hatte es inzwischen für Frege wichtige Veränderungen gegeben. Bisher bestand an der Philosophischen Fakultät nur ein gemeinsames Ordinariat für Mathematik und Naturwissenschaften. Als die zuständigen Thüringer Kleinstaaten auf wiederholtes Drängen der Universität endlich mehr Geld zur Verfügung stellten, konnte ein eigenes Ordinariat für Mathematik eingerichtet werden, das 1879 zum Wintersemester mit dem Mathematiker Johannes Thomae besetzt wurde.

Thomae hatte in Göttingen den Doktorgrad erworben und schon an den Universitäten Freiburg und Halle gelehrt. Hier in Jena stand er mit seiner Berufung zugleich dem neu gegründeten Mathematischen Seminar vor. Nun musste Frege mit ihm alle Angelegenheiten der Lehre absprechen, vor allem die Vorlesungsangebote. Er respektierte die wissenschaftlichen Leistungen des acht Jahre Älteren. Thomae hatte ein weites Feld mathematischer Interessen und arbeitete sich in Jena intensiv in die Theorie komplexer Funktionen ein. Im Jahre 1880 veröffentlichte er zu diesem Thema im Halleschen Verlag von Louis Nebert ein Fachbuch. (Thomae, 1880)

Wie gut, dass Professor Thomae von Anfang an ein kollegiales Verhältnis zu Frege entwickeln wollte.

»Herr Frege, Sie übernehmen künftig in den Sommersemestern die Leitung des Mathematischen Seminars«, sagte Thomae gleich zu Beginn seiner Anstellung und vereinbarte mit ihm: »In den Prüfungskommissionen vertreten wir beide die Mathematik.«

Damit hatte er Frege in die Leitung einbezogen, ein Vertrauensbeweis. Allerdings mochte es Thomae nicht gefallen haben, dass Gottlob Frege sich im Mai 1880 der Einberufung zu einer achtwöchigen Übung der Landwehr in Weimar widersetzte. Thomae hatte 1866 am Österreichfeldzug teilgenommen und war 1870/71 Wächter eines Gefangenenlagers in Torgau gewesen.

»Wollen Sie sich wirklich Ihren patriotischen Pflichten entziehen?«, fragte er Frege. Es gehörte sich doch für die Angehörigen des Lehrkörpers, beim Militär gedient zu haben.

Abbildung 7-1   Der Ordinarius Johannes Thomae

»Keineswegs, aber das Kasernenleben, das ich vor vier Jahren bei der Ausbildung zum Unteroffizier kennenlernte, setzte mir sehr zu. Die Herren Snell und Abbe haben sich für mich verwendet«, erwiderte Frege.

Ohne mich allerdings einzubeziehen, dachte Thomae und fragte sich, ob der Kollege ausreichend belastbar wäre. Doch auch ihm war es letztlich recht, dass die Vorlesungen und Seminare Freges mitten im Sommersemester nicht ersetzt werden mussten.

Frege las neben den Pflichtvorlesungen zur Mathematik und Physik in den Wintersemestern auch über die Begriffsschrift. Die Zahl der Hörer war dabei recht klein. Auch Fragen wurden kaum gestellt. Gewiss hatte das mit dem schwierigen Stoff zu tun, aber Freges Angewohnheit, mehr mit der Tafel als mit den Studenten zu sprechen, war sicher wenig hilfreich. Die geringe Zuhörerschaft bereitete ihm selbst kein großes Kopfzerbrechen. Er war es bald gewohnt, dass ihm nur wenige folgen konnten oder wollten.

✳✳✳

Mit Thomae war es inzwischen zu mehreren fachlichen Unterredungen gekommen. Thomae war gut über Freges Arbeiten informiert, konnte jedoch mit der Begriffsschrift nichts anfangen. Auch Freges neue Schrift über den Zweck der Begriffsschrift half da wenig. (Frege, 1882/83)[5]

Welchen Sinn sollte es haben, die Logik als Grundlage zu bemühen? Die Mathematik konnte doch auf eigenen Füßen stehen. Ihm gefiel auch die Ausdehnung der logischen Ausdrücke in zwei Richtungen nicht, weil das sehr ungewohnt war und den Leser eher abschreckte.

Frege erklärte ihm die Vorteile so, wie er es schon bei seiner Mutter auf einfache Weise getan hatte. Er nannte die beiden beurteilbaren Inhalte

$$A: 2 + 3 = 5 \text{ und } B: 4 + 2 = 7.$$

Der erste Inhalt A ist zu bejahen, der zweite Inhalt B zu verneinen.

»Daher setze ich im ersten Fall vor den *Inhaltsstrich* den *Urteilsstrich*. Im zweiten Fall füge ich zum Inhaltsstrich noch die *Verneinung* und den Urteilsstrich hinzu, denn der Ausdruck ›nicht (B)‹ ist zu bejahen.« Er zeichnete:

$$\vdash\!\!-\!\!-\!\!-\ A \text{ und } \vdash\!\!-\!\!\top\!\!-\ B \text{ (Frege, 1882/83, S. 5)}$$

Frege erklärte noch die für ihn so wichtige *Bedingtheit* ›wenn B – so A‹ zweier Inhalte und nach Einführung von Eigenschaften F, die bestimmte Gegenstände x haben, die *Allgemeinheit* ›für alle x trifft F zu‹. Damit ließe sich alles ausdrücken, sei es auch noch so kompliziert. Er zeigte ihm die Stellen in seiner ›Begriffsschrift‹.

Frege fuhr fort: »Wenn die in Rede stehenden Gegenstände nicht alle die Eigenschaft F haben, dann kommt wieder die Verneinung ins Spiel.« Abschließend betonte er:

> *»In der Tat, es ist einer der bedeutendsten Unterschiede meiner Auffassungsweise von der booleschen und ich kann wohl hinzufügen der aristotelischen, dass ich nicht von den Begriffen, sondern von den Urteilen ausgehe.«* (Frege, 1882/83, S. 5)

»Wie wirkt nun Ihre Logik in allgemeineren mathematischen Zusammenhängen?«, wollte Thomae wissen.

Frege präsentierte ihm unter anderem ein typisches Urteil aus der Algebra, wo aus einer Gleichung eine andere gefolgert wird:

$$\vdash\!\!\top\!\!-\ A \quad A: x^4 = 81$$
$$\quad\ \,\llcorner\!\!-\ B \quad B: x^2 = 9$$

Das heißt: wenn $x^2 = 9$ ist, so ist $x^4 = 81$. Oder mit anderen Worten: Eine zweite Wurzel oder Quadratwurzel aus 9 ist auch eine vierte Wurzel aus 81. (Frege, 1882/83, S. 8–9)

Thomae hörte trotz aller Vorbehalte geduldig zu. Für ihn erschloss sich die Richtigkeit des Urteils sofort, denn das Quadrieren der beiden Seiten der Gleichung unter B lieferte die Gleichung unter A. Thomae wusste natürlich auch, dass die Gleichungen A und B Lösungen besitzen, wobei die Lösungen von B, nämlich x = 3 und x = −3, zugleich Lösungen von A sind. Das bekräftigte das getroffene Urteil.

Thomae fragte nach: »Wozu treiben Sie diesen ganzen Aufwand? Das Ergebnis ist doch klar.«

Darauf sagte Frege: »Das stimmt natürlich. Aber es geht mir nicht um die Verfahrensweise der Mathematik selbst, sondern um die logische Beschreibung mathematischer Gedanken. Da ich Arithmetik und Algebra logisch begründen will, muss ich sie auch in meiner Logik darstellen können und erproben.«

Er ergänzte noch:

»In der Mathematik setze ich beim Schlussfolgern mit der Bedingtheit ›wenn B – so A‹ im Allgemeinen voraus, dass B eintritt. Es ist dann nur zu untersuchen, ob auch A zutrifft oder nicht. Wir haben damit zwei mögliche Fälle. Logisch ist jedoch zu bedenken, dass die Gleichung unter B keine Lösung besitzen könnte, also B generell zu verneinen wäre. Und so haben Sie bei der Bedingtheit meine vier Fälle des Bejahens und Verneinens, die ich Ihnen in meiner Begriffsschrift gezeigt habe:[6]

> ›1. *A wird bejaht und B wird bejaht.*
> 2. *A wird bejaht und B wird verneint.*
> 3. *A wird verneint und B wird bejaht.*
> 4. *A wird verneint und B wird verneint.*‹

Dann setzte Frege fort: »Wie ich schon bemerkt habe, ist die Bedingtheit logisch nur dann zu verneinen, wenn die Aussage B zutrifft, die Aussage A aber nicht. Das ist der Fall 3. Da für beliebige x nur die Fälle 1 und 4 eintreten, ist die angegebene Bedingtheit

›wenn $x^2 = 9$ ist, so ist $x^4 = 81$‹

stets mit ›ja‹ zu beantworten.«

Thomae blieb trotz allem zurückhaltend. Er wollte diese Sichtweise weiter prüfen.

Es ergab sich noch manche gute Gelegenheit, den Ordinarius über die Begriffsschrift zu informieren. Thomae ließ schließlich erkennen, dass er nun mehr über den Zweck der logischen Notation wisse. Er war aber nicht recht überzeugt, dass sein Kollege einen fruchtbringenden Weg beschritt.

ERLÄUTERUNG. BEDINGTHEIT IN DER ALGEBRA

Der Satz ›wenn $x^2 = 9$ ist, so ist $x^4 = 81$‹ enthält Ausdrücke A: $x^4 = 81$ und B: $x^2 = 9$ mit logischen Funktionen, die für jedes spezielle x entweder ›ja‹ oder ›nein‹ liefern. Die von x abhängige Aussage gilt allgemein, wenn sie für jedes x zu bejahen ist.

Man stellt fest:

Für $x = 3$ treffen sowohl A als auch B zu (Fall 1. B: $9 = 9$, A: $81 = 81$).
Für $x = 1$ treffen weder A noch B zu (Fall 4. B: $1 \neq 9$, A: $1 \neq 81$).

Für beide Werte von x ist aber nach Freges Festlegung die Bedingtheit zu bejahen und für alle anderen Werte entsprechend auch.

---

*

Wenig erfreulich sah es mit Gottlob Freges finanzieller Situation aus. Man hatte ihn zwar zum Professor ernannt, aber die Bezüge waren wie erwartet sehr bescheiden. Es war gut, dass die Mutter ihn unterstützen konnte. Sie hatte nach wie vor die Absicht, mit den Geldmitteln, die sie aus Wismar mitbrachte, in Jena ein ansehnliches Wohnhaus zu bauen. Große Sparsamkeit war das Gebot. Was sollte aber erst werden, wenn der Sohn einmal eine Familie gründen würde? Er musste sich um eine zusätzliche Verdienstmöglichkeit bemühen. Am besten um eine, die wenig Zusatzaufwand erforderte.

Im Jahr 1876 war Leo Sachse aus Wismar nach Jena zurückgekehrt. Als guter Bekannter der Familie hatte er Gottlob damals das Studium in Jena empfohlen. Sachse wurde als Mathematik- und Physiklehrer des neu gegründeten Großherzoglichen Gymnasiums bestellt. Diese Neugründung war für die Stadt von Bedeutung, denn vorher gab es nur im benachbarten Weimar ein Gymnasium.[7] Sachse vermittelte Frege eine Lehrerstelle an einer höheren Bürgerschule.[8]

Frege war nun bestrebt, den etwas ungewohnten Anforderungen der Bürgerschule gerecht zu werden. Diese erinnerten ihn an die eigene Schulzeit. Auch Mutter Auguste gab gelegentlich den einen oder anderen pädagogischen Hinweis. Doch es blieb mühsam, den Schülern etwas beizubringen. Den wenigsten von ihnen behagte die Mathematik. Zum anderen fiel es Frege schwer, den Stoff anschaulich vorzutragen. Er verstand es nicht, seine Zöglinge für die Mathematik zu begeistern. Daher wurde der Unterricht gelegentlich durch Unaufmerksamkeit gestört.

Ab 1881 kam der erfahrene Lehrer Ernst Pfeiffer als neuer Direktor an diese

Schule. Er hatte in Berlin Mathematik und Physik studiert. Pfeiffer brachte neue Ideen mit und stellte höhere Anforderungen. Aufmüpfigen Schüler wurde nun entschieden Einhalt geboten.

Pfeiffer versuchte, seine Erfahrungen auch an Frege weiterzugeben. Aber der hatte noch den Satz seiner Eltern im Ohr: »Zum Pädagogen muss man geboren sein.« Das Talent hatte er wohl nicht geerbt.

»Mutter«, sagte der Sohn eines Tages, »die Schulpädagogik liegt mir einfach nicht.«

»Das ist ein eigener Bereich, wo du dich nicht entfalten kannst. Dein Platz ist sicher die Wissenschaft«, meinte sie nur. Frege entschloss sich 1882, seine Stelle an der Schule aufzugeben. Er musste auf diese Einkünfte verzichten, so sehr er sie auch gebrauchen konnte.

Ermutigend war, dass Professor Abbe gelegentlich andeutete, Gottlob Frege an der Jenaer Universität halten zu wollen. Abbe kannte ja die Finanzsituation der Freges. Ob er einen Ausweg sah?

*

Schon im Frühjahr 1881 gab es etwas Erfreuliches. Denn nachdem Frege ab 1878 am Saumarkt logiert hatte, konnte er endlich mit der Mutter eine größere Wohnung am Oberen Jüdengraben beziehen, im Hause des Gasthofs ›Zum Erbprinzen‹.[9] Sogar Leo Sachse und einige Studenten halfen beim Umzug. Da sie von Mutter Auguste reichlich beköstigt wurden und es auch sonst an Frohsinn nicht fehlte, zogen die Helfer am Abend zufrieden ab.

Nach wie vor fiel Frege durch seine zurückhaltende, bescheidene Wesensart auf. Aber stets war er empfänglich für Erkenntnisse und Theorien der verschiedenen Wissenschaften. Hier in Jena ließen sich die eigenen logisch-philosophischen Ansichten entwickeln und festigen. Frege bemühte sich, an Gesprächsrunden aller Art teilzunehmen, oft hörte er auch einfach nur zu.

Es gab in Jena mehrere akademische Zirkel. Der Kreis um Carl Fortlage und Kuno Fischer war natürlich philosophisch geprägt. Fischer stand dabei wie immer im Mittelpunkt. Bei Carl Gegenbaur und Ernst Haeckel ging es eher um biologische Themen. Hier wurde manches Mal kontrovers diskutiert. Besonders die Einladungen zu den Abenden im Hause des Professors Snell, dem Schwiegervater von Abbe, nahm Frege gern an. Ihm gefiel es, dass dort eher mathematisch-physikalische oder naturphilosophische Themen behandelt wurden.

Oft war dort auch die Mutter dabei. Sie schätzte das Zusammensein mit den gelehrten Personen aus der Umgebung des Sohnes. In ihrem Leben hatte es immer einen regen geistigen Austausch gegeben. Sie genoss es, den Gesprächen der anwesenden Philosophen, Naturwissenschaftler, Philologen und Historiker zuzuhören. Wie angenehm wirkte doch auch der gepflegte gesellschaftliche Rahmen. Die Gastgeberinnen Frau Snell und ihre Tochter Elise, seit 1871 die Frau von Ernst Abbe, versorgten die Gäste mit Getränken und kleinen Speisen. Dazu gehörten auch heimische Weine der Saale-Unstrut-Region. Diese Weinkultur ließ sich bis ins 12. Jahrhundert zurückverfolgen. Johann Nikolaus Bach, ein Cousin von Johann Sebastian Bach, hatte 1696 dazu ein Singspiel verfasst, das gelegentlich immer noch aufgeführt wurde.[10]

Gern unterhielt sich Auguste mit den eingeladenen gebildeten Damen. Noch war hier viel vom Geist Goethes und Schillers zu spüren. Der charismatische Musiker Franz Liszt war ebenfalls Gesprächsstoff. Man schwärmte noch von seinen furiosen Auftritten mit dem Weimarer Orchester, dem er bis 1861 vorstand. Wenn gelegentlich über Pädagogik gesprochen wurde, konnte Mutter Auguste von den Reformbestrebungen an ihrer höheren Töchterschule in Wismar berichten. Ihr lag vor allem die Schulbildung der weniger Begüterten am Herzen. Nein, sie bedauerte es nicht, dass sie zu Gottlob nach Jena gezogen war. Selbst der schnelle Redefluss und die ungewohnte sprachliche Intonation der Jenenser Damen weckte kein Unbehagen mehr. Die anregende geistige Atmosphäre war eine echte Bereicherung.

Gottlob Frege liebte auch die traditionellen Spaziergänge einiger Professoren und ihrer Familien am Sonntagnachmittag. Dann hatte er oft interessante Gesprächspartner, mit denen er sich fachlich austauschen konnte. Der verehrte Professor Abbe eilte gerne voraus, seine Passion für den Tabakgenuss schien ihm nicht zu schaden. Frege gefiel die Bescheidenheit, die Abbe sich trotz wachsender Bedeutung für die Universität bewahrt hatte. Dieser war immer wieder ein guter Zuhörer. Frege fühlte sich stets ernst genommen und respektiert, wenn Abbe sich nach seinen Fortschritten in der wissenschaftlichen Arbeit erkundigte.

*

Ich habe meine gelehrten Kollegen mit der Begriffsschrift überfordert, stellte Frege zum wiederholten Male ernüchtert fest. Er entschloss sich, eine umfangreiche Entgegnung auf die Kritik Schröders zur Veröffentlichung einzureichen. Sie sollte den Unterschied zwischen seiner Begriffsschrift und der rechnenden Logik Booles genauer behandeln. (Frege, 1969, erweitert 1983, Booles rechnende Logik und die Begriffsschrift)

Sehr ausführlich, mit einigen Zitaten und Fußnoten versehen, deckte Frege etliche Missverständnisse Schröders auf und betonte die Überlegenheit seiner Logik:

»Meine Begriffsschrift hat ein weiteres Ziel als die Boolesche Logik, indem sie in Verbindung mit arithmetischen und geometrischen Zeichen die Darstellung eines Inhaltes ermöglichen will.

Auch auf dem Gebiet des ... rein Logischen beherrscht sie dank dem Allgemeinheitszeichen ein etwas weiteres Gebiet als die Boolesche Formelsprache.

Sie ist im Stande, Begriffsbildungen darzustellen, wie sie die Wissenschaft braucht, im Gegensatz zu den verhältnismäßig unfruchtbaren ... Verbindungen Booles.

Sie bedarf für die logischen Beziehungen weniger Urzeichen und daher weniger Urgesetze.

Man kann mit ihr auch Aufgaben lösen von der Art der Booleschen, und zwar mit weniger algorithmischen Vorbereitungen.« (Frege, 1969, erw. 1983, S. 51–52)

Frege ahnte inzwischen, dass die Begriffsschrift auch deshalb auf Unverständnis stieß, weil sie thematisch zwischen Mathematik und Philosophie angesiedelt war. So schickte er seine Rechtfertigung an drei wissenschaftliche Journale, die jeweils verschiedene fachliche Schwerpunkte hatten: ›Mathematische Annalen‹, ›Zeitschrift für Mathematik und Physik‹, ›Zeitschrift für Philosophie und philosophische Kritik‹.

Aber alle drei lehnten eine Veröffentlichung ab, sogar die zweite, in der die ausführliche Rezension Schröders erschienen war. (Schröder, 1880) Wie eigentümlich! Dies stimmte sehr nachdenklich. Es war doch üblich, ja, ein ungeschriebenes Gesetz, dass einem die Erwiderung am selben Ort ermöglicht wird! Hatte man sich dort auf die Ablehnung durch Schröder gestützt oder vielleicht sogar mit ihm Rücksprache genommen?

Frege argumentierte unmissverständlich, warum ihm die mathematische Formelsprache Booles nicht als Grundlage für die Mathematik geeignet erschien. Er war sich sicher, dass sein Weg zur Begründung der Arithmetik der einzig richtige war. Warum sträubten sich die Gutachter der Zeitschriften so vehement dagegen? Lag es vielleicht am Umfang seiner Erwiderung, die immerhin 43 Seiten umfasste? Hatte er jetzt die Kürze durch Weitschweifigkeit ersetzt und die Redakteure damit abgeschreckt?

Doch ein wesentlich kürzeres, sechsseitiges Manuskript von 1882, das sich ebenfalls mit der Booleschen Formelsprache auseinandersetzte, wurde ebenfalls nicht angenommen. (Frege, 1969, erweitert 1983, Booles logische Formelsprache und meine Begriffsschrift)

Als hätte man sich gegen ihn verschworen. Es war zum Verzweifeln.

»Willst du nicht Schröder deine Erwiderung auf dem Postweg zukommen lassen?«, fragte die Mutter. Sie hätte ihn gerne von seiner Lethargie befreit.

»Ich sehe keinen Sinn darin«, war die Antwort. Auguste verstand, dass er nicht länger darüber sprechen wollte.

Wenigstens konnte er am 27. Januar 1882 erneut einen Vortrag ›Über den Zweck der Begriffsschrift‹ vor der ›Jenaischen Gesellschaft für Medizin und Naturwissenschaft ‹ halten. Hier verwendete er Material, das er unter anderem schon mit Thomae erörtert hatte. Vor allem nahm er Bezug auf Schröders Kritik. Frege argumentierte kämpferisch und klar. Er hatte verstanden, dass es auch rhetorischer Mittel bedurfte, um sich durchzusetzen. Dieser Vortrag erschien zwar ein Jahr später auch in gedruckter Form, wurde aber trotzdem kaum beachtet. (Frege, 1882/83) Es war schlimm und schwer auszuhalten. Die Fachwelt wies ihn zurück!

»Warum will mich bloß keiner verstehen?«, fragte sich Frege immer, »wie soll ich es denn noch erklären?«

Einen letzten Versuch unternahm er im Jahre 1882. Er konnte einen allgemeinen Artikel ›Über die wissenschaftliche Berechtigung einer Begriffsschrift‹ in einer philosophischen Zeitschrift unterbringen. Hier verzichtete er gänzlich auf Formeln, referierte über die Erfindung von Zeichen und ihre Bedeutung für das begriffliche Denken, über die Weitschweifigkeit und Mehrdeutigkeit der Umgangssprache, über die Vorteile seiner Begriffsschrift für das wissenschaftliche Denken und über den Nutzen einer logischen Begründung der Zahlen. (Frege, 1882)[11]

Doch es änderte sich nichts, es blieb im Wesentlichen bei der allgemeinen Ablehnung und Nichtbeachtung.

*

Frege wanderte gern, gelegentlich auch mit Kollegen. Einige Male war der Historiker Dietrich Schäfer sein Begleiter. Der erläuterte ihm unter anderem seine Sicht auf die Politik Bismarcks. Er vertrat die Ansicht, dass nur ein einiger Nationalstaat der deutschen Länder in Europa und der Welt eine Rolle spielen und deutsche Interessen gebührend vertreten kann. Frege stimmte ihm zu. Er hatte aber zur Zeit andere Sorgen und sprach eher von seinem Kummer, der Ablehnung der Begriffsschrift durch namhafte Mathematiker:

»Sie degradieren mich zum akademischen Gesellen.«

Als die beiden Männer im Herbst 1882 wieder nach Kunitz wanderten, zitierte Frege zunächst Johannes Thomae mit den Worten: »Dieser Weg wird Sie nicht recht vorwärtsbringen, lieber Herr Kollege!« Dann fuhr er fort: »Was heißt das schon: vorwärtsbringen! Geld und öffentlichen Einfluss begehre ich gar nicht. Das stand schon bei meinen Eltern nicht im Vordergrund. Sie wollten der ideellen

Welt dienstbar sein.« Er fügte entschieden hinzu: »Ich werde meine Absicht, mit Hilfe der Begriffsschrift die Grundlagen der Mathematik zu sichern, konsequent weiterverfolgen!«

»Ach, lieber Kollege, Widerstände gehören einfach dazu. Manchmal bringen sie uns weiter. Ja, im besten Fall reifen wir an ihnen. Man denkt noch intensiver über alles nach. Natürlich ist es betrüblich, wenn die Anerkennung ausbleibt, niemand einem folgen kann oder will. Da Sie von Ihrem Weg überzeugt sind, dürfen Sie sich nicht beirren lassen«, meinte Schäfer. Er setzte dann fort: »Ich selbst muss mich damit abfinden, dass meine konservativen politischen Einsichten auch hier in Jena nicht nur Zuspruch finden. Unser hochgeschätzter Ernst Abbe ist zum Beispiel ganz anderer Meinung. Der hält die Politik Bismarcks für reines Großmachtstreben Preußens. Wir versagen einander nicht den Respekt. Denn Menschen können nun einmal unterschiedliche Ansichten haben.«

»Es ist aber doch sehr beschwerlich, endlos gegen Widerstände anzukämpfen«, entgegnete Frege, »glauben Sie mir, die Begriffsschrift ist konsequent und zweifelsfrei schlüssig. Ich bin mir da ganz sicher.«

Sein Weggefährte versuchte weiter, beruhigend auf Frege einzuwirken. Die wunderbar herbstlich gefärbten Wälder wollten so gar nicht zu dessen Erfahrungen und Einsichten der letzten Jahre passen. Aber sie könnten ihn etwas ablenken.

Beiden Wanderern gelang es dann doch, die Schönheit der Natur gemeinsam in sich aufzunehmen. Schließlich stand es jedem zu, sich eine eigene Meinung zu bilden. Der freie Austausch von Argumenten war der Grundstein für eine florierende Wissenschaft und ein inspirierendes gesellschaftliches Gemeinwesen. Da waren sie sich einig.

Auch die Mutter belastete Gottlobs Gemütszustand. Stets forderte sie ihn sonntags zum gemeinsamen Kirchgang auf. Schon immer hatte die Familie in den Gottesdiensten Kraft und Zuversicht gewonnen.

»Du weißt doch, wie es im Brief Paulus an die Römer steht. ›Wir wissen, dass Gott bei denen, die ihn lieben, alles zum Guten führt‹. «

»Ganz leicht macht er es mir nicht gerade«, antwortete Gottlob trübsinnig.

*

In den Jahren 1882 und 1883 gründete Ernst Haeckel ein neues Zoologisches Institut. Das bedeutete eine weitere Stärkung der Naturwissenschaften an der Universität Jena. Außerdem ließ er auch seine Villa ›Medusa‹ in der Berggasse bauen. Das Treppenhaus, die kunstvoll verzierten Wände und Decken, die Verkleidung der Türen waren anspruchsvoll gestaltet. Dies entsprach durchaus der Bedeutung Haeckels und dem Einfluss, den er überall genoss. Seine Lehren hatten zwar Widersacher und sorgten für manchen geistigen Zündstoff, aber unter den Gelehrten herrschte dieses aufgeschlossene Klima, das Kontroversen liebte und aus dem gerade die Philosophen viel Gewinn zogen.

Die Universitätskuratoren Moritz Seebeck und August von Türcke unterstützten diese Aufgeschlossenheit, denn der liberale Großherzog Carl Alexander von Sachsen-Weimar-Eisenach wünschte kreative Persönlichkeiten an seiner Universität. Der Großherzog wies sogar Theologen ab, als sie wegen Ernst Haeckels Lehrtätigkeit bei ihm vorstellig wurden und sich über dessen kirchenfeindliche Positionen beschwerten.

*

Seit den bahnbrechenden Untersuchungen Matthias Schleidens und Theodor Schwanns wusste man, dass Lebewesen aus Zellen aufgebaut sind.[12]

Schleiden war es damals auch, der sich 1846 in Jena für den Mechaniker Carl Zeiss einsetzte und die Herstellung der Mikroskope anregte. Zeiss eröffnete zunächst eine feinmechanisch-optische Werkstatt in der Neugasse 7 mit einer Großherzoglichen Konzession zur Fertigung und zum Verkauf mechanischer und optischer Instrumente. Schon 1847 wurden die ersten Mikroskope hergestellt. Zeiss versuchte mit seinen Mitarbeitern, durch Kunstfertigkeit und Intuition, das »Pröbeln«, die Mikroskope weiterzuentwickeln. Es war Ernst Abbe, der dann die entscheidenden physikalischen Grundlagen für eine wesentliche Verbesserung der Mikroskopie schuf. Bekanntheit hat seine Formel für das Auflösungsvermögen von Mikroskopen erlangt. 1866 begann die Zusammenarbeit von Zeiss und Abbe.

Mit den neu entwickelten Apparaten konnte man überall Bakterien und Zellen studieren. Was für ein Fortschritt! Bereits 1876 wurde Ernst Abbe Teilhaber der Firma Zeiss.

Das Zeiss-Werk fertigte nun vor allem optische Instrumente. Auch Abbes unternehmerisches und soziales Engagement trug wesentlich dazu bei, dass Zeiss zu einem weltweit gefragten Großunternehmen heranwuchs.

So kam es, dass man Abbe eine stetig wachsende Anerkennung, ja Verehrung entgegenbrachte. Im Jahre 1883 wurde er für seine hervorragenden Verdienste um die Theorie und Anwendbarkeit des Mikroskops zum Ehrendoktor der Medizinischen Fakultät der Universität Halle ernannt. Eine kleine Gefolgschaft Jenaer Wissenschaftler begleitete ihn zum Festakt nach Halle, unter ihnen Gottlob Frege. Abbe hatte dazu eingeladen, und Frege wollte ihn nicht enttäuschen.

Beide blieben einander eng verbunden, auch wenn sie im Charakter verschieden, zudem in politischen und wissenschaftlichen Fragen nicht immer einer Meinung waren.

***

»Wie wird es nun mit Hilfe Ihrer Logik zu den eigentlichen mathematischen Untersuchungen kommen?«, wollte Thomae eines Tages noch wissen, nachdem er mit Frege die üblichen Absprachen und Festlegungen zum Lehrbetrieb getroffen hatte.

»Zunächst muss ich einfache, zweifelsfreie Sätze in meiner Begriffsschrift an den Anfang stellen. Sie werden *Gesetze* genannt und sind zu jeder Zeit wahr. Als Beispiel nehmen wir die Wirkung der doppelten Verneinung und der Gleichheit in meiner Bedingtheit:

1. wenn(nicht(nicht(A))) – so(A),
2. wenn(c = d) – so(F(c) = F(d)).«[13]

Er schrieb die Gesetze in der Begriffsschrift auf und fügte Erläuterungen hinzu:

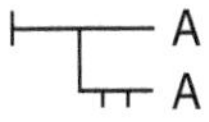

$$\vdash\!\!\!\begin{array}{l} \rule{1.5em}{0.5pt}\ A \\[2pt] \raisebox{0pt}{\tiny\texttt{TT}}\rule{1.5em}{0.5pt}\ A \end{array}$$

»Das erste Gesetz bedeutet, dass sich die doppelte Verneinung aufhebt. Wenn etwas nicht nicht richtig ist, dann ist es richtig.«

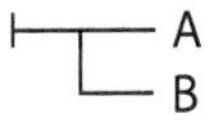

$$\vdash\!\!\!\begin{array}{l} \rule{1.5em}{0.5pt}\ A \quad A{:}\ F(c) = F(d) \\[2pt] \rule{1.5em}{0.5pt}\ B \quad B{:}\ c = d \end{array}$$

»Das zweite Gesetz besagt, dass die Gleichheit der Gegenstände, in diesem Fall c und d, bei einer beliebigen logischen Funktion F die Gleichheit der Wahrheitswerte, hier also F(c) und F(d), nach sich zieht.«

»Wozu dient denn dieses Gesetz?«, fragte Thomae daraufhin.

»Bei logischen Schlüssen muss man immer wieder solche auf Gleichheit beruhenden Ersetzungen vornehmen. Ich will dieses Gesetz an einem einfachen Beispiel erläutern. Nehmen wir als Gegenstände

c: Ernst Haeckel, d: der Verfasser der ›Welträtsel‹

und als logische Funktion

F(x): x ist Biologe.«

Thomae erinnerte sich, dass Haeckel dieses populäre Buch über den Darwinismus geschrieben hatte.

Frege erläuterte: »Da c = d gilt, sind auch F(c) und F(d) beide ›wahr‹, stimmen also überein. Man kann damit in allen logischen Ausdrücken c und d durcheinander ersetzen. Kommen etwa c und d dort beide vor, schreibe ich für d einfach überall c. Das ist wichtig, weil sich logische Ausdrücke durch diese Ersetzungen vereinfachen lassen.«

Thomae nickte. Das war offensichtlich. Frege fuhr fort: »Aus diesen und einigen anderen Gesetzen kann ich mit Hilfe der Bedingtheit viele weitere logische Sätze schließen.«

Hier machte Frege eine kurze Pause, um danach auf sein eigentliches Anliegen zu kommen:

»Schließlich muss ich die natürlichen Zahlen als logische Gegenstände definieren, und zwar der Reihe nach von Null beginnend. Dann weiß ich, was die Zahlen 2 und 4 logisch bedeuten. Weiß ich außerdem, was *Gleichheit* ist, und habe ich die *Addition* mit logischen Mitteln eingeführt, so kann ich tatsächlich logisch beweisen, dass die Zahlengleichung 2 + 2 = 4 gilt. Sie ist also ein *analytisches Urteil,* das nicht mittels der äußeren Anschauung konstruiert wird. Dies ist meine Idee. Ich werde sie weiterverfolgen und bald in einer neuen Arbeit ausführlich darlegen.«

Thomae hörte interessiert zu und notierte sich Stichpunkte für eigene Überlegungen. Der Zahlbegriff war schließlich einer der grundlegenden Begriffe der gesamten Mathematik. Darüber sollte man Gewissheit haben.

Mancher Disput hatte sich zwischen den beiden Kollegen noch entwickelt, bis Thomae schließlich die Berechtigung von Freges Ansatz prinzipiell anerkannte, ohne ihn für notwendig zu befinden. Er konnte sich von Freges Zielstrebigkeit überzeugen, aber auch dessen Eigensinn war nicht zu übersehen. Das gute Verhältnis der beiden Kollegen wurde dabei zunächst nicht getrübt.

Anmerkungen zu Kapitel 7

1   Rezension siehe (Laßwitz, 1879).

2   Nachdruck in (Frege, Begriffsschrift und andere Aufsätze, 1964, 2020).

3   umständlich und unbequem: (engl.) cumbrous and inconvenient.

4   kann sich nicht einen Moment lang vergleichen: (engl.) cannot for a moment compare.

5   Nachdruck in (Frege, Begriffsschrift und andere Aufsätze, 1964, 2020).

6   (Frege, Begriffsschrift, 1879, S. 5), in: Die Bedingtheit § 5.

7   Großherzoglich-Sächsisches Gymnasium Carolo-Alexandrinum, Jena, gegründet 1876.

8   Privatschule mit Internat für Knaben ab dem 6. Lebensjahr, lateinlose Real-
     schule in Jena, Löbdergraben 7, ab 1881 geleitet von Ernst Pfeiffer.
9   Siehe (Kreiser, 2001, S. 490).
10   Siehe z. B. (Bast, Schlüter, & Thissen, 2017, S. 11–12).
11   Nachdruck in (Frege, Begriffsschrift und andere Aufsätze, 1964, 2020) und in
     (Frege, Funktion, Begriff, Bedeutung, 1962, 2008).
12   Die Zelltheorie besagt, dass alle Pflanzen und Tiere sowie ihre Organe aus
     Zellen zusammengesetzt sind. Sie wurde erstmals 1838 von Matthias Schlei-
     den für Pflanzen und 1839 von Theodor Schwann für tierische Organismen
     aufgestellt.
13   (Frege, Begriffsschrift, 1879, S. 15, Die Function § 9) und (Frege, Begriffs-
     schrift, 1879, S. 44, Formel (31)).

Gottlob Frege verfolgte schon lange das Ziel, die natürlichen *Zahlen* auf der Grundlage seines präzisen Logiksystems zu definieren. Zielstrebig ging er ans Werk. Er begann mit der Untersuchung des Zahlbegriffes und der Auseinandersetzung mit verschiedenen philosophischen Auffassungen. Anfang 1884 war das Manuskript fertiggestellt. Es trug den Titel:

> ›Die Grundlagen der Arithmetik.
> Eine logisch mathematische Untersuchung
> über den Begriff der Zahl.‹ (Frege, 1884)

Die Symbole seiner Begriffsschrift kamen dort zwar nicht vor, aber die Begriffe ›Zahl‹ und ›Nachfolger‹ einer Zahl ließen sich mit ihr zweifelsfrei logisch einführen. Zahlenformeln wie ›2 + 3 = 5‹ und arithmetische Gesetze wie ›a + b = b + a‹ waren dann sicher mit logischen Mitteln beweisbar.

Frege wählte diesmal den Verlag von Wilhelm Koebner in Breslau für die Veröffentlichung. Koebner hatte rege Kontakte zur Universität Breslau und verlegte vor allem philologische, theologische, philosophische und juristische Werke. Frege konnte erwarten, dass die neue Publikation eine gute Verbreitung finden würde.[1]

Ende 1884 waren 400 Exemplare gedruckt. Sie wurden zu einem Preis von 2 Mark und 80 Pfenning angeboten. Für die ›Begriffsschrift‹ war damals der Preis auf 3 Mark festgesetzt worden.

In der Einleitung zu den ›Grundlagen der Arithmetik‹ schrieb Frege, dass die Mathematiker schon die einfache Frage, was die Zahl Eins sei, nicht befriedigend beantworten könnten. Er stellte außerdem fest, dass es in Bezug auf die Herkunft

Abbildung 8-1 Titelblatt der Schrift ›Die Grundlagen der Arithmetik‹

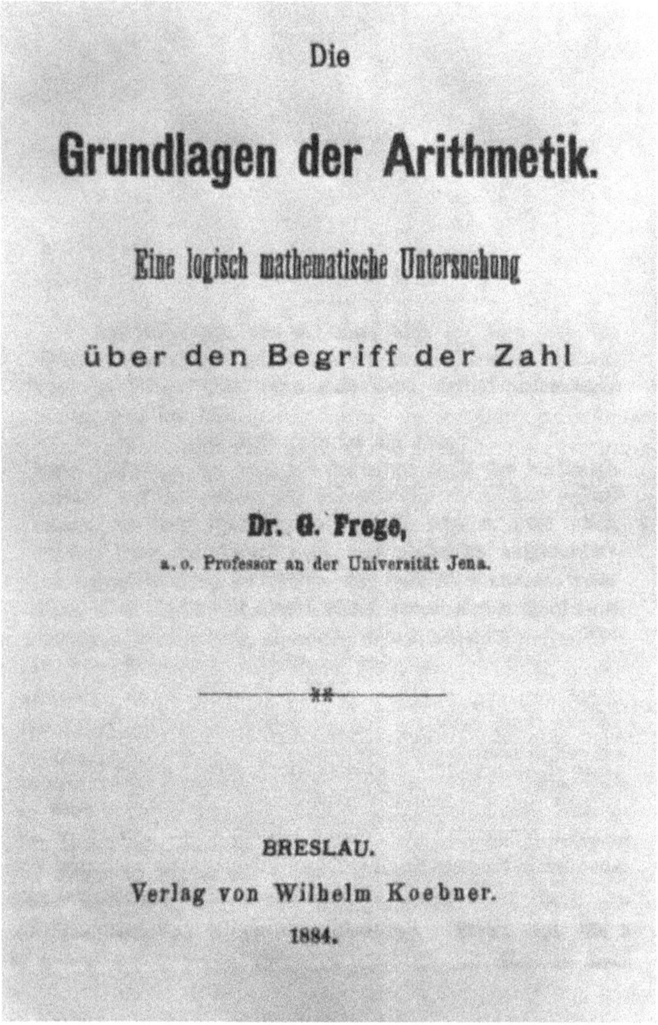

Die

Grundlagen der Arithmetik.

Eine logisch mathematische Untersuchung

über den Begriff der Zahl

Dr. G. Frege,

a. o. Professor an der Universität Jena.

———— ** ————

BRESLAU.

Verlag von Wilhelm Koebner.

1884.

der positiven ganzen Zahlen bei den Philosophen und Mathematikern keinesfalls Übereinstimmung gab. Er formulierte:

>*Ist es nun nicht für die Wissenschaft beschämend, so im Unklaren über ihren nächstliegenden und scheinbar so einfachen Gegenstand zu sein?*« (Frege, 1884, S. II, Einleitung)

>*Man wird sehn, wie wenig von Einklang zu finden ist, so daß geradezu entgegengesetzte Ansprüche vorkommen…*« (Frege, 1884, S. IV, Einleitung)

Zahlen waren für Frege zunächst natürliche Zahlen im Sinne von Anzahlen. In den ›Grundlagen der Arithmetik‹ wurde nun erstmals der Begriff *Anzahl* logisch definiert.

Bei der Abfassung der Schrift erinnerte sich Frege an die Kant-Vorlesung des charismatischen Philosophen Kuno Fischer, die er während seines Studiums in Jena hörte. Er hatte sich damals die folgenden Worte notiert:

>*Wenn wir die Logik ausschließen, die als bloße Begriffsanalysis hier gar nicht in Betracht kommen kann, so sind die Gegenstände der Wissenschaft entweder sinnlich oder nicht sinnlich. Die sinnlichen Objecte sind entweder solche, die wir selbst erzeugen … wie Figur und Zahl; oder sie erscheinen uns als von außen gegebene Dinge.*« (Fischer, 1860, S. 269)

In einem Gespräch mit dem Kollegen Thomae erläuterte Frege: »Ich hatte Ihnen schon einmal meine These vorgetragen, dass Zahlengleichungen analytische Urteile sind. Für Kant und Fischer beruht die Mathematik, also sowohl die Geometrie als auch die Arithmetik, aber auf der sinnlichen Anschauung. Nach Kant fällt die Mathematik daher *synthetische* Urteile, die auf Erfahrung zurückgreifen.[2] Ich lasse das zwar für die Geometrie gelten, bin aber überzeugt, dass die Arithmetik nur *analytische* Urteile enthält, also solche, die mit rein logischen Mitteln beweisbar sind und daher *a priori,* das heißt schon immer, gelten. Dazu zählen auch deren Grundgesetze.« (Frege, 1884, S. 40–47, §§ 12–17)

Thomae, der sich in der Philosophie nicht so gut auskannte, hörte interessiert zu, fand aber wenig Ansatzpunkte für seine eigenen Überzeugungen.

Schließlich hob Frege hervor, dass sich *»die weit verbreitete Geringschätzung der analytischen Urteile und das Märchen von der Unfruchtbarkeit der reinen Logik nicht halten lassen.«* (Frege, 1884, S. 24, § 17)

Thomae verzichtete auf eine Entgegnung. Er wusste, dass sein Kollege nach Rechtfertigungen für die Begriffsschrift suchte. Auf einen Streit wollte er es nicht ankommen lassen.

*

Frege hatte schon des Öfteren die Gelegenheit genutzt, mit Vertretern verschiedener Wissenschaften der Universität über deren Zahlenauffassung zu sprechen. Die meisten fanden das allerdings nicht der Mühe wert. Sie hatten in der Schule gelernt, mit Zahlen umzugehen. Worüber sollten sie sich also noch den Kopf zerbrechen? Einzig die Philosophen sahen darin einen gewissen Sinn.

Es war bei einem geselligen Abend im Hause Snell, als die Zahlen wieder Gesprächsstoff wurden. In trauter Runde standen die Professoren Snell, Abbe und Thomae, der Zoologe Dohrn und die Philosophen Eucken und Liebmann beieinander. Otto Liebmann wurde als Nachfolger des 1881 verstorbenen Fortlage auf den Lehrstuhl für Politik und Moral berufen. Frege, auf anregende Diskussionen hoffend, trat zu ihnen.

»Na, mein Lieber, was beschäftigt Sie denn gerade?«, wurde er sogleich von Abbe begrüßt. Frege äußerte aufgeräumt, die haltlosen Zahlenvorstellungen, die überall kursierten, würden ihm schwer zusetzen, obwohl man sich darüber auch lustig machen könnte. Das Thema schien willkommen, weil jeder dazu etwas zu sagen wusste.

Abbe meinte: »Für mich als Praktiker ist eine physikalische Deutung der Zahlen naheliegend. Ich gehe gern von äußeren Erscheinungen, von Beobachtungen oder Messungen aus und leite von ihnen das mathematische Prinzip ab. So erschließt sich mir beim Zählen oder Messen der Zahlbegriff, wie er auch auf der Zahlengerade zum Ausdruck kommt. Nach Festlegung des Anfangspunkts 0 und der Einheit 1 gelange ich über Vervielfachung zu den natürlichen Zahlen.«

Frege wollte schon eingreifen, da kam Snell sogleich auf die Finger zu sprechen, mit denen man zunächst das Zählen lernte. Da bräuchte man keine Zahlengerade. Wenn man die Zahlen erst einmal im Kopf habe, ginge auch das Zählen und Rechnen im praktischen Leben leicht von der Hand.

Liebmann gab hingegen zu bedenken: »Ist das Zählen nicht ein psychologischer Akt? Zahlen sind doch von Sinneseindrücken abgeleitet.«

Frege intervenierte entschieden: »Meine Herren, diese Erklärungen darf ich als Mathematiker so nicht stehen lassen. Natürlich kommt man historisch gesehen oder im individuellen Lernprozess auf solchen Wegen zu bestimmten *Zahlenvorstellungen*. Die erklären zwar die Entstehung des *Zahlbegriffes,* aber das kann nicht für dessen theoretische Fundierung herhalten.« Er kam nun erst richtig in Fahrt. »Zehn Finger und die Zahl Zehn sind doch nicht das Gleiche. Es wird auf die eine oder andere Weise abstrahiert, doch das ergibt keine Definition. Wie soll ich denn ›Größe‹ sauber fassen? Warum sollte die logisch begründbare Arithmetik auf die menschliche Psyche oder empirische Anschauungen zurückgreifen? Welches physikalische oder sinnliche Objekt soll ich mir unter der Zahl 12 576 vorstellen? Vorstellungen sind subjektiv und veränderlich, während ich die Zahlen als etwas Objektives, Unveränderliches, Ewiges brauche, um sie meiner Logik zu unterwerfen.«

Die Kollegen staunten, was der sonst eher zurückhaltende Frege auf einen Schlag so von sich gab. Der Nachsatz hatte es noch einmal in sich.

»Nein, es tut mir leid. Alles, was eben gesagt wurde, sind Ungereimtheiten, die mit einer exakten Einführung der Zahlen wenig zu tun haben. In meinen ›Grundlagen der Arithmetik‹ können Sie alles nachlesen.«

Was war nur in ihn gefahren! Frege hielt kurz inne. War er zu hart mit den anderen ins Gericht gegangen?

Amüsiert meldete sich Dohrn zu Wort: »Da haben Sie uns ja fast eine kleine Lektion erteilt. Erlauben Sie trotzdem eine Nachfrage. Ich spreche doch sowohl von grünen Blättern als auch von fünf Blättern. Sind denn ›grün‹ und ›fünf‹ nicht Eigenschaften der Blätter?«

»Hier kommen Sie auf einen wichtigen Punkt zu sprechen«, fuhr Frege erfreut fort.

»Zunächst muss man die Bedeutung von Wörtern aus dem Zusammenhang erschließen. Außerdem führt uns die Grammatik in die Irre, denn ›grün‹ und ›fünf‹ scheinen im Satz eine analoge Rolle zu spielen. Die grüne Farbe legen wir jedem Blatte bei, nicht aber die Zahl fünf. Diese erfasst alle Begriffe, unter die genau fünf Gegenstände fallen.«

Die anderen Herren schauten sich fragend an. Sie hatten es nicht so recht verstanden, waren aber gewohnt, dass Frege in anderen Höhen schwebte.

Thomae schaltete sich ein: »Es gibt Autoren, die ›Anzahl‹ einfach als Eigenschaft einer Vielheit ansehen. In unserem Beispiel besteht die Vielheit aus den Blättern – oder nicht?«

Frege entgegnete: »Was ist dann mit den Zahlen 0 und 1? Vielheiten setzen sich aus Einheiten zusammen. Aber was Einheiten sind, ist wieder ziemlich unklar, denn sie können durchaus verschieden sein. Die geläufige Vorstellung, dass die Zahl n das n-malige Setzen einer Einheit bedeutet, die man als 1 nimmt, muss ich daher ebenfalls ablehnen.«

Thomae meinte schließlich noch: »Wenn man zählt, so geschieht das nacheinander, also braucht man dafür Zeit.«

Darauf erklärte Frege: »Sie nennen nur einen psychologischen Aspekt. Der Zahlbegriff selbst ist davon unabhängig. Das wird auf den ersten Blick oft übersehen.«

Die Problematik schien erschöpft. Snell und Abbe wurden nun von anderen Gästen angesprochen, und man wandte sich wieder belangloseren Themen zu. Musik, Kunst, Kultur. Das kam auch bei den Damen gut an!

Frege wunderte sich noch, dass Thomae nicht auf seinen formalistischen Ansatz in der Arithmetik zu sprechen kam, bei dem man inhaltlichen Auseinandersetzungen durch Orientierung auf Zahlzeichen und deren Zusammenspiel ganz aus dem Wege ging. Damit musste er sich in seinen Arbeiten noch genauer auseinandersetzen.

Der gesellige Abend im Hause Snell hatte Frege erneut gezeigt, wie verschieden die Vorstellungen der Wissenschaftler allein schon zum Zahlbegriff waren. Überzeugen musste man mit den richtigen Argumenten. Schon aus der vielfachen Ablehnung der Begriffsschrift waren die richtigen Schlussfolgerungen zu ziehen. Ungleich aufmerksamer studierte und besprach er nun die Publikationen seiner Fachkollegen. Doch scheute er sich nicht, Unsinniges als »Unsinn« zu bezeichnen und die gewonnenen Einsichten entschieden zu vertreten. Ja, an einigen Stellen seiner Abhandlungen forderte er den akademischen Disput geradezu heraus. Er wollte wahrgenommen und anerkannt werden.

✳✳✳

Frege ging einen neuen Weg, der später noch viel Beachtung finden sollte. Er analysierte die sprachlichen Mittel und versuchte, daraus Erkenntnisse für die Logik zu gewinnen. In einem Gespräch erklärte er gegenüber Abbe: »Wenn wir sagen, dass unsere Erde einen einzigen Mond hat, so heißt das logisch, dass dem Begriff ›Erdmond‹ die Zahl 1 zukommt. Die Venus hat gar keinen Mond. Das heißt, der Begriff ›Venusmond‹ erfasst nichts. Das entspricht der Zahl 0.«

Daraufhin hatte Abbe gefragt: »Sind Zahlen dann Eigenschaften von Begriffen?«

»Das könnte man denken. Die Zahlen treten jedoch in der Mathematik als Gegenstände in Erscheinung. Ich habe mich daher entschlossen, sie als *Umfänge* von Begriffen einzuführen«, erwiderte Frege und bekannte: »Dabei habe ich durchaus ein mulmiges Gefühl, zumal ›Umfang‹ noch nicht scharf gefasst ist. Aber ich sehe keine andere Möglichkeit.«

Auch Abbe konnte ihm da nicht weiterhelfen.

Erläuterung: Begriff – Gegenstand | Zahlen

›Begriff‹ und ›Gegenstand‹ sind nach Frege streng zu unterscheiden. Gegenstände fallen unter Begriffe. Begriffe umfassen Gegenstände. *Zahlen* sind Gegenstände, nämlich Umfänge von bestimmten Begriffen.

Zur genaueren Definition der einzelnen Zahlen benutzte Frege zunächst den Begriff der Gleichzahligkeit. Ist die Anzahl, welche dem Begriffe F zukommt, dieselbe wie die, welche dem Begriffe G zukommt, so heißt das einfach, dass F und G *gleichzahlig* sind. Er erinnerte sich, wie er damals noch als Student vor der Mathematischen Gesellschaft in Jena über das Unendliche gesprochen hatte, wo die Gleichzahligkeit zu überraschenden Ergebnissen führte. Danach war der Begriff ›Zahl‹ zum Beispiel gleichzahlig zum Begriff ›Quadratzahl‹, denn die Quadratzahlen lassen sich mit den natürlichen Zahlen abzählen. In Diskussionen brachte Frege oft folgendes Beispiel für Gleichzahligkeit:

> *» Wenn ein Kellner sicher sein will, daß er ebenso viele Messer als Teller auf den Tisch legt, braucht er weder diese noch jene zu zählen, wenn er nur rechts neben jeden Teller ein Messer legt, …«* (Frege, 1884, S. 81–82, § 70)

Hier ging es um die Begriffe ›Messer auf dem Tisch‹ und ›Teller auf dem Tisch‹, die zur Bewirtung der Gäste gleichzahlig sein sollten.

Die Zahl ›n = Anzahl von F‹ charakterisiert dann alle zu F gleichzahligen Begriffe. Sie haben den gleichen Umfang. Einem leeren Begriff, unter den *kein* Gegenstand fällt, ordnete er die Zahl 0 zu, einem Begriff mit *einem* unter ihn fallenden Gegenstand die Zahl 1 und so weiter. Schrittweise wurde ein weiterer Gegenstand hinzugefügt. So entstehen der Reihe nach die Zahlen als Anzahlen.

Definition: Anzahl

Frege legte fest: Die *Anzahl* eines Begriffes F ist der Umfang des Begriffes ›gleichzahlig mit F‹. (Frege, 1884, S. 79–80, § 68)

Weiterhin setzte sich Frege in den ›Grundlagen der Arithmetik‹ kritisch mit den Auffassungen der Mathematiker Thomae, Hankel und Heine auseinander, die die Arithmetik auf formalistischer Basis begründeten. Zahlen waren für sie Zahlzeichen ohne konkreten Inhalt. Regeln legten das Operieren mit diesen Zeichen fest.

Diese Konzeption hielt Frege für unsinnig. Er wollte genau die Zahlen definieren, mit denen man es im Leben zu tun hat. Die Zahlzeichen mussten einen entsprechenden Inhalt haben. Er bemerkte daher spöttisch: »*…niemand wird erwarten, daß aus leeren Zeichen etwas Sinnvolles hervorgehe.*« (Frege, 1884, S. 22, § 16)

Ohne Inhalt wüsste man doch nicht, worüber man eigentlich spricht. Außerdem waren die arithmetischen Gesetze nicht einfach vorzugeben, sondern logisch zu beweisen. Nach den natürlichen Zahlen müssten noch die rationalen, reellen und komplexen Zahlen ins Auge gefasst werden.

Gottlob Frege hatte im Vorwort seines neuen Buches nicht ohne Kühnheit geschrieben, dass seine Auffassung von der Arithmetik *nicht eine von vielen gleichberechtigten ist«*. Er setzte entschieden fort: *»…so hoffe ich die Frage wenigstens in der Hauptsache endgiltig zu entscheiden.«* (Frege, 1884, S. V, Einleitung)

Erläuterung: Zahl im Formalismus

Die Regeln des formalen Systems definieren *implizit*, was unter *Zahlen* zu verstehen ist. Der neue Ansatz enthält nur das, was man eigentlich benötigt, um mit Zahlen formal in der üblichen Weise zu rechnen, ohne den eigentlichen Inhalt in Betracht zu ziehen.

Trotz aller Kontroversen beeinflusste Frege seinen Kollegen Thomae aber insofern, als der seinen Versuch, die Anzahl auf die empirische Zeitanschauung zurückzuführen, aufgab. Schließlich übernahm Thomae sogar Freges Überzeugung, dass die Untersuchung der natürlichen Zahlen auf logischer Grundlage erfolgen könnte. Allerdings würde sich dieses Konzept Thomae zufolge nicht auf reelle und komplexe Zahlen ausdehnen lassen.

Erläuterung: Zahl – Inhalt – Vernunft

Frege sagte: *»Es wird zuletzt auch bei der Definition der Brüche, komplexen Zahlen usw. alles darauf ankommen, einen beurteilbaren Inhalt aufzusuchen.«* (Frege, 1884, S. 114–115, § 104)

Wieder werden uns diese Zahlen *»als Umfänge von Begriffen gegeben«*. (Frege, 1884, S. 115, § 104)

»Wir beschäftigen uns in der Arithmetik mit Gegenständen, die uns nicht als etwas Fremdes von außen durch Vermittelung der Sinne bekannt werden, sondern die unmittelbar der Vernunft gegeben sind, welche sie als ihr Eigenstes völlig durchschauen kann.« (Frege, 1884, S. 115, § 105)

Frege hatte in seiner Publikation einige Beweise für Sätze der Arithmetik skizziert. Er hob aber im letzten Teil hervor, dass es immer noch Zweifel gäbe, ob alle grundsätzlichen Beweise ganz aus rein logischen Gesetzen geführt werden können. Kein Schritt in einer Beweiskette dürfe gemacht werden, »*der nicht einer von wenigen als rein logisch anerkannten Schlußregeln gemäß ist.*« (Frege, 1884, S. 102, § 90)

Sonst müsse man mit logischen Widersprüchen rechnen. Das war redlich gedacht, wie es seinem Wesen entsprach.

*

Mit Spannung verfolgte Frege die Aufnahme seiner neuen Schrift in der Fachwelt.

»Ich habe doch nun wirklich alles bedacht«, sagte er sich. Ja, Lob wurde ihm auch zuteil. Es war der Jenaer Professor Rudolf Eucken, der ihm eine freundliche und aufgeschlossene Rezension schrieb.[3]

Als Philosoph bekräftigte er dort die These, dass psychologische Erklärungen der Zahl abgelehnt werden müssen. Freges neuen Überlegungen brachte er Respekt und Aufmerksamkeit entgegen. Auch der Gothaer Gymnasialprofessor Kurd Laßwitz formulierte wieder viel Anerkennung in seiner Beurteilung, obwohl ihm der Anspruch Freges auf die einzig zulässige Definition der Zahlen übertrieben erschien.[4]

Der Hallenser Mathematikprofessor Georg Cantor verfasste ebenfalls eine Rezension. Er begrüßte die Publikation seines Jenaer Kollegen und kam immerhin wie Frege zu der Feststellung, dass eine ›tiefere Erforschung‹ der Grundlagen der Arithmetik notwendig sei. Cantor lobte auch die kritische Beleuchtung der bisherigen Begründungsversuche, sie könne der Beachtung empfohlen werden. Dann trat er jedoch Frege mit eigenen Schlussfolgerungen entgegen, schrieb an einer Stelle sogar von einer ›Verkehrung des Richtigen‹ und lehnte Freges Zahlendefinition ab.[5]

Für Cantor war der Begriff ›Menge‹ grundlegend, den er in der Mathematik verortete. Zahlen mussten bei ihm daher Mengen sein. Frege wiederum meinte, dass die Umfänge von Begriffen sich nicht als Mengen verselbstständigen dürften, sodass seine Begriffslehre keine Mengenlehre sei.

»Fühlt Cantor sich vielleicht persönlich herausgefordert, oder sind es nur verschiedene Perspektiven?« Das war für Frege schwer zu entscheiden.

Eine volle Anerkennung für seinen logischen Ansatz zur Arithmetik gab es praktisch nicht. Leider.

In der Folgezeit musste Frege feststellen, dass die Rezensionen nicht hilfreich sein würden. Das belastende Gefühl, von vielen Zeitgenossen unverstanden zu sein, sollte neue Nahrung bekommen. Da konnte er wohl nur auf den Zufall hoffen, der auf sich warten ließ. Frege musste sich eingestehen, dass sein Selbstbewusstsein zunehmend darunter litt. Aber auch die Entschlossenheit, es den Fachkollegen mit ihren Bedenken schon noch zu zeigen, kam immer wieder zum Vorschein.

*

Frege war nach wie vor über seine geringen Einkünfte besorgt. Die Professoren erhielten zwar von den Studenten für die Vorlesungen und Seminare Kolleggelder, doch Freges Lehrveranstaltungen besuchten nur wenige. Und nicht nur das, einige davon legten noch ein sogenanntes ›Armutszeugnis‹ vor. Sie waren von derartigen Gebühren befreit. Seit dem 1. Juli 1881 erhielt Frege von der Universität jährlich einen festen Betrag von 300 Mark.[6] Damit und mit den Kolleggeldern ließ sich sein Lebensunterhalt nicht bestreiten. Eine bedenkliche Situation.

Frege versuchte, wie es vor allem Thomae geraten hatte, sich anderen mehr Erfolg versprechenden Arbeitsgebieten zuzuwenden. Mathematische und physikalische Themen oder neue Bücher zur Mathematik ergaben immer wieder Ansatzpunkte für eigene Überlegungen und Veröffentlichungen. In der ›Jenaischen Zeitschrift für Naturwissenschaft‹ erschien 1884 eine Abhandlung über die ›Geometrie der Punktepaare in der Ebene‹, und in der ›Zeitschrift für Philosophie und philosophische Kritik‹ rezensierte Frege 1885 das Buch ›Das Princip der Infinitesimal-Methode und seine Geschichte‹ von Hermann Cohen. Jahre später veröffentlichte er in dieser Zeitschrift eine Arbeit ›Über das Trägheitsgesetz‹. Solche Beiträge kamen ihm aber angesichts seiner großen Vision von einer logisch begründeten Arithmetik unbedeutend vor.

»Ich werde nicht froh damit«, erklärte er. »Mein Weg wird über kurz oder lang zu brauchbaren Ergebnissen führen, und ich werde sie dann in meinem Pult nicht verschließen.« Einige bedauerten Gottlob Frege und hatten Sorge, dass er sich wissenschaftlich isolierte oder gar verrannte. Nur Abbe bestärkte ihn, seinen Weg konsequent fortzusetzen. Er wusste, dass große Projekte einen langen Atem und viel Selbstvertrauen brauchen.

*

Eines Tages, bei einem der geselligen Abende im Hause von Professor Snell, sprach ihn der nun schon über 80-jährige Gastgeber an. Schließlich meinte er aufgeräumt: »Mein lieber junger Kollege, Sie sollten nun langsam auch ans Heiraten denken.«

»Das würde ich gerne tun, aber die Honorare an unserer Universität lassen es einfach nicht zu«, antwortete Gottlob Frege etwas überrascht.

Abbildung 8-2   Gottlob Frege

»Ich glaube, Sie sollten sich darüber keine Sorgen machen. Es wird gewiss mit Ihnen vorangehen«, fügte Snell wohlwollend hinzu, bevor er sich anderen Gästen zuwandte.

Dann geschah wenig später etwas Unerwartetes. Schon im Laufe des Jahres 1885 wurde Frege mitgeteilt, dass die Universität sein Gehalt auf jährlich 700 Mark aufstockte. Ein Jahr später, 1886, war man sogar bereit, es auf jährlich 2 000 Mark zu erhöhen.[7]

»Wie ist das bloß zustande gekommen?«, fragte er sich verwundert. Die Mutter vermutete: »Es könnten die zunehmenden Geldzuweisungen sein, die das Unternehmen Carl Zeiss jetzt der Universität gewährt. Ich habe einige Damen davon reden hören.«

Dennoch, jährlich 2 000 Mark versprachen keinen Wohlstand. Viele Bürger in Jena verfügten über derartige Einkünfte. Beamte und Unternehmer lagen zumeist darüber. Auch Freges Weggefährte Leo Sachse, den man 1882 wegen seiner verdienstvollen Unterrichtstätigkeit zum Gymnasialprofessor ernannt hatte, schien deutlich höhere Einkünfte zu haben.

»Auf jeden Fall gehe ich nun davon aus, dass die Universität sich zu mir bekennt«, äußerte Gottlob erfreut zu seiner Mutter. Unter Berücksichtigung ihrer gemeinsamen Geldmittel stand der geplante Bau eines größeren Wohnhauses in Jena, ja, seine ersehnte Lebensperspektive, endlich auf sicheren Füßen.

*

Bereits 1881 hatte Mutter Auguste das Wohnhaus und die Höhere Töchterschule in der Wismarer Böttcherstraße recht günstig an den Rat der Stadt verkaufen können.[8]

Nun erwarben die Freges in Jena ein großes Grundstück im Forstweg mit mehr als 1 000 Quadratmetern. Leo Sachse, der dort in den letzten Jahren bereits gebaut hatte, ermutigte sie dazu.

»Grundbesitz schafft finanzielle Sicherheit, und die Lage ist bestens«, sagte er. Als Architekt für das Haus hatte man ihnen Dr. Weber empfohlen. Gottlob überreichte ihm seine Ideen und Wünsche für den Neubau, die er mit Auguste abgesprochen hatte.

Im Frühsommer 1886 suchte Dr. Weber die Freges in ihrer Wohnung auf.

»Herr Professor, gnädige Frau, die Planung für Ihre Villa ist schon weit fortgeschritten. Sie wird, wie Sie es wünschten, im Obergeschoss eine Wohnung haben, die vermietet werden kann.« Er breitete zunächst die Grundrisse auf dem Tisch aus. Ein besonderer Moment.

»Das wirkt durchaus großzügig, Herr Doktor Weber«, sagte die Mutter erfreut.

»Der Plan ist ganz nach Ihren Angaben erstellt. Für die Wohnung im Erdgeschoss sind drei Zimmer vorgesehen, für die zweite Wohnung in der oberen Etage vier Zimmer. Die Außenmaße der Villa betragen 13 Meter mal 13 Meter. Jede Wohnung wird einschließlich der Küche etwa 130 Quadratmeter haben. Eine Toilette ist im Erdgeschoss,« erläuterte der Architekt.

»Ist denn auch an eine Speisekammer gedacht worden?«, wollte die Mutter wissen.

»Gewiss, das habe ich berücksichtigt«, äußerte der Architekt. Er legte nun eine Seitenansicht des Hauses vor. »Schauen Sie, die untere Wohnung hat eine Veranda, die obere Wohnung zwei Balkone. Sagt Ihnen das zu?«

»Sehr schön!«, befand Auguste. Die Balkone waren zierlich angeordnet, es gab Zierwerk unter der Dachkante und am Giebel, der von einer anmutigen Wetterfahne gekrönt wurde.

»Sieh mal, Junge, die Veranda hat eine freie Treppe in den Garten«, sagte die Mutter froh.

»Auch das Dachgeschoss ist geräumig. Dort könnte man noch zwei Stuben und eine Kammer für ein Hausmädchen einrichten, wenn Sie es wünschen«, bemerkte Dr. Weber.

Sie kamen bald in allem überein. Der Neubau des Wohnhauses würde bestimmt gelingen. Mutter und Sohn waren zufrieden.

Abbildung 8-3 Die zur Gartenfläche gerichtete Seitenansicht des Hauses Forstweg 10 (später Forstweg 29)

*

In diesen Wochen sann die Mutter oft darüber nach, dass Gottlob noch nicht verheiratet war. Manchmal verfolgte sie diese Sorge auch morgens im Halbschlaf.

Nun wird er schon 38 Jahre alt, und er macht so gar keine Anstalten, dachte sie voller Unruhe. Ja, es gab Gründe, dies hinauszuzögern, vor allem wegen der bescheidenen Einkünfte. Das Gehalt wird aber nun angehoben und ausreichen, um eine Familie zu ernähren. Außerdem haben wir uns für den Hausbau entschieden. Es fällt mir bereits hier, in unserer kleineren Wohnung, langsam schwer, alles zu bewirtschaften. Im neuen Haus wäre dann genug Platz, auch für eine Schwiegertochter.

Sie seufzte. Aber in Jena scheint ihm keine so recht zu gefallen! Wenn sie in den akademischen Kreisen junge Damen sah und von ihren Vorzügen schwärmte, fand sie bei ihrem Sohn wenig Interesse. Schon im Sommer 1884 war Gottlob aus der Jenaer Club-Gesellschaft ausgeschieden, die Universitätsangehörige, Offiziere sowie weitere angesehene Jenaer und deren Familien zusammenbrachte.

Warum nur, fragte sich Auguste. Waren ihm die Mitglieder zu spießig? Nicht immer wurde sie aus Gottlob klug. Er kann doch nicht alleine bleiben! Wie oft hatte sie wahrgenommen, dass das Alleinsein den Menschen zusetzt.

Ich lebe nicht ewig. Was wird aus ihm, wenn niemand ihn umsorgt, wenn er kein Gegenüber hat, das ihn belebt und vor Trübsinn bewahrt?

Augustes Gedanken wanderten in die Vergangenheit zu ihrem lieben Mann Alexander. Gemeinsam hatten sie 20 Jahre lang die jungen Mädchen unterrichtet. Wie hatten sie sich gegenseitig gestärkt, beeinflusst, Ideen entwickelt und Entschlüsse gefasst. Gerührt erinnerte sie sich an diese schöne Zeit.

Einmal stellte sie im Halbschlaf sogar Vergleiche mit den jungen Damen in Mecklenburg an. In Thüringen wurde zumeist schnell gesprochen. Ruhiger ging es da in der Heimat zu. Das könnte von Bedeutung sein. Sie dachte an ihre ehemaligen Schülerinnen, an die kluge Ernestine, die fröhliche Angelika. Ob sie wirklich alle inzwischen verheiratet sind?

Die Mutter richtete sich auf: Sollte ich vielleicht in Wismar Erkundigungen einziehen? Die Freges dort, auch einige andere bekannte Familien, mit denen sie immer noch in Kontakt stand, würden bestimmt etwas raten können.

Womöglich gibt es sogar junge Frauen im Norden, die etwas Vermögen mit in die Ehe bringen? Sie staunte über ihren Übermut, tadelte ihn sogleich. Aber Gottlob hatte immerhin einen Professorentitel zu bieten. Das wird in Wismar bestimmt Eindruck machen.

Wie fesch Gottlob jetzt mit seinem großen Bart ausschaut, dachte sie noch beglückt. Ruhiger geworden schlief sie wieder ein, bis sie am späten Morgen erfrischt aufwachte.

*

Im Sommer 1886 wanderte Gottlob Frege wieder einmal von Jena nach Wismar. Kraftvoll schritt er aus. An jedem Tag war er mit Freude unterwegs. Abends fand er Ruhe in den Herbergen. Einige Wirte kannte er bereits und sprach mit ihnen über Erlebnisse von unterwegs und alltägliche Dinge. Frege liebte es, wenn sich am Horizont immer neue Landschaften zeigten und langsam näherkamen. Doch während er sonst bei seinen Wanderungen über mathematische und philosophische Probleme nachsann, beschäftigte ihn diesmal etwas ganz anderes.

Denn Gottlob Frege wollte heiraten. Sein Fortkommen in Jena war nun gesichert, das eigene Haus im Bau. Alles sprach dafür. Hoffnung bereiteten die Kontakte in Wismar, auch die Mutter hatte ihn beraten. Er würde jetzt in seiner Heimatstadt einige Besuche machen. Ob sich in Mecklenburg eine Frau für ihn finden ließe? Das konnte er hoffen.

An Saale und Elbe entlang war er reichlich drei Wochen unterwegs und fühlte sich mit jedem Tag wohler. Die Landluft und die körperliche Anstrengung beflügelten ihn. Wie gut, den Hörsaal, die Studenten, die Arbeiten an seinem Schreibtisch sowie die aufreibenden Auseinandersetzungen mit den Kollegen für eine gewisse Zeit hinter sich zu lassen.

In Wismar angekommen, wurde Frege von seiner Verwandtschaft freudig aufgenommen. Er machte die Besuche, wurde eingeladen und nahm an einigen Geselligkeiten teil. Dabei interessierte er sich für das Geschehen in seiner Heimatstadt und berichtete auch von sich selbst. Natürlich wurde er viel nach seiner Mutter gefragt, hatte sie doch großen Anteil an der Bildung junger Mädchen gehabt, die jetzt in der Wismarer Gesellschaft ihre Plätze einnahmen. Es gab manch erfreuliches Wiedersehen.

Gottlob Frege begegnete in diesen Tagen auch Margarete Lieseberg. War sie es, wonach er suchte? Klug waren ihre Äußerungen, zurückhaltend ihr Wesen. Sie erzählte von den Eltern in Grevesmühlen. Vater Heinrich Lieseberg war der Sohn eines Schneiders und als Kaufmann erfolgreich tätig geworden. Er handelte unter anderem mit Nähmaschinen.[9]

»Meine Mutter, Fanny Lieseberg, war eine geborene Delling und hatte sieben Kinder zur Welt gebracht«, sagte Margarete. Leider war sie verstorben, als Margarete erst neun Jahre alt war.

»Auch meine vier Brüder starben sehr früh. Vater hat dann Mutters Schwester Mathilde geheiratet.« Diese war nun Margaretes Tante und Stiefmutter zugleich.[10] Die Dellings hatten in der Bohrstraße in Wismar eine Seidenkrämerei gehabt, kaum 50 Meter vom ehemaligen Fregeschen Wohn- und Schulhaus entfernt.[11] Margarete erzählte nun lebhaft von ihren beiden Schwestern sowie von Emilie und Emil, den Kindern aus der zweiten Ehe ihres Vaters.

»Ach, Fräulein Lieseberg, ich könnte Ihnen wirklich noch lange zuhören!«, entfuhr es Gottlob. Gleich danach bereute er fast seine Schwärmerei.

»Herr Professor«, sagte sie ermutigt, »möchten Sie uns nicht einmal in Grevesmühlen besuchen?«

»Mit Vergnügen. Dann hätte ich in den nächsten Tagen ein schönes Ziel.« Gottlob Frege ließ die anfängliche Zurückhaltung und erzählte mit einigen Ausschmückungen von seinen Wanderungen. Margarete zeigte sich beeindruckt, dass er die lange Wegstrecke von Jena nach Wismar schon mehrfach bewältigt hatte.

Die Begegnung in Grevesmühlen war so erfreulich, dass es nicht bei einem Besuch blieb. Beide hatten sich viel zu erzählen und wurden immer vertrauter. Unweigerlich aber kam der Tag, dass Frege nach Jena zurückkehren musste.

»Fräulein Lieseberg, der Abschied fällt mir schwer.« Unvermittelt fügte er hinzu: »Könnten Sie mich vielleicht noch bei einem Spaziergang begleiten?« Ohne zu zögern kam die Antwort: »Gerne!« Auch die Eltern machten keine Einwände. Der sieben Jahre ältere Professor Frege hatte ihr Vertrauen, er war ihnen angenehm.

Beide machten sich auf den Weg. Gottlob freute sich, dass Fräulein Lieseberg seinem zügigen Schritt ohne Anstrengung folgte. Ihr Ziel war der Vielbecker See, um den ein beliebter Wanderweg führte. Sie plauderten munter und machten sich, wenn es etwas Reizvolles in der Natur zu sehen gab, gegenseitig darauf aufmerksam. Als der See halb umrundet war, kamen sie an eine Lichtung, die eine schöne Aussicht bot und zum Verweilen einlud.

Plötzlich ergriff Gottlob Margarete bei den Händen: »Fräulein Lieseberg, könnten Sie sich vorstellen, zu mir nach Jena zu kommen? Ich würde Sie gern an meiner Seite wissen!« Es war für einen Moment ganz still geworden.

»Das ist ein schöner Gedanke«, sagte Margarete beglückt und wollte ihre große Freude nicht verbergen. Sie legte für einen Augenblick den Kopf an seine Schulter. Er genoss ihre Zuneigung. Was für ein wunderbares Gefühl! Sie gingen auf das Du über und setzten beschwingt den Weg fort. Der Tag nahm ein glückliches Ende.

»Wir müssen uns unbedingt viel schreiben, Margarete«, sagte Gottlob zum Abschied, es wird mir immer eine Freude sein, wenn ich von dir einen Brief bekomme.« Margarete lächelte ihn verschmitzt an: »Mal sehen, Gottlob, ob mir etwas Gescheites einfällt.«

*

Am 28. September 1886 traf Gottlob Frege, diesmal mit der Bahn, erneut in Wismar ein. Er wohnte bei seinem Cousin Emanuel, dem Sohn des verstorbenen Onkels Dr. Caesar Frege.

»Hallo, Gottlob! Da bist du ja, komm rein!«, hieß es zur Begrüßung.

»Danke, es ist gut, euch zu sehen«, sagte Gottlob. Eine ruhige Sicherheit ging von Emanuel aus. Er war in Wismar Rechtsanwalt und Direktor der Vereinsbank. Gottlob schätzte ihn. Der 16 Jahre ältere gebildete Cousin, er verehrte besonders Goethe und Lessing, war ein angenehmer Gesprächspartner und Ratgeber. Die Geldangelegenheiten der Mutter waren bei ihm in guten Händen. Auch Emanuels Brüder, Martin als Bankherr in Berlin und Louis als Kaufmann in Hamburg, waren erfolgreich tätig geworden. Sie setzten die kaufmännische Linie der großen Wismarer Frege-Familie fort.

Emanuel geleitete Gottlob ins Wohnzimmer. Dort setzten sie sich. »Du willst jetzt in den Stand der Ehe eintreten? Als Professor bist du in Grevesmühlen bestimmt recht willkommen. Vielen Dank übrigens für die Einladung zur Verlobungsfeier«, sagte Emanuel erfreut.

»Die findet, wie ich euch geschrieben habe, in Grevesmühlen im Haus meines künftigen Schwiegervaters Lieseberg statt«, berichtete Gottlob, »wir freuen uns darauf, dass unsere Verwandtschaft bei diesem Anlass zusammenkommt.«

»Wie geht es denn deiner künftigen Braut?«

»Oh, ich denke, Margarete geht es bestens. Sie schreibt mir so schöne Briefe,

Emanuel. Schon im Sommer wurde mir immer warm ums Herz, wenn ich ihr begegnete«, äußerte Gottlob.

»Ja, mein Lieber, allein sein, das ist nichts. Ich bin sehr froh, Frau und Kinder zu haben. Die Hochzeit soll übers Jahr im März sein?«, wollte nun Emanuel wissen.

»Ja, zwischen dem Winter- und dem Sommersemester, denn ich kann mich nur in dieser Zeit von meinen Verpflichtungen freimachen. Wie geht es übrigens eurer Anna?«, fragte Gottlob. Emanuels Tochter Anna, eine blonde liebliche Erscheinung, hatte unlängst in Wismar den Arzt Dr. Goetze geheiratet.

»Oh, sehr gut, sie ist, wie man so schön sagt, glücklich unter die Haube gekommen. Es war eine große Feier. Die jungen Goetzes wohnen in unserer Nähe, nur einige Häuser weiter, fast gegenüber in der Lübschen Straße 25. Stell dir vor, wir haben das schöne große Haus samt Grundstück jetzt geerbt.«

»Geerbt? Wie kam es denn dazu?«, wollte Gottlob wissen.

»Meine Doris erbte es von ihrer Tante Ungnad, deren Ehe kinderlos geblieben war.« Die Ungnads hatten das Haus seit 1757 in Besitz, betrieben dort eine Weingroßhandlung.

»Ich werde das Haus völlig umbauen lassen. Dann beziehen wir im nächsten Jahr die Beletage, die erste Etage«, sagte der Cousin heiter.

»Wie wunderbar, ich gratuliere euch!«, freute sich Gottlob. Es tat ihm wohl, wieder bei den Freges in Wismar zu sein. Verwandtschaft und Heimat hatten einen hohen Stellenwert. Auch in der Lübschen Straße 25 würde er künftig sicher willkommen sein.

Die beiden Männer sprachen dann auch noch über das Bauvorhaben im Jenaer Forstweg.

»Die Handwerker kommen zügig voran«, erklärte Gottlob. »Als ich Ende Juli den Bauantrag beim Gemeindevorstand einreichte, erhielt ich schon drei Tage später die Genehmigung. Das Kellergeschoss ist bereits aufgemauert. Wenn das Wetter es zulässt, wird der Rohbau noch in diesem Jahr fertig, und wir können im nächsten Sommer einziehen.«

Froh und ausgelassen ging es dann bei der Verlobung zu. Eine neue Zeit mit vielen Wünschen und Erwartungen stand bevor. Aber Frege musste bald zurück nach Jena, das Wintersemester begann. Vor Margarete stand nun die Aufgabe, sich um die Aussteuer zu kümmern, den eigenen Hausstand vorzubereiten. Mit ihrem Gottlob in Jena wechselte sie voller Freude zahlreiche Briefe. So konnten in den folgenden Monaten schon einige Fragen für den Hausstand gemeinsam entschieden werden.

Der 14. März 1887, der Hochzeitstag, war herangekommen.[12] Margarete hatte die vergangenen Monate gut genutzt, um für die Aussteuer teilweise bestickte Wäschestücke, Essgeschirr und viele andere im Haushalt benötige Gegenstände zusammenzustellen. Den Stoff für das Brautkleid hatte sie mit der Mutter ausgesucht. Eine gute Bekannte nähte es nach ihren Wünschen.

In Jena machte der Bau des künftigen Heims große Fortschritte. Alle Voraussetzungen für die Gründung der Ehe waren erfüllt, nachdem das Aufgebot, die vorgeschriebene öffentliche Bekanntmachung der Hochzeit, in den Rathäusern von Jena und Grevesmühlen erfolgt war. Tags zuvor war es in Grevesmühlen zur standesamtlichen Eheschließung gekommen.

Nun sollte die kirchliche Trauung stattfinden, um Gottes Segen zu empfangen. Hand in Hand traten Gottlob und Margarete unter den wuchtigen Klängen der Glocken in die gotische Backsteinkirche Sankt Nikolai in Grevesmühlen ein.

Gottlob trug seinen guten dunklen Anzug, Margarete ihr strahlend weißes Brautkleid. Orgelmusik erklang, als sie feierlich auf den Altar zuschritten. Die Familien und einige Gäste erhoben sich von den Bänken.

Abbildung 8-4　Sankt Nikolai in Grevesmühlen

Die Brautleute erreichten den Chorraum, sie schauten dort auf das Bild des Gekreuzigten. Aber sogleich richtete sich ihre Aufmerksamkeit auf den Pastor, Praepositus Löscher, der den Traugottesdienst eröffnete.[13] Gesang, Predigt und die Trauzeremonie selbst folgten. Alles war würdig und im besten Sinne schlicht, wie es alter evangelischer Tradition entsprach. Gottlob betete bewegt und war von tiefer Freude erfüllt. Er lächelte seiner Margarete zu, als die Ringe gewechselt wurden. Sie war glücklich. Welch ein schöner Moment!

Der Pastor entließ die soeben vermählten Eheleute mit einem Segensspruch. Noch einmal brauste die Orgel auf. Freudig traten Gottlob und Margarete nun unter den Blicken der Anwesenden durch den Kirchenraum. Margarete lächelte den Schwestern Friederike und Fanny zu, die ihr so liebevoll bei den Vorbereitungen geholfen hatten. Sie schaute zum Vater Heinrich, der froh und stolz wirkte. Auch Mutter Mathilde blickte sie glücklich an.

Man speiste festlich, Gesang ertönte, einige gewichtige Reden wurden gehalten und mit viel Beifall bedacht. Christian Delling junior, der Onkel Margaretes, beeindruckte besonders. Als Wismarer Kaufmann war er inzwischen Alleininhaber der großen Handelsfirma G. W. Löwe. Sein Zuspruch hatte Gewicht. Wie schön, dass die betagte Oma Friederike Delling noch teilnehmen konnte. Sieben Kinder hatte sie doch in die Welt gesetzt und sich behauptet, als ihr Mann, der Seidenkrämer Christian Delling senior, schon 1850 verstorben war.[14]

Natürlich waren Cousin Emanuel und seine Frau Doris aus Wismar gekommen. Deren Tochter Hedi und Margaretes Halbbruder Emil Lieseberg, die beide mit ihren elf Jahren schon dabei sein durften, erheiterten die Gesellschaft durch ihre Lebhaftigkeit.

Mutter Auguste wirkte überaus zufrieden. Es tat ihr sichtlich gut, einmal wieder in Mecklenburg zu sein. Sie liebte das gemütvolle Plattdeutsch, das sie von allen Seiten zu hören bekam. Vor allem aber freute sie sich, dass ihr lieber Sohn jetzt verheiratet war. Sie wollte sich mit Margarete in Jena viel Mühe geben.

Ein harmonisches Verhältnis war für alle drei wichtig.

Beginnt nun ein neues Leben? So fragte sich Gottlob und ergriff gerührt die Hand seiner Frau. Er war voller Zuversicht. Jetzt würde sich vieles verändern. Er wäre gut umsorgt, die Frauen könnten ihre Kräfte vereinen. Auguste war erfahren genug, Margarete genügend eigenen Spielraum zu lassen.

Ich werde mit Margarete schöne Wanderungen unternehmen. Das wird uns beiden bestimmt guttun. Meine gesellschaftliche Stellung wird ebenfalls gefestigt. Ob uns auch Nachwuchs beschieden ist? Noch manches ging Gottlob durch den Kopf. Alles lag in Gottes Hand.

Anmerkungen zu Kapitel 8

1   Siehe (Wille, 2020, S. 64–68) zum Verlag W. Koebner.
2   Siehe (Kant, 1781). Nachdruck Verlag Philipp Reclam jun., Leipzig 1966. Einleitungen IV und V: Analytische und synthetische Urteile. Mathematische Urteile.
3   (Eucken, 1886). Siehe auch (Wille, 2020, S. 99).
4   (Laßwitz, 1886). Siehe auch (Wille, 2020, S. 100, 104).
5   (Cantor, 1885). Siehe auch (Wille, 2020, S. 100, 101, 104).
6   Thüringisches Staatsarchiv Altenburg. Gesamtministerium, Nr. 1065. Die Akte ist nicht paginiert. Zitiert in (Kreiser, 2001, S. 424).
7   a) Thüringisches Staatsarchiv Gotha. Staatsministerium, Dep. I, Loc. 6^i, Nr. I, Vol. 19, Bl. 124. Zitiert in (Kreiser, 2001, S. 426). b) Thüringisches Staatsarchiv Altenburg. Gesamtministerium, Nr. 1300, Bl. 65. Zitiert in (Kreiser, 2001, S. 429).
8   Archiv der Hansestadt Wismar, Ratsakte 7705, Dekret an das Hebungsdepartement [55] vom 17.3.1881. Das Gebäude soll für höchstens 21 000 Mark verkauft werden.
9   (Willgeroth, 1932, S. 35) zu Heinrich Lieseberg.
10 Archiv der Hansestadt Wismar, Waisengericht, 461, 476 u. 3117 sowie Archiv der Hansestadt Wismar, Wirtschaftsarchiv, 11 Firma Alfred Häußler, Nr. 1 u. Nr. 7.
11 (Willgeroth, 1932, S. 35) zu Christian Delling senior.
12 Mecklenburgisches Kirchenbuchamt, Auszug aus dem Register der Ev.-Luth. Kirchengemeinde Grevesmühlen, Jg. 1887, S. 24, Nr. 13. Zitiert in (Kreiser, 2001, S. 490).
13 (Willgeroth, 1925) zu Pastor Löscher.
14 (Willgeroth, 1932, S. 35) zu Christian Delling junior und senior.

Die ersten Ehejahre | Grundgesetze der Arithmetik I 1887–1893

*

Anfang Juli 1887 war das neue Haus im Forstweg bezugsfertig. Gottlob, seine Frau Margarete und die Mutter zogen ein.[1] Die alte Wohnung in der Oberen Jüdengasse war nicht weit entfernt.[2] Das erleichterte den Umzug.

Margaretes Erwartungen wurden übertroffen. Ihr Elternhaus in Grevesmühlen hatte durchaus viel Platz geboten, aber dies war nun ihr neues stattliches Heim. Zufrieden nahm sie es in Besitz. Die Aufteilung der Räume machte keine Mühe. Mutter Auguste hatte ihren eigenen Bereich. Es war genug Platz vorhanden. Der große Garten am Haus und die frische Luft dort erfreuten sie.

Margarete hatte bereits bei ihrer Mutter in Grevesmühlen viel über Haushaltsführung gelernt. Jedoch beim Einrichten und Wirtschaften waren auch die Erfahrungen der Schwiegermutter hilfreich. Bald gefiel es den Freges, jetzt im Sommer in der Veranda zu frühstücken. Gottlob freute sich stets, wenn Margarete dabei heiter und lebhaft ihre Pläne für den Tag vortrug. Auguste hatte gelegentlich Einwände, aber man einigte sich schnell.

Natürlich wollte Margarete in den ersten Wochen viel über Jena erfahren. Gottlob zeigte ihr das Collegienhaus[3], seine berufliche Wirkungsstätte, die schöne Bibliothek und das alte Collegium Jenense. Ehrfürchtig hörte sie von der langjährigen Geschichte der Universität. Dass neben vielen großen Gelehrten die Dichter Goethe und Schiller hier so bedeutsam tätig waren, imponierte ihr. Immerhin hatte selbst Grevesmühlen ein Schiller-Denkmal am Vielbecker See aufzuweisen. Einige Balladen der Dichterfürsten kannte sie aus der Schulzeit. Gerne streifte Margarete mit Gottlob durch die verwinkelten Gassen der Altstadt. Jena hatte jetzt schon 13 000 Einwohner. Besonders gefiel ihr der große Marktplatz.

»Als ich vor 18 Jahren hier eintraf, fand ich den Platz gar nicht so beeindruckend. Aber es hat sich viel getan in dieser Zeit, alles ist ansehnlicher geworden«, stellte Gottlob fest. Die meisten Häuser hatten vier Geschosse. Sie blieben vor einem stattlichen Gebäude mit einer wunderbaren klassizistischen Fassade stehen.

»Die Burschenschaft Germania hat es jetzt herrichten lassen, sie muss wohl viel Geld haben«, sagte Gottlob. Margarete staunte. Gottlob hatte ihr erzählt, was er von den Burschenschaften hielt.

Dienstags, donnerstags und sonnabends boten Bauersleute und Händler auf dem Markt ihre Produkte und Waren an. Dann kam Margarete gerne vorbei, um in das geschäftige Treiben einzutauchen. Auch mit Auguste erledigte sie dort Einkäufe. Besonders Brot, Käse, frisches Obst und Gemüse fanden ihre Aufmerksamkeit. Der Rückweg war mit den Einkaufstaschen eher beschwerlich.

Wenn die jungen Eheleute am Abend noch einmal in die Stadt gingen, freuten sie sich über das warme Licht der Gaslaternen, die es schon seit 1862 in Jena gab. Ursprünglich wurden sie dort auf Veranlassung von Goethe eingeführt.

»Sie sollen mit zu den ersten in ganz Deutschland gehört haben«, bemerkte Gottlob, »später wurden diese Laternen aber zum Teil wieder außer Betrieb genommen.« Als eines Tages nur noch eine Laterne in der Neugasse existierte, nannten die Bewohner sie spöttisch ›das achte Weltwunder‹. Auch das erzählte Gottlob, um Margarete aufzuheitern.

*

Der Sommer 1887 ging seinem Ende entgegen. Die Freges hatten den Einzug in das neue Haus bewältigt und wollten nun auch Gäste empfangen. Leo Sachse, der Weggefährte, und seine junge Frau Emilie aus dem Forstweg Nr. 7 nahmen die Einladung gerne an. Es hatte sich doch wunderbar gefügt, dass die Familien hier so nahe beieinander wohnten.

Sachse hatte in Jena einen guten Ruf. Man schätzte seinen vorzüglichen Unterricht am Gymnasium. Aber er konnte sich außerdem als Heimat- und Gelegenheitsdichter einen Namen machen. Vielfach rühmte er Alt-Jena in Versen. Als man am 24. September 1886 aus Anlass der Fertigung des 10 000. Zeiss-Mikroskops eine größere Feier veranstaltete, war es Leo Sachse, der das Tafellied verfasste.

Sachse interessierte sich stets für Freges wissenschaftliche Vorhaben. Ihre Verbindung war in den vergangenen Jahren noch enger geworden. Als Mathematiker konnte er den ›Grundlagen der Arithmetik‹ manches abgewinnen. (Frege, 1884) Außerdem verkehrten beide in den akademischen Gesprächskreisen. Dort bemühte man sich, Theologie und Naturwissenschaften miteinander zu versöhnen. Frege und Sachse hatten in Jena und Göttingen teilweise dieselben Professoren gehört. Sie waren geprägt von dem inzwischen verstorbenen Carl Snell und schätzten den einflussreichen, naturwissenschaftlich interessierten Philosophen Hermann Lotze. In politischen Fragen stimmten sie meist überein. Der Besuch versprach also in jeder Weise angenehm und anregend zu werden. Auch Mutter Auguste war sehr erfreut darüber, Professor Sachse und seine Frau zu begrüßen. Dankbar erinnerte sie sich an die Begegnungen in Wismar. Sachse hatte ihnen dort mit Rat und Tat zur Seite gestanden.

Pünktlich traf das Ehepaar Sachse am Nachmittag ein.

»Wie geht es Ihnen denn hier im Forstweg?«, wandte sich Emilie sogleich an Margarete.

»Oh, sehr gut! Wir freuen uns über das schöne Haus. Die Einrichtung ist fast abgeschlossen. Mag sein, dass im Garten noch einiges getan werden muss. Neue Pflanzen wachsen schon. Die Lage in der Höhe mit dem Blick auf den Hausberg ist wunderbar. Auch die Altstadt unten im Tal ist mir schon lieb geworden.«

»Kommen Sie denn mit der Sommerhitze gut zurecht?«, wollte Leo Sachse nun wissen.

»Da hat uns Dr. Weber, der Architekt, einen wertvollen Dienst erwiesen«, sagte Gottlob und bemerkte: »Unsere Veranda ist nach Osten gerichtet. Schon die Mittagssonne geht dann ums Haus herum. Sie werden sehen, es ist angenehm, dort zu sitzen.« Zunächst gab es eine Führung durch die Wohnung.

Leo Sachse interessierte sich für Freges Arbeitszimmer und lobte die Ausstattung. Er inspizierte besonders den großen Bücherschrank, wo hinter Glas wichtige Werke bekannter Autoren versammelt waren. Die Frauen verweilten länger im Küchen- und Wohnbereich. Es gab viel zu besprechen. Schließlich nahmen alle in der Veranda Platz. Margarete brachte Kaffee und Kuchen aus der Küche. Man geriet ins Plaudern. Sachse war als Vertreter der Lehrer in den Gemeinderat aufgenommen worden und erzählte davon. Er war beseelt von der Pädagogik des Philosophen Friedrich Herbart. Der Jenaer Professor Volkmar Stoy hatte sie ihm nahe gebracht.

»Können Sie uns noch etwas zu unseren neuen Nachbarn sagen?«, bat Mutter Auguste.

»Aber gerne!«, sagte Leo Sachse. »Unmittelbar in unserer Nähe, in der Nr. 8, wohnt Professor Georg Meyer, der als Prodekan Ihren Sohn vor acht Jahren als Professor verpflichtet hat. Hofrat Eucken gegenüber ist Ihnen ja bekannt. Zusammen mit Heinrich Flegel, dem Sekretär der staatlichen Aufsichtsbehörde, ist die Universität also im Forstweg stark vertreten. Auch ein Zeichenlehrer, Herr Max Walterhöfer, hat hier gebaut. Bei ihm hat sich noch ein Privatgelehrter eingemietet. In unserem Haus wohnt übrigens ein Freiherr von Maltzahn. Der ist Hauptmann und führt eine Kompanie.«[4]

Es wurde noch über manches gesprochen. Mit dem alten Haudegen Bismarck, der nach wie vor einen großen Einfluss auf die Politik hatte, waren sie vollkommen einverstanden. Die Nachmittagsstunden vergingen wie im Fluge. Wie gut war es doch, mit dem Ehepaar Sachse bekannt zu sein. Mutter Auguste schätzte Sachse nach wie vor. Auch Emilie und Margarete hatten sich viel zu erzählen.

Allerdings betrübte es die Freges beim Abschied, als Leo Sachse noch sein Augenleiden erwähnte: »Das wird schlimmer, ich bin sehr besorgt.« Sachse war nur fünf Jahre älter als Frege.

Man pries allgemein die Fortschritte in der Medizin. Doch letztlich war es eine Gnade, wenn ein Werk gelingen und zum Abschluss gebracht werden konnte. Ratsam blieb, sich auf seine Vorhaben zu konzentrieren. Unnötige Ablenkungen und Zerstreuungen wollte Frege auch künftig meiden.

*

Natürlich hatte Gottlob Frege bald den Wunsch, seiner Ehefrau die Umgebung Jenas zu zeigen, mit der er seit Jahren so vertraut geworden war. Es gab viele schöne Wanderwege, Goethe selbst hatte damals an die fünfzig gezählt.

Gottlobs erste Wahl war schnell getroffen. Auf nach Dornburg! Dieser Ort würde Margarete bestimmt gefallen. An einem Sonntagmorgen im späten September 1887 sollte es losgehen. Etwa 13 Kilometer lagen vor ihnen. Ein heiterer Himmel ließ gutes Wetter erwarten.

Zunächst ging es hinunter zum Saaleufer. Am Fluss entlang verließen sie die Stadt. Margarete passte sich allmählich dem forschen Schritt ihres Mannes an. Die schöne Landschaft, das leise Rauschen des Wassers und die milde herbstliche Sonne förderten das Wohlbefinden. Als sie sich dem Dorf Kunitz näherten, schwärmte Gottlob von den Ausflügen in seiner Studienzeit: »Dort, den oberen Weg, bin ich oft gegangen. Manche Eingebung wurde mir in dieser Landschaft zuteil.«

Dann sahen sie auch bald ihr Wanderziel, die drei Dornburger Schlösser. Auf einer felsigen Höhe ragten sie weit in das Land. Nun galt es, den Aufstieg zu bewältigen. Das fiel Margarete nicht leicht, denn das Wandern in den Bergen war für sie ungewohnt.

Aber als sie endlich in den Gärten der Schlösser spazieren konnten, staunte Margarete sehr. Wie sich im Tal die Felder und die von Baumgruppen gesäumte Saale ausbreiteten! In der Ferne waren blau schimmernde Waldkämme zu sehen.

»Oh, wie schön!« Margarete hatte die mecklenburgische Landschaft mit etwas Wehmut verlassen. Doch nun fühlte sie sich beschenkt.

»Habe ich dir zu viel versprochen?«, ließ sich ihr Mann vernehmen. »Du musst wissen, dass man die reizvollen Höhenzüge über der Saale auch die ›Wei-

Abbildung 9-1   Blick von den Dornburger Schlössern in das Saaletal

marische Schweiz‹ nennt.« Margarete sagte vergnügt: »Man könnte diese Lage hier vielleicht als ›Balkon von Dornburg‹ bezeichnen.« Gottlob gefiel der neue Name auf Anhieb. Er freute sich über ihre Vorstellungskraft. Die Wahl von geeigneten Wörtern für Gegenstände oder Begriffe schien ihm wichtig, auch im Alltag. Die Poesie der Sprache hatte schon Martin Luther befördert.

Hinter Dornburg gingen grüne Felder in eine Bewaldung über. Die Wälder zeichneten die Horizontlinie gegen den Himmel in sanftem Auf und Ab. Wolken bewegten sich darüber wie Schneetupfen. Es war lieblich, wie sich die Häuser an die Hügelpartien lehnten.

»Selbst in dieser schönen Landschaft werden die Menschen ihre Sorgen haben, Margarete«, befand Gottlob, »doch mit Land- und Viehwirtschaft wird es wie in Mecklenburg etwas bodenständiger zugehen.« Margarete leuchtete das ein.

Die drei Dornburger Schlösser, das Alte Schloss, das Rokokoschloss und das Renaissanceschloss, waren im Besitz des Großherzogs von Sachsen-Weimar-Eisenach. Dieser hatte die Erneuerung der wunderbaren Parkanlagen mit den Terrassen und Rosenspalieren in Auftrag gegeben.

»Das Renaissanceschloss wird ›Goetheschloss‹ genannt. Goethe weilte dort gerne«, erklärte Gottlob. Margarete erschien der große Dichter nun viel gegenwärtiger.

Über dem Schlossportal war mit der Jahreszahl 1608 ein lateinischer Spruch zu lesen:

Abbildung 9-2   Das Renaissanceschloss in Dornburg

Gaudeat ingrediens, laetetur et aede recedens.
His qui praeter eunt det bona cuncta Deus.

Gottlob wusste noch wie Goethe ihn frei übersetzt hatte, und zitierte lebhaft:

»Freudig trete herein
und froh entferne dich wieder!
Ziehst du als Wandrer vorbei,
segne die Pfade dir Gott!«[5]

»Welch lebensfrohe, gute Gesinnung!«, freute sich Margarete.

»Es müssen gebildete Leute gewesen sein, die dies formuliert haben«, meinte Gottlob dazu.

»Wie überall hat es hier in den vergangenen zweieinhalb Jahrhunderten Krieg und Schrecken, von Menschen verursachtes Leid, gegeben. Doch die Sehnsucht der Erbauer nach einer friedvollen, harmonischen Welt wirkt weiter in die Zeit.«

»Wie berührend«, bemerkte Margarete. Gottlob stimmte ihr zu. Einprägsame Worte können besondere Wirkungen entfalten. Hatte Goethe nicht auch betont, wie sehr ihm die ›Förderung des allgemeinen Wohlwollens ohne jede Vorbedingung‹ am Herzen lag?

Lange saßen sie noch hoch oben auf einer Bank, schauten auf das Saaletal. Froh und belebt kehrten sie am Abend nach Jena zurück.

Das Ehepaar Frege fuhr später gelegentlich auch mit der Bahn nach Dornburg. Die Saalbahn verband Jena in Nord und Süd mit der übrigen Welt. Sie wurde erst 1874 in Betrieb genommen. Dieser Fortschritt war nun selbstverständlich und kam besonders der Wirtschaftstätigkeit zugute.

Selbst an den Bierdörfern Ziegenhain und Lichtenhain fand Margarete Gefallen, auch wenn sie Trinkgelage eher befremdeten. Die thüringische Landschaft mit den sanften Bergen und Tälern taten ihr zunehmend gut.

*

Gegenüber im Forstweg wohnten Hofrat Rudolf Eucken und seine Frau in einer großzügigen Villa. Vor acht Jahren war es Eucken gewesen, der den entscheidenden Anstoß gab, dass Gottlob Frege zum außerordentlichen Professor ernannt wurde. Eucken selbst war bereits 1874 als Professor für Philosophie nach Jena berufen worden. Er stammte aus Ostfriesland, war kaum zwei Jahre älter und hatte wie Frege in Göttingen studiert. Es gab viele Berührungspunkte zwischen den beiden Kollegen aus dem Norden. *Af un an snackten se ok plattdüütsch.*[6] Was für ein Vergnügen!

Mit einer gewissen Vorliebe sprachen auch diese beiden Männer über die eindrucksvollen Vorlesungen von Hermann Lotze. Ebenso hatte es ihnen der große griechische Universalgelehrte Aristoteles angetan. Wenn dessen Name fiel, wurde der Austausch sehr rege, denn Eucken hatte über ihn promoviert. Frege interessierte insbesondere dessen Syllogistik, eine spezielle Art des logischen Schließens anhand von strukurierten Sprachformen. Dabei kamen schon Quantifikatoren wie ›alle‹ und ›einige‹ vor.

Einer Einladung Euckens zu einem sonntäglichen Nachmittagskaffee folgten die drei Freges nur allzu gern. Sie wurden sehr freundlich aufgenommen. Rudolf Eucken und seine Frau Irene begrüßten die Nachbarn schon an der Eingangstür. Der dreijährige Arnold lugte etwas zögerlich hinter den beiden hervor.

»Wer bist du denn?«, fragte Margarete fröhlich. Mutter Irene achtete darauf, dass der Kleine brav allen seine Hand gab. Die Gastgeber boten eine kleine Besichtigung an, die gern angenommen wurde. An der Hand der Mutter trottete der kleine Arnold ohne zu murren mit. Die Villa machte einen vorzüglichen Eindruck. Der Jenenser Gastwirt Zeine hatte sie erbauen lassen und an Euckens vermietet. Freges kannten die eindrucksvolle klassizistische Fassade bereits von der Straßenseite aus. Reizvolle Schmuckelemente, teilweise mit klassischen Motiven, waren auch auf der Gartenseite angebracht. Dort sahen sie einen größeren Balkon über der Veranda mit einem kunstvollen Geländer, einer Balustrade.

»Irgendwie wirkt das Anwesen herrschaftlich, ohne prächtig zu sein. Es hat ein schönes Maß«, dachte Gottlob Frege anerkennend.

Innen waren die Räume geschmackvoll und großzügig eingerichtet. Im Erdgeschoss gab es den großen Salon mit einem Kamin. Das Arbeitszimmer Euckens war beeindruckend. Neben einem feudalen Schreibtisch und einem kleinen Sitzbereich gab es Schränke voller Bücher an den Wänden. Zum Garten hin hatten sie auch einen Laubengang, der an heißen Tagen Schatten spenden konnte. Freges begeisterten sich noch für das Turmzimmer, das sich seitlich über dem Dachgeschoss erhob. Welch schönen Blick hatte man von der Höhe auf die Stadt und das Saaletal!

Irene Eucken war sieben Jahre jünger als Margarete. Die Frauen plauderten angeregt über praktische Dinge. Die Männer kamen auch auf ihre Wissenschaften zu sprechen. Schon in den Jahren, als die ›Begriffsschrift‹ entstand, bestärkte Eucken seinen Kollegen Frege darin, dass die philosophische Sprache von der Sprache des Alltags abrücken müsse. Eucken vermochte nach wie vor, den ›Grundlagen der Arithmetik‹ etwas abzugewinnen. Er fand darin wissenschaftliche Argumente für seinen Kampf gegen Empirismus und Psychologismus in der Erkenntnistheorie und Ethik. Euckens Arbeitsgebiet lag jedoch zu weit entfernt, als dass er in logischen Fragen hätte beraten können. Er wandte sich mit seiner Lebensphilosophie außerdem verstärkt breiteren Bildungsschichten zu. Eine dankbare Aufgabe, die Frege eher fernlag.

Im Jahr 1888 zog der Altphilologe Professor Rudolf Hirzel mit seiner Frau bei Freges in das Obergeschoss ein.[7] Die Wahl dieses Mieters erwies sich als eine große Bereicherung. Mit ihm konnte Gottlob viele philosophische und sprachliche Themen erörtern. Rudolf Hirzel war nur zwei Jahre älter. Er war der Sohn des Leipziger Buchhändlers und Verlegers Salomon Hirzel.

Der anregende Kontakt mit den Familien Sachse, Eucken und Hirzel gab manchen Rückhalt.

1888 verlor Jena einen bedeutenden Mitbürger. Abbes enger Mitstreiter Carl Zeiss war verstorben. Er wurde auf dem Johannis-Friedhof feierlich beigesetzt. In der Folgezeit war Abbe Alleineigentümer der Zeiss-Werke mit 327 Beschäftigten.[8] Sein Wille, neue Meilensteine zu setzen, blieb indes ungebrochen.

Nachdem Goethe auf Veranlassung von Herzog Carl August schon 1813 in Jena eine Sternwarte errichten ließ, sorgte Abbe 1889 südlich des Schillergartens für einen Neubau, bei dem die Sternpassagen durch den Meridian erfasst werden konnten. So war es den Astronomen möglich, die Jenaer Ortszeit genau zu bestimmen, auf die sich alle Jenaer Uhren bezogen.[9] Da Abbe die Qualität der astronomischen Instrumente nicht genügte, wurde später in den Zeiss-Werken eine astronomische Abteilung gegründet. Schließlich wurde noch eine Erdbebenwarte eingerichtet. Über die Erdbebenforschung wollte man Kenntnis über das Erdinnere erlangen.

*

Die Vorlesung war beendet. An einem schönen Maientag im Jahre 1889 machte sich Gottlob Frege auf den Heimweg. Er ging die Johannisstraße hinunter, passierte die Rathausstraße und kam dann schließlich auf den belebten Holzmarkt. Hier verweilte er ein wenig und blickte vor sich hin. Ihn beschäftigte wieder die Kühle, mit der seine Veröffentlichungen in der Fachwelt aufgenommen wurden. Im Jahrbuch über die Fortschritte der Mathematik waren neben bekannten eher unbedeutende Arbeiten enthalten. Nur seine ›Grundlagen der Arithmetik‹ suchte er vergebens. Forscher auf diesem Gebiet wie Richard Dedekind, Otto Stolz oder der Physiker Hermann von Helmholtz schienen seine Arbeiten nicht zu kennen. Auch Leopold Kronecker, der Berliner Mathematikpapst, erwähnte sie in seinem Aufsatz über den Zahlbegriff nicht.[10] Es war schon zum Verzweifeln.

Entschlossen setzte Frege seinen Heimweg fort, während er weiter seinen Gedanken nachging. Er verglich die Entwicklung der Arithmetik gern mit einem Baum, der sich oben in eine stattliche Anzahl von Methoden und Lehrsätzen entfaltet, während die Wurzel in die Tiefe strebt, um die Standfestigkeit zu sichern.

Abbildung 9-3 Das ›Collegienhaus‹

Der Wurzeltrieb ließ aber seiner Meinung nach sehr zu wünschen übrig. Selbst in der algebraischen Logik des Herrn Schröder gewann doch bald der Wipfeltrieb die Oberhand, bevor die Wurzel größere Tiefe erreichte.[11]

Frege überlegte manchmal, was wohl in den Köpfen dieser Wissenschaftler vorging, die ihn entweder herabsetzten oder nicht zur Kenntnis nahmen. Desinteresse an der mühevollen Grundlegung? Festhalten am gewohnten Denken? Unbehagen vor der möglichen eigenen Zurücksetzung? Neid auf den Erfolg eines anderen? Wahrscheinlich spielte alles eine Rolle. Menschen waren komplizierte Wesen, komplizierter noch als seine Arbeit am Grundgebäude der Mathematik.

Der Aufstieg von der Innenstadt zum Forstweg machte Frege keine Mühe. Etwas ländlich wirkte hier manches, einige Grundstücke waren noch nicht verkauft, auch fehlten größere Bäume und Sträucher. Aber immerhin, die neuen Häuser waren auf diese Weise in ganzer Schönheit zu sehen. Dann stand er auch schon vor dem eigenen Grundstück, ihrer Villa. Was für ein Anblick! Er genoss ihn jedes Mal von Neuem.

»Wie gut, dass es uns gelungen ist, dieses Haus zu bauen«, dachte Frege voller Dankbarkeit. Hoch ragte es empor, standfest und einladend. Ohne die Tatkraft der Mutter, die Geldmittel seiner Eltern und der Voreltern wäre es nicht möglich gewesen. Er betrat den Eingang, öffnete die Tür ihrer Wohnung und suchte zunächst nach den Frauen. Weder in den Wohnzimmern noch in der Küche war jemand zu sehen.

»Wo habt ihr euch versteckt?«, rief er vergnügt. Dann sah er sie schon im Garten. Margarete und Auguste hatten sich in die warme Frühlingsluft gesetzt. Sie empfingen ihn freudig: »Wir haben schon auf dich gewartet! Kommst du?« Die gemeinsame Kaffeestunde war ihnen lieb.

»Gleich«, gab Gottlob zurück, um dann mit Behagen von der Veranda die Treppe hinunter in den Garten zu gehen. Hübsch gedeckt war der Tisch. Duftender Kaffee und frischer Kuchen lockten. Die Gegenwart der Frauen und die Gespräche mit ihnen versprachen eine Ruhepause, eine Erholung von den Anstrengungen des Tages. Sie redeten über Alltägliches und Neuigkeiten. Gottlob musste von der Universität berichten.

Aber auch Sorgen kamen zur Sprache. Wie sie erfahren hatten, verschlimmerte sich Leo Sachses Augenleiden so sehr, dass er jetzt aus dem Schuldienst ausscheiden musste. Die Ärzte hatten auf Ruhe und Schonung bestanden, um der drohenden Erblindung entgegenzuwirken. Freges versuchten nach Kräften, Sachses Lebensmut zu stärken. Geistreich und philosophisch umfassend gebildet, hatte Sachse so segensvoll für die Jugend gewirkt, dass der Schulleiter Dr. Richter sein Ausscheiden zutiefst bedauerte und der Großherzog ihm sogar das Ritterkreuz II. Klasse verlieh.[12] Freges wollten mit Leo Sachse und seiner Frau in regem Austausch bleiben.

Abbildung 9-4 Freges Wohnhaus in Jena, Forstweg 10 (später Forstweg 29)

»Das Familienleben mit Haus und Garten kann so schön sein«, sagte Gottlob zu sich. Dann zog es ihn wieder an seinen Schreibtisch. Die beiden Frauen hatten Verständnis dafür. Er schaute noch einmal auf die Blumen, auf den grünen, von der Sonne beschienenen Hausberg. Was für ein schönes Bild, es war wirklich eine Freude. Diese Momente genoss er durchaus, doch die Pflichten ließen sich nicht länger verdrängen.

Es galt, wie man ihm schon vor Jahren mit auf den Weg gegeben hatte, auch Professor *zu sein*. Das bedeutete Verantwortung für die anspruchsvolle Lehre und die schöpferische Weiterentwicklung der Wissenschaft. Aber auch ein Ausgleich verschiedener Interessen an der Fakultät war gelegentlich zu bedenken. Hier war diplomatisches Geschick gefragt, was ihm weniger lag und ihn auch nur am Rande interessierte. Er hatte jetzt die nächsten Vorlesungen und Seminare vorzubereiten und vor allem seine wissenschaftlichen Untersuchungen voranzubringen. Die lagen ihm besonders am Herzen.

Frege setzte sich erfreut an den Schreibtisch. Milde Sonne drang durch die Fenster, wohltuende Ruhe erfüllte den Raum. Mehr brauchte es nicht. Hier wollte er nun die Grundgesetze der Arithmetik Schritt für Schritt mit seiner Begriffsschrift herleiten. Skizzen waren schon vorhanden. Er musste sie nur sorgfältig durchbilden.

***

In Vorbereitung auf die ›Grundgesetze‹ hielt Frege in der Sitzung vom 9. Januar 1891 der ›Jenaischen Gesellschaft für Medicin und Naturwissenschaft‹ einen Vortrag über ›*Function und Begriff*‹. Danach gab er dazu eine kleine Abhandlung in den Druck. [13] Wichtig war ihm die Unterscheidung von Funktion und Funktionswert schon in der Bezeichnung. Das wurde leider im Allgemeinen nicht bedacht. Daneben spielte der *Wertverlauf* von Funktionen eine Rolle, bei dem den Argumenten ihre Werte zugeordnet werden. Schließlich nutzte er spezielle Funktionen zur Beschreibung von Begriffen, wie er es im Grunde schon in der ›Begriffsschrift‹ ausgeführt hatte. (Frege, Begriffsschrift, 1879)

Erläuterung: Funktion

Bei Frege enthielt eine mathematische Funktion f(.) zunächst eine Leerstelle oder einen Platzhalter für Argumente. Sie war ungesättigt.

Setzt man nun Argumente x ein, entstehen die Funktionswerte y = f(x). Die Paare (x, y) gehören zum *Wertverlauf* der Funktion. Ein Beispiel ist die quadratische Funktion (.)^2 mit den Werten y = x^2 und den Paaren (x, x^2).

Schon in der ›Begriffsschrift‹ betrachtete Frege aber auch allgemeinere, *logische* Funktionen F(.), bei denen die Argumente Gegenstände *G* sind, deren Werte u = F(G) entweder ›ja/wahr‹ oder ›nein/falsch‹ lauten. So gehört zur Funktion *F* der von den Paaren (G, u) gebildete Wertverlauf, den Frege als Gegenstand ansah. Für ihn führte Frege sogar eine eigene Bezeichnung ein, um Verwechslungen mit der Funktion selbst zu vermeiden.

Im Laufe der Arbeit an den ›Grundgesetzen der Arithmetik‹ waren sogar Ergänzungen zur Begriffsschrift erforderlich geworden. Da Frege sich genötigt sah, neben Begriffen auch deren Umfänge einzuführen, wurde dafür ein eigenes Symbol gebraucht. Ein Begriff wurde durch eine logische Funktion ausgedrückt, sein Umfang durch den Wertverlauf dieser Funktion.

Erläuterung: Mathematischer Begriff

Unter den Begriff ›Quadratwurzel aus Vier‹ fallen zwei Gegenstände, die Zahlen 2 und −2. Die entsprechende logische Funktion, die Quadratwurzel, liefert aufgrund von x^2 = 4 für diese beiden Zahlen die Werte ›wahr‹, für alle anderen die Werte ›falsch‹. Das ist der Wertverlauf dieses Begriffes.

Als weiteren Zwischenschritt veröffentlichte Frege 1892 zwei kleinere Arbeiten in philosophischen Zeitschriften, und zwar ›*Ueber Sinn und Bedeutung*‹ und ›*Ueber Begriff und Gegenstand*‹.[14] Beide enthielten schon im Titel wichtige sprachliche Unterscheidungen auf dem Weg zu seinem großen Vorhaben.

Erläuterung: Begriff und Gegenstand

Frege betont, dass *Gegenstände* keine *Begriffe* sind, sie fallen unter Begriffe. So ist eine bestimmte ›Quadratwurzel aus 4‹ nicht dasselbe wie der Begriff ›Quadratwurzel aus 4‹. ›Es gibt Quadratwurzeln aus 4‹ ist eine Aussage über diesen Begriff. Sie zeigt, dass er nicht leer ist.

Sprachlich sind ›Begriff‹ und ›Gegenstand‹ teilweise schwer auseinanderzuhalten, aber in der Logik wohl zu unterscheiden. Darüber hinaus gibt es *Begriffe höherer Ordnung*, also Begriffe von Begriffen einer bestimmten Ordnung. Auch hier dürfen die Ordnungen, teilweise auch Stufen genannt, in der Logik nicht vermischt werden.[15]

Zudem war dem Umstand Rechnung zu tragen, dass Gegenstände verschieden bezeichnet werden, aber dennoch gleich sind. In der Mathematik treten häufig verschiedene Ausdrücke auf, die den gleichen Inhalt haben, im einfachsten Fall etwa 2 + 3 und 1 + 4. Sie haben einen jeweils verschiedenen Sinn, aber die gleiche Bedeutung. Hier ist es die Zahl 5, nicht als Zeichen, sondern als Gegenstand. Auch die Ausdrücke ›Morgenstern‹ und ›Abendstern‹ stehen für denselben Gegenstand, den Planeten Venus. Deren Bedeutung ist also gleich. Dennoch weisen diese Ausdrücke bezüglich der Beobachtungszeit am Himmel auf einen jeweils anderen Sinn hin.

Gottlob Frege formte weiter an seinen Gedankengebäuden. Er schrieb und las, bedachte gründlich mögliche Argumente und Gegenargumente der Fachwelt. Ein großes Werk würde entstehen, trotz aller Widerstände. Wenn es gelegentlich zügig voranging, erfüllte ihn danach eine tiefe innere Freude.

Der Philosoph Edmund Husserl aus Halle an der Saale machte mit psychologischen Analysen zum Zahlbegriff auf sich aufmerksam. (Husserl, 1887)

Bereits im Jahre 1891 erhielt Frege von Husserl einige Schriften, unter anderem dessen ›Philosophie der Arithmetik‹ (Husserl, 1891a, 1992) und dessen Rezension zu Ernst Schröders ›Vorlesungen über die Algebra der Logik‹. (Husserl, 1891b)

> **Erläuterung: Sinn und Bedeutung**
>
> *Sinn* und *Bedeutung* eines Eigennamens oder eines Satzes sind nach Frege ebenfalls verschieden.
>
> Die Bedeutung eines Eigennamens ist der Gegenstand, den er bezeichnet. Der Sinn ist seine Kennzeichnung oder Darstellung.
>
> Die Bedeutung eines Satzes ist sein Wahrheitswert. Der Sinn ist der Gedanke, der durch ihn ausgedrückt wird. In der Gleichung $2^2 = 2 + 2$, die einen mathematischen Satz beschreibt, haben die Zeichen 2^2 und $2 + 2$ einen jeweils verschiedenen Sinn. Ihre Bedeutung ist die Gleiche. Beide stellen die Zahl 4 dar, die man zudem römisch als IV oder dual als 100 schreiben kann. Die Gleichung selbst hat den Sinn, einen Zusammenhang zwischen Zahlausdrücken herzustellen. Ihre Bedeutung ist jedoch, dass sie zu bejahen (d. h. wahr bzw. erfüllt) ist. (Frege, Ueber Sinn und Bedeutung, 1892)

Im Gegenzug schickte Frege ihm seine ›Begriffsschrift‹, damit zusammenhängende Artikel[16] und ›Function und Begriff‹. Husserl äußerte sich dazu lobend und beschaffte sich noch weitere Schriften Freges. Die gute Beziehung kühlte etwas ab, nachdem Frege eine Rezension zu ›Philosophie der Arithmetik‹ verfasst hatte. (Frege, 1894). Darin wird die psychologistische Grundhaltung Husserls bezüglich der Arithmetik heftig kritisiert. Husserl fand aber Freges Argumente einleuchtend und näherte sich danach dessen Standpunkt an.

$$**$$

Die Stadt schien im Sommer 1892 zu vibrieren. Es hatte sich herumgesprochen, dass Fürst Otto von Bismarck Jena besuchen würde. Eine Delegation, angeführt von Oberbürgermeister Singer und Ernst Haeckel, war zu ihm nach Bad Kissingen gereist und hatte seine Zusage für den 30./31. Juli erhalten. In der Stadt begannen umfangreiche Vorbereitungen. (Fesser, 2018, S. 83)

Bismarck war 1890 von Kaiser Wilhelm II. aus dem Dienst entlassen worden, doch hatte er immer noch sehr viele Anhänger. Dies mochte auch damit zusammenhängen, dass der junge Kaiser es an Rechtsgefühl und Augenmaß fehlen ließ. Das kaiserliche Berlin versuchte, Huldigungen für Bismarck zu unterbinden, doch seine Verehrer in Deutschland wollten ihre Begeisterung nach wie vor zum Ausdruck bringen.

Am Sonnabendabend, dem 30. Juli 1892, kommt Bismarck mit dem Zug in Jena an. Schon der Empfang auf dem Bahnhof ist beeindruckend. Bismarck wird zum nahe liegenden Forstweg geleitet, damit er von dort die vielen abendlichen

Bergfeuer erblicken kann, die man zu seiner Ehre angezündet hat. Die anschließende Fahrt in sein Hotel wird ein Triumphzug. Bürger, Schüler und Studenten sowie ganze Vereine säumen die Durchfahrtsstraßen, Jubelrufe ertönen von allen Seiten, Fackeln lodern gen Himmel.

Aber Höhepunkt des Besuchs ist der Sonntag. Bismarck wird auf dem Markt zu den Jenaer Bürgern sprechen. Frege, Eucken und Sachse haben sich verabredet. Das wollen sie sich nicht entgehen lassen.

Eine lange gewichtige Rede schallt über den Markt. Tausende, die gekommen sind, hängen an den Lippen des Fürsten. Sie sind überwältigt von der großen historischen Gestalt. Immer wieder gibt es lautstarke Begeisterung. Bismarck redet viel über die neuere Geschichte und die zu gestaltende Politik. Weitere Kriege seien nicht mehr nötig. So erklärt er: »*Ich halte es für frivol oder ungeschickt, wenn wir nicht durch fremde Angriffe dazu gezwungen werden.*« Bismarck betont: »*Aggressive Kriege dürfen wir nicht führen.*« (Bismarck, 1892)

Welche wunderbare Aussicht klingt in diesen Worten. Keine Kriege mehr! Bismarck fordert, den Reichstag als Gegengewicht zu den absolutistischen Gelüsten des jungen Kaisers Wilhelm II. zu stärken.

Ja, dieser Kanzler wäre als starker und versöhnlicher Staatsmann der Garant für eine gedeihliche Zukunft des ganzen deutschen Volkes!

Hochgestimmt strebten die Herren Frege, Eucken und Sachse wieder dem Forstweg zu. Doch Frege fragte: »Wie kann es nur sein, dass Professor Abbe keine Sympathien für Bismarck hat? Auch Carl Snell war keineswegs von ihm angetan.« Eucken bemerkte dazu: »Ich schätze Bismarck sehr, kann aber Abbe und Snell verstehen. Sie fürchten vermutlich, dass Bismarcks Wohltaten für die weniger Bemittelten eher dem politischen Kalkül geschuldet sind. Meint der Fürst die Volksfürsorge wirklich ernst? Abbe fordert von der Reichsregierung eben mehr als die löblichen Versicherungen für Krankheit, Alter und Invalidität.« Davon war auf dem Markt nicht die Rede gewesen. Sachse hielt dagegen die Vorwürfe von Snell und Abbe für Unterstellungen. Für ihn sei Bismarck absolut glaubwürdig. Dass Abbe etwas gegen die aufwendigen Sedan-Feiern hatte, die jedes Jahr in Jena wie im ganzen Reich zur Erinnerung an den Sieg von 1870 über Frankreich stattfanden, erörterten sie auch noch.

Kurios! Wenn dann alle Glocken läuteten, suchte Abbe eine Stelle in den Saalewiesen auf, wo man sie nicht hören konnte.[17] Offenbar bereiteten ihm triumphale Gesten Unbehagen. Sie debattierten auf dem Rückweg angeregt weiter. Bei aller Nachdenklichkeit genossen sie aber diesen besonderen Tag.

*

Wenig später berichtete Gottlob seiner Frau: »Leo Sachse hat in zwölf Versen ein großartiges Gedicht über Bismarck verfasst. Ich denke, es wird dir gefallen.« Er las Margarete drei Verse vor:

> »Wer hat je geerntet so lauten Lohn?
> Wer konnte zum Bürger so sprechen?
> Ich dachte: O Deutschlands gewaltigster Sohn,
> wie magst du am Kaiser dich rächen!

> Dich hat doch der Herrscher allein nicht gekränkt?
> Fühlst doch, daß wir doppelt dich lieben?
> Du hast uns das mächtige Deutschland geschenkt,
> hast dich in die Herzen geschrieben.

> Held Bismarck, unsres Volkes Zier,
> hat dich auch der Kaiser entlassen:
> Selbst Blinde ließen sich führen zu dir,
> den Saum Deines Kleides zu fassen.«[18]

»Leo Sachse wird sehr bewegt gewesen sein«, sagte Margarete erfreut, »und er hat die schöne Gabe, seine Empfindungen in berührende Worte zu fassen. Ich finde es vielleicht etwas pathetisch.« Gottlob musste ihr recht geben. Es war eine poetische Heldenverehrung. Aber Übertreibungen gehörten einfach zur Kunst, um Wesentliches hervorzuheben.

*

Der 8. Juli 1893 war für Jena und seine Universität ein ganz besonderer Tag. Es wurde das 40-jährige Regierungsjubiläum seiner Königlichen Hoheit Carl Alexander, des Großherzogs von Sachsen-Weimar-Eisenach, gefeiert.[19] Der Großherzog stand zugleich als *Rector magnificentissimus, als erhabenster Rektor,* der Universität vor.

Frege saß an diesem Tage schon früh an seinem Schreibtisch. Er hatte wieder einmal über das Vorwort zu seinen ›Grundgesetzen‹ nachgedacht, dem noch der letzte Schliff fehlte. Es war wie immer mühsam, die richtigen Formulierungen zu finden. Gegen 10 Uhr kam Margarete in das Arbeitszimmer, um ihn an den Festakt zu erinnern, der um 11 Uhr in der Collegienkirche beginnen würde. Frege wollte eigentlich eine Unpässlichkeit vorbringen, um der lästigen Pflicht zu entgehen. Aber Margarete beschwor ihn, der Jubiläumsveranstaltung nicht fernzubleiben.

»Du hast ohnehin keinen leichten Stand mit den Kollegen. Vielleicht solltest du die Gelegenheit nutzen, um deine Verbundenheit mit der Universität zu zeigen. Bestimmt sind doch auch die Professoren Eucken und Abbe dabei. Professor Hirzel ist schon losgegangen, er hatte wohl noch etwas zu erledigen.«

Widerwillig folgte Frege Margaretes Rat, nahm die von ihr bereitgelegte Festkleidung und machte sich auf den Weg. Die Luft war angenehm warm. Trotz aller Abneigung gegen langweilige Pflichtveranstaltungen, der Spaziergang würde ihm guttun. Als er vor Ort ankam, formierte sich der festliche Zug bereits. Voran schritten der Prorektor, Hofrat Professor Gärtner, die Pedelle und Dekane. Frege reihte sich bei den Kollegen seiner Fakultät ein. Gesetzten Schrittes bewegten sie sich in die Kollegienkirche. Als alle Platz gefunden hatten, eröffnete der Prorektor die Festveranstaltung. Beginnend mit dem hohen Rektor, dem Großherzog, begrüßte er die prominenten Gäste.

Er lobte die immerwährende ideelle und finanzielle Fürsorge des Landesfürsten, die der Universität eine gedeihliche Entwicklung ermöglichte. So konnte man zum Wohle der Universität und damit des Landes neue Lehrstühle einrichten. Hofrat Gärtner wies besonders auf die hohe Anerkennung hin, die nicht wenigen Jenaer Professoren in Deutschland und Europa zuteil wurde. Er vergaß auch nicht zu erwähnen, wie segensreich sich die Zusammenarbeit mit der örtlichen Industrie entwickelte. Hier fielen unter anderem die Namen Abbe, Zeiss und Schott.

Nur am Anfang vermochte Frege den Lobreden des Prorektors und der anderen Gastredner zu folgen. Seine Gedanken schweiften bald ab, waren wieder bei den ›Grundgesetzen‹. Nach der Festveranstaltung waren ungezwungene Begegnungen bei Speisen und Getränken vorgesehen. Frege ging jedoch zusammen mit Hirzel zurück. Es ergab sich ein eher belangloses, aber aufmunterndes Gespräch.

Zu Hause warteten Margarete und Auguste mit dem Mittagessen. Sie hatten geahnt, dass Gottlob es nicht lange bei der Feier aushalten würde. Die Frauen fragten nach seinen Eindrücken. Gottlob berichtete. Es war zwecklos, sich dem Wunsch der beiden zu verschließen. Danach gönnte er sich einen kurzen Nachmittagsschlaf, um anschließend wieder frisch an die Arbeit zu gehen.

***

Noch im Sommer 1893 entschloss sich Frege, die bereits vorliegenden Ergebnisse der ›Grundgesetze‹ auf eigene Rechnung im Jenaer Verlag Hermann Pohle zu veröffentlichen. Pohle wollte wie andere Verleger nicht in Vorkasse gehen, weil er den geringen Absatz dieser Schrift fürchtete. Dennoch empfand Frege die Ver-

Abbildung 9-5   Verlagshaus von Hermann Pohle in Jena

lagswahl als glückliche Fügung. Er hatte schon seine Habilitationsschrift 1874 dort drucken lassen, damals noch unter der Leitung von Friedrich Frommann. Die Umsetzung seiner mathematischen Formeln im Druck war eine echte Herausforderung gewesen.

Frege wusste einiges über die lange Verlagsgeschichte. Fast ein Jahrhundert vorher, im Jahre 1798, war der Verleger Carl Frommann nach Jena gekommen, um in der Nähe der Philosophen und Literaten tätig zu werden. Das Frommannsche Haus am Fürstengraben entwickelte sich schnell zum Treffpunkt damaliger Geistesgrößen. Der damit verbundene unternehmerische Erfolg setzte sich auch in den nachfolgenden Generationen fort. Aber die Zeiten änderten sich. Nach dem Tod von Eduard Frommann im Jahre 1881 konnte Hermann Pohle die Buchdruckerei mit dem Verlag erwerben. Seit Sommer 1887 besaß die Firma in der Weimar-Geraer-Bahnhofsstraße Nr. 6 ein neues repräsentatives Geschäftshaus. Verlag und Druckerei hatten sich durch Pohles Geschick inzwischen zu einem modernen Unternehmen entwickelt.

Als Gottlob Frege Band I der ›Grundgesetze‹ dann endlich in der Hand hielt, konnte er seine Genugtuung nicht verbergen. (Frege, 1893) Ein weiterer großer Schritt seines kühnen Projektes war vollzogen. Im Vorwort stand zu Beginn:

»*Man findet in diesem Buche Lehrsätze, auf denen die Arithmetik beruht, mit Zeichen bewiesen, deren Ganzes ich Begriffsschrift nenne.*« (Frege, 1893, S. V, Vorwort)

Abbildung 9-6 Titelblatt der ›Grundgesetze der Arithmetik‹. I. Band

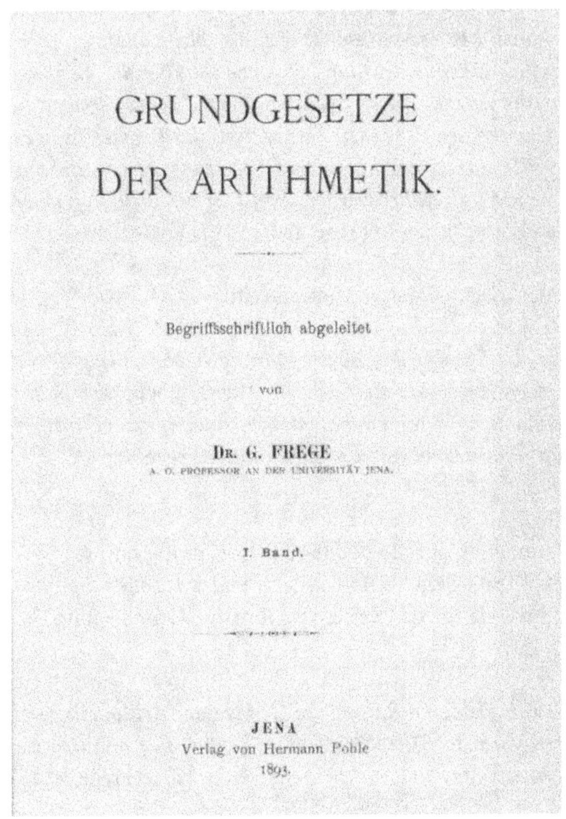

Frege betonte aber zugleich:

> *»Es muss hierbei Sätze geben, die nicht aus andern abgeleitet werden. Solche sind theils die Grundgesetze, die ich im § 47 zusammengestellt habe, theils die Definitionen, die man am Ende in einer Tafel vereinigt findet...«* (Frege, 1893, S. VI, Vorwort)

Schließlich fasste Frege sein Vorgehen noch einmal allgemein zusammen:

> *»Das Ideal einer streng wissenschaftlichen Methode der Mathematik, das ich hier zu verwirklichen gestrebt habe, und das wohl nach Euklid benannt werden*

könnte, möchte ich so schildern. Dass Alles bewiesen werde, kann zwar nicht verlangt werden, weil es unmöglich ist; aber man kann fordern, dass alle Sätze, die man braucht, ohne sie zu beweisen, ausdrücklich als solche ausgesprochen werden, damit man deutlich erkenne, worauf der ganze Bau beruhe. Es muss danach gestrebt werden, die Anzahl dieser Urgesetze möglichst zu verringern, indem man Alles beweist, was beweisbar ist. Ferner, und darin gehe ich über Euklid hinaus, verlange ich, dass alle Schluss- und Folgerungsweisen, die zur Anwendung kommen, vorher aufgeführt werden. Sonst ist die Erfüllung jener ersten Forderung nicht sicher zu stellen.« (Frege, 1893, S. VI, Vorwort)

Dabei ging Frege auch auf den Nachteil dieser Methode ein:

»*Die Anforderungen an die Strenge der Beweisführung haben eine grössere Länge zur unausweichlichen Folge. Wer dies nicht im Auge hat, wird sich in der That wundern, wie umständlich hier oft ein Satz bewiesen wird, den er in einer einzigen Erkenntnissthat unmittelbar einzusehen glaubt.*« (Frege, 1893, S. VII, Vorwort)

Frege verwies hierzu unter anderem auf die populäre Schrift des bekannten Mathematikers Richard Dedekind mit dem Titel ›*Was sind und was sollen die Zahlen?*‹. (Dedekind, 1893) Er hielt sie für das Beste, was ihm zur Grundlegung der Arithmetik bisher bekannt war:

»*Sie verfolgt auf einem weit kleineren Raume die Gesetze der Arithmetik weit höher hinauf, als es hier geschieht. Diese Kürze wird freilich nur dadurch erreicht, dass Vieles überhaupt nicht eigentlich bewiesen wird.*« (Frege, 1893, S. VIII, Vowort)

Auch gegen andere Begründungsversuche der Arithmetik polemisierte Frege, wie er es ähnlich schon in den ›Grundlagen‹ getan hatte. Am Ende war er von seiner Großtat überzeugt, auch wenn er ein Versagen nicht völlig ausschloss:

»*Und nur das würde ich als Widerlegung anerkennen können, wenn jemand durch die That zeigte, dass auf andern Grundüberlegungen ein besseres, haltbareres Gebäude errichtet werden könnte, oder wenn mir jemand nachwiese, dass meine Grundsätze zu offensichtlich falschen Folgesätzen führten. Aber das wird Keinem gelingen.*« (Frege, 1893, S. XXVI, Vorwort)

Dann folgten auf knapp 300 Seiten wichtige Begriffe, deren Erläuterungen und Definitionen sowie Herleitungen von Grundgesetzen der Arithmetik aus logi-

Abbildung 9-7 Frege im Verzeichnis von Vorlesungen

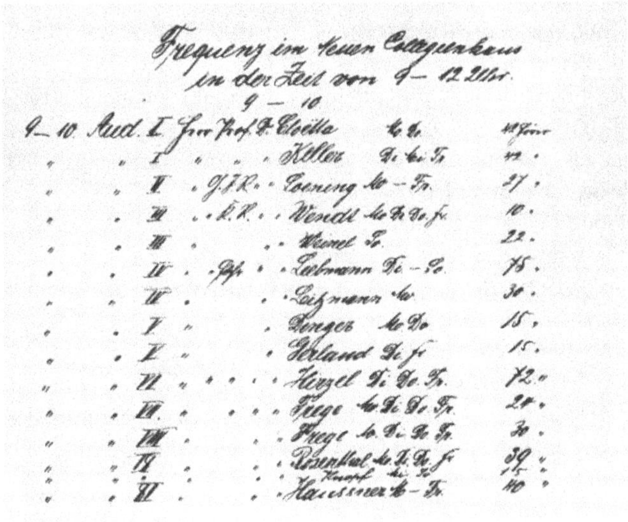
Frequenz im neuen Collegienhaus
in der Zeit von 9–12 Uhr.
9 – 10

9–10 Aud. I	Herr Prof. Dr. Cloetta			40 Hörer
" I	" "	Keller		44 "
" V	"	Gaenerg		27 "
"	"	Wendt		10 "
"	"	Weinel		22 "
"	"	Liebmann		75 "
"	"	Leitzmann		30 "
"	"	Berger		15 "
"	"	Haland		15 "
"	"	Herzel		72 "
"	"	Frege		24 "
"	"	Frege		30 "
"	"	Rosenthal		39 "
"	"	Knopf		15 "
"	"	Haussner		40 "

schen Gesetzen. Dabei wurden Formelfolgen ab und zu von erläuterndem Text unterbrochen. Alles, was jetzt noch fehlte, und das waren wesentliche Punkte, sollte im zweiten Teil der ›Grundgesetze‹ erscheinen.

Margarete bestärkte ihren Mann in seinem Streben. Sie spürte bereits ihre Verantwortung für das Gelingen des Werkes, an dem auch Gottlobs Lebensglück hing. Natürlich konnte sie kaum verstehen, was ihn bei seiner wissenschaftlichen Arbeit bewegte.

Mutter Auguste hatte es längst aufgegeben, Gottlob nach seinen wissenschaftlichen Untersuchungen zu befragen. Zum Ausgleich von der oft eintönigen Hausarbeit führte Auguste ihre Schwiegertochter in die Jenenser Gesellschaft ein. Margarete war dafür dankbar. Eine geistvolle Welt erschloss sich für sie. Bald hatte sie ihre neue Rolle angenommen.

Anmerkungen zu Kapitel 9

1   Stadtbauamt Jena, Aktenzeichen 21/53 Jena, Grundstück: Forstweg Nr. 29 (damals Nr. 10). Zitiert in (Kreiser, 2001, S. 490).

2   Der Gemeinderat hatte sie auf Drängen einiger Anwohner gerade in Kasernenstraße umbenannt.

3   Das Collegienhaus war von 1861 bis 1908 das zentrale Vorlesungs- und Hauptgebäude der Universität Jena.

4   Google: Adressbücher Thüringer Städte: Jena – Jportal. Adressbuch der Residenz- und Universitäts-Stadt Jena. – Zeitraum 1862–1920.

5   Siehe Brief vom 18. 7. 1828, den Johann Wolfgang von Goethe an den Weimarer Kammerherrn Friedrich August von Beulwitz schickte.

6   Hochdeutsch: Ab und an redeten sie auch plattdeutsch.

7   Siehe Anmerkung 4, Jportal. Adressbuch Jena 1862–1920.

8   Zunächst war der Sohn von Carl Zeiss, Roderich Zeiss, Miteigentümer der Firma, dann stiller Teilhaber, und erst im Mai 1891 wurde er ausgezahlt.

9   Siehe (Bast, Schlüter, & Thissen, 2017, S. 83–84).

10 Siehe (Kronecker, Ueber den Zahlbegriff, 1887a) und die umgearbeitete und erweiterte Fassung (Kronecker, Ueber den Zahlbegriff, 1887b).

11 In (Frege, 1893, S. VIII Vorwort, sinngemäß).

12 Siehe (Richter, 1902, S. 8). Zitiert in (Heblack, 1997, S. 52).

13 Siehe (Frege, Function und Begriff, 1891). Nachdrucke z. B. in (Frege, Funktion, Begriff, Bedeutung, 1962, 2008) und (Frege, Zwei Schriften zur Arithmetik, 1999).

14 Siehe (Frege, Ueber Sinn und Bedeutung, 1892) und (Frege, Ueber Begriff und Gegenstand, 1892), Nachdrucke in (Frege, Funktion, Begriff, Bedeutung, 1962, 2008).

15 Siehe (Frege, Ueber Begriff und Gegenstand, 1892), zur Quadratwurzel vergleiche S. 199.

16 Siehe z. B. (Frege, 1964, 2020).

17 Siehe (Auerbach, 1918, S. 163 f.) oder auch (Stelzner, 1997, S. 28).

18 Siehe (Sachse, 1892), Gedicht zu Bismarck in Jena, S. 215 f., Verse 8–10. Zitiert in (Heblack, 1997, S. 50–51).

19 Carl Alexander war seit 8. 7. 1853 Großherzog von Sachsen-Weimar-Eisenach. Er regierte bis 1901. Siehe (Stelzner, 1996, S. 15), elektronische Quelle unter http://gottlob-frege.bplaced.net/ oder siehe Wikipedia.

In diesen Jahren gab es bedeutsame Entwicklungen in der Mathematik, die auch Gottlob Frege beeinflussten. Bereits 1891, auf der 64. Versammlung Deutscher Naturforscher und Ärzte in Halle an der Saale hatten die Mathematiker beschlossen, ihre Fachsektion auszugliedern und die ›Deutsche Mathematiker-Vereinigung‹ (DMV) zu gründen. Die Mathematik war inzwischen so weit entwickelt und verzweigt, dass eine eigene Interessenvertretung sinnvoll erschien. Man würde aber weiterhin zusammen mit den Naturforschern und Ärzten tagen. Frege sollte vier Jahre später mit der ›Deutschen Mathematiker-Vereinigung‹ in Berührung kommen.

Als erster Vorsitzender wurde der Hallesche Mathematikprofessor Georg Cantor gewählt, der sich besonders stark für die Selbstständigkeit der Mathematiker eingesetzt hatte. Zudem wurden seine Beiträge zur Begründung und Entwicklung der Mengenlehre inzwischen allgemein gewürdigt.[1] Das versprach eine weitere Aufwertung der Vereinigung.

Cantor lehnte Freges logische Einführung der Zahlen allerdings ab. Er wollte sie besser aus der Mathematik heraus als Allgemeinbegriff endlicher Mengen mit der gleichen Anzahl von Elementen verstanden wissen. Denn inzwischen war die Arithmetik als Basistheorie der Mathematik von der Mengenlehre abgelöst worden.

Bis auf die verschiedenen Sichtweisen entsprach Freges ›Anzahl‹ dem, was Cantor eine endliche ›Kardinalzahl‹ nannte. Cantor war aber so vermessen, sogar eine Reihung unendlich großer Kardinalzahlen zu definieren, Stufen immer neuer Mächtigkeiten von Mengen, die jede Vorstellungskraft zu sprengen schienen. Zudem maß er diesen »Ungeheuern« noch die gleiche Realität zu wie den anderen mathematischen Objekten. Das stieß zunächst auf weitgehendes Unverständnis bei vielen Fachkollegen. Auch regelrechte Anfeindungen waren dabei. Wie sollte man sich denn vorstellen, dass eine Gerade und eine Ebene gleichviele Punkte enthalten. Das wäre doch ein Irrsinn!

Allerdings hatte auch Frege in seiner Logik mit den Gegenständen eine unüberschaubare Vielfalt vor sich. Denn dazu zählten alle Umfänge von Begriffen beliebiger Stufe!

Einer von Cantors ehemaligen Lehrern, Leopold Kronecker, Professor an der Universität Berlin, befasste sich ebenfalls mit dem Zahlbegriff.[2] Für ihn war Cantors Mengenreich absurd, ein Irrgarten voller Gefahren. Er sagte klipp und klar: *»Die natürlichen Zahlen hat der liebe Gott gemacht. Alles andere ist Menschenwerk.«*[3]

Damit wollte Kronecker unter anderem zum Ausdruck bringen, dass die natürlichen Zahlen keiner weiteren Begründung bedürfen. Darüber hinaus forderte er, dass alle mathematischen Objekte in endlich vielen Schritten konstruierbar sein müssen, was schon die meisten reellen Zahlen ausschloss.

Sein Schüler Cantor sah in dieser Forderung jedoch eine unzulässige Beschränkung mathematischer Forschung, denn *»...das Wesen der Mathematik liegt gerade in ihrer Freiheit«*. (Cantor, 1932, S. 182)

Frege hingegen wollte den von Kronecker bemühten Gott durch die Logik ersetzen. Außerdem ging es ihm um Präzision, die auch bekannte Mathematiker vermissen ließen. Um 1894 schrieb er in einem Brief an Giuseppe Peano, dass ein Gegenstand zum Begriff, unter den er fällt, in einer anderen Beziehung steht als ein Begriff zu einem übergeordneten Begriff. »Dieser Unterschied wird von manchen Schriftstellern übersehen, so auch von Herrn Dedekind in seiner Schrift« über die Zahlen. (Dedekind, 1893)[4]

Erläuterung: Gegenstand – Begriff, Unterbegriff – Begriff, Begriffshierarchie

Nach Frege sind *Gegenstand* und *Begriff* streng zu unterscheiden. So fällt die Zahl 8 als Gegenstand *unter* den Begriff ›Zahl‹, während der Begriff ›gerade Zahl‹ ein Unterbegriff des Begriffes ›Zahl‹ ist. Andererseits ist ›Zahl‹ ein Oberbegriff zu ›gerade Zahl‹. In der Mengenlehre entspricht dem der Unterschied zwischen den Beziehungen ›Element von‹ (›$\in$‹) und ›Teilmenge von‹ (›$\subset$‹).

Außerdem gibt es bei Frege noch Begriffe von Begriffen, also *Begriffe höherer Ordnung bzw. Stufe.*

Der Begriff ›Funktion‹ fällt z.B. in die Begriffe ›Integral einer Funktion‹ oder ›Ableitung einer Funktion‹, wo die Begriffe sich selbst wieder auf einen Begriff beziehen.[5]

*

»Margarete«, sagte Gottlob im Frühsommer 1895, »ich habe die Gelegenheit, im September bei den Mathematikern auf der Versammlung Deutscher Naturforscher und Ärzte einen Vortrag zu halten.«

»Oh, wie schön, da kommst du mal aus deinem Arbeitszimmer heraus und lernst einflussreiche Kollegen persönlich kennen!«

Frege war an Tagungen oder Kongressen wenig interessiert. Bei derartigen Zusammenkünften ging es oft nur um die Pflege von Kontakten. Diesmal war er aber nicht abgeneigt und erklärte: »Die Versammlung findet in Lübeck statt.«

»In Lübeck?«, fragte Margarete erfreut, »da war ich schon. Die Altstadt mit ihren hanseatischen Bürgerhäusern gefiel mir. Außerdem könnten wir doch unsere Familien in Grevesmühlen und Wismar besuchen.«

»Ja, das habe ich auch gedacht.« So kam es, dass sie einige Wochen später mit der Eisenbahn in den Norden fuhren. Während Margarete im Zugabteil von den dahingleitenden Landschaften gar nicht genug bekommen konnte, prüfte Gottlob noch einmal sein Redemanuskript. Er wollte in Lübeck über die neue Symbolschrift ›Notations de logique mathématique‹ des Italieners Giuseppe Peano vortragen (Peano, 1894), der auch Freges Band I der ›Grundgesetze der Arithmetik‹ in einer Rezension besprach. (Peano, 1895, 1971)

Zugleich konnte er die Gelegenheit nutzen, um seine eigene Begriffsschrift zu erläutern, die es nun schon seit 16 Jahren gab. Da musste jedes Wort, jede Formel stimmen, um keine unnötigen Angriffsflächen zu bieten.

Frege scheute Auseinandersetzungen eigentlich nicht, doch inzwischen setzten ihm die immer gleichen Attacken einiger Widersacher zu. Würde er Peano in Lübeck begegnen? Frege hatte ihm vor einem Jahr ja einen Brief geschrieben. Darin machte er ihn auf den Unterschied im Verhältnis von Gegenstand – Begriff sowie Unterbegriff – Begriff aufmerksam, der in dessen ›Notations‹ nicht erkennbar wurde. Darüber könnte man sprechen.[6]

Die Eröffnungssitzung der Naturforscher- und Ärzteversammlung war am Montag, dem 16. September 1895, um 11 Uhr vorgesehen. Frege hielt es für angemessen, daran teilzunehmen. Zudem wies das Programm bereits ab 16 Uhr zwei mathematische Vorträge aus. Einer der Vorträge wurde von David Hilbert aus Göttingen über die Zahlentheorie gehalten. Den wollte sich Frege nicht entgehen lassen. Freges Vortrag selbst war in der Abteilung für Mathematik und Astronomie auf Dienstag, den 17. September 1895, nachmittags festgesetzt worden.[7]

So reisten Gottlob und Margarete Frege schon am Sonntag mit dem Zug an. Sie begaben sich vom Bahnhof aus zu ihrem Quartier und machten danach einen schönen Spaziergang durch die Innenstadt.

Am Montagmorgen verabschiedete sich Gottlob von seiner Frau. Sie würde später in der Stadt einkaufen. Nicht nur das berühmte Lübecker Marzipan lockte, auch ein neues Kleidungsstück ließ sich sicher finden.

Gottlob war froh, dass ihm das erspart blieb. Er trat auf die Straße und holte tief Luft. Ich will die große Hansestadt erneut auf mich wirken lassen, sagte er sich. Bald stand er vor dem ehrwürdigen Holstentor. Über dem Eingang war zu lesen:

CONCORDIA DOMI FORIS PAX

Frege experimentierte: Vielleicht könnte man in freier Übersetzung daraus eine logische Bedingtheit herleiten? Also:

Wenn es im Hause Eintracht gibt, so wird in der Welt Friede sein.

Das klang vernünftig, aber ist es stets zu bejahen? Wohl eher nicht, dachte er noch und stellte fest: Es ist nur eine uralte Weisheit, die oft, aber ohne zusätzliche Bedingungen nicht immer zutrifft.

An der Petrikirche vorbei gelangte er schließlich in die Mühlenstraße. Wie imponierend waren doch diese schönen Giebelhäuser. Schließlich saß er in einer festlich geschmückten Turnhalle unter den zahlreichen honorigen Teilnehmern der Versammlung.

Senator Dr. Brehmer begann mit der Begrüßungsrede. Etwas zu lang, dachte Frege, hatte aber nichts dagegen, dass man eine Depesche an Seine Majestät den Kaiser mit einer ehrfurchtsvollen Huldigung abschicken wollte. Sicher würde der Kaiser antworten lassen. Es folgten der Bürgermeister, weitere lange Reden, dann zwei wissenschaftliche Vorträge, die Frege auch wenig interessierten. Dieses stundenlange Ausharren war seine Sache nicht. Es zog ihn immer nur dorthin, wo es für ihn fachlich oder philosophisch anregend wurde. Erst gegen 15 Uhr war die Eröffnungssitzung beendet. Frege war erleichtert.

Die Mathematiker tagten in der benachbarten Domschule. David Hilbert und dessen Freund Hermann Minkowski, die beide aus Königsberg stammten, trugen über den aktuellen Stand der Zahlentheorie vor. (Hilbert, 1897) Frege konnte nichts Entscheidendes für sich gewinnen. Danach sollte es ab 19 Uhr mit einem geselligen Abend im ›Tivoli‹ weitergehen.

Frege fuhr lieber mit Margarete nach Grevesmühlen. Sie wurden dort zum Abendbrot erwartet.

*

Am folgenden Tag, dem 17. September 1895, kam Gottlob allein nach Lübeck. Margarete genoss indessen den Aufenthalt im Elternhaus.

Freges Vortrag ›Über die Begriffsschrift des Herrn Peano und meine eigene‹ begann pünktlich um 16 Uhr.[8] Immerhin nahmen 43 Zuhörer daran teil. Peano war nicht darunter. Frege erläuterte mit Beispielen an der Tafel die Unterschiede zwischen seiner und Peanos Begriffsschrift und legte dar, warum dessen Logik einem anderen Zweck diente und seinen eigenen Ansprüchen nicht genügen konnte. Frege verwies hier auf Peanos Besprechung des ersten Bandes seiner ›Grundgesetze‹. (Peano, 1895, 1971) Während er die der Wortsprache anhaftenden Mängel durch logische Schärfe begegne, gehe es Herrn Peano vor allem um stenografische Kürze der mathematischen Ausdrucksweise durch Einführung neuer Zeichen in der üblichen linearen Anordnung.

»Meine Bedenken habe ich Herrn Peano in einem Brief mitgeteilt.« Er schrieb nun einige Stellen aus Peanos ›Notations‹ an die Tafel und kommentierte sie. Wieder zu den Hörern gewandt bemerkte er: »Daneben versteht wie schon Ernst Schröder auch Giuseppe Peano nicht, was ich mit *partikulär* bejahenden Urteilen meine.«

Er ging näher auf ein solches Urteil von der Form ›einige Gegenstände G fallen unter den Begriff F‹ ein. Die G gehören dabei nur *teilweise* zu F.

»Peano verkennt zudem die notwendige Unterscheidung von ›Sinn‹ und ›Bedeutung‹ in Sätzen. Hier will ich nur auf meine diesbezügliche Schrift in der ›Zeitschrift für Philosophie und philosophische Kritik‹ verweisen.« (Frege, 1892) Danach drehte er sich wieder zur Tafel und erläuterte an Beispielen die Vorteile der zweifachen Ausdehnung seiner Begriffsschrift. Auch wenn er wenig Zuspruch dazu erwartete, das schien ihm doch die bessere Schreibweise zu sein. Pünktlich kam er zum Ende seines Vortrags.

Der Versammlungsleiter dankte im Namen der Zuhörer und erbat Fragen oder Bemerkungen. Frege war enttäuscht, als es keinerlei Reaktion gab. Etwas irritiert trat er ab und beeilte sich, wieder Platz zu nehmen. Der nächste Vortrag wurde aufgerufen. Vier weitere Mathematiker sprachen an diesem Nachmittag. Teilweise kam es zu angeregten Wortwechseln, die der Versammlungsleiter aus Zeitgründen abbrechen musste. Insgesamt gab es 20 mathematische Vorträge in Lübeck.

Frege interessierte sich nicht sehr für die aus seiner Sicht eher abgelegenen Themen der anderen, hörte sich die Vorträge jedoch anstandshalber an. Teilweise glitten seine Gedanken ab, und er schrieb sich etwas auf, um später darüber nachzudenken. Er fühlte sich eher als Randfigur in dieser Gesellschaft eloquenter und miteinander gut bekannter Mathematiker.

Überraschend kam in einer Pause ein Gespräch mit David Hilbert zustande, der im selben Jahr einen Lehrstuhl in Göttingen erhielt. Dieser sprach Frege an und erzählte ihm, dass er 1885 in Königsberg auf einem Kolloquium über die ›Grundlagen der Arithmetik‹ berichtet hätte.[9] Frege war natürlich erfreut. Sie tauschten sich danach über die Rolle von Symbolen in der Mathematik aus. Hilbert erklärte: »Wie ich erfuhr, messen Sie in Ihrer ›Begriffsschrift‹ der Festlegung geeigneter Symbole einen großen Wert bei. Ist es nicht besser, den ganzen Formelwust in Worte zu fassen? Das erhöht doch die Verständlichkeit.«

Frege antwortete: »Aus meiner Sicht wird dort, wo man die Gedanken in Symbolen ausdrücken kann, alles kürzer, übersichtlicher und genauer.«

»Das mag zum Teil stimmen. Aber verführt die Symbolik nicht zu einem rein mechanischen und damit gedankenlosen Arbeiten?«, fragte nun Hilbert. Darauf erwiderte Frege: »Die Gefahr besteht, und zwar deutlich eher als in der Wortsprache. Aber man kann in Symbolen durchaus denken. Das hat der große Leibniz in seinem Differenzialkalkül eindrucksvoll demonstriert. Mechanisches Arbeiten kann hilfreich sein, um die Denkvorgänge abzukürzen und damit zu beschleunigen. Voraussetzung ist allerdings, dass man vorher die Korrektheit der formalen Schlüsse geprüft hat.«

Es folgten noch einige Wortwechsel. Beide waren sich durchaus nicht überall einig. Der Zeitplan der Versammlung stand aber einem längeren Austausch vor Ort im Wege, zumal Hilbert als eine der herausragenden Personen der Tagung von vielen angesprochen wurde. Es bestand weiterer Klärungsbedarf.

Als Frege wieder zurück in Jena war, verfasste er daher am 1. Oktober 1895 einen Brief an Hilbert, in welchem er seinen Standpunkt ausführlicher erläuterte.[10]

Hilbert bedankte sich höflich in der kurzen Antwort vom 4. Oktober an den ›hochgeehrten Herrn Kollegen‹ und versprach, in Göttingen in seinem mathematischen Kreis eine öffentliche Diskussion über den Inhalt des Briefes zu führen. Er schloss mit den Worten:

> *»Ich glaube, dass Ihre Meinung über das Wesen und den Zweck der Symbolik in der Mathematik genau das Richtige trifft. Besonders stimme ich darin bei, dass die Symbolik erst das Spätere sein und einem Bedürfnis entsprechen muss, woraus dann natürlich folgt, dass derjenige, welcher eine Symbolik schaffen oder ausbilden will, vor allem jene Bedürfnisse zu studiren hat.«*[11]

Frege hörte später nichts mehr von ihm, ein Zeichen dafür, dass auch Hilbert kein großes Interesse hatte, seine Auffassungen gegenüber Frege verteidigen zu müssen, der ohnehin als schwierig und hartnäckig bekannt war. Zudem hatte Hilbert neben vielen wissenschaftlichen Verpflichtungen vor, die Konzeption des Formalismus, des Verzichts auf konkrete Inhalte, weiter voranzubringen. Allerdings wurde im Kreise Hilberts sehr wohl über Freges Ansatz und seine Schriften diskutiert.

Frege beschloss trotz der geringen Resonanz in Lübeck, seinen Vortrag bei der ›Königlich Sächsischen Gesellschaft der Wissenschaften zu Leipzig‹ einzureichen. Dieser wurde auch erfreulicherweise vom Mathematiker Adolph Mayer in der Mathematisch-Physischen Klasse ein knappes Jahr später, am 6. Juli 1896, verlesen. (Frege, 1897b, 1967)

Selbst vortragen wollte Frege in Leipzig nicht. Zwischen den Leipziger Freges, dem ›Bankhaus Frege & Co.‹, und den Freges in Wismar bestanden Spannungen. Sie rührten daher, dass sich die Wismarer Seite um ihren Anteil am Bankhaus in Leipzig betrogen fühlte.[12]

Noch eine weitere Verbindung bahnte sich 1895 in Lübeck an. Auf der Tagung der Deutschen Mathematiker-Vereinigung wurde August Gutzmer aus Halle an der Saale zum Schriftführer und Kassenwart gewählt. Im Jahre 1899 wechselte Gutzmer als außerordentlicher Professor nach Jena und wurde ein Kollege Freges.

*

Sicherlich werden auch meine ›Grundgesetze der Arithmetik‹ keinen großen Anklang in der Gelehrtenwelt finden, sagte sich Frege. Aber sie müssen doch geschrieben werden. Er hatte sich in Teil I darauf beschränkt, den Begriff der ›Anzahl‹ zu erläutern und zu definieren. Auf diese Weise ging es nur um die natürlichen Zahlen. So hoffte er, Einwände zu reduzieren und ihnen besser begegnen zu können. Das auf Teil I folgende Programm der Arithmetik mit dem Übergang zu den viel umfangreicheren reellen und komplexen Zahlen würde ihm noch viel abverlangen. Allerdings hatte er die entscheidenden Passagen schon vorbereitet. Hier kam er mit seiner ›Anzahl‹ nicht weiter. Er musste neue Inhalte logisch neu fassen.

Wer Gründe zur Attacke sucht, der findet sie. So wurde ihm von Reinhold Hoppe 1895 im ›Archiv der Mathematik und Physik‹ gerade das zum Vorwurf gemacht, was Frege als taktischen Vorteil gesehen hatte: »Was dann von Arithmetik übrigbleibt, ist das Zählen.« (Hoppe, 1895) Eine dumme Fehleinschätzung seines Anliegens.

Hoppe, er hatte schon andere Schriften Freges kritisch beurteilt, sah wenig Sinn in einer Grundlegung mit einem System von logischen Gesetzen. Schließlich war allgemeiner Konsens, dass einfache und schlüssige Theorien dem Schönheitsideal am besten entsprachen.

*

Es war ein kalter, später Abend im Januar 1896, als Gottlob Frege sich auf dem Heimweg befand. Wieder hatte er eine Sitzung der ›Gesellschaft für Medicin und Naturwissenschaft‹ besucht, deren Mitglied er schon seit 1874 war.[13] Die Gesellschaft kam alle 14 Tage am Freitagabend zusammen, Frege selbst hatte dort im Laufe der Jahre schon sieben Vorträge gehalten. Für die traditionelle Nachsitzung im ›Deutschen Haus‹ entschuldigte er sich. Er wollte gleich Margarete berichten, was er von Ernst Haeckel gehört hatte. Sie war gewiss noch auf.

Frege kannte Haeckel schon aus seinen Studienzeiten. Dieser fand nicht überall Zustimmung. In Jena war es besonders der Superintendent August Heinrich Braasch, Oberpfarrer an der Stadtkirche St. Michael, der ihm in Predigten und Schriften offenbar schwer zusetzte. Für Braasch waren Haeckel und seine Anhänger vom christlichen Glauben abgefallen und stellten daher eine Gefahr für das Wohl der Gesellschaft dar.[14]

Frege jedoch ließ sich nicht darin beirren, die Wissenschaftler zu respektieren, denen es um das Aufspüren der Wahrheit ging. Ihm war längst klar geworden, dass man bei der wissenschaftlichen Sicht auf die Welt und auch in der Politik unterschiedliche Meinungen haben konnte. Im politischen Bereich ging es allerdings eher um Moral, Ideologie und Interessen als um die reine Wahrheit.

Unter dem Einfluss des revolutionierenden Buches ›Über den Ursprung der Arten durch natürliche Zuchtwahl‹ (Darwin, 1860, 1963) trug Haeckel in Deutschland wesentlich zur Verbreitung der Lehren Darwins bei und begann als Zoologe mit vergleichenden morphologischen Untersuchungen. Sie bewiesen offenbar die

Abbildung 10-1   Ernst Haeckel

Verwandtschaft des Menschen mit den Menschenaffen. Das führte ihn schon bald zu der Annahme, dass es einen gemeinsamen Vorfahren gegeben haben müsste, *Pithecanthropus,* den Affenmenschen. Nun, viele Jahre später, hatte man tatsächlich diesen ›Pithecanthropus‹ gefunden. Ein weiterer Beleg für die Fruchtbarkeit wissenschaftlichen Denkens.

Haeckel traf vor wenigen Wochen in Jena den niederländischen Arzt und Anatom Eugène Dubois, der ganz unter dem Einfluss der Hypothese Haeckels 1887 nach Indonesien aufgebrochen war, um Überreste menschlicher Vorfahren zu suchen.[15]

Haeckel berichtete in seinem Vortrag, dass Dubois dort zunächst als Militärarzt angestellt und dann für seine Grabungen freigestellt wurde. Im Oktober 1891 hatte Dubois das Glück, bei seinen Grabungen auf Java ein ungewöhnliches altertümliches Schädeldach zu entdecken. Der Schädelknochen war etwa so dick wie bei einem Menschenaffen, die daraus abzuleitende Gehirngröße aber zu groß für einen Affen und zu klein für einen Menschen. Ein Jahr später fand Dubois dann noch einen fossilen Oberschenkelknochen. Er kam zu dem Schluss, dass es sich bei diesen Lebewesen um aufrecht gehende Menschenaffen handeln müsse. Dubois nannte diese Gattung, der Anregung Haeckels folgend, *Pithecanthropus erectus.*

»Meine Herren«, verkündete Haeckel in der Sitzung mit großer Geste, »da haben wir es, das vielgesuchte fehlende Glied in der Kette der höchsten Primaten! Dubois fand die Überreste jener ausgestorbenen Mittelgruppe zwischen Mensch und Affe!«

Lebhafter Applaus, alle waren begeistert. Selbst der eher zurückhaltende Frege klatschte eifrig mit. Haeckel fuhr fort: »Ich bringe daher in Vorschlag, Dubois die Ehrendoktorwürde der Universität zu verleihen!«[16]

Das erschien angemessen, die Zuhörer gerieten in Hochstimmung. Für viele war es die Frage aller Fragen, welche Stellung der Mensch in der Natur einnimmt. Nun war von Jena ausgehend erneut etwas Entscheidendes in Bezug auf die Menschwerdung geklärt worden. Man konnte auf Goethe verweisen. Hatte der große Dichter und Forscher nicht in Jena vor über hundert Jahren im Schädel eines menschlichen Fötus den Zwischenkieferknochen gefunden? Dieser Knochen sollte nach Auffassung von Theologen eigentlich nur im Tierreich vorkommen, er sollte doch das Tierreich vom Menschen abtrennen.

Goethe wurde, so wusste Gottlob, nach seiner bedeutsamen Entdeckung in die Leopoldina aufgenommen. Erfreut dachte er daran, dass auch ihm selbst vor einem Jahr, Anfang 1895, die Ehre widerfuhr, Mitglied der ›Kaiserlichen Leopoldinisch-Carolinischen Deutschen Akademie‹ zu werden.[17]

Schon stand er, noch ganz in Gedanken, vor seinem Haus. Margarete empfing ihn und fragte interessiert: »Wie war es denn, mein Lieber? Gab es etwas Besonderes?« Sie kannte einige der etwa 90 Herren auch durch die alljährlichen Feste der Gesellschaft.

»Du kommst heute recht früh. Aber Mutter ist schon zu Bett.«

»Ich habe auf mein Bier verzichtet. Haeckel wusste diesmal wirklich Großes zu verkünden.« Gottlob berichtete von der sensationellen Neuigkeit. Schließlich fügte er noch hinzu: »Dieser Fund auf Java ist für die Entwicklungsgeschichte des Menschen äußerst wichtig!«

»Wieso eigentlich Java?«, wollte Margarete wissen.

»Haeckels Vermutung, dass man Fossilien eher in den Tropen finden könnte, wurde von Dubois aufgegriffen. Dort leben viele Menschenaffen, und die Tropen blieben doch von den zerstörerischen Kräften der Eiszeit verschont.«

»Hattest du mir nicht vor einiger Zeit auch von einem Urmenschen, dem Neandertaler, erzählt?«, fragte Margarete nach.

»Ja, das war bisher umstritten. Aber inzwischen setzt sich wohl die Auffassung durch, dass der Neandertaler auch ein Vorläufer des heutigen Menschen ist. Rudolf Virchow, der bedeutende Pathologe, ist da übrigens anderer Meinung.«[18]

»Warum denn?«

»Er hält den Fund lediglich für einen krankhaft deformierten Schädel«, sagte Gottlob und setzte fort: »Überhaupt Virchow. Der war nämlich der verehrte Lehrer von Haeckel. Doch Virchow war strikt dagegen, dass die Evolutionstheorie an den höheren Schulen gelehrt wurde. Er nannte Haeckel verächtlich ›Affenprofessor‹ und verwies auf mögliche staatsgefährdende Tendenzen, denn die Sozialdemokraten sind glühende Anhänger der Lehren Darwins. Schließlich wurde 1882 in Preußen, auch auf Betreiben kirchlicher Kreise, der Biologieunterricht in den oberen Klassen ganz abgeschafft.«

»Ist Professor Haeckel denn ein Atheist?«, unterbrach ihn Margarete besorgt.

»Nein, das wohl nicht. Für Haeckel ist Gott nichts anderes als das allgemeine Naturgesetz.[19] Ich finde, dass er darin dem Philosophen Hermann Lotze nahe steht, von dem ich dir aus meiner Göttinger Studienzeit schon erzählt habe.[20] Ernst Haeckel betont sogar den hohen ethischen Wert des Christentums.«

Erfreut durch das Interesse seiner Frau holte Gottlob das Buch Darwins aus dem Arbeitszimmer und las ihr daraus den Schlusssatz vor:

>*Es ist wahrlich etwas Erhabenes um die Auffassung, daß der Schöpfer den Keim alles Lebens, das uns umgibt, nur wenigen oder gar nur einer einzigen Form eingehaucht hat und daß während sich unsere Erde nach den Gesetzen der Schwerkraft im Kreise bewegt, aus einem so schlichten Anfang eine unendliche Zahl der schönsten und wunderbarsten Formen entstand und noch weiter entsteht.«* (Darwin, 1860, 1963)

»Oh, Gottlob, das ist irgendwie verwirrend, aber es klingt auch poetisch!«

»Darwin wusste seine Texte durchaus philosophisch zu gestalten. Da ist noch etwas, was mich an Darwin beeindruckt. Haeckel hat ihn dreimal getroffen und dabei erfahren, dass Darwin ein ständiges Unwohlsein plagte. Nur durch strenge Lebensführung konnte er sein Werk vollenden. Er ließ sogar einen 400 Meter langen Weg um sein Wohnhaus anlegen, den er viel und regelmäßig nutzte. Auch Forscher, die ihn aufsuchten, mussten mit ihm auf die Rundstrecke, sie debattierten im Freien und immer in Bewegung.« Margarete lachte: »Ein Wandersmann wie du, nur läuft er im Kreise wie der Mond um unsere Erde!«

»Ja, das ist ein hübscher Vergleich. Obwohl ich beim Denken gelegentlich auch im Hause meine Runden drehe«, gab Gottlob zu bedenken. »Ich habe dir doch schon erzählt, wie sich beim Wandern oft gute Gedanken einstellen. Aber da kann man auch innehalten, was dem Mond eben nicht gelingt!« Er fügte hinzu: »Wollen wir nicht am Sonntag nach Ziegenhain gehen?«

»In der Kälte? Gottlob, ich glaube, das wird mir inzwischen zu viel. Aber noch einmal zu deinem Bericht über Haeckel, wie soll ich nun mit seinen Botschaften umgehen?«

»Margarete, das, was Darwin und Haeckel lehren, hat wissenschaftliches Gewicht. Sie stützen sich auf Tatsachen. Man muss also über einige wissenschaftliche Thesen und dann auch über bestimmte Glaubenssätze neu nachdenken«, war Gottlobs bestimmte Antwort. Er formulierte: »Die Außenwelt verändert sich und mit ihr auch die Wissenschaft und der Glaube.«

»Das beunruhigt mich etwas«, bekannte Margarete. Sie war mit einem schlichten christlichen Glauben aufgewachsen. Doch es war ihr lieb, durch ihren Mann mit dieser bedeutenden akademischen Welt in Jena verbunden zu sein.

Als Frege endlich im Bett lag, ging ihm noch manches durch den Kopf. Er fragte sich, warum Haeckel so viel Anklang fand, während seine Erkenntnisse vielen fremd blieben und eher Spott auslösten. Schon in der Antike sagte man, alles sei im Fluss, in Bewegung. Das stimmte zwar für die Außenwelt, die Welt der Gedanken enthielt jedoch ewige Wahrheiten, die man nur fassen und erfassen musste. Das hätte er Margarete erklären können, aber auch ihr blieben seine wissenschaftlichen Ideen im Wesentlichen verschlossen.

Dann kam ihm vor dem Einschlafen noch etwas Wichtigeres in den Sinn. Einer der Kollegen hatte an diesem Abend eher beiläufig erwähnt, dass sich die philosophische Fakultät einmütig für seine Ernennung zum ordentlichen Honorarprofessor ausgesprochen habe! Der entsprechende Antrag sei bereits an den Prorektor, Professor Rudolf Hirzel, weitergeleitet worden. Frege konnte es kaum glauben: »Sie haben mich lange warten lassen. Aber ob tatsächlich etwas daraus wird?« Er wusste um die verschlungenen Wege der Universität, ihre große finanzielle Abhängigkeit und die vielen Kämpfe um die wenigen gut dotierten Stellen. Wie gut, dass es die Carl-Zeiss-Stiftung gab, die zusätzliche Mittel zur Verfügung stellte. Ernst Abbe war ihm nach wie vor wohlgesonnen.

Einige Wochen später erfuhr Frege, dass Hirzel im Senat über den Antrag zu seiner Ernennung brieflich abstimmen ließ, wohl um eine unnötige und zeitraubende Debatte zu umgehen. Frege hatte unter den Senatoren zwar keine Feinde, doch auch kaum Freunde. Es galt, sich in Geduld zu fassen. Sein Mieter Hirzel blickte ihn manchmal vielsagend an, durfte aber natürlich von Amts wegen nichts verlautbaren lassen.

Ende Mai 1896 fand Margarete dann in der Post einen Brief des Prorektors der Universität.

»Schau doch mal, was ich hier habe!« Gottlob öffnete den Umschlag und verkündete erleichtert: »Margarete, die Ernennung zum Honorarprofessor ist erfolgt! Ich muss nur noch zustimmen!« Nach jahrelanger Lehrtätigkeit war es nun geschehen. Auch die Mutter konnte es kaum fassen. Diesen Tag verbrachten sie zu dritt im Garten. Alles blühte dort so üppig, es waren besonders beglückende Stunden.

Am 27. Mai 1896 erklärte Gottlob Frege in einem Brief:

»Ich nehme die Honorarprofessur gern an, … indem ich zugleich dem hohen Senat meinen tief gefühlten Dank für seinen mich ehrenden Vorschlag ausdrücke.«[21]

Johannes Thomae, der Ordinarius, hatte den Antrag für die Berufung verfasst und es an freundlichen Formulierungen nicht fehlen lassen. Freges Scharfsinn und seine Gewissenhaftigkeit im Amt ständen außer Zweifel. Mit großer Hingabe widme er sich den selbst gewählten Arbeiten über Grundfragen der Mathematik. Auch die international bekannten Mathematiker Dedekind und Peano waren von Thomae angeführt worden, um die Bedeutung von Freges Schriften herauszustellen. Darüber freute sich Frege besonders, als er davon erfuhr.

Thomae hatte geschrieben, dass Richard Dedekind aus Braunschweig in seinem meistgelesenen Buch über die Zahlen Freges Grundgedanken bestätige. Außerdem habe der ausgezeichnete italienische Mathematiker Giuseppe Peano der Begriffsschrift Freges einige Beachtung geschenkt.[22]

Man konnte und wollte Gottlob Frege die Anerkennung nicht versagen. Dass er jetzt auch mit einem deutlich angehobenen Honorar rechnen durfte, verstärkte die Freude sehr.

*

Die wissenschaftlichen Dispute setzten sich fort. Ein Rezensent von Freges Werken, der philosophisch orientierte Pädagoge Carl Theodor Michaelis, äußerte sich im ›Jahrbuch über die Fortschritte der Mathematik‹ 1896 durchaus angemessen über den ersten Band der ›Grundgesetze‹. Der Inhalt wurde ohne merkliche fachliche Beurteilung kurz besprochen. Allerdings kam der Hinweis, dass die eigenwillige Form der Darstellung manchen Leser eher abschrecken würde.

Daneben gab es immerhin noch zwei kleine ausländische Rezensionen. Dem Franzosen Courbe waren die begriffsschriftlichen Passagen zu abstrakt, was auch seines Erachtens den Nutzerkreis stark einschränken dürfte. (Courbe, 1894) Der bedeutende italienische Mathematiker Peano hingegen nutzte 1896 die Gelegenheit, wie schon erwähnt, Freges ›Grundgesetze‹ zu besprechen, um die Vorzüge seines eigenen Logikwerkes ›Notations de logique mathématique‹ herauszustellen (Peano, 1894). Die begriffslogischen Darstellungen Freges hielt er für absonderlich, weil er vermutlich deren fachlichen Inhalt nicht recht verstand. (Peano, 1895, 1971)

*

Gottlob sah mit Wehmut, dass die Kräfte der Mutter allmählich deutlich nachließen. Sie wurde bald 80 Jahre alt. Da musste auch mit ernsthaften Erkrankungen gerechnet werden. Es fiel schwer, dies zur Kenntnis zu nehmen, denn die Mutter hatte sich immer durch Stärke und Zielstrebigkeit ausgezeichnet. Gottlob dachte manchmal an die Zeit, als sie Ende 1878 zu ihm nach Jena kam.

Wie gut hat sie doch für mich gesorgt! Ohne dich, Mütterchen, wäre ich wohl nicht so weit gekommen, ging es ihm durch den Kopf. Auch über seine beruflichen Sorgen konnte er mit ihr reden wie mit kaum jemandem sonst. Andererseits hatte Jena sie selbst immer wieder belebt. So war es für beide ein Gewinn. Acht intensive Jahre hatten sie miteinander verbracht. Dass Auguste Kraft und Willen für den Hausbau hatte, dafür war Gottlob dankbar, aber auch dafür, dass sie ihn behutsam ermutigte zu heiraten.

Gute gemeinsame Jahre zu dritt im Forstweg schlossen sich an. Natürlich betrübte sie alle die Kinderlosigkeit, die sie aber zu akzeptieren lernten. Auch den Hirzels, ihren Mietern, und manch anderen Familien in ihrem Bekanntenkreis waren keine Kinder beschieden. So gewöhnte man sich daran, das Aufwachsen fremder Kinder zu bestaunen.

Neben der zunehmenden Schwäche der Mutter stellten sich auch bei Margarete immer deutlicher Beschwerden ein. Die Frauen versuchten, sich gegenseitig zu stützen. 1896 verschlechterte sich aber der Zustand der Mutter erheblich. Sie musste jetzt intensiv versorgt werden. Es zeigte sich schnell, dass Margaretes und Gottlobs Kräfte dafür nicht ausreichten. Sollte man, vielleicht vorübergehend, für die Betreuung ein Pflegeheim in Anspruch zu nehmen?

»Es wird wohl das Beste sein«, hatte Mutter Auguste nur dazu gesagt. Zum Glück gab es seit einigen Jahren in Jena katholische Ordensschwestern, die ›Barmherzigen Schwestern vom heiligen Vinzenz von Paul‹, die sich durch ihre Opferfreudigkeit einen besonderen Ruf erworben hatten. Es gelang Gottlob Frege, einen Platz in ihrem Pflegeheim zu bekommen, das unlängst in der Carl-Zeiß-Straße 10 eingerichtet wurde.[23] Das Heim lag in der Nähe des Forstweges, war in etwa zehn Minuten erreichbar. Die Aussicht, die Mutter jederzeit besuchen zu können, erleichterte den Entschluss.

Durch die besondere Fürsorge der katholischen Schwestern kam die Mutter in der Folgezeit wieder etwas zu Kräften. Einmal sagte sie zu ihrem Sohn: »Ich will dir noch einen Rat mit auf den Weg geben. Nimm dir die fehlende Anerkennung deiner wissenschaftlichen Leistungen nicht so sehr zu Herzen. Ich sehe, wie du darunter leidest. Dabei hast du viel erreicht, bist behütet und führst doch ein angenehmes Leben. Ernst Abbe ist dein Fürsprecher. Wenn solch ein Mann zu dir steht, dann muss deine Arbeit sehr viel wert sein.« Das Atmen fiel ihr schwer, aber sie setzte fort: »Du weißt, dass du auf dem richtigen Weg bist. Vater wäre sehr stolz auf dich. Wissenschaftlicher Ruhm wird schwer errungen und hat seinen Preis. Es ist doch gar nicht dein Bestreben, auf der großen Bühne zu stehen und Beifall zu bekommen.«

Gottlob entgegnete: »Ja, aber es belastet schon, wenn man sich ständig ungerecht behandelt fühlt. Ich will nicht verhehlen, dass mich das sogar verletzt.« Nach einer kurzen Pause fügte er nachdenklich hinzu: »Damit muss ich offenbar leben.«

Die Mutter richtete sich etwas auf: »Gottlob, ich freue mich, dass ich dich nach Kräften unterstützen konnte. Es erfüllt mich mit Stolz, was du geschaffen hast.« Es klang fast wie eine letzte Botschaft. Sie hatte zeitlebens gespürt, mit welch großen Anstrengungen das Werk ihres Sohnes verbunden war und hätte ihm gerne mehr Zufriedenheit gewünscht.

Gottlob besuchte die Mutter so oft wie möglich, meistens in Begleitung von Margarete. Er war den Ordensschwestern sehr dankbar für ihre Hingabe.

*

Es sollte ein langsamer Abschied werden. Im Sommer 1898 wurde Auguste bettlägerig. Sie konnte sich außerdem nur noch mit Mühe verständlich machen. Gottlob war darüber sehr unglücklich. Er brauchte dringend Erholung und entschloss sich zu einem Urlaub in Brunshaupten an der Ostsee.

Seit 1880 kamen Kur- und Badegäste in diesen Ort. Bereits 1885 wurde das erste Hotel eröffnet. Gottlob logierte in der Villa Vineta, die an der Ecke zwischen Strandstraße und Dünenstraße lag. Der Ort hatte ein nobles Gepräge. Schöne weiße Häuser säumten die Straßen, weitere waren im Bau, wie etwa das Haus »Sanssouci« in der Unteren Strandstraße.[24]

Die einsamen Wanderungen im Küstenwald und am Strand taten ihm gut.

Immer wieder gingen seine Gedanken jedoch nach Jena. Seine Sorgen waren aber unbegründet. Margarete und Mutters Großneffe Dr. Johannes von Lüpke, der zurzeit im Landkreis Greiz in Clodra Pastor war, sowie einige ihrer Bekannten kümmerten sich rührend um die Mutter.

Da erreichte Margarete am 15. September 1898 eine Depesche aus Grevesmühlen. Ihr Vater war verstorben. Schon seit einiger Zeit erkrankt, trat nun schnell das Ende ein. Margarete stand am Fenster, sie blickte hinaus, verharrte in ihrer Gedanken- und Gefühlswelt. Der Vater lebte nicht mehr! Sie hatte es erwartet, war aber tief betroffen. Als sie nach Jena zog, verringerte sich natürlich der Kontakt mit den Eltern sehr. Das Leben hatte es so gefügt. Schließlich begann Margarete, die Gedanken zu ordnen.

Gottlob! Ihn hatte sie als erstes zu benachrichtigen. Er würde sofort aus dem Urlaub zurückkommen. Auch eine Annonce für die Zeitung werde ich aufgeben, entschied sie. Margarete machte sich zurecht und suchte das Postamt auf. Dort formulierte sie eine kurze Nachricht an ihren Mann, die telegrafisch übermittelt werden sollte.

»In welchem Namen wird die Depesche aufgegeben?«, wollte der Beamte wissen.

»Frau Professor Frege«, lautete ihre Antwort. Anschließend ging sie zum Büro der ›Jenaischen Zeitung‹. Den Text für die Annonce hatte sie bereits entworfen, sie reichte ihn herüber. Der Redakteur verlas ihn noch einmal:

»Statt besonderer Mitteilung. ›Allen Freunden und Bekannten teilen wir hiermit tief betrübt mit, dass unser lieber Vater Heinrich Lieseberg gestern in Grevesmühlen nach kurzer Krankheit sanft verschieden ist.‹[25]

Frau Professor, ist es so recht?« Margarete nickte und schluchzte etwas. Auch wenn hier in Jena niemand ihren Vater kannte, sollte diese Annonce doch allen zur Kenntnis geben, dass das Haus Frege nun ein Trauerhaus geworden war. Man würde ihr und ihrem Mann bestimmt mit der gewünschten Zurückhaltung begegnen.

Nachdenklich machte sich Margarete auf den Heimweg. Gottlob würde so schnell wie möglich zurückkehren. Er war sicher damit einverstanden, dass sie die Annonce schon aufgegeben hatte. Die erschien bereits am folgenden Tag. Am Sonntagmorgen, dem 18. September 1898, durfte sie dann endlich ihren Mann umarmen. Nun erfuhr Frege von Margarete auch sogleich vom Zustand seiner Mutter.

»Bei meinen letzten Besuchen ging es ihr zunehmend schlechter, der Schlaganfall, du weißt ja, die Schwestern hatten schon das Schlimmste befürchtet. Aber sie erkennt uns doch noch und wird sich sehr freuen, dich zu sehen.«

Gottlob war dankbar, dass sich seine liebe Frau so gut um die Mutter gekümmert hatte.

Anfang Oktober wurde Augustes Zustand noch kritischer. Herz und Lunge versagten zunehmend, es gab wiederholt Schlaganfälle. Die Wahrnehmungen und Äußerungen der Mutter veränderten sich, wurden immer unklarer.

Als Gottlob Frege am Donnerstag, dem 13. Oktober 1898, gegen 16 Uhr zu ihr kam, versuchte sie mit großer Anstrengung zu sprechen, brachte aber nur einen Ton hervor. Es war, wie sich später herausstellte, der Abschiedston. Stark ergriffen verließ Gottlob die Mutter, um ihr nicht durch seine Gemütsbewegung zusätzlich zu schaden. Der Abschied, vor dem er sich so fürchtete, stand wohl kurz bevor. Er wagte gar nicht, daran zu denken. Die Nacht verbrachte er kaum schlafend, immer wieder von düsteren Dämmerträumen unterbrochen.

Am nächsten Morgen, es war Freitag, der 14. Oktober 1898, ging er in banger Vorahnung gleich zu ihr. Die Mutter konnte selbst den Tee nicht mehr schlucken. Er sah sie mit geschlossenen Augen schwer atmend liegen und verließ sie bekümmert. Mittags, kurz nach 12 Uhr, überbrachte die Oberschwester ihnen die Todesnachricht.

Gottlob und Margarete geleiteten den Sarg um 17 Uhr zur Leichenhalle auf dem Friedhof. Dort sahen sie die Mutter noch ein letztes Mal. Wie tröstlich, dass sie nun ihren ewigen Frieden gefunden hatte. Zwei Tage später wurde Augustes Tod in der ›Jenaischen Zeitung‹ bekanntgegeben.[26]

Zur Beisetzung am 17. Oktober 1898 kam morgens Johannes von Lüpke ins Haus, der die Trauerfeierlichkeiten leiten sollte. Er konnte sie mit seinen einfühlsamen Worten etwas stärken. Im Laufe des Vormittags wurden 23 Kränze bei den Freges abgegeben und um 14 Uhr abgeholt. Etwas später fuhr die Droschke vor, die sie zum Friedhof brachte. Bei der Ankunft war der Sarg schon geschlossen. Der Regen strömte, als würde der Himmel weinen. Gottlob Frege bemerkte Abbes und deren Tochter, Frau Dr. Unrein, dann Fräulein Snell und Fräulein Fortlage, die Töchter der Jenaer Professoren gleichen Namens, Frau Dr. Buchholz, außerdem Professor Kniep, Professor Sachse, den Nachbarn Walterhöfer, Professor Thomae, Professor Linke, Professor Hirzel und Professor Eucken.

Das große und so ansehnliche Gefolge stützte die Freges in dieser schicksalhaften Stunde. Sie nahmen das Mitgefühl der Trauergemeinde dankbar an. Superintendent Braasch hielt die Grabrede. Er hatte sie mit Gottlob und Margarete sorgfältig abgesprochen.[27]

Gottlobs Mutter und Margaretes Vater lebten nun nicht mehr. Die Eheleute Frege trugen in den nächsten Monaten schwer daran. Sie fanden viel Trost aneinander.

Wissenschaftliches Arbeiten war für Gottlob in dieser Zeit kaum möglich, doch natürlich erfüllte er an der Universität seine Pflichten. Ursprünglich hatte er seinen 50. Geburtstag im Kollegenkreis würdig begehen wollen. Aber nun wurde der 8. November 1898 ein eher stiller Tag, den er mit Margarete zu Hause verbrachte. Draußen war es kalt und ungemütlich. Einige Bekannte kamen trotzdem zum Gratulieren vorbei. Bei Kaffee und Kuchen gab es manchen Zuspruch und die leise Hoffnung auf bessere Tage.

Aus der Nachbarschaft wurde den Freges ein kleiner Hund angeboten. Margarete bestärkte Gottlob darin, ihn aufzunehmen. Er würde ein treuer Gefährte auf dessen Spaziergängen und Wanderungen sein.

Anmerkungen zu Kapitel 10

1   Georg Cantor veröffentlichte 6 Beiträge ›Über unendliche lineare Punktmannigfaltigkeiten‹ in der Zeitschrift ›Mathematische Annalen‹ ab Band 15 (1879) bis Band 23 (1884). Ein Nachdruck erfolgte in (Cantor, 1932).

2   (Kronecker, Ueber den Zahlbegriff, 1887a). Eine überarbeitete Fassung ist (Kronecker, Ueber den Zahlbegriff, 1887b).

3   Bekannter Ausspruch Leopold Kroneckers, zitiert nach H. Weber: *Leopold Kronecker.* Jahresbericht der Deutschen Mathematiker-Vereinigung, Band 2, Reimer, 1893, S. 5–31. Zitat auf S. 19.

4   (Frege, 1976, S. 177). Zitiert in (Kreiser, 2001, S. 190).

5   Begriffe zweiter Stufe siehe (Frege, Function und Begriff, 1891, S. 26–27). Siehe außerdem Briefe Gottlob Freges an David Hilbert vom 6.1.1900 und an Heinrich Liebmann vom 25.8.1900. Abgedruckt in (Frege, 1976, S. 73, 150 f.) Zitiert u. a. in (Kreiser, 2001, S. 210–211). Siehe auch (Stepanians, 2001, S. 115–117) zu Beziehungen zwischen Begriffen.

6   Undatierter Brief Gottlob Freges an Giuseppe Peano um 1894. Siehe auch (Kreiser, 2001, S. 190).

7   Siehe Verhandlungen der Gesellschaft Deutscher Naturforscher und Ärzte, 67. Versammlung zu Lübeck vom 16. bis 20. September 1895. Zweiter Teil, erste Hälfte, S. III–IV, Verlag F.C. Vogel, Leipzig 1895. Siehe außerdem Tageblatt der Gesellschaft zur 67. Versammlung zu Lübeck vom 16. bis 17. September 1895.

8   Vortragsthema siehe in (Frege, 1897a) und Vortragsnachdruck in (Frege, Über die Begriffsschrift des Herrn Peano und meine eigene, 1897b, 1967).

9   Angenommene Äußerung Hilberts zu seiner Kenntnis der Schrift ›Die Grundlagen der Arithmetik‹ Freges bei einem belegten Gespräch zwischen Frege und Hilbert auf der 67. Versammlung der Deutschen Naturforscher und Ärzte vom 16. bis 17.9.1895. Nahegelegt durch (Toepell, 1986). Siehe auch (Kreiser, 2001, S. 262).

10 Brief Freges an Hilbert vom 1.10.1895. Nachdruck in (G. Gabriel, 1980, S. 4–5).

11   Brief Hilberts an Frege vom 4.10.1895. Quelle (G. Gabriel, 1980, S. 5–6).
12   Zu den Freges aus Wismar und Leipzig siehe (Kreiser, 2001, S. 53).
13   Zur Mitgliedschaft Freges siehe (Kreiser, 2001, S. 473–474).
14   Thieme, Teresa (Hrsg.): Haeckel backstage in Jena, Band 35 der Reihe »Dokumentation« der Städtischen Museen Jena. 1. Auflage 2019, August Hermann Braasch. Artikel von C. M. Raddatz-Breidbach, S. 29 ff.
15   Die folgenden Inhalte wurden sinngemäß einer Veröffentlichung entnommen, auf die uns Dr. Thomas Bach, Ernst Haeckel-Haus Jena, aufmerksam machte: (Krauß, 2000, S. 76).
16   Der Vorschlag Haeckels, dem Niederländer Eugène Dubois die Ehrendoktorwürde der Universität Jena zu verleihen, erhielt in der Fakultät nicht die erforderliche Dreiviertelmehrheit. Zum Beitrag von Dubois siehe (Krauß, 2000).
17   Zur Mitgliedschaft Freges in der Leopoldina siehe (Kreiser, 2001, S. 469).
18   Siehe: Der Irrtum des Rudolf Virchow. Vor 150 Jahren wurde der Neandertaler entdeckt. Magazin der Deutschen Stiftung Denkmalschutz, November 2006.
19   Siehe Kapitel ›Gott und die Welt‹ in (Haeckel, 1899, 2016, S. 209 ff.)
20   Siehe (Lotze, 1884, S. 76–77).
21   Brief Gottlob Freges an den Prorektor, Professor Wilhelm Müller, und den Senat der Universität Jena vom 27.5.1896. Siehe z. B. (Kreiser, 2001, S. 384).
22   Thomae bezog sich auf das Werk (Dedekind, 1893) und den wissenschaftlichen Austausch zwischen Frege und Peano, u. a. in der ›Rivista di matematica‹. Zum Antrag siehe auch (Kreiser, 2001, S. 378 ff.), Kapitel 5.1.2. Die ordentliche Honorarprofessur.
23   Siehe (Kreiser, 2001, S. 493) und die Schrift »Die Genossenschaft der Barmherzigen Schwestern vom heiligen Vinzenz von Paul, Mutterhaus Fulda« von Prof. Thielemann, 1930, freundlicherweise am 15.2.2023 zugeleitet von Anne Alsheimer, Haus der barm. Schwestern v. hl. Vinzenz v. Paul in Fulda.
24   Der Ort Brunshaupten heißt heute Kühlungsborn (Mecklenburg-Vorpommern). Zu Freges Aufenthalt siehe auch https://ostsee.jetzt/Geschichte.html oder Wikipedia, Kühlungsborn, Geschichte.
25   Bekanntgabe von Heinrich Liesebergs Tod. Jenaische Zeitung vom 17.9.1898. Siehe auch (Kreiser, 2001, S. 492).
26   Bekanntgabe von Auguste Freges Tod. Jenaische Zeitung vom 16.10.1898, siehe (Kreiser, 2001, S. 492).
27   Brief Gottlob Freges zu »Mütterchens letzte Tage und Begräbnis«, mit Genehmigung von Frau Renate Fuhrmann veröffentlicht in (Kreiser, 2001, S. 508–509).

*

»Gottlob, der Haushalt wird mir inzwischen zu viel, wir sollten uns um eine Hilfe bemühen. Können wir nicht eine Annonce aufgeben?«, ließ Margarete ihren Mann am Ende des Jahres 1898 wissen. Es ging ihr oft nicht gut.

»Ja, das wird das Beste sein. Vielleicht haben wir Glück, und es findet sich jemand, der uns zusagt«, antwortete Gottlob. So kam es, dass am 4. Januar 1899 in der ›Jenaischen Zeitung‹ zu lesen war:

›*Zum 1. April 1899 suche ich ein Mädchen mit guten Zeugnissen für Küche und Haus.*
Frau Professor Frege, Forstweg 29‹[1]

Jetzt mussten sie abwarten, ob sich ein geeignetes Fräulein auf die Annonce melden würde. Aber so schnell wurde es nichts. Dabei hatte sich durchaus das eine oder andere Mädchen vorgestellt. Doch vor allem Margarete konnte sich nicht entschließen. Immer hatte sie etwas auszusetzen.

»Wie ist es?«, fragte Gottlob stets, wenn er nach Hause kam, »ist schon eine vertrauenswürdige Person in Aussicht?«

»Nein, Gottlob, wieder nicht«, war Margaretes Antwort. Schließlich meinte sie: »Manchmal denke ich, ob wir nicht an meine Schwestern in Grevesmühlen schreiben sollten. Vielleicht wissen sie eine junge Person, die sich zutrauen würde, hier bei uns in Jena tätig zu werden.«

»Meinst du wirklich? Ein tüchtiges Hausmädchen aus Mecklenburg? Das wäre mir sehr recht. Wir sollten es versuchen.«

Noch im März 1899 stellte sich Meta Arndt aus Mecklenburg vor. Beide Freges waren sofort von ihr angetan. Sie hatte ein gewinnendes Wesen und machte einen tüchtigen Eindruck. Margarete hatte keine Einwände, ihr Mann schon gar nicht. Sie sollten sich nicht getäuscht haben.

»Meta, wie schön Sie den Tisch gedeckt haben«, sagte Gottlob, als er am Ostersonntag das Esszimmer betrat. Welch ein Geschick sie mit ihren 19 Jahren an den Tag legte, und immer war sie gut gelaunt!

Margarete führte sie nach und nach in ihre Aufgaben ein. Natürlich erzählten die beiden auch viel. Gerne hörte Margarete zu, wenn Meta aus ihrer Kindheit berichtete: »Mein Vater hatte eine Wassermühle gepachtet, etwas entfernt von Gorschendorf. Das ist ein Dorf, das am Kummerower See unweit von Malchin liegt. Der Mühlenbach, der am Waldrand zwischen zwei Hügeln hervortrat, lieferte die Kraft zum Mahlen des Korns. Mit dem Plätschern des Wassers bin ich groß geworden, und unser kleines Wohnhaus lag gleich dabei. Leider verstarb mein Vater, als ich erst sieben Jahre alt war. Meine Mutter heiratete erneut, und ihr zweiter Mann setzte den Mühlenbetrieb fort.«

»Mir erging es ähnlich, Meta«, sagte Margarete, »bei mir war es die Mutter, die starb, als ich neun Jahre alt war. Aber wo haben Sie denn das Kochen gelernt und Ihre Kenntnisse in der Hauswirtschaft erworben?«

»Mein Vater kam aus Groß Siemz, einem Dorf in der Nähe von Grevesmühlen. Seine Eltern hatten einen großen Bauernhof mit 50 Hektar Land. Der ältere Sohn, also der Bruder meines Vaters, erbte zunächst den Hof. Als er ihn aber sechs Jahre später verkaufte, erhielten auch mein Vater und seine beiden Stiefschwestern einige Geldmittel.[2] Das ermöglichte es meinem Vater, die Mühle zu pachten. In Sabow, ganz in der Nähe von Groß Siemz, lebte meine Patentante Elisabeth, die ebenfalls solch einen großen Hof besaß.[3] Ich bin dort von Kindheit an viel gewesen und wurde später, wie es üblich war, in alle Arbeiten einbezogen. Jeden Tag mussten viele Leute bekocht und versorgt werden. Die Hauswirtschaft war aufwendig, doch hat es mir immer Freude gemacht. Der Ort Schönberg und die Stadt Grevesmühlen waren nicht weit entfernt. Einkaufen und verschiedene Besorgungen gehörten ebenfalls zu meinen Aufgaben. Vieles wurde auf den Hof gebracht, zum Beispiel Stoffe und Nähgarn. Einer Schneiderin durfte ich einige Wochen zur Hand gehen.« Margarete hörte viel Vertrautes heraus, wenn Meta erzählte.

»Aber nun bin ich hier, Frau Professor, und wenn Sie ab und zu mit mir Plattdüütsch reden, freue ich mich. Es gefällt mir auch sehr, dass ich die beiden schönen Stuben im Dachgeschoss für mich habe. Zu Hause und auf den Bauernhöfen gab es für mich nur kleine Kammern. Das Wohnen in der Stadt ist ganz neu für mich, und die Landschaft in der Umgebung ist so schön. Der Herr Professor ist freundlich und gelehrt. Man merkt gleich, dass er sich mit schwierigen Dingen beschäftigt.«

Abbildung 11-1   Lage von Groß Siemz bei Grevesmühlen

»*Dat hür ick giern, Meta, un man tau, laat uns af un an up Platt snacken. Dat geföllt ok den Proffesser. De vertellt ümmer väl von uns ut Meckelbörg*«, bemerkte Margarete lächelnd.[4]

Wie gut, dass Meta Arndt ihnen jetzt zur Hand ging und vor allem Margarete eine große Hilfe war.

»Lassen Sie mal, Frau Professor, ich mache das schon«, war immer öfter von ihr zu hören. Mit jugendlichem Eifer erledigte sie alle Aufgaben stets zur Zufriedenheit. Gelegentlich half Meta der Frau Professor beim Aufstehen und beim Ankleiden. Es war wirklich ein Segen, sie im Hause zu haben. Wenn der Herr Professor neugierig fragte: »*Meta, wat gift dat hüt to ätten?*«,[5] schien ihr das Herz aufzugehen. Für ihre Herrschaften war sie bereit, alles zu tun. Die schönen hellen Wohnzimmer, der Blick auf das grüne Massiv des Hausbergs und die geräumige Küche hatten ihr sofort gefallen. Es war bestimmt ein Vorzug, bei einem wohlhabenden Professor in Stellung zu sein. Die Arbeit im Garten liebte sie besonders, sie war ihr doch von früher Kindheit vertraut. Meta fand sich in alles hinein, Kochen und Wirtschaften gingen ihr gut von der Hand.

Manchmal lauschte sie, wenn Besuch kam und sich über Dinge unterhalten wurde, von denen sie noch nie etwas gehört hatte. Dass der Herr Professor in seinem Arbeitszimmer Ruhe brauchte, hatte sie schnell erfasst. Bloß nicht stören! Fast auf Zehenspitzen ging sie dann. Wie traurig, dass die Frau Professor so leiden musste. Meta stand ihr aufmerksam zur Seite und war mit ihrem frischen Wesen bald die gute Seele des Hauses.

*

Im Laufe des Jahres 1899 gab Gottlob Frege die Schrift › Über die Zahlen des Herrn H. Schubert‹ in den Druck.[6] Schon der Titel ließ vermuten, dass es sich um eine Streitschrift handelte. Frege war zunehmend verärgert, dass Thomae und weitere Kollegen offenbar auch nach dem Erscheinen des ersten Bandes seiner ›Grundgesetze‹ nicht bereit waren, ihn ernst zu nehmen. Der Hamburger Gymnasialprofessor Hermann Schubert hatte vor einem Jahr einen Artikel zu den Grundlagen der Arithmetik verfasst. Dieser wurde in eine von Felix Klein, Heinrich Weber und Franz Meyer angeregte ›Encyklopädie der mathematischen Wissenschaften mit Einschluß ihrer Anwendungen‹ aufgenommen, und zwar in Anerkennung des in Schuberts Schulbüchern aufgezeigten konsequenten logischen Aufbaus der Zahlenlehre. (Schubert, 1898)

Dieses brachte bei Frege das Fass zum Überlaufen, denn er fand dort zu seinem Thema viele Halbheiten und Unstimmigkeiten. Ohne viel Aufhebens kam Schubert vom Zählen gleich zur Zahl:

»Dinge zählen heißt, sie als gleichartig ansehen, zusammen auffassen und ihnen einzeln andere Dinge zuordnen, die man auch als gleichwertig ansieht.« Schubert schrieb zudem, dass die Zahlen einfach das Ergebnis des Zählens sind. Mehr müsste dazu nicht gesagt werden. Außerdem fand sich die kühne Behauptung: *»In dieser Definition der Zahl stimmen wohl alle Philosophen und Mathematiker im Wesentlichen überein.«*[7]

Gemeint waren damit vor allem die Gelehrten, die sich um eine streng logische Definition der Zahlen nicht kümmerten, unter ihnen auch der bekannte Leopold Kronecker, der Schubert sogar fundierte Kenntnisse über die Entwicklung des Zahlbegriffs attestierte. Dagegen hatte Frege in seinen ›Grundlagen der Arithmetik‹ gerade diese empirische Auffassung als haltlos nachgewiesen.

Frege nahm in seiner Streitschrift auf den Artikel nicht nur kritisch Bezug, sondern er überschüttete Schubert mit beißender Ironie. Schon im Vorwort konnte man lesen:

»In der That! ist das Denken nicht vielleicht öfter ein Hemmnis für die Wissenschaft als eine vorwärtstreibende Kraft? Wieviel lästige Neben- und Querfragen, wieviel Zweifel werden durch das Denken aufgeworfen, die ohne es einfach nicht vorhanden wären! ... Wieviel kürzer, wieviel bequemer, ja wieviel klarer wird

*alles, wenn wir die Steine beiseite liegen lassen, die das Denken uns in den Weg
wirft!«* (Frege, 1899, S. IV, Vorwort)

In diesem Ton ging es leidenschaftlich weiter. Frege war sich sicher, dass er in
seinen sorgfältig durchdachten Arbeiten die richtigen Schlussfolgerungen gezogen hatte. Diese wurden bei Schubert zwar aufgeführt, man musste aber den
Eindruck gewinnen, dass das Quellenverzeichnis in großen Teilen von den
Herausgebern der Enzyklopädie stammte, ohne dass Schubert sich damit genauer beschäftigt hätte. Dennoch war die Veröffentlichung dieser Streitschrift
ein ungewöhnlicher Vorgang, der die Fachwelt erstaunte und nicht überall Sympathie fand. Voller Spott schrieb Frege noch am Ende der 32 Seiten langen Abhandlung:

*»Über diese Probleme helles Licht zu verbreiten, dürfte niemand mehr berufen
sein als Herr Schubert! Möge er die Wissenschaft bald aus diesen Zweifeln rei-
ßen!«* (Frege, 1899, S. 32)

Margarete spürte die Aufregung ihres Mannes über Schuberts Artikel, war etwas
besorgt darüber und versuchte, begütigend auf Gottlob einzuwirken. Sie konnte
ihm aber nur bedingt beistehen.

***

Frege hatte den zweiten Band der ›Grundgesetze der Arithmetik‹ gerade in den
Druck gegeben (Frege, 1903), da erreichte ihn Ende Juni 1902 ein Brief des bekannten englischen Logikers Bertrand Russell vom 16. des Monats. Überrascht
schaute Frege auf den Umschlag, er öffnete ihn voller Ungeduld. Sollte ein Wissenschaftler im Ausland seine Schriften schätzen? Der Brief war in verständli-
chem Deutsch abgefasst, die Handschrift gut leserlich:

*»Seit anderthalb Jahren kenne ich Ihre ›Grundgesetze der Arithmetik‹, aber
jetzt erst ist es mir möglich geworden die Zeit zu finden für das gründliche Studium das ich Ihren Schriften zu widmen beabsichtige. Ich finde mich in allen
Hauptsachen mit Ihnen in vollem Einklang, besonders in der Verwerfung jedes
psychologischen Moments von der Logik, und in der Schätzung einer Begriffsschrift für die Grundlagen der Mathematik und der formalen Logik, welche übrigens kaum zu unterscheiden sind.«*[8]

Russell lobte auch seine Erklärungen, Definitionen und Begriffsbildungen. Die
würde man sonst bei Logikern vergeblich suchen. Das hörte sich alles gut an.

Abbildung 11-2   Bertrand Russell 1907

Aber, als hätte Frege es geahnt, da kam noch etwas. Denn in einem Punkt meldete Russell Bedenken an. Frege wurde unruhig.

Russell schrieb sinngemäß: »Sie behaupten in der Begriffsschrift (S. 17), dass nicht nur Argumente, sondern auch Funktionen das unbestimmte Element bilden können.«

Frege erinnerte sich an den betreffenden Abschnitt.[9] Bei einer logischen Funktion $F(x)$ ist F fest gewählt und das Argument x zunächst unbestimmt. Er hatte aber auf die Möglichkeit hingewiesen, das Argument x fest vorzugeben und die Funktion F unbestimmt, variabel zu lassen. Ihm schien das unproblematisch zu sein. Vielleicht aber nur, wenn Funktionen und Argumente nicht beliebig, sondern jeweils aus klar überschaubaren Bereichen waren?

Denn Frege ging sofort durch den Kopf, dass der Überblick völlig außer Kontrolle geriet, wenn man alle denkbaren Gegenstände zuließe.

Russell erklärte zum Auftreten unbestimmter Funktionen, wobei er anstelle des Begriffes ›Funktion‹ nach seiner Lesart den Begriff ›Prädikat‹ verwendete:

»…jetzt scheint mir diese Ansicht zweifelhaft, wegen des folgenden Widerspruchs: Sei w das Prädicat, ein Prädicat zu sein welches von sich selbst nicht prädicirt werden kann. Kann man w von sich selbst prädiciren? Aus jeder Antwort folgt das Gegentheil. Deshalb muss man schliessen dass w kein Prädicat ist. Ebenso giebt es eine Klasse (als Ganzes) derjenigen Klassen die als Ganze sich selber nicht angehören. Daraus schliesse ich dass unter gewissen Umständen eine definierbare Menge kein Ganzes bildet.«[10]

Was meinte Russell damit? Frege ahnte Furchtbares. Das ›Prädikat‹ beschrieb doch eine Eigenschaft, und ›praedizieren‹ bedeutete, einem Gegenstand eine Eigenschaft entweder zu- oder abzusprechen. Eine Kerze kann brennen oder nicht, beides zugleich ist nicht möglich. In seiner Begriffsschrift war das eindeutig so festgelegt. Nun schien Russell ein sonderbares Prädikat benannt zu haben, welches sich selbst zugleich prädizieren und nicht prädizieren kann. Ein solches Prädikat durfte in der Logik nicht vorkommen.

Ähnlich schien es bei Klassen zu sein, den Begriffsumfängen. Eine Klasse konnte sich entweder selber angehören oder nicht. Der Engländer gab nun eine umfassende Klasse an, die offenbar diesem Gesetz nicht entsprach. Da musste er sich Klarheit verschaffen.

Falls Russell Recht hatte, wären Freges ›Grundgesetze der Arithmetik‹ in Frage gestellt. Sollte sein Werk einen Riss, einen Sprung bekommen wie bei einer Vase, die dann nicht mehr ihren Zweck erfüllen konnte? Hatte er etwas übersehen? Vielleicht, weil Russells Konstruktion nicht auf der Hand lag? Freges Anspannung wuchs, sein Herz schlug hastig. Schnell las er weiter, ob nicht noch andere Bedenken zur Sprache kamen. Es folgten aber nur noch Bemerkungen zu Russells Absicht, die Prinzipien der Mathematik in einem Buch darzustellen, in dem auch Freges Schriften zu besprechen wären. Schließlich äußerte er sein Bedauern, dass der Band II der ›Grundgesetze‹ noch nicht verfügbar war. (Frege, 1903)

Freges Beunruhigung wuchs. Der ganze Tag war eine Qual und verging mit rastlosem Nachdenken.

Margarete nahm Gottlobs Unruhe wahr und fragte behutsam: »Was ist mit dir? Was beschäftigt dich? Es muss etwas Unangenehmes sein.«

»Das stimmt, Margarete, der englische Mathematiker Bertrand Russell schreibt mir heute, dass er an einer Stelle meiner Arbeit einen gravierenden Schwachpunkt entdeckt hat. Und es sieht so aus, dass er Recht hat. Nun ist der zweite Band meiner ›Grundgesetze‹ schon im Druck«, sagte Frege erregt.

»Kannst du denn keine Korrekturen mehr vornehmen?«, wollte Margarete wissen.

»Ich werde es versuchen. Aber was passiert, wenn es mein logisches Programm gar nicht zulässt?«, antwortete ihr Gottlob verstört.

»Das klingt aber gar nicht gut!«, meinte Margarete besorgt.

Zurück an seinem Arbeitsplatz fasste Gottlob schließlich für sich das Ergebnis seiner Überlegungen zusammen:

Es geht um Begriffe, deren Umfänge beziehungsweise Klassen nicht unter sie fallen. Was ist nun aber mit dem Begriff, der alle diese Begriffe erfasst?

Fällt die Klasse dieses Begriffes unter ihn, so fällt sie andererseits nicht unter ihn. Fällt sie aber nicht unter ihn, so fällt sie doch unter ihn. In der Tat, das kann nicht sein! Es ist wie verhext.

> **Erläuterung: Russells Antinomie**
>
> Der Umfang, die Klasse des Begriffes ›Gas‹ ist offensichtlich kein Gas. Dieser Gegenstand fällt also nicht unter den Begriff ›Gas‹. Auch für andere Begriffe B trifft normalerweise zu, dass ihr Umfang nicht unter B fällt. Frege spricht in diesen Fällen in Anlehnung an die Mengenlehre auch vom Begriff ›*Klasse, die sich nicht selbst angehört*‹.
>
> Widersprüchlich wird nun nach Russell die Klasse R aller Klassen, die sich nicht selbst angehören. Denn es gibt für R genau zwei mögliche Fälle:
>
> - Angenommen, R gehört sich selbst an, dann gehört sich R nach Definition aber nicht selbst an.
> - Angenommen, R gehört sich nicht selbst an, dann gehört R sich nach Definition aber selbst an.
>
> Beide Fälle führen auf einen Widerspruch.

Bei allem Ärger fand Frege schließlich mit etwas Abstand die Zurückhaltung bemerkenswert, mit der er von Russell darauf aufmerksam gemacht wurde. Andere hätten an seinem Werk kein gutes Haar gelassen. Er sah ein, dass Russell einen wunden Punkt getroffen hatte. Alles hing an seinem Grundgesetz V aus dem ersten Band. (Frege, 1893)

> **Erläuterung: Freges Grundgesetz V**
>
> Das Gesetz besagt, dass die Gleichheit der Begriffe die Gleichheit ihrer Umfänge nach sich zieht und umgekehrt. Diese universelle gegenseitige Ersetzbarkeit von Begriff und Umfang benötigte Frege, um seine Zahlen logisch einzuführen.

Als ob er es geahnt hätte, dass genau an dieser Stelle etwas passieren könnte. Im Grunde genommen musste er dem Engländer sogar für den Hinweis dankbar sein. Aber welche Konsequenzen hatte das für sein Programm, die Arithmetik logisch zu begründen? Tagelang versuchte er verzweifelt, einen Weg zu finden, der sein Vorhaben retten könnte.

*

Margarete spürte nach wie vor den Missmut ihres Mannes. Sie versuchte, ihn mit Ablenkungen aufzumuntern, aber das gelang nicht recht. Da half kein Trost von ihrer Seite, fachlich konnte sie ihm ohnehin nicht helfen. Nun kannte sie wenigstens den Grund.

»Können dir nicht die Professoren Thomae oder Eucken einen Rat geben?«, schlug Margarete vor.

Thomae war überrascht, als er von dem logischen Widerspruch erfuhr. Er wusste auf Anhieb keinen Ausweg.

Es war aber hilfreich, dass Frege auch mit seinem Nachbarn Rudolf Eucken über den Widerspruch reden konnte. Der hatte etwas über alte Denkprobleme beizutragen: »Die beweisbare Äquivalenz einer Aussage mit ihrer logischen Negation nennt man eine logische Antinomie. Da gab es doch den griechischen Philosophen Epimenides in der Antike und seine Antinomie des Lügners. Auch Aristoteles hatte sich mit ähnlichen Überlegungen befasst.« (Aristoteles, 2013, S. 41 ff.) Eucken erläuterte: »Nehmen Sie den folgenden Satz:

›Der Kreter sagt, dass er lügt.‹

Wenn der Kreter lügt, so sagt er in seiner Aussage, ›dass er lügt‹ eigentlich die Wahrheit, lügt also nicht! Wenn er aber die Wahrheit sagt, dann stimmt seine Aussage, ›dass er lügt‹ auch nicht.«

»Das Beispiel betrifft zwar nur die sprachliche Ebene«, meinte Frege. »Aber auch hier führt die Rückbeziehung auf sich selbst zu einem logischen Widerspruch. Damit besitzt die Aussage *keinen beurteilbaren Inhalt.* In meiner Logik kommt sie nicht vor.«

Als Gottlob wieder zu Hause war, wollte Margarete das Ergebnis der Unterredung mit Eucken wissen. Gottlob erklärte:

»Wir haben antike Denkprobleme besprochen. Das war schon erhellend. Was sagst du zu dem Satz:

›Ein Kreter sagt, dass alle Kreter lügen.‹?«

Er hatte die von Eucken erwähnte Aussage etwas abgewandelt. Margarete meinte: »Das klingt doch unglaubwürdig, wenn es viele Kreter gibt. Eine typische Übertreibung!«

Darauf antwortete Gottlob: »Du hast recht, Margarete, aber dieser Satz ist auch logisch problematisch. Der Kreter kann nicht die Wahrheit sagen. Das zu durchschauen, ist man im Alltagsdenken nicht gewohnt.«

»Was ist aber, wenn ein Fremder sagt, dass alle Kreter lügen?«, wollte Margarete noch wissen.

»Dann bleibt er natürlich unglaubwürdig, aber im Einklang mit der Logik kann der Fremde dann sowohl lügen als auch die Wahrheit sagen«, bemerkte Gottlob.

»Aha«, sagte Margarete, »es liegt also daran, dass der erwähnte Kreter in der Aussage über alle Kreter selbst einbezogen ist?«

Gottlob meinte nachdenklich: »Ja, diese Rückbeziehung verursacht hier das Problem.«

$$***$$

Frege entschloss sich, Russell erst einmal zu antworten. Er schrieb eine knappe Woche später, am 22. Juni 1902, unter anderem:

> *»Ihre Entdeckung des Widerspruchs hat mich auf's Höchste überrascht und, fast möchte ich sagen, bestürzt, weil dadurch der Grund, auf dem ich die Arithmetik sich aufzubauen gedachte, in's Wanken geräth. Es scheint danach, dass die Umwandlung der Allgemeinheit einer Gleichheit in eine Werthverlaufsgleichheit nicht immer erlaubt ist, daß mein Gesetz V falsch ist und daß meine Ausführungen im § 31 nicht genügen, in allen Fällen meinen Zeichenverbindungen eine Bedeutung zu sichern. Ich muß noch weiter über die Sache nachdenken. Sie ist umso ernster, als mit dem Wegfall meines Gesetzes V nicht nur die Grundlage meiner Arithmetik, sondern die einzig mögliche Grundlage der Arithmetik überhaupt zu versinken scheint.«*[11]

Frege gab allerdings seiner Hoffnung Ausdruck, dass sich eine Lösung des Problems finden ließe, in der seine Schlussfolgerungen im Wesentlichen erhalten blieben. An ein grundsätzliches Scheitern seines logischen Programms wagte er noch nicht zu denken.

Erläuterung: Rückbeziehung auf sich selbst

Frege erhielt von Russell schon am 24. Juni 1902 einen weiteren Brief.[12] Dort formulierte Russell, dass Widersprüche entstehen können, wenn die Funktion F und das Argument x nicht unabhängig voneinander sind. Dann hat man eine *Rückbeziehung auf sich selbst*. Das ist beispielsweise der Fall, wenn eine Funktion (oder genauer ihre Klasse als Gegenstand) sich in ihr eigenes Argument einsetzen lässt. Frege hatte diese Möglichkeit ursprünglich selbst ausgeschlossen.

Schließlich erwähnte Frege, dass der zweite Band seiner Grundgesetze nun einen Anhang erhalten müsse, der Russells Entdeckung würdigt.

Frege erfuhr später, dass Cantor 1895 eine analoge Antinomie in der Mengenlehre gefunden hatte. Sie war ihm aufgefallen, als er bewies, dass es für Mengen keine größte Mächtigkeit (Anzahl, Kardinalzahl) gibt. Konnten Mengen sich selbst als Element enthalten? Waren Mengenbildungen unbegrenzt möglich? Die letzte Frage musste jedenfalls verneint werden. Die Menge aller Mengen, die sich nicht selbst als Element enthalten, kann ebenfalls nicht existieren.

Der deutsche Mathematiker Ernst Zermelo war dann um 1900 ebenfalls auf diese Mengenantinomie gestoßen, ohne dass Russell und Frege davon wussten. Frege wurde erneut vor Augen geführt, wie notwendig der Austausch unter den Fachkollegen eigentlich war. Aber er kannte auch die Gründe, warum das nicht immer funktionierte.

*

In der Folgezeit gab es mit Russell einen Briefwechsel, der ausführlich ihre mathematischen, logischen und philosophischen Probleme behandelte.[13]

Erläuterung: Hierarchie von Typen

Frege unterscheidet bei Begriffen (Funktionen) eine *Hierarchie von Typen*. Man beginnt mit elementaren Gegenständen, die keine Umfänge (Klassen) von Begriffen darstellen. Dann gelangt man zu Begriffen erster Stufe, wenn die Argumente der entsprechenden Funktionen nur elementare Gegenstände sind. Deren Umfänge dürfen nur in Funktionen zweiter Stufe eingesetzt werden, und so weiter. Frege hat diese Typisierung vorgenommen, um die in der Umgangssprache vorhandene Vermischung der verschiedenen Hierarchiestufen in der Logik auszuschließen. Diese Hierarchie hat Frege aber nicht auf die Umfänge (Klassen) übertragen. Wahrscheinlich schien ihm die Klassenlogik, die er für die logische Begründung der Arithmetik braucht, sonst zu kompliziert.

Nach Auftreten der Antinomie entwickelt Russell daraufhin zusammen mit Whitehead seine *Typentheorie* für Mengen, die den Klassen entsprechen. Obwohl die Antinomie damit eliminiert ist, hat sich diese Theorie aufgrund der umständlichen Handhabung später nicht durchgesetzt. (Whitehead & Russell, 1910 (I), 1912 (II), 1913 (III))

Das Interesse Freges an diesem intensiven Austausch war sehr groß. Außerdem fand er in Russell zum ersten Mal einen Kollegen, der sich nachhaltig mit seinen Werken auseinandersetzte. Bis Ende 1904 trafen in Jena zehn Briefe von Russell ein, auf deren vornehme Klarheit Frege Bezug nehmen konnte. Wie hilfreich wäre ihm eine solche Kollegialität in den vergangenen Jahren gewesen!

Aber auch Russell fielen keine Problemlösungen ein, die Freges Konzept retten konnten. Um Schadensbegrenzung und Redlichkeit bemüht, setzte Frege schließlich die Ankündigung um, seinem Band II der ›Grundgesetze‹ ein Nachwort anzufügen. Dort schrieb er:

> *»Einem wissenschaftlichen Schriftsteller kann kaum etwas Unerwünschteres begegnen, als dass ihm nach Vollendung einer Arbeit eine der Grundlagen seines Baues erschüttert wird. In diese Lage wurde ich durch einen Brief des Herrn Bertrand Russell versetzt, als der Druck dieses Bandes sich seinem Ende näherte. Es handelt sich um mein Grundgesetz (V).«* (Frege, 1903, S. 253, Nachwort)

Aufbauend auf dem Briefwechsel mit Russell skizzierte Frege noch, wie dem Dilemma des Widerspruchs vielleicht beizukommen wäre. Er betonte jedoch auch, dass die erkannte Widersprüchlichkeit nicht sein Werk allein betrifft,

> *»…denn Alle, die von Begriffsumfängen, Klassen, Mengen in ihren Beweisen Gebrauch gemacht haben, sind in derselben Lage.«* (Frege, 1903, S. 253, Nachwort)

In Freges Werk allerdings wurde das letztendlich doch der Todesstoß für die logische Begründung der Mathematik. Es zeigte sich ganz eindeutig, dass das Fundament des genialen Gedankengebäudes, welches Frege in fast fünfzehn Jahren wissenschaftlicher Anstrengung mühevoll allein errichtet hatte, nicht tragfähig war.

Für ihn war ein Tiefpunkt erreicht, obwohl die große Wertschätzung, die Russell zum Ausdruck brachte, vermutlich auch international Beachtung finden würde. Tröstlich sagte er sich: *»Meinem Büchlein,* der ›Begriffsschrift‹, können Kritiker nichts anhaben!«

Russells Einwendungen betrafen zwar nur Teile von Freges ›Grundgesetzen‹ und seinen Zahlenbegriff, vereitelten aber dennoch die logische Begründung der Mathematik.

Frege trug schwer daran. Sollte er sich nun der Geometrie zuwenden? Er hoffte, dass sie vielleicht besser als Grundlage der Mathematik taugte. Die gründliche Analyse dieser Frage würde wieder einige Zeit in Anspruch nehmen. Er nahm sich vor, nichts zu überstürzen.

*

Seit 1901 gab es in Jena eine elektrisch betriebene Straßenbahn mit grün gefärbten Waggons. Sie fuhr vom Steinweg über den Johannisplatz durch die Bachstraße, die Quergasse, die Wagnergasse auf die Kaiser-Wilhelm-Straße und weiter stadtauswärts bis zur Papiermühle. Im Februar 1903 hörte man in Jena von einem spektakulären Unfall, dessen Ursache nicht völlig klar war. Eine Dame, die vom Mühltal schnell in die Stadt wollte, stieg zu. Nachdem die Bahn an einer Station länger als erwartet hielt, löste sich wohl durch Einwirkung der erwähnten Dame die Bremse. Die Bahn fuhr los und gewann auf der abschüssigen Strecke schnell an Fahrt. An der Ecke Wagnergasse-Quergasse kippte sie um. Größere Personenschäden wurden nicht gemeldet.[14]

Gottlob Frege, Margarete und Meta rätselten wie andere über den genauen Hergang. Neue Techniken brachten neue Gefahren. Sie würden die Bahn vorerst nicht nutzen müssen.

Zwei Ereignisse sollten im Laufe des Jahres 1903 noch eine gewisse Aufmunterung bringen. Am 19. Mai konnte Gottlob Frege in der › Jenaischen Zeitung‹ einen größeren Artikel lesen, der den erfreulichen Titel › Wismar bleibt deutsch‹ hatte.[15] Warum war diese Meldung in Jena von Interesse, was war denn geschehen? Frege verstand es sofort. Vor 100 Jahren hatte der Herzog von Mecklenburg-Schwerin, Friedrich Franz I, mit dem Königreich Schweden vertraglich vereinbaren können, dass Wismar sowie die Insel Poel und das benachbarte Amt Neukloster gegen Zahlung einer hohen Pfandsumme an das Heimatland zurückkamen. Dies geschah aber mit der ausdrücklichen Festlegung, dass Schweden noch 99 Jahre das Recht hatte, gegen Erstattung der Pfandsumme diesen Vertrag rückgängig zu machen. Jetzt hatte die schwedische Regierung in aller Form auf dieses Recht verzichtet.

Gottlob Frege war nicht nur bekennender Mecklenburger, sondern auch mit ganzer Seele Wismaraner. Am Tag, als er diese schöne Zeitungsnachricht las, war er einmal wieder von Herzen froh. Die alte Hansestadt mit ihrer lebendigen Geschäftigkeit, den gut überschaubaren, klaren Konturen, mit der Bescheidenheit und kraftvollen Zuversicht ihrer Bürger hatte ihn sehr geprägt. Fortan gehörte sie wie Jena endgültig zum deutschen Kaiserreich.

Eine weitere erfreuliche Nachricht kam zum Weihnachtsfest ins Haus, die Ernennung Freges nach fast 30-jähriger akademischer Tätigkeit zum »Großherzoglichen Hofrat«. Das hatte gesellschaftliches Gewicht, dieser Titel stand noch vor dem akademischen, der oftmals sogar fortgelassen wurde. Die hohe Auszeichnung verschönte die Festtage. Auch Margarete und Meta freuten sich von Herzen mit. Hirzels gratulierten ebenfalls. Thomae war bereits bei seiner Berufung als Ordinarius zum Hofrat ernannt worden, Rudolf Hirzel erhielt diesen Titel vor einem Jahr.

Getrübt wurde die Freude allerdings durch Margaretes beeinträchtigte Gesundheit. Gottlob machte sich große Sorgen um sie. Denn ihre Kräfte ließen immer mehr nach. Sie hatte das vierzigste Lebensjahr überschritten. Kinder waren beiden bisher nicht beschieden und die Aussichten darauf denkbar gering. Schon Ende 1903 wurde Margaretes Zustand kritischer und sie begann, sich mit ihrem Testament zu beschäftigen.

»Ich muss die Dinge jetzt regeln. Ich weiß nicht, wie viel Zeit mir noch bleibt!« So sprach sie eines Tages zu ihrem Ehemann.

»Wenn du ein Testament aufsetzen möchtest, liebe Margarete, werden wir uns mit einem Advokaten beraten«, meinte Gottlob verständnisvoll. Margarete hatte Vermögenswerte mit in die Ehe gebracht. Natürlich bedachte sie an erster Stelle ihren Mann sowie die Schwestern Friederike und Fanny, die unverheiratet geblieben waren.

»Darüber hinaus habe ich daran gedacht, eine Stiftung zu gründen«, sagte Margarete mit Nachdruck. »Diese soll aber erst wirksam werden, wenn uns keine Nachkommen beschieden sind und du verstorben bist.« Gottlob fand die Idee durchaus vernünftig. Er hatte keine Einwände.

»Die Stiftung soll ›Heinrich Lieseberg‹ heißen, nach meinem Vater, dem ich diese Erbschaft verdanke«, erklärte sie. »Die Zinsen aus dem Kapital werden dabei zu gleichen Teilen an meine Schwestern gehen. Nach deren Ableben werden diese Zinsen dann dazu bestimmt, Freibetten für verkrüppelte Kinder in Mecklenburg zu schaffen.«

Schließlich hinterlegte Margarete ihr Testament am 30. Dezember 1903 beim Großherzoglichen Amtsgericht in Jena. Obwohl sie zufrieden war, diesen Schritt getan zu haben, war sie sich doch der Tragik ihres eigenen Lebens bewusst. Wieviel Jahre oder Monate würde sie denn noch haben? Ihr Befinden verschlimmerte sich zusehends.

Gottlob belastete Margaretes Zustand sehr. Ein Nervenleiden machte ihm zu schaffen. Nur mit großer Anstrengung konnte er seinen Lehraufgaben nachkommen. Er suchte Professor Otto Binswanger auf. Der Herr Geheime Medizinalrat legte ihm dringend nahe, in der vorlesungsfreien Zeit eine Kur zu machen.

»Mein lieber Herr Frege, ich vermute Ernährungsstörungen als Ursache Ihrer Beschwerden und empfehle den Aufenthalt in einer Klinik in Köppelsdorf bei Sonneberg.« So kam es, dass Gottlob Frege sich ab Mitte März 1904 erneut einer

Kur unterzog. Wie dankbar war er in dieser Situation, dass Meta den Haushalt allein bewältigte. Natürlich reiste er nicht ohne Besorgnis ab, aber man konnte ihn doch jederzeit telegrafisch benachrichtigen. Köppelsdorf lag nicht aus der Welt, kaum 100 Kilometer von Jena entfernt.

Die Kur war anstrengend und ständige Märzkälte setzte ihm zu. Die Nachrichten von seiner lieben Frau waren bedrückend, als er die Heimreise antrat. Zu Hause angekommen, fand er Margarete matt und weinend vor. Große Bangigkeit ergriff ihn. Kündigte sich jetzt das Ende an? Die unheilvolle Ahnung sollte sich bestätigen.

*

Betrübnis und Ergriffenheit sprachen aus der Anzeige, die am Dienstag, dem 28. Juni 1904, in der ›Jenaischen Zeitung‹ zu lesen war:

> ›Gestern Abend, 11 Uhr, hat der Tod meine liebe Frau Margarete, geb. Lieseberg, von ihrem langen Leiden erlöst. Jena, den 26. Juni 1904. Prof. Dr. G. Frege.‹[16]

Die Trauerfeierlichkeiten leitete Johannes von Lüpke, der Gottlob Frege wieder eine große Stütze war.

Doch diese Stille in seinem Haus! Die beiden Frauen an seiner Seite, Mutter Auguste und seine Margarete, lebten nicht mehr, und gegenseitige Liebe gehörte der Vergangenheit an. Die entstandenen Lücken würden sich nie wieder füllen lassen.

Auch wenn das nicht schon genug wäre, plagte ihn der Einsturz seines wissenschaftlichen Denkgebäudes. Die Russellsche Antinomie war zu einschneidend gewesen.

Das Schicksal verlangte ihm viel ab. Wie konnte er wieder inneren Frieden finden und seinem Leben einen Sinn geben?

Bei seinen Spaziergängen und Wanderungen beschäftigten ihn auch Gedanken über das menschliche Leiden. Hatte sich nicht der Superintendent Braasch darüber ausführlich geäußert, etwa in dem Sinne, dass es Bestandteil in Gottes Plan sei? ›Gott sitzt im Regimente und führet alles wohl?‹[17]

Ist das Leiden wirklich gottgewollt, sann Frege vor sich hin. Er dachte, nein, das kann nicht sein. Was hatte seine Frau denn getan, dass ihr und damit auch ihm vom Schicksal so viel abverlangt wurde? Beim Sterben Christi nach der Kreuzigung, das ja angeblich von Gott bestimmt wurde, wird Leid erfahren, das durch die Sündhaftigkeit der Menschen zustande kommt. Es zeigt, was Menschen einander antun können. Aber beim Leidensweg seiner geliebten Frau konnte er wirklich nichts Gottgewolltes erkennen. Sollte es ihn, Gottlob Frege, demütig machen?

Ernst Haeckel berichtete einmal, dass er angesichts schwerster Erkrankungen, die er als Arzt erlebte, fast irre wurde an dieser christlichen Glaubenslehre. Man wusste in Jena, dass der Kirchenmann Braasch auch deshalb sein großer Widerpart war.

Haeckels Publikation ›Die Welträtsel‹, die bereits 1899 erschien, wurde ein großer Erfolg. (Haeckel, 1899, 2016)

In kürzester Zeit erreichte sie eine Auflage von 100 000 Exemplaren in Deutschland. Im selben Jahr erschien bereits eine spanische Ausgabe. Englische und französische Ausgaben folgten wenig später. In diesem Werk stellte Haeckel sein Weltbild vor, das von der Darwinschen Entwicklungslehre ausging.

Auch er muss sehr um sein Werk kämpfen, stellte Frege mitfühlend fest. Mit der katholischen Kirche ging Haeckel besonders hart ins Gericht. Den Glauben an die Auferstehung Jesu und der Toten lehnte er entschieden ab. Staat und Gesellschaft sollten sich von den Fesseln der Kirche befreien, so lautete eine der Botschaften Haeckels.

Aber im Gegensatz zu ihm wollte Gottlob Frege nicht auf die Segnungen seiner Kirche verzichten. Er zog sich im Leid auch nicht völlig zurück. Als der italienische Mathematiker Giovanni Vailati 1904 in Jena weilte, lud er ihn sogar zum Mittagessen in sein Haus ein. Vorher gab es schon einen brieflichen Austausch über Fachfragen. (Kreiser, 2001, S. 487)

Anmerkungen zu Kapitel 11

1   Annonce. Jenaische Zeitung vom 4.1.1899. Freges Haus hatte inzwischen nicht mehr die Nr. 10, sondern die Nr. 29, wie auch heute noch.
2   Georg Krüger: Dreißig Dörfer des Fürstentums Ratzeburg, bearbeitet von Professor Dr. Ploen. Heimatbund für das Fürstentum Ratzeburg, 1926, 2. Auflage, S. 265.
3   Mitteilung des Heimatforschers Torsten Gertz, Malchin, vom 8.3.2023 über die Taufpaten der Meta Arndt, geb. am 3.3.1879 in Gorschendorf bei Malchin.
4   Hochdeutsch: Das höre ich gern, Meta, und nur zu, lass uns ab und an plattdeutsch reden. Das gefällt auch dem Professor. Der erzählt immer viel von uns aus Mecklenburg.
5   Hochdeutsch: Meta, was gibt es heute zu essen?
6   Siehe (Frege, 1899). Nachdrucke z. B. in (Frege, 1966, 2003, S. 133–161) und (Frege, 1999, S. I–VI, 1–32).

7   Zitate siehe (Schubert, 1898, S. 1 f. u. 2).

8   Brief Russells an Frege vom 16.6.1902. Quelle (Frege, 1903, S. 59–60). Original des Briefes in *SlgDarmst* unter Signatur H 1897.

9   Siehe (Frege, Begriffsschrift, 1879, S. 44, Formel (31)).

10   Brief Russells an Frege vom 16.6.1902. Siehe oben 8.

11   Brief Freges an Russell vom 22.6.1902. Quelle (Frege, 1980, S. 60–63). Original des Briefes verloren gegangen. Kopien im Frege-Archiv und im Russell-Archiv in Hamilton, Ontario.

12   Brief Russells an Frege vom 24.6.1902. Quelle (Frege, 1980, S. 63–65). Original des Briefes in *SlgDarmst* unter Signatur H 1897.

13   Gesamter Briefwechsel zwischen Russell und Frege. Quelle (Frege, 1980, S. 59–99).

14   Siehe (Bast, Schlüter, & Thissen, 2017, S. 157–159).

15   Artikel. Wismar bleibt deutsch. Jenaische Zeitung vom 19.5.1903.

16   Annonce. Jenaische Zeitung vom 28.6.1904.

17   Siehe (Braasch, 1887, S. 118 ff.), Kap. 22: Rechtfertigung der göttlichen Weltordnung oder siehe (Braasch, 1902, S. 160–166).

*

Überraschend kam die Nachricht von Ernst Abbes Tod nicht, denn er war schon lange von schwerer Krankheit gezeichnet. Aber als am Sonntag, dem 15. Januar 1905, davon in der ›Jenaischen Zeitung‹ berichtet wurde, ging eine große Erschütterung durch die Stadt. Gottlob Frege hatte schon am Vortag Kenntnis erhalten. Eine tiefe Traurigkeit hatte ihn erfasst. Nach dem frühen Tod seines Vaters Alexander war Abbe für ihn der hochverehrte große Ratgeber und Förderer geworden. Nachdenklich schaute er nun auf die Annonce der Familie, dann auf den Nachruf der Betriebe der Carl-Zeiss-Stiftung.

Frege erinnerte sich, wie er damals gebannt den anspruchsvollen Vorlesungen Abbes folgte und von diesem ermutigt wurde, seinen eigenen Weg zu gehen. Abbes Anregung, das Studium in Göttingen fortzusetzen, war sehr hilfreich gewesen. Die wunderbaren Begegnungen mit ihm an der Universität und im Hause von Snells, Abbes Schwiegereltern, blieben unvergessen. Prof. Snell selbst hatte die außergewöhnlichen Fähigkeiten Abbes erkannt und für dessen Anstellung an der Jenaer Universität gesorgt. Er stellte zusammen mit Frau und Tochter sein Haus für die anregenden Gesprächsabende zur Verfügung. So hatte ein Rad in das andere gegriffen und ein wunderbares Werk der gegenseitigen Förderung ergeben.

Abbe setzte sich auch nachdrücklich für Freges Berufung zum außerordentlichen Professor ein, obwohl er bekannte, die ›Begriffsschrift‹ nicht ausreichend würdigen zu können. Vermutlich hatte er auch Einfluss genommen, als es um die Berufung zum Honorarprofessor ging.

»Darüber hat Abbe nie ein Wort verloren«, dachte Frege voller Bewunderung. Eigentümlich, aber auch bezeichnend für diesen großartigen Menschen!

© Der/die Autor(en), exklusiv lizenziert an
Springer Fachmedien Wiesbaden GmbH, ein Teil von Springer Nature 2025
E. Framm et al., *Gottlob Frege*, https://doi.org/10.1007/978-3-658-49495-7_13

Abbildung 12-1   Ernst Abbe

Vor wenigen Monaten hatten sechs Professoren der Universität Ernst Abbe für den Nobelpreis für ›Medizin oder Physiologie‹ vorgeschlagen. Vier von ihnen schlugen ihn dabei zusammen mit Robert Koch vor, diesem vorzüglichen Mediziner und Mikrobiologen aus Berlin, der so viel von Abbes Mikroskopen hielt. (Dörband & Müller, 2005, S. 246)

»Wie schade, an Verstorbene wird der Nobelpreis nicht mehr vergeben«, sagte sich Frege betrübt.

Weltweit wurden die optischen Geräte geschätzt, für die Abbe als genialer Erfinder die wissenschaftlichen Grundlagen schuf. Wie erfolgreich war Abbe auch als Unternehmer geworden! Jena wuchs ständig, vor allem, weil bei Zeiss inzwischen mehr als eintausend Arbeiter beschäftigt waren. Die Professoren stimmten darin überein, dass das Überleben und Gedeihen der Universität dem Einfluss und den Geldzuwendungen der Carl-Zeiss-Stiftung zu verdanken waren. Die Stiftung war das Werk Ernst Abbes und bereits 1889 gegründet worden. Sie würde nun nach seinem Tod Alleinerbin der Zeiss-Werke werden. Zusätzlich erbte sie zwei Drittel der Anteile an den Glaswerken Schott & Genossen, an deren Gründung Abbe maßgeblich beteiligt gewesen war. Diese Werke produzierten Spezialgläser für die optischen Geräte. Das Vermögen der Stiftung war gewaltig, es würde sicher noch wachsen. Jetzt begann man auch mit dem Bau des neuen, großen Hauptgebäudes der Universität, für das sich Abbe seit Jahren eingesetzt hatte.

Wie viel ein einzelner Mann bewirken kann, dachte Frege. Sollte er nicht Leo Sachse aufsuchen? Der würde auch sehr betroffen sein.

Sachse hatte schon mit seinem Kommen gerechnet. Es lag nicht in der Art dieser Männer, sich zu umarmen. Dennoch, die Erschütterung war groß, und die Gefühle brachen sich Bahn. Dann ließ sich Sachse vernehmen: »Ich habe schon seit gestern an einem Gedicht gearbeitet.«

Er reichte es herüber. Frege vertiefte sich darin und sagte: »Ja, das stimmt, er brauchte nicht ›Huldigung und Gold‹, wie es hier im dritten Vers heißt. Ich bin immer wieder beeindruckt, wie Ihnen die Poesie von der Hand geht, lieber Sachse, und weiß Ihre Kunst sehr zu schätzen.« Dann las Frege ergriffen den fünften und sechsten Vers vor:

»Ein Geist, so stark, so rein, so gut,
Kann nimmermehr sich selbst genügen,
Will sonnengleich so Licht wie Glut
Verströmen voll in Wellenzügen.

Nur Geistesfürsten sind so groß
Und können so human entscheiden:
Den Brüdern heiter-ernstes Los
Für mich die Last, für mich das Leiden!«[1]

Sachse meinte: »Es ist nur eine kleine Kunst verglichen mit Ihren großen Gedanken. So ziehen wir beide Gewinn aus dem Vermögen des anderen!«

Frege nahm noch einmal Bezug auf das Gedicht: »Unser Professor Abbe war einer der edelsten Menschen, die mir je begegnet sind. Er muss in seinen letzten beiden Lebensjahren sehr gelitten haben.«

Sie verabredeten sich, gemeinsam zur Trauerfeier zu gehen. Dann kehrte Frege in seine Wohnung zurück.

»Professor Sachse hat ein Gedicht für Abbe geschrieben«, berichtete er seiner Haushälterin Meta.

»Da gab es doch auch einmal einen Fackelzug für Abbe. Ich erinnere mich noch gut daran«, meinte sie.

»Ja, Anfang Oktober 1903, als bekannt gemacht wurde, dass Professor Abbe von der Geschäftsleitung der Zeiss-Stiftung zurückgetreten war. Es gab eine große Bestürzung, niemand konnte sich vorstellen, dass er nun nicht mehr an der Spitze stand. Wohl 1 500 Fackeln leuchteten, als Mitarbeiter und deren Angehörige betrübt vor sein Haus zogen«, bestätigte Frege.

»Warum eigentlich, Herr Professor?«

»Da gibt es viel zu sagen, liebe Meta. Abbe war ein hochbegabter Physiker. Er wandte sich bei Zeiss der Entwicklung von optischen Geräten zu. Diese wunderbaren Geräte, das Mikroskop zum Beispiel, machten ihn berühmt. Er wurde Mitinhaber der Zeiss-Werke und zeigte danach auch ein besonderes unternehmerisches Geschick. Der wirtschaftliche Erfolg ist sehr groß«, betonte Frege, »aber das ist es nicht allein. Als Sohn eines Fabrikarbeiters wuchs er in Armut und Bedürftigkeit auf. Er kannte die Nöte und Probleme der Arbeiterschaft. Abbe führte für die Belegschaft eine ganze Reihe segensvoller Reformen ein.«

»Den Achtstundentag«, wusste Meta.

»Ja, seit dem Jahr 1900, zu einer Zeit, als allgemein noch zehn bis elf Stunden gearbeitet wurde. Die Rolle und die Verantwortung des Unternehmers waren Professor Abbe sehr wichtig, er betonte aber immer, dass die Erträge eines Unternehmens auch dem Fleiß der Arbeiter zu verdanken seien. Deshalb sollte eine Gewinnbeteiligung gewährt werden. Außerdem wurden großzügige Pensionsrechte geschaffen, Wohneigentum gefördert, sechs Tage bezahlter Urlaub sowie sechs Tage unbezahlter Urlaub im Jahr eingeführt. Auch wenn jemand im Reichs-, Staats- und Kommunaldienst ehrenamtlich tätig wird, muss dafür Urlaub gewährt werden.«

»Was bedeutet diese letzte Regelung? Kommt sie dem Unternehmen denn zugute?«, fragte Meta.

»Das ist aus meiner Sicht wirklich sehr weitsichtig. Es wird Mitarbeitern ermöglicht, sich auch einem Ehrenamt zu widmen. Dies ist für ein Gemeinwesen, zu dem auch das Unternehmen gehört, durchaus von Bedeutung. Den Beamten in Weimar gingen diese Reformen zu weit. Würden sie nicht auch anderenorts zu Forderungen führen? Auch ich war mit ihm in diesen Fragen nicht immer einer Meinung. Doch konnte Abbe sich in allem durchsetzen. Die Rechte der Mitarbeiter sind im Statut der Stiftung eindeutig festgeschrieben worden. Als Unternehmer war er gewohnt, Risiken einzugehen, und der Erfolg gab ihm recht.«

»Das wusste ich alles gar nicht«, erklärte die Haushälterin.

»In anderen Teilen des Reiches werden solche Forderungen von den Sozialdemokraten aufgestellt, und Arbeitskämpfe sind an der Tagesordnung. Hier in Jena hingegen wird der Arbeitsfrieden von allen hochgeschätzt. Erstaunlich ist, dass auch für die Mitglieder der Geschäftsleitung ein Höchstgehalt festgelegt wurde. Es darf das Zehnfache des durchschnittlichen Arbeitslohns nicht überschreiten. Bei Zeiss zu arbeiten, ist inzwischen eine Ehre. Wenn es mehr Abbes auf dieser Welt gäbe, brauchte es keine Revolutionäre. Durch kluge Reformen ließe sich manches zum Guten wenden.«

Gottlob Frege verehrte Ernst Abbe auch deshalb, weil sein Reformwillen zugleich umstürzlerischen, letztlich heillosen Tendenzen in der Sozialdemokratischen Partei Deutschlands (SPD) entgegenwirken konnte. Die Verluste und Schäden durch eine revolutionäre Entwicklung wären nicht abzusehen. Meta Arndt

verstand, dass Abbe sich wirklich den Benachteiligten zugewendet hatte. Aber ob
sein gütiges Wirken über den Tod hinaus Bestand haben würde?

**

Die Trauerfeier für Ernst Abbe sollte am Dienstag, dem 17. Januar 1905, um 15 Uhr
im Volkshaus stattfinden. Ja, das Volkshaus erschien auch Gottlob Frege sofort als
der richtige Ort. Denn dieser große Gebäudekomplex war auf Anregung Abbes
von der Carl-Zeiss-Stiftung in den Jahren 1901 bis 1903 errichtet worden. Das
Volkshaus enthielt eine Lesehalle und öffentliche Bibliothek sowie neben dem
großen Saal, der 1 400 Plätze aufwies, zwei kleinere Hörsäle und weitere Räumlichkeiten, alle kunstvoll gestaltet. Diese sollten nach Abbes erklärtem Willen aus-
nahmslos von jeder politischen und kulturellen Initiative genutzt werden können
und die Geselligkeit fördern. Es war ja schon erkennbar, dass damit das Kultur-
und Geistesleben in Jena eine völlig neue Dimension erreichen würde. Gottlob
Frege wurde sich erneut bewusst, wie viel enger sein eigener Wirkungskreis gezogen war.

»Ein Haus des Volkes, im wahrsten Sinne des Wortes. Ein Monument für das
Anliegen Abbes, den bisher Benachteiligten Bildung zu gewähren, die Arbeiter-
schaft insgesamt zu fördern«, dachte Gottlob Frege bewegt, als er zusammen mit
Leo Sachse den großen Saal betrat. Seiner Herkunft nach hatte er im Gegensatz zu

Abbildung 12-2   Das Volkshaus in Jena

Abbe mit Arbeitern eigentlich keinen Kontakt, und deren Bedürfnisse und Nöte waren ihm kaum bekannt geworden.

Auf der Bühne stand der Sarg, Zeiss-Mitarbeiter hielten die Totenwache. Der Bevölkerung war schon seit Montag die Möglichkeit gegeben worden, Abschied zu nehmen, auch in der Nacht zum Dienstag defilierten sehr viele am Sarg vorbei.

Der Saal war mit schwarzem Tuch behangen, mit Lorbeer- und Orangenbäumchen geschmückt, dies setzte sich auf der Bühne fort. Hinzu kamen prächtige Kränze. Alles vermittelte die Schwere und Bedeutung des Verlustes. Das Leben eines wahren Helden hatte sich vollendet. In der Stadt waren die Stiftungsbetriebe und öffentlichen Gebäude auf Halbmast beflaggt, Vergnügungen abgesagt worden. Schon am Sonntag hatte es keine Musik auf dem Marktplatz gegeben. Leo Sachses Gedicht erschien in der ›Jenaischen Zeitung‹ und im ›Jenaer Volksblatt‹, einer zweiten Zeitung in Jena. Sie war schon 1890 von Abbe gegründet worden, um dem konservativen Einfluss in Jena zu begegnen.

Indessen strömten immer mehr Menschen in den großen Saal des Volkshauses. Schließlich war er bis auf den letzten Platz besetzt, einschließlich der Plätze auf den Emporen. Die wunderbar gewölbte Decke des Raumes überspannte das Geschehen, große Fenster spendeten Licht. Die Betroffenheit war bei allen zu spüren.

Dann eröffnete der Gesangsverein der Firma Zeiss die Trauerfeier. Viele wussten bereits, dass es keine christliche Zeremonie geben würde. Ernst Abbe, über den seine Frau sagte, dass sie wahres Christentum erst durch ihren Mann kennengelernt habe, war bereits 1870 aus der Kirche ausgetreten. Die fehlende Bereitschaft, sich den Nöten des einfachen Volkes zuzuwenden, hatte ihn damals dazu bewogen. Solche Gedanken waren Gottlob Frege in seinem Leben nicht gekommen. Er fühlte sich in den Gottesdiensten gut aufgehoben.

Dr. Siegfried Czapski, der jetzige Leiter der Firma Zeiss, betrat die Bühne. Jeder spürte, wie bewegt er war, als er in seiner Ansprache die bemerkenswerten Eigenschaften des hervorragenden Mannes aufzählte: »…tiefwurzelnder Familiensinn, … Vaterlandsliebe, … ausgesprochenes Gerechtigkeitsgefühl, … in allen Fragen auf der Seite der Verfolgten, Unterdrückten, Hilfsbedürftigen, … unbeugsames Streben nach Wahrheit und Aufrichtigkeit, … Selbstlosigkeit. … So habe er auch alle äußeren Ehren stets abgelehnt, … in seinen großartigsten Schöpfungen habe er ängstlich vermieden, mit seinem Namen hervorzutreten.«[2]

Noch viele Redner und Huldigungen folgten, Kränze wurden niedergelegt. Für die Arbeiterschaft sprach der Schlosser Hermann Leber ein Abschiedswort. Abbe sei als Unternehmer ein unerreichtes Vorbild.

Nachdem diese großartige Feier mit einem Lied des Männerchores beendet worden war, trugen Mitglieder der Zeiss'schen Feuerwehr den Sarg hinaus.

Der Trauerzug formierte sich, unzählige Menschen säumten ihn an den Straßenrändern. Später erfuhr Frege, dass es etwa 3 000 waren, die Abbe das letzte Geleit gaben.

Ernst Abbe war nicht mehr, damit mussten sie jetzt alle leben. Als Gottlob Frege sich auf den Heimweg begab, ließ er seinen Erinnerungen freien Lauf. Unendliche Dankbarkeit breitete sich in ihm aus. Welche glückliche Fügung, dass ihm dieser Mann begegnet war!

Zurückgekehrt in sein Haus setzte sich Frege an den Schreibtisch. Die ›Jenaische Zeitung‹ hatte über Ernst Abbe geschrieben, »...*dass die Spur seiner Erdentage nicht in Äonen untergehen wird.*«[3]

Wie wahr! Es galt weiterzuarbeiten, auch wenn das Schicksal viele Wunden geschlagen hatte.

*

Nachdem Gottlob Frege am 9. Oktober 1896 das Bürgerrecht in Jena erworben hatte, wandte er sich gelegentlich politischen Geschehnissen zu. Es war ihm ganz recht, wenn sie ihn etwas aus Selbstzweifeln und seiner abstrakten Gedankenwelt herausführten. Im Juni 1898 hatte er den Reichstagsabgeordneten Ernst Bassermann unterstützt. Bassermann vertrat die Nationalliberale Partei, die sich, eindeutig allen Protestanten im Lande verbunden, für einen parlamentarischen Rechtsstaat und die Umwandlung des Deutschen Kaiserreiches in einen modernen Industriestaat einsetzte. Gemeinsam mit einigen anderen Professoren sowie vielen weiteren Vertretern des Bürgertums in Jena unterschrieb Frege einen Wahlaufruf für Bassermann, der in der ›Jenaischen Zeitung‹ veröffentlicht wurde.

Fünf Jahre später, im November 1903, beteiligte Frege sich erneut an einem Wahlaufruf, diesmal für die Jenaer Gemeinderatswahl. Wieder waren es einige Professoren und namhafte Persönlichkeiten, insgesamt 74, die sich berufen fühlten, offen für die bürgerlichen Kandidaten zu werben.

Man muss der Lauheit unserer Kreise entgegenwirken, dachte auch Frege. Hatte nicht der Dresdener Parteitag der Sozialdemokratie gezeigt, wohin die Reise gehen würde? Dort wurde unverhohlen ausgesprochen, dass man von der bestehenden Staats- und Rechtsordnung nichts wissen wollte. Der sozialdemokratische Zukunftsstaat sollte auf dem Wege einer Revolution erreicht werden.

Es gelang schließlich, eine Mehrheit der Sozialdemokraten im Gemeinderat zu verhindern.

Gottlob Frege trat in Jena der Nationalliberalen Partei bei.[4] Man setzte sich dort für eine eiserne Reichsregentschaft, ein starkes Heer, eine schlagkräftige Flotte und den Ausbau der wirtschaftlichen, technischen und kulturellen Macht Deutschlands ein. Das entsprach den Erwartungen des Bürgertums. Bei der Bekämpfung der Sozialdemokratie war man sich besonders einig. Auf den Zusammenkünften traf Frege Gleichgesinnte, die für seine Argumente offen waren, eine Erfahrung, die er auf seinem Fachgebiet leider nur selten machen konnte.

Aber was sollte man gegen die Verelendung breiter Schichten der Bevölkerung tun? Inmitten des aufgeblühten Kaiserreiches vagabundierten Hunderttausende Hungernde und Entwurzelte auf den Straßen des Landes. Das bewegte Frege durchaus. Wie konnte die Regierung Abhilfe schaffen?

»Ich denke, dass man sich besser auf die eigenen Kräfte als auf den Staat besinnen sollte«, sagte er manchmal. Die Arbeitslosigkeit musste natürlich bekämpft werden.

Ernst Abbe, sein leuchtendes Vorbild, hatte sich allerdings stets in Gegnerschaft zur nationalliberalen Mehrheit in Jena befunden.

***

Gottlob Frege hatte gelegentlich Kontakt zu Heinrich Liebmann. Der Sohn des Jenaer Philosophen Otto Liebmann wurde 1895 bei Johannes Thomae mit einem geometrischen Thema promoviert. Heinrich Liebmann hatte als Assistent an der Universität Göttingen im Wintersemester 1898/99 David Hilberts Vorlesung über die Elemente der Euklidischen Geometrie gehört. Im Sommer 1899 bekam Frege von Heinrich Liebmann ein Manuskript dieser Vorlesung.[5]

Darin fand sich ein ganz neuer Ansatz für die Grundlagen der Geometrie, bei dem Axiome die Gestalt inhaltsloser Zeichenfolgen haben, aus denen mit Hilfe von formalen Regeln Folgerungen hergeleitet werden. Der Gießener Mathematikprofessor Moritz Pasch und andere hatten schon vor Hilbert die formal-axiomatische Methode in der Geometrie angedacht. (Pasch, 1882)

Hilbert stellte 21 Axiome auf. Eines war das berühmte Parallelenaxiom des Euklid, nach dem zu einer Geraden g und einem nicht auf g liegenden Punkt P genau eine parallele Gerade h existiert, die durch P verläuft. Ersetzt man dieses

Abbildung 12-3   Unterschrift von Gottlob Frege 1906

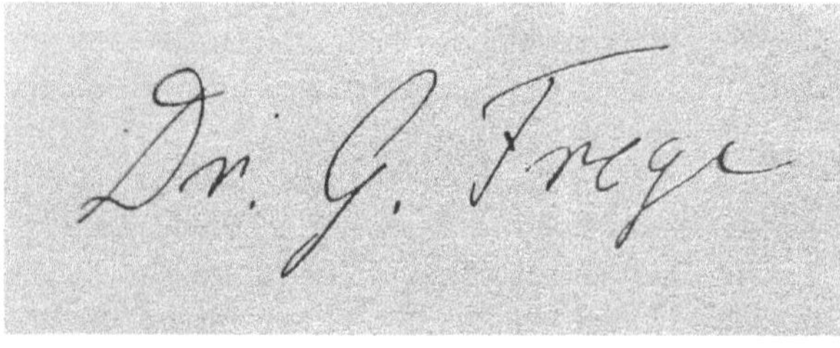

Axiom durch andere damit unvereinbare Axiome, gelangt man zu Nichteuklidischen Geometrien.

Nachdem Frege sich intensiv und kritisch mit dem formalen Ansatz zur Geometrie auseinandergesetzt hatte, teilte er seine Befunde auch Otto Liebmann mit.[6] Außerdem nahm er wie schon 1895 bei der Zahlenproblematik Verbindung zu David Hilbert auf. In jeweils drei Briefen von Ende 1899 bis Herbst 1900 wurden die unterschiedlichen Standpunkte ausgetauscht.[7]

Hilbert zog sich danach, wichtige Arbeiten vorschützend, vom Dialog zurück. Er hielt wohl den weiteren Meinungsstreit für unfruchtbar, da Frege ihm unbelehrbar schien. Auch die von Frege angeregte Veröffentlichung des Briefwechsels wollte Hilbert nicht gefallen, weil sich seine Ansichten inzwischen geändert hätten. Trotzdem bekannte er, dass die Einwände Freges ihn durchaus zum Nachdenken veranlassten. Frege diskutierte die Problematik natürlich darüber hinaus mit seinen Jenaer Kollegen Thomae und Gutzmer, was er auch im ersten Brief an Hilbert erwähnte. Thomae favorisierte eindeutig den formalistischen Standpunkt, ohne sich dabei direkt auf Hilbert zu beziehen. Gutzmer spielte eher die Rolle eines Vermittlers. Aber alle drei sahen noch Unklarheiten beim Verständnis der Hilbertschen Ansichten.

Ergänzung: Die Axiome der Geometrie

In der Auseinandersetzung zwischen Frege und Hilbert, die von großer Tragweite für die Grundlagen der Mathematik war, ging es um den Status von Axiomen, Definitionen und Sätzen (Theoremen).

Für Frege waren alle Axiome (Grundgesetze) unbezweifelbar *wahre Gedanken,* deren Widerspruchsfreiheit schon aus der Wahrheit folgte. Definitionen von Begriffen mussten *explizit* angegeben werden. Ein Beispiel ist Freges Zahlbegriff. Sätze stellten logisch geschlussfolgerte wahre Aussagen dar, die jeweils *mit eindeutigen Inhalten verbunden* waren. Die Euklidischen Axiome enthielten für ihn also grundlegende wahre Aussagen über die Außenwelt, und deren Geometrie war für ihn zwingend die Euklidische.

Hilbert gab dagegen für die Geometrie ein formales System von Axiomen vor, dessen Wahrheit zunächst nicht feststand und in speziellen Situationen erst zu prüfen war. Durch diese Interpretationen der Axiome bekamen sie auch konkrete Inhalte.

Trotz aller Kritik Freges sah sich Hilbert durch die geometrischen Erfordernisse moderner Theorien bestätigt. Zudem glaubte er, die Grundlagen der Mathematik generell so gegen logische Widersprüche besser absichern zu können, während Frege mit seinem logischen Programm auf inhaltlicher Basis gescheitert war.

Ergänzung: Wahrheit – Widerspruchsfreiheit

In Hilberts System stand die Widerspruchsfreiheit der Axiome zur Disposition. Widerspruchsfreiheit und Wahrheit waren für Hilbert dasselbe, während für Frege Widerspruchsfreiheit keineswegs schon Wahrheit bedeutete.

Bei der formal-axiomatischen Methode kamen die Grundbegriffe bereits in den Axiomen vor und wurden durch sie nicht explizit, sondern quasi *implizit* durch das Beziehungsgefüge der Axiome definiert. Frege hielt dieses Konzept für äußerst problematisch, unter anderem deshalb, weil man nicht wusste, worüber man sprach.

Neben der (dreidimensionalen) Euklidischen Geometrie gab es andere Geometrien, die teilweise untereinander unvereinbar waren. Nichteuklidische Geometrien waren schon zu Zeiten von Gauß bekannt, erregten aber zunächst eher Unbehagen. Später spielten sie allerdings in der Physik zunehmend eine Rolle. Auch höherdimensionale Geometrien kamen nun in Betracht. Man denke etwa an die vierdimensionale Raum-Zeit in der Relativitätstheorie von Albert Einstein.

Frege hatte den inneren Drang, die Basis der Mathematik bis ins Kleinste zu begutachten und zu präzisieren. Hilbert dagegen schien mit festem Glauben an die Tragfähigkeit der bestehenden Basis kühn weiterbauen zu wollen.

*

Da Hilbert kein weiteres Interesse an der Auseinandersetzung zeigte, veröffentlichte Frege 1903 und 1906 mehrere Aufsätze zu den Grundlagen der Geometrie, in denen er nachzuweisen versuchte, dass der formale Ansatz Hilberts zwar auf den ersten Blick faszinierte, aber bei genauerer Beschäftigung logisch zweifelhaft und unbefriedigend war.[8] Frege hatte sich der Geometrie zugewandt, da er sie inzwischen als eigentliche Quelle der Mathematik in Betracht zog. Mit der logischen Begründung der Mathematik über die Arithmetik war er ja gescheitert.

Nun wurde Frege in den Publikationsorganen der Mathematik auf einmal wahrgenommen. Hilfreich konnte dabei gewesen sein, dass sein Jenaer Kollege August Gutzmer, der mit den Streitpunkten bestens vertraut war, eine zentrale

Rolle in der Deutschen Mathematiker-Vereinigung spielte und Herausgeber ihrer ›Jahresberichte‹ war.[9] Diese sollten künftig sogar monatlich erscheinen, sodass druckreife Veröffentlichungen äußerst willkommen waren.

Die Darlegungen von Frege in seinen Aufsätzen zur Geometrie waren gemäß seiner Grundüberzeugung präzise. Dabei machte er auf missverständliche Formulierungen bei Hilbert aufmerksam. Ein Einwand bezog sich auch auf die Vermengung von Begriffen erster und zweiter Stufe bei Hilbert, die Frege fein säuberlich zu trennen wusste. Frege erkannte aber auch die Vorteile der neuen Sichtweise an.

> *»Danach wird sich die Euklidische Geometrie als ein besonderer Fall eines umfassenderen Lehrgebäudes darstellen, neben dem es vielleicht noch unzählige andere besondere Fälle geben kann, unzählige Geometrien, wenn man dies Wort noch zulassen will.« Man ist damit schon am »…Anfange eines Weges, der in größere Tiefen führt.«* (Frege, 1903b, S. 374, 375)

Die Berechtigung von Freges Kritik an der formalen Axiomatik wurde öffentlich kaum anerkannt. Dafür gab es Kommentare zu den Aufsätzen Freges, die eher Verwirrung stifteten. Er blieb einfach unverstanden.

Unmittelbar nach den beiden Aufsätzen Freges in den Jahresberichten 1903 meldete sich der Gymnasiallehrer Alwin Korselt an gleicher Stelle mit einem Beitrag zu den Grundlagen der Geometrie zu Wort, versuchte wohl auch zwischen Frege und Hilbert zu vermitteln. Das führte aber zu keiner Klärung. (Korselt, 1903)

»Dem Zeitgeist, alles im Vagen zu lassen, ist einfach nicht beizukommen«, stellte Frege ernüchtert fest.

Hilbert hüllte sich weiterhin in Schweigen. Aufgebracht durch diese Ignoranz, provozierte Frege in einem Aufsatz von 1906:

> *»Herr Hilbert setzt sich mit meinen Gründen, so weit wie mir bekannt ist, überhaupt nicht auseinander. Vielleicht ist auch in ihm eine geheime, von tiefer Dämmerung umgebene Furcht wirksam, durch näheres Eingehen auf meine Gründe könnte sein Bau gefährdet werden.«* (Frege, 1906a, S. 294)

Dann legte er noch einmal kräftig und spöttisch nach:

> *»Herr Hilbert hackt Definition und Axiom beide ganz fein, mengt sie sorgfältig durcheinander und macht eine Wurst daraus. Herrn Korselt genügt diese Mischung nicht; er hackt auch noch die Thomaeschen Regeln über den Gebrauch der Zeichen klein, gibt eine Messerspitze meines Andeutens dazu und fügt aus*

eignen Mitteln die Beschreibung der Art hinzu, wie sich Erfahrungsgegenstände verbinden lassen, mengt alles gut durcheinander und macht eine Wurst daraus.« (Frege, 1906a, S. 297)

Frege vermisste das genaue ›*Rezept für die Wurst*‹. Er war seit jungen Jahren fest davon überzeugt, dass es immer wieder zu Missverständnissen kommen musste, wenn man bei wissenschaftlichen Auseinandersetzungen keine Klarheit über Begriffe und Gedanken hat. In einem weiteren Aufsatz schrieb er 1906:

»Bei einem wissenschaftlichen Streite muß man so genau wie möglich festzustellen suchen, worin die Meinungsverschiedenheit bestehe, damit ein bloßer Wortstreit vermieden werde.« (Frege, 1906c, S. 429)

Frege erklärte, es würde nur leeres Stroh gedroschen, er wolle sich künftig nicht mehr an oberflächlichen Diskussionen beteiligen. (Frege, 1906c, S. 430)

*

Um 1900 hatte der Philosoph Edmund Husserl seine logischen Untersuchungen veröffentlicht. (Husserl, 1900, 1992) Sechs Jahre später gab es einen weiteren brieflichen Gedankenaustausch zwischen Gottlob Frege und Husserl, der inzwischen in Göttingen lehrte. Frege erläuterte seine Grundsätze des Definierens und ging auf das Verhältnis von Logik und Sprache ein. Er betonte, dass die Logik über die Sprache zu richten habe. Es ergaben sich Übereinstimmungen und Unterschiede in den Auffassungen. (G. Gabriel, 1980, S. 40–46)

Trotz allem hält Husserl seinen Briefpartner später zwar für einen scharfsinnigen, aber unfruchtbaren Sonderling.

Im Jenaer Umfeld wurde ähnlich gedacht. Johannes Thomae war überzeugt, dass Frege sich schon lange in einer Sackgasse befand. Dieses Verrennen wirkte sich aus Thomaes Sicht auch auf Freges Lehrveranstaltungen aus. Für die Lehre schien er kaum geeignet. Mit seinen überkritischen Maßstäben machte er sich zudem keine Freunde. Thomae blieb bei seiner formalistischen Sicht auf die Mathematik, die auch von Hilbert vertreten wurde und immer mehr an Einfluss gewann. Während sich Frege axiomatisch-inhaltlich am Althergebrachten orientierte, sahen die Formalisten in den Axiomen nur ein System von Spielregeln, das den Inhalt der mathematischen Objekte durch diese Regeln implizit beschrieb, dabei aber noch genügend Spielraum für Interpretationen ließ. Ein Beispiel für die neue Betrachtungsweise ist das Axiomensystem der natürlichen Zahlen.

In ähnlicher Form traten diese Aussagen der Arithmetik bei Dedekind und Frege auf, dort allerdings eingebettet in eine jeweils andere Auffassung von der

Mathematik. Bei Frege waren sie zudem keine Axiome, sondern logisch hergeleitete Gesetze. Das Prinzip der vollständigen Induktion ergab sich bei ihm aus einer allgemeineren Reihenlehre mit aufeinanderfolgenden Gliedern durch Vererbung von Eigenschaften. (Frege, Begriffsschrift, 1879a, S. 55 ff., Abschnitt III)

Erläuterung: Axiome der Zahlen

Die formale Beschreibung der Arithmetik der natürlichen Zahlen enthält 5 Axiome, die heute meist Peano zugeschrieben werden, der sie 1889 veröffentlichte. In Worten lauten die Axiome:

1. 0 ist eine natürliche Zahl.
2. Jede natürliche Zahl n hat eine natürliche Zahl n' als Nachfolger.
3. 0 ist kein Nachfolger einer natürlichen Zahl.
4. Natürliche Zahlen mit gleichem Nachfolger sind gleich.
5. Enthält die Menge X die 0 und mit jeder natürlichen Zahl n auch deren Nachfolger n', so bilden die natürlichen Zahlen eine Teilmenge von X.

Das letzte Axiom heißt *Induktionsaxiom,* da auf ihm die Beweismethode der vollständigen Induktion beruht.

Die natürlichen Zahlen sind dann mit 0, 0' = 1, 0" = 2... gegeben. Mit der Nachfolgerbildung wird auch die Addition definiert. Speziell gilt dann n' = n + 1.

Früher tolerierten Thomae und Frege ihre jeweils unterschiedlichen Auffassungen und fühlten sich in den ersten Jahren sogar freundschaftlich verbunden. Aber die Charaktere und Grundüberzeugungen der beiden waren so verschieden, dass es irgendwann zum Zerwürfnis kommen musste. Inzwischen machte Frege aus seiner Abneigung gegen formalistische Auffassungen keinen Hehl mehr. Er entzündete seine Eskapade an einem Beitrag Thomaes in den ›Jahresberichten der Deutschen Mathematiker Vereinigung‹, der vom Sommer 1906 stammte und der als unbeschwerte Ferienplauderei daherkam. (Thomae, 1906a)

Dabei wiederholte Thomae Standpunkte der formalen Arithmetik, die Frege schon im Band II der ›Grundgesetze der Arithmetik‹ als haltlos nachgewiesen hatte. (Frege, 1903)

Frege störte außerordentlich, dass Thomae überhaupt nicht auf seine Kritikpunkte einging. Er war ratlos, empfand dies als persönliche Kränkung. Es kam zu einer öffentlichen Auseinandersetzung.

Frege setzte sich schon seit 1885 kritisch mit der formalen Theorie der Arithmetik auseinander, die Johannes Thomae vertrat. Frege hatte dazu einen Vortrag in der ›Jenaischen Gesellschaft für Medizin und Naturwissenschaft‹ gehalten, der wie üblich in deren Zeitschrift veröffentlicht wurde. (Frege, 1886)

Dabei hatte er klargestellt, dass die Zahlen von den Zahlzeichen streng zu unterscheiden sind. Zum Beispiel lässt sich die Acht dezimal als 8, dual als 1000 und römisch als VIII schreiben. Es ist aber immer dieselbe Zahl. Die Zahl selbst ist eine Abstraktion, ein bewusster Akt des Weglassens unwesentlicher Unterschiede. Er dichtete dazu voller Spott:

»Wohl tut des Abstrahierens Macht,
Wenn es der Mensch bezähmt, bewacht;
Doch furchtbar wird die Himmelskraft,
Wenn sie der Fessel sich entrafft.« (Frege, 1906d, S. 589)

Thomae überzeugte das nicht, zumindest erweckte er den Anschein. Er sah aber auch keine Veranlassung, sich mit Frege deswegen zu streiten. Frege machte diese Ignoranz wütend. Er sah die Gefahr einer inflationären Verbreitung von Auffassungen, die er verworfen hatte, und schrieb:

»Es gibt, wie es scheint, Menschen, von denen logische Gründe abgleiten wie Wassertropfen von einer Öljacke. Auch gibt es wohl Meinungen, die, obwohl wiederholt widerlegt, und obwohl nie ein ernstlicher Versuch gemacht ist, diese Widerlegung zu widerlegen, sich immer und immer wieder breit machen, als ob nichts geschehen wäre.« (Frege, 1906d, S. 590)

Thomae seinerseits gab im Anschluss daran eine Erklärung ab, in der er die akademische Jugend vor dem Narren Frege warnt, dessen überzogene Gewissenhaftigkeit immer neue Blüten treibe und deren vollständige Zurückweisung nur die eigene Zeit raube und in den ›Jahresberichten‹ wertvollen Platz koste. Die unfehlbare Gewissheit Freges lasse einen gleichberechtigten Austausch der Sichtweisen ohnehin nicht zu. (Thomae, 1906b)

Damit schien Thomae endgültig aus der fachlichen Auseinandersetzung mit Frege auszusteigen. Frege wollte die beleidigenden Äußerungen Thomaes so nicht stehen lassen. Er veröffentlichte zwei Jahre später eine Schrift, in der er die Unmöglichkeit der Thomaeschen formalen Arithmetik aus seiner Sicht erneut bekräftigte. (Frege, 1908a) Thomae erwiderte noch einmal kurz und unerbittlich, bevor er den öffentlichen Disput endgültig aufgab. (Thomae, 1908)

Direkt darauf folgte Freges ›Schlußbemerkung‹, eine knappe und prägnante Darstellung seiner Einwände gegen den Zustand der formalen Arithmetik. Zudem ließ er seinem Ärger freien Lauf, dass Thomae auf seine Kritik gar nicht weiter einging. (Frege, 1908b) Damit verließ auch er die Bühne.

Mit diesem Streit tat Frege sich keinen Gefallen, war er doch in vielerlei Hinsicht auf seinen ihm vorgesetzten Kollegen angewiesen. Bedauerlich, die heftige Kontroverse ließ sich nicht mehr aus der Welt schaffen.

*

An einem Sonnabend im Juni 1908 wollte Gottlob Frege einmal wieder nach dem 13 Kilometer östlich von Jena gelegenen Dorf Thalbürgel wandern. Dr. Johannes von Lüpke, der Großneffe seiner Mutter, war dort seit 1901 als Pastor tätig. Frege freute sich auf das Zusammensein mit ihm, seiner Frau und den vier Kindern. Es war immer so erbaulich mit ihnen. Er schritt aus und sann vor sich hin. Wie sehr machte ihm doch sein Schicksal zu schaffen. Der Tod Margaretes lag vier Jahre zurück und war noch nicht verwunden. Dann die beruflichen Herausforderungen, die Zurückweisung durch die Fachkollegen, das Scheitern seiner wissenschaftlichen Arbeit. Es war so still in seiner Wohnung, manchmal unerträglich.

Schließlich hatte er Thalbürgel erreicht. Als er das schlichte Pfarrhaus betrat, lief ihm ein Knabe entgegen und schaute ihn mit großen Augen an. Frege war gleichfalls erstaunt: »Wer bist du denn?« Da drehte sich der Kleine bereits wieder um und lief davon.

»Onkel Gottlob, wie schön dich zu sehen, auch Else wird sich freuen«, sagte der Neffe. Seine Frau begrüßte ihn lebhaft: »Da kannst du gleich mit uns zu Mittag essen!« Auch die Kinder freuten sich über den Gast. Am langen Mittagstisch nahm dann noch ein kleines Mädchen Platz, das Gottlob Frege ebenfalls nicht kannte. Das Mädchen und der Junge wirkten ungebärdig. Sie griffen etwas ungelenk beim Essen zu. Es scheint beiden schwer zu fallen stillzusitzen, dachte Frege. Der Junge schien ihm zugetan.

Nach der Mahlzeit ging der Neffe mit ihm in den Garten.

»Onkel, du siehst betrübt aus«, sagte er besorgt.

»Es gibt Auseinandersetzungen, Anfeindungen an der Universität, nichts geht voran. Ich bin allein, ganz auf mich selbst gestellt. Zum Glück ist die gute Meta im Haus, aber eine gewisse Freudlosigkeit will nicht mehr von mir weichen«, bekannte Frege.

»Ich verstehe, und das in dieser Sommerzeit«, bemerkte der Pastor. Wie könnte er dem Onkel helfen?

»Was hat es mit den beiden Kindern auf sich?«, fragte Frege, »sind sie zu Besuch?«

»Onkel Gottlob, es steht ganz schlimm um sie. Sie sind aus der Nähe, aus

Gniebsdorf. Das ist eine traurige Geschichte mit der Familie Fuchs. Der Mann kam in eine Irrenanstalt, seine Frau, die Mutter der Kinder, hatte ihn längst verlassen. Sie ist sehr krank und muss betreut werden. Nun haben wir die beiden Kinder, den fünfjährigen Alfred und die dreijährige Toni, erst einmal zu uns genommen. Vielleicht finden wir ja noch Pflegeeltern für sie, damit sie nicht in ein Heim müssen. Die zerrütteten Verhältnisse und die Lieblosigkeit der Eltern haben den Kindern sehr zugesetzt. Aber wir sind für sie nicht ohne Hoffnung.« Gottlob hatte bewegt zugehört. Eine menschliche Tragödie.

Da sprach Johannes, langsam, als wäre es eine Eingebung: »Könntest du dir vorstellen, die Vormundschaft für die Kinder zu übernehmen?« Gottlob schaute ihn überrascht an: »Wie soll das gehen, Johannes, ich bin im 60. Lebensjahr!«

»Aber du bist doch gut bei Kräften, Onkel. Du bist außerdem nicht allein, du hast doch Fräulein Arndt. Vielleicht könntet ihr sogar gemeinsam eines der Kinder aufnehmen?«

»Ja, mit Meta ginge es, das ist wahr. Meinst du wirklich?«

»Onkel, es könnte auch deiner Seele guttun, so ein kindliches Wesen um sich zu haben. Du hast mir manchmal erzählt, wie sehr Margarete und du euch Kinder gewünscht habt«, beharrte der Pastor, »vielleicht kommt dir jetzt mit einem Kind Gottes Segen zu. Trost und Kraft könnte es bedeuten, diese Verantwortung zu übernehmen. Ich glaube, in beiden Kindern einen guten Kern zu entdecken. Sie aus ihrem Elend zu befreien, das wäre ein Werk der Nächstenliebe.«

Gottlob Frege war nachdenklich geworden. Sollte er auf seine alten Tage noch Vaterpflichten übernehmen? War dies Gottes Plan mit ihm? Er sagte: »Ich werde mit Meta darüber sprechen, Johannes!« Beim Abschied warf er noch einmal einen Blick auf die Kinder, die alle im Spiel vereint waren. Als er Alfred sanft über den Kopf strich, ließ dieser sich das gefallen.

Auf dem Rückweg gab es nun ganz neue Gedanken. Was war ihm da gerade in Thalbürgel widerfahren? Gottlob Frege begann sich vorzustellen, wie es wäre, wenn der kleine Junge die Wohnung mit seinem kindlichen Wesen beleben würde.

»Aber es geht natürlich nur, wenn Meta zustimmt. Darf ich das überhaupt von ihr verlangen? Sie ist noch jung, und das Kind aufzunehmen, hieße ja auch, sie an ihn, den alten Pflegevater zu binden.« Gegen seine Gewohnheit setzte sich Frege an den Waldrand, um in Ruhe zu überlegen.

»Die Ämter werden nur zustimmen, wenn eine weibliche Betreuung gewährleistet ist. Wohnraum haben wir genug, finanzielle Mittel auch.« Unablässig bedachte er die Folgen, während er seine Wanderung fortsetzte.

In Jena angekommen wollte er nicht gleich mit der Tür ins Haus fallen. Ein paar Tage wollte er sich Zeit lassen. Aber dann fasste er sich doch ein Herz: »Meta, ich muss etwas Wichtiges mit Ihnen besprechen.«

»Herr Professor, Sie wirken so ernst, es ist hoffentlich nichts Unangenehmes?«

»Nein, ganz und gar nicht!«, entgegnete Frege. Er begann zu erzählen, was ihn bewegte. Schließlich fragte er besorgt: »Wie denken Sie darüber? Könnten Sie sich vorstellen, dass wir den kleinen fünfjährigen Alfred hier bei uns aufnehmen? Aber vielleicht haben Sie andere Pläne für die Zukunft? Das würde Sie sehr an uns binden.« Gottlob Frege bat um eine ruhige Entscheidung. Meta Arndt besann sich etwas, dann sagte sie mit klarer Stimme: »Da brauche ich nicht lange zu überlegen, Herr Professor. Es wäre doch so schön, wenn uns hier ein kleines Kind Gesellschaft leistete. Ich traue mir das zu, fühle mich bei Ihnen wohl und will nicht woanders hin.«

Zufrieden sah sie, wie sich Freges Gesicht aufhellte.

**

Im Jahr 1908 bestand die Universität Jena 350 Jahre. Dieses Jubiläum wurde in den letzten Julitagen mit einem Festgottesdienst in der Stadtkirche sowie mit einem Festakt im geschmückten großen Saal des Volkshauses gewürdigt.

Krönender Höhepunkt der Feierlichkeiten sollte am 1. August in einem Festakt die Einweihung des neuen, großen Hauptgebäudes der Universität sein. Drei Jahre war daran gearbeitet worden.

Frege machte sich mit festen Schritten auf den Weg. Die Stadt wirkte belebt, festliche Erwartung lag in der Luft. Frege betrat die alte Universität. Dort sammelten sich die Professoren, Dozenten und Studenten. In feierlicher Prozession wollten sie Einzug in das Hauptgebäude halten.

Abbildung 12-4 Nordseite des neuen Hauptgebäudes der Universität Jena

Abbildung 12-5   Festakt zum 350-jährigen Jubiläum der Universität

Pünktlich um halb 11 Uhr setzte sich das ›Corpus Academicum‹ in Bewegung, ein geschichtsträchtiger Augenblick. Voran schritten die Pedelle in traditioneller Tracht mit den silbernen Zeptern, gefolgt von seiner Magnifizenz, dem Prorektor Professor Berthold Delbrück im purpurnen Gewand. Es folgten die Dekane der theologischen im schwarzen, der juristischen im blutroten, der medizinischen im scharlachroten und der philosophischen Fakultät im violetten, goldbesetzen Talar. Frege hatte sich bei seinen Kollegen eingereiht. Trotz des unvermeidlichen Zusammentreffens mit seinem Kontrahenten Thomae war auch er an diesem Vormittag eher froh gestimmt.

Der Zug näherte sich dem Haupteingang des Gebäudekomplexes, der auf dem Areal des alten Stadtschlosses errichtet worden war. Frege stellte mit Genugtuung fest, wie wunderbar der Architekt Theodor Fischer die Bauten in das alte Stadtbild eingefügt hat. Einfachheit und Würde bestimmen die Gestaltung. Nein, das war kein erdrückender Fremdkörper geworden, wie manche befürchteten.

Der Komplex, mit Giebeln akzentuiert, war drei- und viergeschossig und asymmetrisch gegliedert. Siebzehn Hörsäle, kleine und größere, wurden dem Architekten zur Auflage gemacht.

Nachdem in den letzten zehn Jahren bereits zahlreiche Institute im Halbkreis um das alte Zentrum Jenas entstanden waren, hatte die Universität nun ein neues Wahrzeichen bekommen, ein Symbol der eigenen Größe.

Die festlich gekleideten Herren traten ein, durchschritten die gewölbte Eingangshalle und nahmen in der Aula die für sie vorgesehenen Plätze ein. Frege saß neben Hirzel.

Der große Saal mit einer hohen Kuppel war ebenfalls recht schlicht, er hatte an der Stirnseite das Reiterstandbild von Johann Friedrich I., dem Stifter der Universität. An der Westseite hingen die repräsentativen Gemälde der sogenannten Erhalter der Universität, des Weimarer Großherzogs sowie der Herzöge von Meiningen, Altenburg und Coburg-Gotha. Die Aula wirkte wie eine Ruhmeshalle. Pünktlich um 11 Uhr trafen die adligen Herrschaften mit ihren Automobilen nun auch leibhaftig ein, stürmisch begrüßt von einer großen Menschenmenge, die auf den Straßen und Plätzen hin- und herwogte.

Chorgesang ertönte, der feierliche Akt begann. Es folgte die Rede des Staatsministers Dr. Rothe. Dieser pries die Geschichte der Universität und gedachte derer, die in hochherziger Weise zur Errichtung des Hauptgebäudes beigetragen hatten. Gottlob Frege war sich sicher, dass man auch Ernst Abbe sehr bald ein Denkmal in dieser Aula setzen würde. Das wäre diesem nicht wichtig gewesen. Aber die von Abbe gegründete Carl-Zeiss-Stiftung hatte schließlich den Großteil der Geldmittel für den Bau des Hauptgebäudes bereitgestellt.

Nach der feierlichen Übergabe des Gebäudekomplexes wurden Grüße übermittelt, allen voran die des Reichskanzlers von Bülow. Oberbürgermeister Dr. Singer überbrachte die Grüße und Wünsche der Stadt. Sehr würdevoll ging alles zu.

Den krönenden Abschluss sollte aber dann ein herrlicher Weihegesang des allseits verehrten Komponisten Max Reger bilden. Dieser war Universitätsmusikdirektor am Königlichen Konservatorium in Leipzig und hatte soeben die Ehrendoktorwürde der Jenaer Universität erhalten. Der Text zur Musik war von Otto Liebmann gedichtet worden, der für seine poetische Neigung bekannt war. Maria Philippi, eine Schweizer Sängerin, berührte mit ihrer schönen, glänzenden und weittragenden Altstimme. Sie sang im Wechsel mit dem Chor:

»Ein köstlich Kleinod ward dir anvertraut:
Was seit Jahrtausenden der Mensch ersonnen
Umschließe du; für immer sei's gewonnen.
Sich in der Welt Geheimnis zu versenken,
Deutliches Wissen, dunkler Wahrheit Spur,
Was war, was ist, was sein wird, zu durchdenken,
Des Lebens Zweck, das Walten der Natur,
Gesetze, die der Völker Schicksal lenken,
Der Menschheit Heil, das Wachsen der Kultur –
Dies sei dein Ziel! Verfolg es ohne Wanken
Und schreite vor im Reiche der Gedanken!«[10]

Alle Zuhörer waren ergriffen. Gottlob Frege atmete tief ein und ging hinaus, ohne Kontakt mit anderen zu suchen. Diesen Eindruck wollte er ungestört auf sich wirken lassen. Eine solche Weihe war ohne Zweifel wertvoll, befestigte das Ideelle, das im Strom der Zeiten und Ereignisse immer etwas gefährdet war.

Zu Hause erwartete ihn Meta Arndt mit dem Mittagessen: »Wie war es denn, Herr Professor?«

»Oh, recht gelungen«, meinte Frege aufgeräumt, »bei allem Ärger, den ich habe, das hat mir gutgetan!« Er berichtete, was er erlebt hatte.

*

Am Freitag, dem 11. Dezember 1908, war in der ›Jenaischen Zeitung‹ die telegrafische Nachricht zu lesen, dass der Geheime Hofrat Professor Rudolf Eucken am Vortag den diesjährigen Nobelpreis für Literatur erhalten hatte.

Ganz überrascht war Gottlob Frege nicht, als er dies las. Eucken hatte bei ihren nachbarlichen Begegnungen bereits angedeutet, dass er diese Ehrung erhalten würde.

In Schweden war Eucken sehr bekannt. Der 1907 verstorbene König Oscar II. hatte ihn geschätzt, und Eucken war zudem Mitglied der Schwedischen Akademie der Wissenschaften geworden. Lebhaftes Interesse für Euckens gesellschaftskritische und religionsphilosophische Schriften gab es auch in Großbritannien, den USA und Japan.

Abbildung 12-6   Rudolf Eucken

Nachdem vor zehn Jahren Ernst Haeckel mit seinen ›Welträtseln‹ die Aufmerksamkeit auf Jena gelenkt hatte, wurde nun die Stadt erneut als geistiger Mittelpunkt Deutschlands gerühmt und weltweit bekannt gemacht. Am Sonnabend erschien dann eine Würdigung in der ›Jenaischen Zeitung‹. Gottlob Frege las mit innerer Anteilnahme:

>»In einer Zeit, da der Materialismus noch Triumphe feierte, da Erfindungen und Entdeckungen von erstaunlicher Größe und Tragweite des Menschen Stellung zur Welt erschütterten, in der eine neue Weltbetrachtung die alte … abzulösen schien, in einer solchen Zeit stürmischer Entwicklung und anscheinend hoffnungsloser Verwirrung trat der junge Gelehrte auf den Plan, um mit Begeisterung einzutreten für eine idealistische Weltanschauung im Gegensatz zu der Überschätzung der materiellen Welt.«[11]

In der Zeitung war auch das Preisgeld genannt worden, es belief sich auf 154 240 Mark. Eine gewaltige Summe! Eucken würde sie sicher auch dazu verwenden, ein Haus zu erwerben.

Natürlich waren nicht alle von dieser Auszeichnung begeistert. Ob Ernst Haeckel sich Chancen auf den Nobelpreis ausgerechnet hatte? Es war zu hören, dass er Eucken, mit dem er gut bekannt war, als beliebten Schönredner abtat. Dieser sei lediglich ein Fortbildner der christlichen Religion, der keine fruchtbaren eigenen Gedanken habe.

Schon unmittelbar nach seiner Rückkehr aus Stockholm, am 15. Dezember, hatte Eucken wieder seine Vorlesung gehalten. Einer studentischen Sitte folgend wurde er im Auditorium begeistert begrüßt. Es hieß: »Ein wahrer Donner rollte durch den Saal.« Dass er auf Studenten manchmal übertrieben feierlich und idealistisch wirkte, spielte an diesem Tag keine Rolle. Eucken betonte den großen Wert der Philosophie für die Lebensgestaltung und forderte die Studenten zu kräftiger, freudiger Mitarbeit auf.

Eucken hatte sich als Doktorvater gegen Widerstände dafür eingesetzt, dass mit der amerikanischen Philosophin Rowena Morse 1904 die erste Frau in Jena promovieren konnte. Sie erhielt sogar das Prädikat ›magna cum laude‹.[12] Eine Promotion im preußischen Berlin war ihr noch nicht möglich gewesen.

Bei Frege fand die Ehrung Euckens Anklang. Er fühlte sich durch dessen Gesellschaftskritik ermutigt. Der durch die Industrialisierung bedingte allgemeine Drang nach materiellem Wohlstand zeigte auch seine Schattenseiten, neben Gewinnsucht auch Neid und die zunehmende Spaltung der Gesellschaft in Arm und Reich.

*

Ein neues Semester begann, das Wintersemester 1909. Frege verließ nach der ersten Vorlesung ein wenig niedergeschlagen den Hörsaal. Erneut war die Schar seiner Studenten sehr überschaubar gewesen. Ein besonderes Interesse konnte er bei den Zuhörern nicht feststellen. Auf den Fluren begegnete ihm Otto Liebmann. Es blieb bei einem Gruß. Er sprach kurz mit Rudolf Hirzel. Johannes Thomae ging er lieber aus dem Weg. Durch die Polemik, auf die er sich eingelassen hatte, schien das gedeihliche Miteinander schwer gelitten zu haben. Von wem war noch Sympathie zu erwarten? Dass seiner Lehrtätigkeit kein besonderer Wert mehr beigemessen wurde, blieb Frege ebenfalls nicht verborgen.

Bekümmert machte er sich am späten Nachmittag auf den Heimweg. Wieder drängte sich die traurige Erinnerung an die Beerdigung Leo Sachses auf, der schon vor einigen Wochen, völlig erblindet, am 1. September 1909 verstorben war. Nach dem Tod von Ernst Abbe fehlte nun ein weiterer wichtiger Weggefährte.

Aber als Frege die Tür seiner Wohnung öffnete, kam ihm gleich der kleine Pflegesohn Alfred entgegen, der ihm jetzt amtlich zugesprochen worden war.

»Papa, da bist du ja!«, rief er freudig.

»Alfred, mein Junge!« Freges Gesicht hellte sich auf. Auch der treue Hund begrüßte sein Herrchen mit besonderer Zuneigung.

»Das Abendessen ist schon fertig, Herr Professor«, ließ sich Meta vernehmen. Wie immer hatte sie alles liebevoll zubereitet und den Tisch hübsch gedeckt. Ihre Suppe schmeckte. Meta spürte, dass der Tag für Frege wieder unangenehm gewesen war. Erfreut sah sie nun, wie sich seine Stimmung auch diesmal verbesserte.

»Na, Alfred, was habt ihr beide denn heute so gemacht?«, wollte Gottlob wissen. Die Wärme und Zuwendung Metas taten dem Kleinen sichtlich wohl. Er hatte inzwischen jegliche Scheu verloren.

»Wir haben wieder gesungen!«, kam sofort die Antwort.

»Was habt ihr denn gesungen?«, fragte der Vater nach.

»Das Lied mit der klappernden Mühle hat besonders viel Spaß gemacht!«, bekannte Alfred.

»Dann singen wir das Lied jetzt noch einmal«, bat nun Frege, gab den Einsatz und alle drei stimmten vergnügt ein:

»Es klappert die Mühle am rauschenden Bach,
Klipp-klapp.
Bei Tag und bei Nacht ist der Müller stets wach,
Klipp-klapp.
Er mahlet uns Korn zu dem kräftigen Brot,

Und haben wir dieses, dann hat's keine Not,
Klipp-klapp, klipp-klapp, klipp-klapp.«

Es war wirklich reizend, wie der Kleine dabei immer die Hände hochreckte und
kräftig zusammenschlug. Er hatte es schnell von den Großen abgeschaut.

»Tante Meta hat ja in einer Mühle gelebt«, erklärte Alfred.

»Ganz oft haben wir damals dieses Lied gesungen«, sagte Meta zur Bestätigung.

Wie eigentümlich, dachte Gottlob Frege. Verstimmt war er nach Hause gekommen. Doch wie viel Belebung und Freude gingen nun von Alfred und Meta
auf ihn über. Ja, es war ein rechter Segen, ein behütetes Kind zu haben! Er würde
Alfred gewissenhaft und aufmerksam betreuen. Da war er sich sicher. Für die
kleine Toni war eine andere Lösung gefunden worden. Aber auch für sie übernahm Frege die Vormundschaft.

**

In den beiden folgenden Jahren sollte es endlich mit den Ehrungen für den verstorbenen Ernst Abbe vorangehen. Gottlob Frege nahm daran lebhaften Anteil.
Die Universität entschloss sich, an der linken Wand der Aula eine Mauernische zu
schaffen. Dort würde eine Plastik des Bildhauers Adolf von Hildebrand zur Aufstellung kommen, die den demütig besorgten Abbe in einem Arbeitskittel zeigt.
Das konnte in der Aula einen deutlichen Kontrast zu den Bildern der fürstlichen
Herrschaften abgeben. Auch das jetzt vorgesehene große Abbe-Denkmal auf dem

Abbildung 12-7 Skulptur von Ernst
Abbe in der Aula der Universität Jena

Carl-Zeiss-Platz, mit einer von dem Künstler Max Klinger geschaffenen Herme fand Freges ausdrückliche Zustimmung. Abbe war wirklich eine überragende Persönlichkeit, wie sie nur ganz selten in Erscheinung tritt. Man durfte es wirklich glauben, »*dass die Spur seiner Erdentage nicht in Äonen untergehen wird*«, wie es die › Jenaische Zeitung‹ am 19. Januar 1905 so poetisch geschrieben hatte.

Anmerkungen zu Kapitel 12

1   Verse Leo Sachses zu Ernst Abbe. Siehe u. a. Jenaische Zeitung vom 17.1.1905.

2   Auszüge aus der Rede von Dr. Czapski zu Abbes Vermächtnis. Siehe Jenaische Zeitung vom 20.1.1905.

3   Würdigung Ernst Abbes. Siehe Jenaische Zeitung vom 19.1.1905.

4   Freges Mitgliedschaft in der Nationalliberalen Partei lässt sich belegen durch Eintragungen in: Wer ist's? Unsere Zeitgenossen. Zeitgenossenlexikon. Zusammengestellt und herausgegeben von H. A. L. Degener, Leipzig 1905. Zitiert in (Kreiser, 2000, S. 529).

5   Das Manuskript erschien zunächst 1899 in Stuttgart in einer Festschrift zur Einweihung des Gauß-Weber-Denkmals 1899 in Göttingen. Etwa zu dieser Zeit veröffentlichte Hilbert auch sein Buch › Grundlagen der Geometrie‹, das noch lange in vielen Auflagen gedruckt wurde und dessen Vorläufer das besagte Vorlesungsmanuskript war. Siehe z. B. die 7. Auflage (Hilbert, 2015). Es folgten u. a. die 10. Auflage 1968 und die 14. Auflage 1999.

6   Briefe Freges an Otto Liebmann vom 29.7.1900 und 25.8.1900. Siehe (G. Gabriel, 1980, S. 25–29).

7   Briefe Freges an David Hilbert vom 27.12.1899, 6.1.1900 und 16.9.1900 mit Antworten Hilberts vom 29.12.1899, 15.1.1900 und 22.9.1900. Siehe (G. Gabriel, 1980, S. 6–23). Eine ausführliche Auseinandersetzung mit den Standpunkten von Frege und Hilbert enthält das Buch (Schüler, 1983).

8   Freges Publikationen über die Grundlagen der Geometrie sind (Frege, 1903a), (Frege, 1903b), (Frege, 1906a), (Frege, 1906b) und (Frege, 1906c).

9   Der Jahresbericht versteht sich seit 1890 als ein Schaufenster der Mathematik. In Übersichtsartikeln und Berichten aus der Forschung werden aktuelle und wichtige Entwicklungen der Mathematik vorgestellt.

10   Aus einem Weihegesang, gedichtet von Otto Liebmann und vertont von Max Reger, vorgetragen am 1.8.1908 bei der Eröffnung des Jenaer Universitäts-Hauptgebäudes. Siehe (Steiger, 1989, S. 12).

11   Artikel zum Nobelpreis von Rudolf Eucken. Jenaische Zeitung vom 12.12.1908.

12   Siehe z. B. (Bast, Schlüter, & Thissen, 2017, S. 57–59).

Nachdem ihre Diskussionen über die Logik im Laufe der Jahre verstummt waren, unterhielten sich Gottlob Frege und Rudolf Eucken nun vor allem über die Lage in Deutschland. Eucken vertrat in Anlehnung an Gottlieb Fichte und Adolf Trendelenburg, seinem Vorbild und Förderer, eine metaphysisch-idealistische Lebensphilosophie. Er glaubte an die Selbstständigkeit des Geisteslebens mit einer Tatwelt, die sich im Kampf mit der Wirklichkeit und aus religiöser Quelle gespeist, stetig vervollkommnet. Eucken bedauerte das allgemeine Macht- und Wohlstandsstreben ohne sinnerfüllte geistige Tiefe, das er nicht nur in Deutschland festgestellt hatte. Er erzählte von seinen vielen Reisen ins Ausland und von den Stimmungen, die er dort wahrnehmen konnte. Im Allgemeinen würde die deutsche Kultur weltweit geschätzt. Es gab jedoch auch die Besorgnis, Deutschland könnte durch seine zunehmende Stärke Gebietsansprüche stellen. (Eucken, 1921, 2017) Frege fand die Überzeugungen und Bestrebungen seines Nachbarn und Kollegen beachtenswert, erkannte aber keine Berührungspunkte für gemeinsames Wirken.

Im Jahre 1911 verließ Rudolf Eucken das gegenüberliegende schöne große Haus im Forstweg 22, die › Villa Zeine‹, wo er nur zur Miete gewohnt hatte. Er kaufte ein etwas kleineres Haus in der Botzstraße 5, in das er mit seiner Frau Irene und den drei Kindern einzog.[1] Dieses Haus entwickelte sich bald zu einem beliebten Treffpunkt der Jenaer Gesellschaft. Der Kontakt mit Gottlob Frege wurde seltener, ging jedoch nicht verloren.

Überraschenderweise erhielt Frege eines Tages einen Brief von einem ihm unbekannten Ludwig Wittgenstein. Darin standen lobende und kritische Worte zu seinen Schriften. Frege nahm das nicht sonderlich ernst, lud Wittgenstein aber trotzdem zu sich ein. Bald hatte er die Angelegenheit wieder vergessen.

*

Es war ein Montagmorgen im September 1911. Gottlob Frege war wie üblich früh aufgestanden, hatte seinen geliebten Spaziergang beendet und saß am Schreibtisch, um neue Gedanken zu Papier zu bringen. Da klingelte es an der Haustür. Er erwartete keinen Besuch. Wer könnte es sein? Würde Meta nachsehen? Er horchte in den Flur. Das schien nicht so. Schließlich ging er selbst an die Tür und öffnete. Dort stand ein mittelgroßer junger Mann und sah ihn interessiert an.

»Was wünschen Sie, mein Herr? Sind Sie bei mir auch an der richtigen Adresse? Ich kann mit Ihrem Erscheinen nichts anfangen.«

»Herr Professor Gottlob Frege, der Logiker?«, wurde er gefragt.

»Nun, das kann ich nicht bestreiten, aber woher kennen Sie mich denn?«, wollte Frege nun wissen.

»Ich habe einige Ihrer Werke gelesen und sie haben mich sehr beeindruckt. Ich würde gern mit Ihnen darüber sprechen. Ich habe diesen Wunsch in einem Brief geäußert, den ich Ihnen über die Universität zukommen ließ. Hoffentlich störe ich nicht!«

Gottlob Frege verschlug es die Sprache. Damit hatte er am wenigsten gerechnet. Als er sich gefangen hatte, sagte er in einem verbindlichen Ton: »Bitte kommen Sie doch herein. Entschuldigen Sie meine Zurückhaltung. Ein solcher Besuch kommt für mich völlig unerwartet. An den Brief kann ich mich nicht mehr erinnern. Mit wem habe ich denn die Ehre?«

»Vielen Dank, dass Sie mich empfangen wollen. Ich bin Ludwig Wittgenstein aus Österreich.«

Der junge Mann folgte Frege in den Flur. Er wurde gebeten, den Mantel abzulegen und sagte dann höflich, als Frege einen Kaffee anbot: »Machen Sie sich bitte keine Umstände. Ich habe gut gefrühstückt.« Der verehrte Logiker wirkte durchaus akademisch, hatte einen weißen Bart, war aber von kleinerer Gestalt, als er erwartet hatte.

Die Tür zum Arbeitszimmer stand offen. Auf dem Schreibtisch lagen Ordner und Schriften. Ein großer Schrank war mit Büchern reichlich gefüllt. Frege bat Wittgenstein in ein geräumiges Wohnzimmer. Bei Unterredungen spazierte er seiner Gewohnheit gemäß gern umher. Er fragte zunächst nach dem Lebenslauf seines jungen Gastes. Wittgenstein war etwas verwundert, weil er einen Tisch mit Stühlen sah, an dem man hätte Platz nehmen können. An Eigenheiten gewöhnt, blieb er höflich stehen.

Wittgenstein sagte jetzt über sich: »Ich bin in Wien geboren und dort ohne finanzielle Nöte aufgewachsen. Mein Vater ist Ingenieur und führt ein großes Stahlunternehmen. Meine Mutter ist Pianistin. Da auch ich Ingenieur werden wollte, studierte ich an der Technischen Hochschule Berlin-Charlottenburg. Im Frühjahr

Abbildung 13-1   Ludwig Wittgenstein um 1910

1908 ging ich nach England, um dort an Flugexperimenten teilzunehmen und in Manchester das Studium fortzusetzen. Die Fliegerei war meine große Leidenschaft. Für einige Erfindungen erhielt ich sogar Patente.«

Frege nickte anerkennend. »Das klingt nach einer vielversprechenden Laufbahn. Ich kann aber keinen Bezug zu mir erkennen«, wandte er ein.

»Nun, ich hatte neben praktischen auch schon immer theoretische Interessen. Als Ingenieur ist die Kenntnis der Mathematik auf jeden Fall vorteilhaft. Zunächst stieß ich eher zufällig auf die ›Principles of Mathematics‹ des bekannten Gelehrten Bertrand Russell, in denen auf Ihre Arbeiten hingewiesen wurde. (Russell, The Principles of Mathematics, 1903)

Vorher hatte Russell sich schon mit den logischen und philosophischen Grundlagen der Geometrie beschäftigt. (Russell, 1896a), (Russell, 1896b)

Ich habe diese Schriften verschlungen und fand die dort dargelegten Gedanken so anregend, dass ich die Technik-Studien vorerst abbrach und mich mit den Begründungsproblemen der Mathematik beschäftigte. Dieser Umstand führte mich schließlich zu Ihnen. Ich hatte den Wunsch, Sie persönlich kennenzulernen und mehr über Ihre Ideen zu erfahren.«

Wittgenstein nutzte für diesen Besuch eine Reise von England in seine Heimatstadt Wien. Schon am Wochenende hatte er in Jena einen ausgiebigen Stadtbummel gemacht. Die Stadt im Saaletal gefiel ihm, obwohl sie eher provinziell wirkte. Goethe und Schiller hatten hier gewirkt. Die Umgebung war idyllisch und lud zum Wandern ein. Am Sonntagabend saß er in einer gut besuchten Gaststätte und trank sein Bier. Von den Gästen am Tisch erfuhr er einiges. Auf die Universität war man durchaus stolz. Von Ernst Abbe, Ernst Haeckel und anderen prominenten Wissenschaftlern hatte man schon gehört. Aber Gottlob Frege war keinem in der Runde bekannt. Wittgenstein versuchte es noch mit Erklärungen, aber vergeblich.

Am Montagvormittag begab Wittgenstein sich zum Hauptgebäude der Universität. Man sagte ihm dort, dass Frege wahrscheinlich zu Hause arbeitet. So kam es, dass Wittgenstein den Gelehrten im Forstweg aufsuchte. Die freundliche Aufnahme ließ erwarten, dass sein Anliegen Gehör finden würde.

Frege war verblüfft. Die ersten Wortwechsel mit Wittgenstein zeigten eine selbstbewusste und gebildete Person. Der junge Mann ließ nicht gleich alles gelten, was man ihm zu erklären versuchte, und schien zudem äußerst zielstrebig zu sein. Solche Studenten hätte er sich gern gewünscht. Vielleicht könnte der jugendliche Geist sogar Anregungen hervorbringen?

»Ich denke, Sie nehmen es mir nicht übel, wenn ich Sie etwas über meine Werke ausfrage. Sie sagten, dass Sie sich damit befasst haben? Aber vorher sollten wir uns doch setzen.«

Frege war nun in seinem Element und examinierte den Gast förmlich. Wittgenstein schien das nicht zu stören. Er antwortete zunächst etwas zögernd, aber durchaus entschieden und im Gesprächsverlauf immer ungezwungener. Als Frege das große Interesse Wittgensteins spürte, kam er ganz aus sich heraus und erläuterte seine Vorstellungen zur Begründung der Mathematik.

Frege ging auch auf die geringe Wertschätzung seiner Ideen im Kollegenkreis ein und erwähnte den bedauerlichen Widerspruch, der sein ganzes logisches Programm infrage stellte. Wittgenstein versprach, sich damit noch genauer zu beschäftigen. Es müsse doch einen Ausweg geben. Die Unterhaltung schien den Professor wirklich anzuregen, in den Gesprächspausen wirkte er dagegen manchmal traurig und mutlos.

Schließlich sagte Frege: »Bertrand Russell, von dessen Werk Sie schon sprachen, hat mich auf diesen Widerspruch in meinen ›Grundgesetzen‹ hingewiesen. Wenn Sie sich in England schon so gut auskennen, kann ich nur empfehlen, ihn persönlich aufzusuchen. Auch er bemüht sich um eine logische Begründung der Mathematik. Natürlich muss dieser logische Widerspruch ausgeschaltet werden. Wir hatten einen sehr fruchtbaren brieflichen Gedankenaustausch zu den möglichen Ursachen. Ich hoffe immer noch, dass die Mathematik aus der Logik folgt.«

»Diesen Ratschlag, Bertrand Russell anzusprechen, werde ich beherzigen. Ich will Ihre wertvolle Zeit nicht länger in Anspruch nehmen. Gern würde ich jedoch mit Ihnen, Herr Professor, in Verbindung bleiben.«

Das freute Frege natürlich. Er sagte zum Abschluss in verbindlichem Ton: »Sie müssen unbedingt wiederkommen, Herr Wittgenstein. Es tut gut, sich mit Ihnen zu unterhalten. Glauben Sie mir, ich habe nicht viele Kollegen getroffen, mit denen ich mich so anregend verständigen konnte. Und Sie haben noch das ganze Leben vor sich.«

Er brachte Wittgenstein bis an die Haustür.

»Auf ein baldiges Wiedersehen, Herr Professor. Es war mir eine Ehre!«, sagte Wittgenstein zufrieden. Der Besuch hatte sich für ihn gelohnt. Manches war ihm nun verständlicher geworden. Direkte persönliche Kontakte waren wertvoll. Ob Frege wohl allein in seiner Wohnung lebte? Es hatte sich sonst niemand blicken lassen. Er glaubte nicht, dass sich der alte Herr selbst versorgte, das wäre ungewöhnlich.

Zurück in England, begann Wittgenstein noch 1911 am berühmten Trinity College in Cambridge zu studieren. Er las vor allem Russells Schriften, insbesondere nun das zusammen mit dem befreundeten Mathematiker Whitehead verfasste dreibändige Hauptwerk, die ›Principia Mathematica‹. (Whitehead & Russell, 1910, 1912, 1913)

Dort wurde wie bei Frege versucht, die Grundgesetze der Mathematik logisch zu beweisen. Auch die Vorlesungen Russells besuchte er. Im Anschluss bedrängte Wittgenstein den Professor oft in jugendlichem Ungestüm mit vielen Fragen und wirkte sogar streitsüchtig. Das störte Russell zunächst sehr. Wenige Wochen später erkannte er aber, dass der junge Mann äußerst intelligent, gebildet, musikalisch und umgänglich war. Man musste ihn nur zu nehmen wissen.

Ein neues Treffen zwischen Wittgenstein und Frege ergab sich 1912.[2] Frege war zur Behandlung des Nervenleidens in Brunshaupten. Sein Hausarzt hatte ihm nachdrücklich empfohlen, wieder eine Kur an der Ostsee zu machen. Wittgenstein war von Wien aus auf dem Weg nach England. Als er davon erfuhr, nutzte er die Gelegenheit für einen Kurzbesuch. Inzwischen waren beide schon recht vertraut miteinander.

Frege erwähnte, dass er, sobald er seine Tätigkeit an der Universität beendet habe, zurück in die mecklenburgische Heimat wolle. Er wisse aber noch nicht, ob er sich dort den Kauf eines Wohnhauses leisten könne. Wittgenstein erbot sich, ihn dabei finanziell zu unterstützen, was Frege vehement ablehnte. Wittgenstein verwies auf sein großes Vermögen, das ihm erlaube, Personen aus Wissenschaft und Kunst zu fördern. Sein Vater besaß ein Firmenimperium und wusste, wie man Geld vermehrte. Den Kindern gegenüber war er jedoch großzügig und ließ sie am Reichtum teilhaben. Die beiden Männer einigten sich, nach der Pensionierung Freges noch einmal darauf zurückzukommen.

Als Frege ihn schließlich zum Bahnhof brachte, fragte Wittgenstein scherzhaft, ob dieser immer noch Zahlen für Gegenstände hielte. Frege zögerte kurz und gab dann eine salomonische Antwort: »Manchmal ja, manchmal nein«, wohl wissend, dass damit der Grundsatz vom ausgeschlossenen Widerspruch verletzt schien.[3] Im Denken eines Wissenschaftlers war das schon möglich. Es gab Phasen des Zweifelns und der Unentschlossenheit. In der Theorie musste man sich jedoch entscheiden.

Monate danach erhielt Gottlob Frege einen Brief Ludwig Wittgensteins mit verschiedenen Einwänden zu seiner logischen Begründung der Mathematik. Frege war erstaunt, wie präzise diese Einwände formuliert waren. Daraufhin lud er Wittgenstein erneut zu sich nach Jena ein. Wittgenstein, der schon fürchtete, dass seine Kritik rundweg zurückgewiesen würde, nahm das Angebot mit Freuden an. Als er 1913 bei Frege im Forstweg eintraf, sah er, wie Jungen im Garten des Hauses spielten. Er vermutete, dass es sich um die Kinder Freges handelte, fragte aber nicht nach. Es waren Alfred, der Pflegesohn, und seine Freunde aus der Nachbarschaft, die da herumliefen und ›Räuber und Gendarm‹ spielten.

Bei diesem Besuch wurden wiederum die gegenseitigen Ansätze zu den logischen Grundlagen diskutiert. Wittgenstein berichtete außerdem über die neuesten Entwicklungen in Cambridge. Eine Überraschung war für Frege, dass Russell seine ›Principia Mathematica‹ inzwischen verwarf und nach neuen Wegen suchte. Auch die Zusammenarbeit zwischen Russell und Whitehead schien beendet. Letzterer versuchte noch, das gemeinsame dreibändige Werk mit einem vierten Band zur Geometrie zu komplettieren, kam aber nicht zu einem Ende. Frege fand das bemerkenswert, weil auch er in der Geometrie eine mögliche Grundlage für die Mathematik vermutete.

Wittgenstein unterstrich gegenüber Frege die Bedeutung der Sprache für eine philosophische Weltsicht.

»Ich habe die Absicht, mich fortan stärker ihrer Analyse zu widmen. Einige Ideen habe ich schon festgehalten.«

Frege fand diese Ausrichtung gut. Hatte er doch selbst den allgemeinen Sprachgebrauch zum Ausgangspunkt seiner Überlegungen gemacht, nicht zuletzt durch frühe Anregungen seines Vaters Alexander. Allerdings spürte Frege, dass Wittgenstein unsicher über deren Tragweite war und sich allmählich in eine Richtung wandte, die Frege fremd erschien und die er selbst nicht mehr nachvollziehen wollte.[4]

Auch bei späteren Begegnungen mit Wittgenstein sprach Frege mit wenigen Ausnahmen nur über die fachlichen Probleme. Wittgenstein hatte das Gefühl, dass der Professor über seine privaten Angelegenheiten nicht gern redete. Jeder Versuch in diese Richtung führte schnell wieder in den wissenschaftlichen Disput zurück. Allerdings erfuhr er von anderer Seite, dass Freges Frau verstorben war.

Wittgenstein glaubte daher, dass die Traurigkeit Freges nicht nur fachliche, sondern auch persönliche Gründe hatte.

∗∗

In Jena hatte sich um die Jahrhundertwende viel getan, seit 1880 war die Zahl der Einwohner von 10 000 auf 46 000 angewachsen. Diese Entwicklung war einmalig in Deutschland. Die Zeiss-Werke bildeten den Mittelpunkt der Stadt, kooperierten mit den Glaswerken Schott und schufen die industrielle Basis für eine fruchtbringende Wissenschaft.

Moderne Stahlbetonskelettbauten bestimmten jetzt die Architektur und verdrängten allmählich die ehemaligen Backsteinbauten. Auch die Kultur profitierte von dieser rasanten Entwicklung. Es gab in Jena etwa 200 Gesellschaften und Vereine. Dazu hatte natürlich das Volkshaus Abbes wesentlich beigetragen. Dort wurde, wie Abbe es ausdrücklich wünschte, eine strenge Neutralität gegenüber politischen und religiösen Parteien gewahrt. In den Jahren 1905, 1911 und 1913 fanden im Volkshaus die Parteitage der SPD statt.

Während einerseits Teile der Bevölkerung schwer arbeiten mussten, um den Lebensunterhalt zu sichern, wuchs andererseits der Wohlstand einiger Unternehmer und Kaufleute beträchtlich. Diese weitreichenden Veränderungen in der Stadt waren nicht unumstritten. Alteingesessene und Neuankömmlinge, Arme und Reiche, Konservative und Liberale, Spießbürger und Freigeister rieben sich aneinander. Gottlob Frege lag sehr daran, dass diese Konflikte nicht in Gewalt ausarteten. Unter den Sozialdemokraten gab es durchaus Kräfte, die einen Umsturz der Gesellschaftsverhältnisse anstrebten. Abbe hatte sie gelegentlich ›politische Scharfmacher‹ genannt, die in seinen Unternehmungen nichts zu suchen hätten. Für die Wirtschaft waren Unruhen schädlich. Selbst die wissenschaftliche Arbeit gedieh am besten in einer harmonischen Atmosphäre, die sich auf gegenseitigen Respekt gründete.

Veränderungen gab es auch in Freges Haus. Hirzels, die Mieter aus dem Obergeschoss, teilten ihre Umzugspläne rechtzeitig mit. Nach 25 Jahren zogen Professor Rudolf Hirzel und seine Frau 1913 aus. Sie konnten ein Haus in der Sedanstraße 14 erwerben.[5]

Nachmieter im Obergeschoss wurden bald gefunden. Die Familie des Oberlehrers Dr. Franz Schön hatte sich vorgestellt und machte einen angenehmen Eindruck. Man war untereinander schnell einig.[6] Die vier kleinen Kinder der Schöns gaben dem Haus eine neue Lebendigkeit. Das erfreute Frege sehr. Es erinnerte ihn immer wieder an seine Kindheit.

*

Trotz der allgemeinen Auffassung, dass Frege in seinen Vorlesungen über die Köpfe der Studenten hinwegredete, gab es unter den Hörern immer wieder jene, die sich die Mühe einer gründlichen Mitschrift machten. Da musste man schon wesentliche Teile des Vortrags verstehen, wenn es nicht nur stupides, sinnentleertes Abschreiben sein sollte.

Ein solch außergewöhnlicher Student war Rudolf Carnap, der in Jena sein Abitur abgelegt hatte und von 1910 bis 1914 in Jena und Freiburg Mathematik, Physik und Philosophie studierte. Nach dem frühen Tod seines Vaters Johannes Carnap, der in der Nähe von Wuppertal eine Weberei besaß, zog die Familie nach Jena. Dort lebte schon der Bruder seiner Mutter Anna Carnap, Wilhelm Dörpfeld. Der war Honorarprofessor an der Universität und konnte Carnaps Familie unterstützen.

Als Jenaer Student führte Carnap sein wissenschaftliches Interesse bald zu Gottlob Frege und seiner Begriffsschrift. Obwohl Frege außerhalb der Mathematik kaum in Erscheinung trat, war vielen durchaus bekannt, dass der große Ernst Abbe ihn für den bedeutendsten Kopf der Universität hielt. Es gab keinen Grund, an dieser Einschätzung zu zweifeln.

Rudolf Carnap musste aber für Mitstudenten sorgen, da sonst die Vorlesungen von Frege über die Begriffsschrift gar nicht zustande gekommen wären. ›Tres faciunt collegium‹, drei bilden erst ein Kollegium, so hieß es üblicherweise.

Allerdings hielten sich die Hörer, Carnap eingeschlossen, mit Fragen an Frege zurück, der als wortkarg und verschlossen galt. Frege würdigte sie ohnehin kaum eines Blickes und war oft nur mit seinen umfangreichen symbolischen Diagrammen an der Tafel beschäftigt. So bekam er auch nicht mit, dass es durchaus interessierte Hörer gab. Carnap störte das nicht. Er musste danach ohnehin alles noch einmal durchdenken. Gelegentlich machte Frege eher abfällige, manchmal auch humorig poetische Bemerkungen zu den Zahlenauffassungen anderer Mathematiker. Gern attackierte er die Formalisten um Thomae und Hilbert, nach denen Zahlen nichts weiter als Zeichen wären. Immerhin sorgte das in der sonst trockenen Vorlesung für Aufmunterung und Heiterkeit.[7] Ansonsten ließ Frege seine Hörer durchaus im Unklaren darüber, wie die traditionelle Logik der Philosophen und seine Begriffsschrift zueinander passten. Auch die Philosophen Liebmann und Eucken lasen in Jena über Logik, beginnend bei den alten Griechen wie Platon und Aristoteles bis hin zu Kant, Hegel und anderen, allerdings ohne direkt auf die Begriffsschrift Freges Bezug zu nehmen. Sie sahen wohl darin lediglich eine mathematische Form der Logik mit einer besonderen symbolischen Ausprägung. Eucken sprach bei Begriffen aber schon von Argument und Funktion. Außerdem betrachtete er ein Urteil als eine gesättigte Aussagenfunktion. Das war immerhin eine Anleihe aus der Begriffsschrift.[8]

Gottlob Frege erhielt 1914 einen Brief vom englischen Mathematiker Philip Jourdain, der sich für dessen philosophische Ansichten interessierte und um die Zusendung von Schriften bat. In der Antwort gestand Frege, dass er nicht in der Lage wäre, Russells ›Principia mathematica‹ voll zu verstehen und mit seinem logischen Ansatz in Übereinstimmung zu bringen. (Frege, 1976, S. 129)

**

»Herr Professor, überall wird von einem Attentat gesprochen!«, sagte Meta Arndt ganz bestürzt, als sie am Nachmittag, es war der 30. Juni 1914, von ihren Besorgungen in der Stadt zurückkehrte.

»Ja, Meta, ich habe davon gerade in der ›Jenaischen Zeitung‹ gelesen. Einfach ungeheuerlich, was da passiert ist. In Sarajewo hat ein serbischer Verschwörer den österreichisch-ungarischen Thronfolger Franz Ferdinand und seine Gemahlin auf offener Straße erschossen. Trotz vieler Vorsichtsmaßnahmen, 1 000 Gendarmen waren zusammengezogen worden. In der Zeitung stand, dass die Balkone unbesetzt bleiben mussten, auch die Blumen wurden entfernt, damit sie nicht als Hinterhalt dienen konnten.[9] Das muss alles sehr genau geplant worden sein. Die Lage zwischen den Großmächten ist ohnehin schon aufgeheizt!«

»In der Stadt ist viel Aufregung. Einige sagten, dass dies die Österreicher mit den Serben ausmachen müssen. Andere warfen ein, dass wir doch mit Österreich verbündet sind und folglich mit hineingezogen werden«, berichtete Meta Arndt. Ahnte man schon, dass dieses Geschehen das ganze Leben herausfordern und verändern wird?

Gottlob Frege hatte an diesem Tag in der Zeitung auch eine Rede des Kaisers gefunden. Der hatte soeben beim Norddeutschen Regattaverein unter Bezug auf einen volkstümlichen Ausspruch von Bismarck erklärt:

»Wir Deutsche fürchten Gott und sonst absolut nichts und niemanden auf dieser Welt!«[10]

Das klang nicht gerade beruhigend. Doch es gab auch andere Nachrichten.

In der Rubrik ›Tagesbegebenheiten‹ wurde aus Kiel über die Frühstückseinladung städtischer Kollegien für einen englischen Admiral und eine Anzahl höherer Offiziere der englischen und deutschen Flotte berichtet. In den Reden ging es um ein friedliches Miteinander. Im friedlichen Wettkampf sollten sich beide Nationen an den erreichten kulturellen Fortschritten und Erfolgen erfreuen. Mit einem dreifachen Hurra auf den Kaiser und den englischen König wurden diese Reden von allen Anwesenden freudig begrüßt. Der englische Admiral Warrender ergriff nochmals das Wort und trank auf das Wohl der deutschen Marine.

Doch das wurde bei der allgemeinen Kriegsbegeisterung sicher kaum wahrgenommen.

Frege dachte an den wertvollen Kontakt mit Bertrand Russell. Der hatte ihn vor zwei Jahren, also 1912, sogar zu einem internationalen Mathematikerkongress nach Cambridge eingeladen, ein weiteres Zeichen der Wertschätzung.[11] Frege hatte abgelehnt. Ein wenig Reue überkam ihn. Internationale Kontakte waren wichtig für die Verständigung der Völker. Aber der ganze Trubel, salbungsvolle Worte und Redereien waren nichts für sein Gemüt.

Es mochte ja alles gut gehen, hoffte er immer wieder. Die Folgen eines Krieges wären unvorstellbar.

In dem von Abbe gegründeten ›Jenaer Volksblatt‹ schrieb man auch über die wirtschaftliche Benachteiligung Serbiens durch Österreich. Es wurden zwei russische Zeitungen zitiert. In der einen stand der Hinweis, dass der ermordete Kronprinz Franz Ferdinand eigenwillig die Vorherrschaft Österreichs auf dem Balkan angestrebt habe.[12] Das waren nicht gerade friedensfördernde Aktivitäten.

Eine allgemeine Beunruhigung trat ein. Zuletzt versammelten sich 2 500 Arbeiter in Abbes Volkshaus zu einer Friedenskundgebung.

Doch danach gab es in den Zeitungen nur noch schlimme Nachrichten. Österreich-Ungarn erklärte Serbien am 28. Juli 1914 den Krieg. Nachdem die beiden Machtblöcke, die Mittelmächte mit Österreich-Ungarn und Deutschland auf der einen sowie die Entente mit Frankreich, England und Russland auf der anderen Seite, sich schon länger gegenseitig belauert und provoziert hatten, trat jetzt eine Kettenreaktion ein. Auf die Mobilmachung der Streitkräfte in Russland am 30. Juli 1914 antwortete das Deutsche Reich zwei Tage später, am 1. August, mit der Mobilmachung und erklärte Russland den Krieg. Danach folgten Schlag auf Schlag weitere gegenseitige Kriegserklärungen der beteiligten Mächte.[13] Beide Seiten waren mit dem ›Status quo‹ unzufrieden. Sie erstrebten Kriegsziele, die auf eine Expansion ihrer Machtbereiche gerichtet waren. Deutschland befand sich in der misslichen Lage, einen Zweifrontenkrieg führen zu müssen, im Westen und im Osten. Aus dem Attentat hatte sich ein Weltkrieg ergeben.

Als Gottlob Frege sich am 20. August 1914 wieder sorgenvoll die ›Jenaische Zeitung‹ vornahm, blieb sein Blick an einer Erklärung hängen, die von Rudolf Eucken und Ernst Haeckel unterzeichnet war. Es ging um die englische Kriegserklärung an das Deutsche Reich.[14]

»Oh, nein«, dachte Frege erregt, »sie nehmen kein Blatt vor den Mund!«

Eucken und Haeckel verwiesen zunächst auf ihre wissenschaftlichen und persönlichen Beziehungen zu England, die fruchtbare Wechselwirkung englischer und deutscher Kultur. So wertvoll sei diese für die Menschheit, für den geistigen

Fortschritt weltweit. Von der edlen britischen Art wissen sie zu berichten, die die deutsche so wunderbar ergänzt.

»Das habe ich doch selbst erlebt«, sagte sich Frege und dachte dabei an seinen regen und respektvollen Austausch mit Bertrand Russell. Der maß seiner Begriffsschrift und seinem logischen Zugang zur Arithmetik sogar größte Bedeutung zu, im Gegensatz zu den deutschen Kollegen.

Aber dann hagelte es in dieser Erklärung Vorwürfe wie Donnerhall. Vom alten Übel eines brutalen englischen Egoismus schrieben Eucken und Haeckel, der keine Rechte anderer kennt und unbekümmert lediglich dem eigenen Vorteil nachgeht. Was jetzt geschehen sei, würde in den Annalen der Weltgeschichte später als eine unauslöschliche Schande bezeichnet werden. England kämpfe auf der Seite des moralischen Unrechts,

> »...denn es sei doch nicht vergessen, dass Russland den Krieg begann, weil es keine gründliche Sühne der elenden Mordtat wollte.«[15]

Im Neid auf Deutschlands Größe sahen sie die Motive Englands, weil es ein weiteres Wachstum dieser Größe um jeden Preis verhindern wollte. Am deutschen Sieg würde die ganze Kultur Europas hängen.

Am Schluss der Erklärung hieß es in aller Deutlichkeit:

> »... auf England allein fällt die ungeheure Schuld und die welthistorische Verantwortung!«[16]

Frege senkte langsam die Zeitung. Er wollte diesen Überzeugungen durchaus Glauben schenken, blickte jedoch gedankenverloren vor sich hin. Die Wahrheit blieb oft verborgen, weil man zu wenig von den Hintergründen wusste.

Wilhelm II., der vor einem Jahr angesichts seines 25-jährigen Thronjubiläums in ganz Deutschland als Friedenskaiser verehrt wurde, hatte doch bestimmt alles getan, um das Blutvergießen zu verhindern. Hatte er vielleicht die Entschlossenheit der Gegner, vor allem auch Englands, nicht erkannt? War er durch die russische Mobilmachung in eine Zwangslage gebracht worden? Erfahrungen mit seinen Fachkollegen lehrten Frege, wie schnell Fehlurteile zustande kommen.

Aber warum folgte der deutschen Mobilmachung schon am selben Tag die Kriegserklärung des Deutschen Reiches? Man würde es nie genau erfahren.

Ein Schaudern ergriff Gottlob Frege. Imperiales Gebaren auf beiden Seiten könnte nun zu den furchtbarsten Folgen für die Wissenschaft, die Kultur, ja, für die gesamte Menschheit führen.

In Jena waren aber die meisten siegesgewiss. Studenten drängten zu den Fahnen. Die Presse verbreitete euphorische nationale Stimmungen. Bereits am 8. August 1914 war die Garnison der Stadt ausgerückt. Auf dem Bahnhof riefen die Soldaten mit großer Begeisterung: »Zu Weihnachten sind wir wieder zu Hause!«

Doch dieser Krieg kann nichts Gutes bedeuten, sagte sich Frege. Die Moral der Menschen wird Schaden nehmen, von den vielen Toten und dem damit verbundenen Leid der Angehörigen ganz zu schweigen.

Seine getreue Meta ängstigte sich. Auch Alfred war unruhig und wirkte verstört.

»Vielleicht wird der Krieg ja schnell beendet«, versuchte Gottlob sie zu beruhigen. Meta blieb still, um die Aufregung nicht noch zu verstärken. Dann bemerkte sie: »Ich werde jetzt das Essen auftragen, Herr Professor.«

Die Erklärung Euckens und Haeckels erschien in allen Zeitungen des Reiches. Männer der Wissenschaft galten als vertrauenswürdig. Warum sollte man ihrem Urteil nicht folgen? Die üblichen Streitereien in den Zeitungen verstummten schnell zugunsten erster Siegesmeldungen, Bekundungen nationaler Stärke und Zuversicht.

In den ausländischen Zeitungen dagegen gab es heftige Kritik und empörte Stellungnahmen. Deutschland würde Demokratie und Freiheit in den Ländern der Kriegsgegner angreifen. Diese Werte wären unverzichtbar und müssten mit aller Kraft verteidigt werden.

Als Reaktion darauf hatte der Schriftsteller Ludwig Fulda unter Beteiligung von Schriftstellern, Wissenschaftlern und staatlichen Gremien im Oktober 1914 ein Manifest ›An die Kulturwelt‹ verfasst. Hervorragende Wissenschaftler, Künstler und Schriftsteller wurden aufgefordert, es zu unterzeichnen, 93 folgten dieser Aufforderung, darunter Gerhart Hauptmann, Conrad Röntgen und weitere Nobelpreisträger, sogar bekannte katholische und protestantische Theologen, möglicherweise einige, die nur persönlichen Diffamierungen aus dem Wege gehen wollten. Das Manifest richtete sich vor allem an die neutralen Staaten.[17] Auch Eucken und Haeckel hatten es unterzeichnet. Es enthielt eine Liste von Gegendarstellungen, die begannen mit:

»Es ist nicht wahr, dass…«

Eine Schuld am Krieg wurde kategorisch abgestritten und unter anderem behauptet, die ›weiße Rasse‹ würde von Mongolen und ›Negern‹ getötet.

»Musste das sein?«, fragte sich Frege. Neben Argumenten, die ihm verständlich waren, fand sich Hass, purer Hass auf alles, was dem ›deutschen Wesen‹ entgegenstand. Was hatten Mongolen und ›Neger‹ mit dem Krieg zu tun! Dieses Manifest würde gewiss scharfe Gegenreaktionen nach sich ziehen, aber die innere Situation war hochgespannt.

Etwa zwei Wochen später wurde von 3 016 Hochschullehrern eine etwas mildere

Erklärung unterzeichnet, die aber gleichfalls ein klares Bekenntnis zum Deutschen Reich und zur deutschen Kultur enthielt. Nur mit einem deutschen Sieg würde die Kultur Europas gerettet! War es eine Art Schadensbegrenzung? Auch Gottlob Frege unterschrieb diese Erklärung.[18] Er war davon überzeugt, dass Deutschland im Ausland zu Unrecht am Pranger stand. Das war alles sehr schlimm.

Zum wiederholten Male sprach Frege mit Eucken über die politische Entwicklung. Eucken bemerkte: »Meine Sicht findet durchaus weltweit Beachtung. Wie Sie wissen, habe ich auf Einladung viele Länder dieser Erde bereist und überall Vorträge gehalten. Ich war in Skandinavien, England, Japan und Nordamerika. Mit Fachkollegen bestand viel Einvernehmen.«

»Gab es denn auch Widerspruch?«, fragte Frege.

»In der Tat. Insbesondere in der Politik wurden Vorbehalte gegenüber Deutschland geäußert, die auch in akademische Kreise eingezogen sind.«

Frege meinte: »Ich bin überrascht, wie unterschiedlich selbst Wissenschaftler, die der Objektivität verpflichtet sind, die internationale Lage beurteilen.« Eucken stimmte ihm zu: »Ich versuchte, die Befürchtungen im Ausland zu zerstreuen, fand jedoch wenig Gehör.« Frege schien ratlos: »Was kann man da tun?«

Eucken erwiderte: »Das Ausland wird man kaum umstimmen. Der Einfluss der staatlich orientierten Presse ist zu groß. Ich sehe es nun als meine Pflicht an, die deutsche Bevölkerung zu ermutigen. Ich halte Vorträge, schreibe Aufsätze und gebe Broschüren heraus. Die vom Ausland verbreitete Schuld Deutschlands können wir nicht anerkennen.« (Eucken, 1921, 2017)

In der Bevölkerung entwickelte sich eine große Spendenbereitschaft, man beteiligte sich an den Kriegsanleihen. Auch Frege zeichnete beachtliche Summen. Viele junge Männer, unter ihnen die beiden Söhne von Rudolf Eucken, Arnold und Walter, zogen bereitwillig und frohen Mutes in den Krieg. Das Vaterland war bedroht, keiner wollte zurückstehen. Ständig wurden Liebesgaben, wie sie genannt wurden, an die Front geschickt.

Auch Gottlob Frege überlegte, wie sein Beitrag zur Unterstützung des Deutschlands aussehen könnte. Inzwischen war die erste Kriegseuphorie aber verflogen. Frege hörte, dass der Vormarsch der deutschen Truppen an der Westfront in Richtung Paris ins Stocken geraten sein sollte. Ein langer Krieg war zu erwarten, hoffentlich kein schreckliches Ende.

Dann kam die Nachricht, dass deutsche Truppen am 22. April 1915 nahe dem flandrischen Ort Ypern Giftgas einsetzten, dem viele französische Soldaten grauenvoll zum Opfer fielen. Die riskante und verwerfliche militärische Operation leitete der Chemiker Fritz Haber. Jahre zuvor, 1907, hatte er ein Verfahren zur Gewinnung von Stickstoff aus der Luft entwickelt. Nach dem industriellen Einsatz des Haber-Bosch-Verfahrens standen genügend Düngemittel zur Verfügung, um eine weltweite Hungersnot zu verhindern und damit Menschenleben zu retten. Wissenschaft erwies sich zunehmend als Januskopf, als Fluch oder Segen. Später setzten auch die feindlichen Truppen Giftgas ein. Kurz nach Ende des Krieges erhielt der von den Franzosen zum Kriegsverbrecher erklärte Haber für die Stickstoffgewinnung den Chemie-Nobelpreis.[19]

*

Gottlob Frege saß oft mit kurzen Unterbrechungen von früh bis spät an seinem Schreibtisch. Das Arbeitszimmer lag direkt unter dem Kinderzimmer seiner Mieter. Getrappel oder Geräusche der kleinen Schöns störten ihn überhaupt nicht, im Gegenteil, es regte ihn an, belebte ihn. Wie gern hätte er seine eigenen Kinder so herumtollen hören. Er erinnerte sich an Berichte, dass der große Schweizer Mathematiker Leonhard Euler viele seiner Arbeiten schrieb, während die zahlreichen Kinder um den Schreibtisch im Zimmer herumliefen und spielten. Auch Frege selbst kannte das Lärmen aus seiner eigenen Kindheit und Jugend. In der höheren Töchterschule der Eltern gab es stets reges Treiben.

Eines Tages war es über ihm ungewohnt still. Er lauschte eine Weile nach oben, ohne etwas zu hören. Was war geschehen? Er stieg die Treppe zu den Schöns hinauf und klingelte an der Wohnungstür. Kurz darauf wurde sie geöffnet.

»Herr Professor!«, sagte Frau Schön überrascht und fragte respektvoll wie immer, »was kann ich für Sie tun?«

»Ist etwas passiert? Es ist heute so ruhig im Haus«, sagte Frege leicht verlegen.

»Das stimmt, Otto hat etwas Fieber, die anderen drei wollen auch nicht recht, aber das wird schon, sie werden sich erkältet haben. Machen Sie sich bitte keine Sorgen!«, erhielt er nun zur Antwort.

»Dann bin ich beruhigt. Das Herumtollen der Kinder fehlt mir schon. Also gute Besserung!«, sagte Frege und ging erleichtert in seine Wohnung zurück.

Es gab wie zuvor mit den Hirzels ein harmonisches Miteinander. Die Kinder brachten ein wenig Licht in diese dunkle Zeit, die Gottlob Frege schwer belastete.

*

Anfang August 1915, nach Abschluss des Sommersemesters, zog es Gottlob Frege wieder in die alte Heimat, nach Mecklenburg. Die große Wanderung begann, zum wiederholten Male. Würde er die lange Wegstrecke so unbeschwert bewältigen wie früher? Sein kleiner Hund, der ihn nun schon seit einiger Zeit begleitete, lief neben ihm. Ab und zu hielt er an, um zu schnüffeln. Für Frege war das Tier zu einem lieben Gefährten geworden.

Die Lerchen in der Höhe, die schönen Hügelzüge an der Saale, der Geruch des Getreides, das nun bald einzubringen war, die Weite und die Vielfalt der Natur, alles wirkte wie immer belebend und befreiend. Doch war zu spüren, dass es nicht mehr so leicht voranging wie in jüngeren Jahren. Auch sein Hund war älter geworden und kam manchmal nur langsam hinterher. Frege selbst trug einen eng anliegenden Anzug, derbe Schuhe und hatte einen dicken Stock in der Hand, der ihm im Gelände eine wichtige Stütze war. Seine bewährte Ausrüstung hatte er in einem Rucksack auf dem Rücken. Ein Regenmantel gehörte dazu, denn gelegentlich schüttete es kräftig. Dennoch, wie befreiend war es, auf Schusters Rappen fernen Horizonten zuzustreben![20]

Wenn nur dieser furchtbare Krieg nicht wäre! In den Herbergen erfuhr Frege neue Nachrichten von der Front. Trotz aller Siegesmeldungen, es stand nicht gut um Deutschland. Die Russen konnten zwar den Berichten nach zurückgedrängt werden, doch in Frankreich war der deutsche Angriff ins Stocken gekommen. Französische und englische Truppen hatten ihre Kräfte vereint und sich in tiefen Schützengräben verschanzt. Ein Sieg war nicht in Sicht.

Daher war das Gedankenspiel, das er so liebte und das sonst manch gute Einsichten bescherte, in diesem Jahr getrübt. Die Strecke war ihm vertraut. Seine Tagesziele erreichte er mit eisernem Willen. So konnte er in den wohlbekannten Gasthöfen übernachten. Mit den Wirten gab es trotz aller Sorgen aufmunternde Gespräche, die etwas Ablenkung brachten. Aber die Gedanken über den Krieg und seine Folgen konnte man nie ganz verdrängen.

Gelegentlich erinnerte sich Frege an kuriose Begebenheiten aus früheren Jahren. Als er einmal erst am späten Abend die Schankstube des stets angestrebten Gasthofes betrat, wurde er von der Wirtin hinter dem Tresen zurückgewiesen.

»Wir haben kein Zimmer mehr frei!«, hieß es schroff. Die Wirtin hatte ihn kritisch gemustert und offenbar kein Interesse an ihm, an dieser wenig imponierenden Erscheinung, die erschöpft, sehr einfach gekleidet und dazu noch mit einem nicht gerade reinrassigen Hund, vor ihr stand. Vagabunden gab es genug, gerade auch in diesen Zeiten.

»Was nun?«, dachte Frege, zumal ihm die Frau nicht bekannt schien. Aber da hatte er einen Einfall: »Ist denn wenigstens meine Post bei Ihnen eingegangen?«, fragte er gut vernehmlich in den Lärm der Gaststube hinein.

»Post? Für wen denn?«

»Wie gesagt, für mich, für Hofrat Frege aus Jena!«, sagte er nun bestimmter.

»Oh! … Entschuldigung, Herr Hofrat!«, kam es nun beinahe devot zurück, »für Sie haben wir natürlich noch ein Zimmer!« Sofortiger Stimmungswechsel war eingetreten. Hohe Herren haben oft ihre Allüren, mochte die Wirtin gedacht haben, aber respektlos behandeln durfte man sie nicht.

Frege lächelte in sich hinein. Titel konnten förderlich sein. Obwohl er keineswegs eitel war, musste man doch gelegentlich davon Gebrauch machen. Frege bekam sogar noch ein reichhaltiges Abendbrot vorgesetzt, bevor er sich in der Kammer schlafen legte.

In Wismar wollte Frege Erkundigungen für den Umzug in die alte Heimat einholen. Er hatte schon lange die Absicht, nach Mecklenburg zurückzukehren. Es gab eine Reihe von Möglichkeiten. Alles sollte gut bedacht werden.

Meta konnte er bedingungslos vertrauen. Noch immer staunte er über die glückliche Fügung, dass gerade sie zur rechten Zeit zu ihnen gekommen war. Alfred würde während seiner Abwesenheit von Jena bestimmt sehr gut betreut werden. Er freute sich über die Entwicklung seines Pflegesohns. Seit der Junge in behüteten Verhältnissen lebte, machte der inzwischen Zwölfjährige erstaunliche Fortschritte. Die Schulwahl und die häusliche Unterstützung bei den Schulaufgaben hatten Früchte getragen. Gottlob Frege freute sich, dass er ihn vielleicht auf die Große Stadtschule in Wismar schicken könnte. Eine treffliche Vorstellung!

*

Trotz aller Nöte in dieser Zeit versuchte Frege, die freundschaftlichen Kontakte zu einigen Kollegen aufrechtzuerhalten. So gratulierte er seinem »verehrten Kollegen« Eucken in einem Brief vom 5. Januar 1916 zum 70. Geburtstag. Neben geistiger Frische und leiblicher Rüstigkeit wünschte er Eucken von Herzen noch viele weitere Lebensjahre, »um für den Fortschritt der Menschheit, zum Ruhme des Vaterlandes und unserer Universität zu wirken und darin Ihr Glück zu finden.« Eucken wurde in diesem Jahr Ehrenbürger der Stadt Jena.

Am 2. Juni 1916 folgte ein weiterer Brief Freges anlässlich des Goldenen Doktorjubiläums von Eucken, dessen Promotion damit 50 Jahre zurücklag. Seine Wünsche fielen so herzlich aus wie im Januar. (Dathe, 1995)

Eucken wiederum berichtete Frege im Oktober 1916 von einem bedauerlichen Stimmungsumschlag in der deutschen Bevölkerung: »Ich habe zum wiederholten Male bei der Urania in Berlin einen öffentlichen Vortrag über die nationalen Fragen gehalten. Während sonst der Saal übervoll war, kam diesmal nur etwa die Hälfte.«

Frege seinerseits wollte in diesen schweren Zeiten nicht abseitsstehen. Er hatte schon im Juni 1916 in einem Brief an Wittgenstein geschrieben: »Auch ich habe jetzt nicht recht Kraft und Stimmung zu eigentlich wissenschaftlichen Arbeiten, suche mich aber zu betätigen in der Ausarbeitung eines Planes, von dem ich hoffe, dass er dem Vaterlande nach dem Kriege nützlich sein kann.« (Frege, 1989)

Es ging ihm dabei um den Entwurf eines neuen Wahlgesetzes.

*

Deutschland bekam die Wirkungen des Krieges mehr und mehr zu spüren. Noch im Jahr 1914 wurde ein Drittel der Lebensmittel aus dem Ausland importiert. Das Handelsembargo und die zunehmend wirksame Seeblockade Englands sowie das Ausbleiben der russischen Importe führten zu großen Sorgen. Fleisch- und Wurstwaren fehlten in den folgenden Jahren fast völlig. In der Landwirtschaft mangelte es an Arbeitskräften und den Pferden, die man für den Krieg eingezogen hatte. 1916 kam es durch einen verregneten Herbst zu einer Kartoffel-Missernte. Die Reichsregierung ordnete Rationierungen an, vieles, auch die Steckrübe, gab es jetzt nur noch auf Zuteilung. Hunger und Unterernährung griffen weiter um sich. Der Kälteeinbruch im Winter 1916/17 tat sein Übriges.

Indessen ging der Krieg unerbittlich weiter, er durchdrang alle Lebensbereiche. Am 8. Dezember 1916 läuteten die Glocken. Es hieß, Bukarest wäre gefallen, ein Kriegserfolg im Südosten Europas. Das Deutsche Reich und seine Verbündeten, die Mittelmächte, schlugen in einer diplomatischen Note den feindlichen Staaten vor, in Friedensverhandlungen einzutreten. Der Vorschlag wurde abgelehnt. Die Note sei viel zu unkonkret, hieß es von der gegnerischen Seite.

»Warum nur, das war doch ernst gemeint und kein unredlicher Schachzug?«, sorgte sich Frege. Im Wortlaut der Note hieß es neben sehr selbstbewussten Formulierungen doch auch, dass aus Sicht der Mittelmächte »ihre eigenen Rechte und begründeten Ansprüche in keinem Widerspruch zu den Rechten der anderen Nationen stehen«. Die Vorschläge für die Verhandlungen würden darauf gerichtet sein, »Dasein, Ehre und Entwicklungsfreiheit ihrer Völker zu sichern«.[21] Das war doch eine geeignete Basis für eine Versöhnung! Die schroffe Antwort der Entente-Staaten war kein gutes Zeichen.

*

»Ach, ich kann es kaum mit ansehen, wie viel Sie abgenommen haben!«, ließ sich Meta gegenüber Gottlob Frege Anfang 1917 vernehmen. Sie saßen zusammen in der Küche und besprachen sich. Hier war es wenigstens etwas warm. Frege hatte ein Zehntel seines Körpergewichts verloren.

»Ihnen setzt dieser Winter aber auch zu«, stellte er fest.

»Herr Professor«, meinte Meta, »es ist eigentlich kaum zu glauben. Die Steckrübe, die immer als Ersatz angepriesen wird, wurde bei uns in Mecklenburg nur als Schweinefutter angebaut.«

Um dem Hunger entgegenzuwirken, sollte man langsam kauen. Kartoffeln wurden stets als Pellkartoffeln auf den Tisch gebracht, um Verluste durch das Schälen zu vermeiden. Die Reichsregierung förderte die Herausgabe von Kriegskochbüchern. Meta versuchte es auch mit Steckrübenvariationen aller Art, zubereitet als Suppe, Auflauf, Marmelade und Brot.

»Sie haben sich sehr um Abwechslung bemüht«, sagte Frege anerkennend. Meta brauchte ein wenig Aufmunterung.

»Richtig bekommen ist Ihnen das aber nicht«, bemerkte Meta mit einigem Bedauern.

»Ich bin wohl schon zu alt für diese Ernährungsumstellung«, gab Frege zu.

Die vielen Siegesmeldungen konnten nicht darüber hinwegtäuschen, dass Brennstoffe, Kleidung und sogar Seife knapp wurden. Im Februar 1917 war von deutscher Seite der verschärfte U-Boot-Krieg verkündet worden. Dann traten am 6. April die Vereinigten Staaten von Amerika an die Seite der Entente-Mächte. Nun war noch ein starker Gegner hinzugekommen! Kurz vorher hatten Eucken und Haeckel ein Schreiben an die amerikanischen Universitäten gerichtet, um die deutsche Position zu erläutern und die akademische Öffentlichkeit umzustimmen. Es hatte nichts genützt.

Sehr viele Todesanzeigen erschienen in den Zeitungen. Überall sah man in den Straßen Verletzte und Versehrte, traumatisiert von den Schrecken des Fronteinsatzes.

»Gott sitzt im Regimente und führet alles wohl?« Frege dachte wieder an Haeckels Empörung über die kirchliche Lehre von einem angeblich immer gütigen Gott.

Die Kriegswirtschaft beherrschte jetzt alles. Im Frühjahr 1917 erreichte die Versorgung ihren Tiefpunkt, Streiks brachen aus. Genau das hatte Frege befürchtet.

In dieser Situation nahm seine schon länger bestehende Nervenschwäche wieder zu. Ein Magenleiden, weitere belastende Zustände traten ein. Er fand keine Kraft mehr für seine Lehrverpflichtungen und bat den Kurator der Universität, Dr. Max Vollert, um eine Beurlaubung für das laufende Sommersemester. Bereits 1905 hatte er wegen angegriffener Gesundheit eine Freistellung für das Sommersemester und ebenso 1913 für das Wintersemester erwirken können. Diesmal fügte er eine Stellungnahme des Jenaer Bezirksarztes Professor Ernst Hermann Giese bei.

Gottlob Frege fiel dieser Schritt nicht leicht. Im Sommersemester 1874 hatte er nach der Habilitation als junger Privatdozent seine erste Vorlesung in Jena gehalten, manche später sogar in der eigenen Wohnung. Mehr als 40 Jahre waren seitdem vergangen. Er hatte sich stets um ein anspruchsvolles Niveau der Lehre bemüht, auch wenn die Zahl seiner Hörer dabei gering gewesen war. Vielleicht lag es daran, dass er die Studenten mit der Systematik des Stoffes forderte und zu klarem logischen Denken erzog, im Gegensatz zu denjenigen Kollegen, die danach forschten, was in den Köpfen ihrer Schützlinge wohl vor sich ging. Nein, er war Abbes Stil und seinen Überzeugungen gefolgt. Er bedauerte es keineswegs.

Noch im Mai 1917 erhielt er die Zustimmung für die einstweilige Beurlaubung von der Lehre. Frege war erleichtert.

***

Der Philosoph Bruno Bauch war 1911 als Nachfolger von Otto Liebmann bestimmt worden. Die Fakultät hätte gern Edmund Husserl genommen, mit dem Frege sich schon seit Ende des vorigen Jahrhunderts fachlich auseinandergesetzt hatte. Dabei ging es um Logik und die Zahlen. Aber die Regierungen der zuständigen Kleinstaaten wollten Bauch auf dieser Stelle. Der Neukantianer und Herausgeber der Kant-Studien wurde damit zugleich Direktor des Philosophischen Seminars.

Bauch begann sich bald für Freges Arbeiten zu interessieren. Bei ihren Treffen wurden die gegenseitigen Standpunkte ausgetauscht und präzisiert. Im Frühjahr 1917 kam es zu mehreren Begegnungen, die zum Teil auch in Freges Haus stattfanden. Natürlich drehte es sich wieder darum, was Wahrheit überhaupt ist.

Frege erklärte: »Ich habe inzwischen versucht, mir Klarheit über die Grundlagen der Erkenntnis zu verschaffen. Ich unterscheide drei Reiche: Erstens das Reich des Physischen, das objektiv Wirkliche, die *Außenwelt*. Zweitens das subjektive Reich der Vorstellungen, Empfindungen und Entschlüsse, das für jeden Menschen anders aussieht und das ich *Innenwelt* nenne. Und drittens das *Reich der Gedanken,* das objektiv Nichtwirkliche, der Ort, an dem die ewige Wahrheit herrscht.«

Bauch fragte nach: »Gedanken sind für Sie also nicht in unseren Köpfen, sondern außerhalb. Das entspricht nicht ganz dem üblichen Sprachgebrauch.«

Frege bestätigte: »So ist es. Wenn ich denke, so *fasse* ich Gedanken. Ich hole sie in meine Innenwelt und bilde sprachlich daraus möglichst präzise Aussagen, Sätze. Die Sprache ist also unser Mittel zur Abbildung der Gedanken. Die Gedanken beziehungsweise die entsprechenden beurteilbaren Aussagen sind entweder wahr oder falsch. Das Ziel besteht nun darin, Urteile zu fällen, die Wahrheit zu erschließen. Es geht nicht um etwas von uns *für wahr Gehaltenes,* sondern um die ewige und objektive, die logische Wahrheit!«

Bauch nickte verständig und kam noch einmal auf die Gedankenwelt zurück. »Das dritte Reich erinnert mich stark an Platons dritte Welt, die Ideenwelt. Wie verhalten sich Ihre Gedanken zu den Ideen, die dort das Wesen der Dinge verkörpern sollen?«

Frege meinte: »Diese Frage bekomme ich immer wieder gestellt. Sie liegt nahe. Es muss etwas Logisches geben, das das Wahre oder Falsche bezeichnet. Die Gedanken sind nicht die göttlichen Urtypen der weltlichen Dinge. Sie erweisen sich entweder als wahr oder als falsch. So erhält man auch Erkenntnisse über die Wirklichkeit. Gegenstände und Begriffe, Eigenschaften und Relationen dagegen treten nur als Bestandteile von Gedanken auf. Sie sind für sich weder wahr noch falsch. Die Welt der Gedanken ist zeitlos und unveränderlich. Das hat sie mit der Ideenwelt Platons gemeinsam.«

Bauch wandte ein: »Wie kommen Sie aber nun zu den Aussagen, die Gedanken ausdrücken? Es ist ja ungeheuer mühselig, willkürliche Aussagen immer wieder auf Wahrheit zu prüfen.«

Frege sagte darauf: »Ein Gedanke wirkt, indem er gefasst und für wahr gehalten wird. Wir haben über unsere Sinne auch Zugriff auf die Wirklichkeit, die Außenwelt. Unsere Vorstellungen und Erfahrungen zu dieser Welt helfen uns bei der Formulierung von Aussagen über sie, deren Wahrheit dann zu prüfen ist.«

Aber Bauch war noch nicht am Ende. Er fragte: »Wie muss man sich das vorstellen, wie gelange ich zur Wahrheit?«

Frege holte etwas aus: »Ich betone ausdrücklich, dass wir hier über die logische Wahrheit reden. Zunächst gibt es grundlegende Aussagen, ich nenne sie logische Grundgesetze oder *Axiome*. Ihre Wahrheit ist unmittelbar einsichtig. Aus diesen Aussagen kann ich weitere wahre Aussagen logisch erschließen. Meine Schlussregeln sind dabei alternativlos für das logische Denken. Im Übrigen ist die Existenz eines Reiches der Gedanken kein logisches Grundgesetz, sondern eine Annahme, die ich für wahr halte, eine philosophische Stütze für mein Logikgebäude.«

Bauch warf ein weiteres Stichwort ein: »Gibt es denn in Ihrem Sinne *nichtgedachte Gedanken*?«

Frege meinte: »Offensichtlich muss es die geben. Es sind Gedanken, die noch keiner gefasst hat. Aber jeder Gedanke ist denkbar. Der zeitlos wahre Gedanke, der im Satz des Pythagoras zum Ausdruck kommt, ist irgendwann einmal und dann immer wieder von Menschen gedacht worden. Es gibt eine Reihe von Beweisen, Begründungen für die Wahrheit dieses Satzes. Andere haben ihn nie erfasst oder auch falsch verstanden. Aber damit wir uns nicht missverstehen, ich kann einen nichtgedachten Gedanken nicht denken. Das wäre ein logischer Widerspruch. Ich kann ihm nur eine Bezeichnung geben.«

Bauch äußerte nun: »Das klingt etwas verwirrend. Aber wo Sie schon beim Widerspruch sind. Wie verhält es sich mit der Russellschen Antinomie? Ist Ihr logisches Konzept der Arithmetik eine Theorie, die wahren Gedanken entspricht?«

Hier räumte Frege ein: »Im Einzelnen schon, in der Gesamtheit möglicherweise nicht. Aber darüber bin ich mir selbst noch nicht im Klaren. Anderen geht es ähnlich. Vielleicht muss man mein Grundgesetz V einschränken oder ein neues Grundgesetz finden. Vielleicht ist aber schon die Frage, die zur Antinomie führt, falsch gestellt. Wenn etwas, das zum Begriff erklärt wird, einerseits unter sich fällt und andererseits nicht, so ist es doch kein Begriff.«

Bauch konnte ihm dabei auch nicht weiterhelfen. Er kam aber nochmals auf den Begriff ›Gedanke‹ zurück. Er hatte dazu eine etwas andere Auffassung, sprach von wirklichen und möglichen Gedanken. Frege war davon nicht angetan. Ohnehin war damit sein Problem nicht gelöst.

Bauch interessierte noch etwas Anderes: »Ich habe den Eindruck, dass Sie Ihre Logik als Erfindung ansehen, nicht als Entdeckung.«

»Das stimmt nicht ganz. Zunächst enthält meine dritte Welt keine Hinweise, wie die Gedanken untereinander zusammenhängen. Man muss sich daher ein System ausdenken, das die wahren Gedanken miteinander verbindet. So gelangte ich über Sprachanalysen zur Begriffsschrift. Inzwischen halte ich auch eine andere Sichtweise für denkbar. Meine Logik drückt doch Gedanken aus, welche gefasst und damit entdeckt werden. Es ist schon paradox, wie leicht man sich in der Philosophie im Fluss der Strömungen verirrt.«

Bauch stimmte ihm zu. Er kam noch auf Freges Begriffe ›Sinn‹ und ›Bedeutung‹ zu sprechen: »Gibt es hier einen Bezug zur Gedankenwelt?«

»Ja«, antwortete Frege. »Die Bedeutung eines Satzes ist sein Wahrheitswert, der Sinn ist der Gedanke, der durch diesen Satz ausgedrückt wird.«

So ging es noch eine Weile hin und her, auch bei weiteren Unterredungen in der Folgezeit. Keiner konnte den anderen von seiner Auffassung gänzlich überzeugen. Frege wollte seine logischen Untersuchungen nun bald veröffentlichen, um sich selbst und anderen noch mehr Klarheit über die sprachphilosophischen Voraussetzungen der logischen Grundbegriffe zu verschaffen.[22]

Bauch konnte zwar mit der Begriffsschrift wenig anfangen und hielt zudem den Funktionsbegriff für einen mathematischen, nicht für einen logischen. Gemeinsam war ihnen jedoch wichtig, von der *Objektivität der Wahrheit* auszugehen und sie in ihren jeweiligen Theorien zu suchen. Beide hielten es für notwendig, den *Psychologismus* aus der Logik zu verbannen und die *logischen Grundlagen* der Mathematik zu benennen. Bei Frege mehrten sich die Zweifel, ob er nicht die logische Methode im Erkenntnisprozess überschätzt hatte. Er würde wohl sein Logikprogramm für die Arithmetik nochmals von Anfang an prüfen müssen.

Schließlich kam man auch immer wieder auf den Krieg zu sprechen, der wie ein dunkler Schatten über allem lag. Beide Gelehrte waren wie die überwiegende Mehrheit der deutschen Intellektuellen davon überzeugt, dass die Schuld für den Krieg bei den Gegnern, insbesondere bei den Engländern, zu suchen war. Bauch meinte sogar, dass der auf Gewinn orientierte ›englische Krämergeist‹, der inzwischen weltweit um sich griff, die unliebsame deutsche Konkurrenz ausschalten wollte. Frege glaubte sich zu erinnern, dass er das schon von Eucken gehört hatte. Ähnliches stand auch in den meisten Zeitungen.

*

Die Vorkehrungen für die Übersiedlung nach Mecklenburg wurden verstärkt. Der Verkauf des Hauses hatte sich als wenig problematisch erwiesen. Die Schwiegermutter seines Mieters Dr. Schön, Elise Lilie, war in das stattliche Haus gegenüber im Forstweg 22 eingezogen, dort wo Professor Eucken einst wohnte.[23] Frau Lilie hatte etwas Vermögen. Sie war die Witwe eines sehr erfolgreichen Arztes, der im nicht weit entfernten Apolda praktiziert hatte. Frege kam mit ihr ins Gespräch Dabei bekundete sie Interesse, sein Haus und Grundstück zu erwerben. Alles wirkte sehr vertrauenswürdig. Frege entschloss sich daher, den Verkauf einzuleiten.

Es wurde vereinbart, dass Frege, Meta Arndt und Alfred im März des Jahres 1918 ausziehen. Der Verkaufspreis betrug ansehnliche 50 000 Mark.

Der Umzug nach Mecklenburg war gut durchdacht, aber schmerzlich. Aus Jena mit seiner Universität fortzuziehen, ohne gebührende nationale Anerkennung gefunden zu haben, belastete das Gemüt. Freges Kräfte hatten inzwischen deutlich nachgelassen. Am 8. November 1917 beging er seinen 69. Geburtstag noch in Jena. Wie gut, dass er beurlaubt worden war. Er setzte sich aber zum Ziel, im folgenden Sommersemester die Vorlesungen erneut aufzunehmen, um seiner Lehrtätigkeit einen würdigen Abschluss zu geben. Erst mit Erreichen des 70. Lebensjahres stand den Professoren das Recht auf Pensionierung zu.

Als Frege dann Meta um ihre Zustimmung für den Umzug bat, war die Antwort ganz eindeutig gewesen: »Herr Professor, nichts täte ich lieber, als mit Ihnen nach Mecklenburg zurückzukehren!« Sie fügte hinzu: »Dann kann ich in diesen Kriegszeiten bestimmt besser für Sie kochen!«

Noch in diesem November wollte Frege nun nach Wismar reisen, um dort alle Einzelheiten seines Umzugs zu regeln. Es ging darum, ab März 1918 ein Quartier zu finden, den Jungen in der Großen Stadtschule anzumelden und den Erwerb eines Hauses vorzubereiten. Als es an einem Sonntag so weit war, stand Frege zum Abschied im Hausflur.

»Ich habe alles nach Ihren Wünschen eingepackt«, sagte Meta.

»Vielen Dank, das ist sehr schön. Ich bin in einer Woche zurück. Und passen Sie gut auf Alfred auf!«

»Gewiss, Herr Professor, Sie können sich darauf verlassen. Er ist mir so ans Herz gewachsen.«

Beim Abschied auf dem Bahnhof sagte Gottlob Frege zu Alfred: »Wismar wird dir gefallen. Wie du weißt, will ich dort auch in der Großen Stadtschule vorstellig werden. Man wird dich wahrscheinlich examinieren, bevor die Aufnahme erfolgt. Aber ich bin mir sicher, dass du bestehen wirst. Du hast große Fortschritte gemacht, mein Junge. Es ist dieselbe Schule, in der ich einst auf das Studium vorbereitet worden bin. Sei nur fleißig und aufmerksam!«

»Ja, ich will mir Mühe geben und dich nicht enttäuschen!«, kam es aus Alfred heraus. Der Vater würde es schon richten, das wusste er.

Sie umarmten sich kurz, bevor Frege entschlossen in den Zug stieg. Trotz aller Sorgen und Enttäuschungen fuhr er nicht ohne Dankbarkeit und Zuversicht einer neuen, seiner letzten Lebensphase entgegen.

**

Mit der Februarrevolution 1917 wurde die Zarenherrschaft in Russland beendet. Nikolaus II. dankte ab und wurde unter Arrest gestellt. Im Oktober 1917 kamen dann bewaffnete Arbeiter und Soldaten an die Macht. Die Sowjetregierung hatte es jedoch sehr schwer, ihre Diktatur zu festigen und eine völlig andere, eine kommunistische Gesellschaft aufzubauen. Der Waffenstillstand im Osten war die nahe liegende Konsequenz, da er beiden Kriegsparteien Luft verschaffte. Konnten Deutschlands Truppen jetzt an der Westfront in die Offensive gehen? Im Lande keimte neue Hoffnung. Frege sah den russischen Umsturz aber mit Sorge. Was kam da auf Europa zu?

Im Jahre 1917 trat in Deutschland ein neuer Mann öffentlich in Erscheinung, Wolfgang Kapp. Der ostpreußische Rittergutsbesitzer hatte die ›Deutsche Vaterlandspartei‹ mitgegründet, eine rechts orientierte nationalistische Gruppierung, die sich allerdings ein Jahr später schon wieder auflöste. Politiker vom Schlage Kapps gewannen aber durch die Kriegsfolgen zunehmend an Einfluss.

Eine traurige Nachricht erreichte Gottlob Frege Anfang 1918. Euckens künftiger Schwiegersohn Walter Jäger, ein großartiger Pianist, der auch mit Euckens Tochter Ida Marie zusammen konzertierte, kam mit schwerer Verwundung aus dem Krieg zurück und verstarb bald darauf. Eucken musste das tief erschüttert haben, und Frege litt mit ihm. Euckens Söhne überlebten den Krieg zum Glück. (Eucken, 1921, 2017)

Anmerkungen zu Kapitel 13

1   Google: Adressbücher Thüringer Städte: Jena-JPortal. Adressbuch der Residenz- und Universitäts-Stadt Jena. Zeitraum 1862–1920.
2   Siehe (Kreiser, 2001, S. 578 oben) und Fußnote unten.
3   Siehe (Kreiser, 2001, S. 488).

4   Zum Verhältnis von Frege und Wittgenstein siehe auch (Kreiser, 2001, S. 578–580). Die sprachphilosophischen Ideen Wittgensteins führten 1921 zu seinem Hauptwerk ›Logisch-philosophische Abhandlung‹, das im Rahmen der englischen Übersetzung dann den lateinischen Namen ›Tractatus logico-philosophicus‹ erhielt. Siehe z. B. Nachdruck (Wittgenstein, 1984).

5   Die Sedanstraße in Jena heißt vermutlich heute Ebertstraße.

6   Siehe (Kreiser, 2001, S. 487 Mitte).

7   Zu Rudolf Carnaps Jenaer Zeit siehe (Kreiser, 2001, S. 276–278). Carnap hat sich später auf Freges Werke gestützt und selbst einen bedeutenden Beitrag zur sogenannten ›Analytischen Philosophie‹ geleistet. Siehe dazu (Carnap, 1963).

8   Zu Euckens Logikvorlesungen siehe (Kreiser, 2001, S. 287–293).

9   Siehe Jenaische Zeitung vom 30. 6. 1914.

10 Zitat aus der Jenaischen Zeitung vom 30. 6. 1914.

11 Brief Russells an Frege vom 16. 3. 1912 mit der Einladung. Siehe auch (G. Gabriel, 1980, S. 99).

12 Siehe Jenaer Volksblatt vom 30. 6. 1914.

13 Genauer: Es folgte die Kriegserklärung Deutschlands an Frankreich am 3. 8. 1914 sowie Englands Kriegserklärung am 4. 8. 1914 an das Deutsche Reich und etwas später an Österreich-Ungarn. Frankreich erklärte Österreich-Ungarn am 13. 8. 1914 den Krieg.

14 Siehe »Erklärung« von Rudolf Eucken und Ernst Haeckel zum Krieg in der Jenaische Zeitung vom 20. 8. 1914.

15 Zitat aus der »Erklärung« von Eucken und Haeckel.

16 Zitat aus der »Erklärung« von Eucken und Haeckel.

17 »Manifest der 93«. Aufruf von Wissenschaftlern, Künstlern und Schriftstellern vom 4. 10. 1914. Quelle: Wikipedia. Es gab eine Erwiderung auf das »Manifest der 93«, die »Antwort an die Deutschen Professoren«, eine Erklärung von britischen Intellektuellen, die am 21. 10. 1914 in den Zeitungen ›New York Times‹ und ›The Times‹ erschien. Quelle: Wikipedia.

18 »Erklärung der Hochschullehrer des Deutschen Reiches« vom Oktober 1914. Quelle: Wikipedia.

19 Siehe z. B. (Labatut, 2021, S. 25–32).

20 Siehe (Kreiser, 2001, S. 487 unten).

21 Herbert Michaelis, Ernst Schraepler (Hrsg.): Ursachen und Folgen. Vom deutschen Zusammenbruch 1918 und 1945 bis zur staatlichen Neuordnung Deutschlands in der Gegenwart. Eine Urkunden- und Dokumentensammlung zur Zeitgeschichte. Band 2: Der militärische Zusammenbruch und das Ende des Kaiserreiches. Berlin 1958/59, S. 68 f. (Nr. 40). Zitiert bei Wikipedia unter ›Friedensangebot der Mittelmächte‹.

22 Die ›Logischen Untersuchungen‹ werden zwischen 1918 und 1923 in ›Bei-
    träge zur Philosophie des deutschen Idealismus‹ veröffentlicht. Ein Nach-
    druck ist in (Frege, 1966, 2003) enthalten.
23 Frau Elise Lilie wird ab 1919 als Eigentümerin des Hauses Forstweg 29 und
    als Mieterin im Haus Forstweg 22 in Jena genannt. Eigentümerin im Haus
    Forstweg 22 war Charlotte Blomeyer, die Witwe eines Präsidenten des Ober-
    landesgerichtes.

*

Leider gelang es Gottlob Frege nicht sofort, eine geeignete Unterkunft in Wismar zu finden.

So sollte im März 1918 zunächst das kleine Dorf Neuburg, etwa 13 Kilometer nordöstlich von Wismar, der erste Aufenthaltsort werden. In Neuburg gab es nur die romanisch-gotische Kirche am Gänsemarkt, die kleine Dorfschule, den Bäcker und den Schlachter, einige wenige Großbauern und mehrere Kleinbauern am ›Langen Jammer‹. Alle Wege waren unbefestigt. Doch die Poststelle würde für Telefonate und Korrespondenzen hilfreich sein. Gottlob Frege fand Wohnräume in einem Gasthaus.

Der Umzug war mit einigen Mühen verbunden, zusätzliche Helfer waren erforderlich und zu bezahlen. Die neue Unterkunft war beengt. Schweren Herzens mussten sie sich von manchem trennen. Ihr anhänglicher Hund war inzwischen verstorben. Wie gut, dass Meta alles so umsichtig vorbereitet hatte. Ihre Gemeinschaft bewährte sich. Der fünfzehnjährige Alfred erfreute sie schon durch seine Tatkraft. Da Neuburg an der Bahnlinie Rostock–Wismar liegt, konnte Alfred von dort aus ab Ostern 1918 die Große Stadtschule in Wismar besuchen. Erwartungsgemäß wurde er angenommen.

Frege hatte sich inzwischen nach einem Wohnhaus in der Nähe von Wismar umgesehen. Der Verkauf des Hauses in Jena hatte zwar 50 000 Mark erbracht, aber bei diesem Erlös war der Erbanspruch von Freges Bruder Arnold zu berücksichtigen. Die Möglichkeiten blieben beschränkt. Daher fiel die Wahl nicht auf Wismar, sondern auf den etwa 15 Kilometer südlich von Wismar gelegenen Ort Bad Kleinen. Die Verhandlungen für den Kauf eines Hauses in der Waldstraße zogen sich etwas hin. Trotzdem konnten sie zuversichtlich sein. Es gab schon Kontakt zu Freges betagter Schwiegermutter Mathilde Lieseberg, die inzwischen in Bad Kleinen lebte.

Frege nahm Anfang April 1918 seine Lehrtätigkeit an der Universität noch einmal auf. Er wollte am Jahresende mit Würde aus dem Amt gehen und mietete für die verbleibenden Monate in Jena ein Quartier in der Kaiser-Wilhelm-Straße.[1]

Doch es sollte anders kommen. Schon am 10. Mai 1918 bat Frege den Dekan der Philosophischen Fakultät um Beurlaubung. Er war genötigt, die Vorlesungen wegen seines angegriffenen Gesundheitszustandes aufzugeben und Jena zu verlassen. Außerdem schrieb er:

> *»Ich werde am 8. Nov. d. Jahres 70 Jahre alt und habe dann das Recht, meine Lehrtätigkeit an der Universität einzustellen und habe die Absicht, dann um die Entbindung von der Pflicht Vorlesungen zu halten, zu bitten.*
> *Mit größter Hochachtung*
> *Ihr ganz ergebener G. Frege«*[2]

Zurückgekehrt nach Neuburg richtete Frege seine Verhältnisse neu ein. Vor allem lag ihm daran, bei entsprechender Verfassung seine wissenschaftliche Tätigkeit fortzusetzen. Meta Arndt und Alfred bemühten sich respektvoll, ihn in der beengten Wohnung möglichst wenig zu stören.

Der erste Sommer in Mecklenburg stärkte sie in mehrfacher Hinsicht. Vor allem war es wie erhofft möglich, gehaltvollere Nahrungsmittel zu erwerben. Alfred kam in der Großen Stadtschule gut zurecht. Auf gemeinsamen Wanderungen erkundete Gottlob Frege mit ihm die Umgebung. Da waren die alte Burgwallanlage über dem Dorf und schöne Wanderwege mit kleinen Bergen, die ein wenig an Thüringen erinnerten. Es gab den Wallberg und ein im Tal mäanderndes Flüsschen Beck. Das Baden in der nur zwölf Kilometer entfernten Ostsee hatte es dem Jungen besonders angetan. Es waren für ihn ganz neue Eindrücke.

Dem Antrag Freges auf Beurlaubung von der Universität wurde im Sommer 1918 stattgegeben. Nun hatte er keine dienstlichen Verpflichtungen mehr und konnte seinen Lebensabend frei gestalten.

✳✳✳

Wittgenstein kämpfte als Offizier an der Front. Er informierte Frege über die Lage vor Ort und über eigene Erlebnisse. In die Berichte eingestreut waren immer wieder Ideen zu seinem späteren großen Werk ›Tractatus Logico-Philosophicus‹ (Wittgenstein, 1921, 1984), denen Frege nicht viel abgewinnen konnte.

Er äußerte aber seine Bewunderung darüber, dass Wittgenstein im aufreibenden Kriegsdienst überhaupt zu wissenschaftlichem Arbeiten fähig war. Die Einladung Wittgensteins, anlässlich eines Fronturlaubs im Juni 1917 zu ihm nach Wien zu kommen, hatte Frege aus gesundheitlichen Gründen absagen müssen.

Inzwischen suchte Wittgenstein für seine ›Logisch-philosophische Abhandlung‹, wie der Titel des ›Tractatus‹ ursprünglich lautete, eine geeignete Form der Veröffentlichung. Frege schlug vor, die ihm gut bekannten ›Beiträge zur Philosophie des Deutschen Idealismus‹ zu wählen. Herausgeber war sein Jenaer Kollege Bruno Bauch. Frege wusste, dass dieser wieder Artikel für seine Zeitschrift suchte. Er würde bei Bauch ein gutes Wort für den jungen Mann einlegen. Das geschah auch. Die Annahme der Schrift wurde aber mit Auflagen der Redaktion verbunden. Die von ihr gewünschten Änderungen ließen Wittgenstein schließlich davon Abstand nehmen.

Im August 1918 erhielt Frege die vollständigen Abhandlungen von Wittgenstein. Er verstand nicht viel und stellte immer wieder Fragen, die Wittgenstein wohl etwas lästig wurden. So empfand Frege es jedenfalls. Schon der erste Satz im ›Tractatus‹ war für ihn eine Zumutung:

»Die Welt ist alles, was der Fall ist.«

War das eine Definition oder ein Urteil? Außerdem war die Welt sicher mehr als die Summe aller Fälle! Trotzdem hoffte Frege immer noch, dass Wittgenstein seinen Weg der logischen Begründung der Mathematik einmal fortsetzen würde und dass sich noch eine gemeinsame Basis für die Zusammenarbeit finden ließe. Er schickte Wittgenstein deshalb ein Exemplar seiner neue Schrift ›Der Gedanke‹. (Frege, 1918–1919a) Doch es sprang nicht viel dabei heraus.[3]

Am 12. September 1918 schrieb er resigniert an Wittgenstein:

»Es ist ja wohl begreiflich, dass einem, der sich selbst steile Steige zu bahnen sucht, wo noch kein Mensch vor ihm gewesen ist, manchmal die Frage nahe tritt, ob nicht vielleicht alles vergeblich sei, ob irgend jemand jemals Lust haben werde, diesen Steigen nachzugehen.«[4]

Später las Frege von ihm noch den griffigen Spruch: »Die Grenzen meiner Sprache sind die Grenzen meiner Welt.« Das war weit interpretierbar, hatte jedoch einen rationalen Kern. Frege äußerte später in einem Brief von 1919, dass er vieles immer noch nicht verstand.

Auch Bertrand Russell machte wieder von sich reden. Wie Frege hörte, hatte sich Russell vehement für den Weltfrieden eingesetzt. Er kritisierte die Kriegstreiberei auf beiden Seiten und geriet unter Spionageverdacht. Sogar zur Kriegsdienstverweigerung sollte er aufgerufen haben, was ihn seine Professur kostete und zu einer Gefängnishaft führte. Frege wurde vor Augen geführt, wie schnell man in dieser Kriegszeit aus politischen Gründen sein wissenschaftliches Amt verlieren konnte.

Aber Russell ließ sich nicht entmutigen und ging weiter seinen Weg, politisch und wissenschaftlich. Er beschrieb 1918 in einer Veröffentlichung das Prinzip, das dem fatalen Widerspruch in Freges ›Grundgesetzen‹ eigen war, anhand des eingängigen Beispiels vom Dorfbarbier[5]. Frege bekam davon Kenntnis und ließ es in ruhiger Gefasstheit auf sich wirken.

ANTINOMIE DES DORFBARBIERS
Der Dorfbarbier ist ein Mann im Dorf, der alle jene Männer im Dorf rasiert, die sich *nicht selbst* rasieren, und nur diese.
Rasiert sich der Dorfbarbier selbst oder nicht?

Frege sah sofort: Die Antwort führt tatsächlich auch hier auf einen Widerspruch. Rasiert er sich selbst, so widerspricht das seiner Eigenschaft, der Dorfbarbier zu sein, denn er rasiert ja nur jene, die sich *nicht selbst* rasieren. Rasiert er sich jedoch nicht selbst, so gehört er zu jenen, die er als Dorfbarbier rasieren muss, sodass er sich also tatsächlich selbst rasiert.

Kann diese Antinomie aufgelöst werden? Ja, indem man zu der Feststellung kommt, dass ein solcher Dorfbarbier gar nicht existiert! Russell schrieb dazu auch einen Beweis in einer logischen Notation auf, die er von Peano übernommen hatte. (Russell, 1918, S. 228)

Genauso, wie es die Klasse aller Klassen, die sich *nicht selbst* angehören, einfach nicht gibt, obwohl sie in Freges Logiksystem leider eben nicht ausgeschlossen wurde.

∗∗

Gottlob Frege war seit 1905 Mitglied der Nationalliberalen Partei, die nach wie vor die Interessen des liberalen protestantischen Bürgertums vertrat. Sie strebte eine Stärkung des Reiches, die Bekämpfung linksradikaler, revolutionärer Tendenzen im Land und eine Schwächung des großen europäischen Konkurrenten England an. Diese Partei gab ihm in den Kriegsjahren Orientierung und Rückhalt.

Schon seit 1916 fühlte sich Frege veranlasst, parteiinterne Überlegungen und Auseinandersetzungen zum Wahlrecht genauer zu durchdenken. Er wollte dem Vaterland auf seine Weise nützlich sein und konzipierte einen detaillierten Vorschlag für ein neues allgemeines Wahlgesetz.

Darin schlug er ein indirektes, geheimes und beschränktes Wahlrecht für den

Reichstag und die Länderparlamente vor. Eine indirekte Wahl, wie sie Frege vor-
sah, würde aktuelle, emotionale oder extreme Willensbildungen verhindern und
für Kontinuität sorgen. Die Wahlen sollten alle fünf Jahre am ersten Sonnabend
im November stattfinden. Wahlberechtigt waren bei Frege nur Männer, die

- unbescholten sind,
- ihre Dienstpflicht im Heer erfüllt haben,
- verheiratet oder verheiratet gewesen sind.

Das Wahlrecht sollte während einer Dienstleistung im Heer ruhen und wenn der
Wahlberechtigte im Jahr zuvor Almosen empfangen hatte.

Die Bedeutung der Familie stand für Frege außer Frage. Im westlichen Ausland
sei das Individuum die kleinste politische Einheit, in Deutschland hingegen die Familie, der Ehebund. Allerdings würden Frauen nur indirekt, über ihre Männer, an
der Wahl beteiligt werden. Frege hatte für sich einen tieferen Unterschied zwischen
Männern und Frauen erkannt, der nach seiner Auffassung die Verschiedenheit der
Pflichten und damit auch der Rechte zur Folge hat. Er vertrat in den Erläuterungen
zu seinem Wahlgesetz die Meinung, dass man sich nicht dadurch der Vollendung
des Menschentums nähert, indem Männer und Frauen sich angleichen.

Sein Gesetz sollte zu einer stabilisierenden und handlungsfähigen Mitte führen. Ihm lag allerdings daran, dass auch kleine Minderheiten eine Stimme und
eine Chance erhalten, ihren Standpunkt öffentlich zu vertreten.

Angeborene Rechte des Adels erwähnte er nicht. Das wird nicht allen gefallen,
die heute maßgebend sind, sagte sich Frege. Aber nach dem, was er im Laufe seines Lebens an Erfahrungen gewonnen hatte, war es nur konsequent.

Aktives und passives Wahlrecht sollte allen Staatsbürgern gewährt werden.
Die Parlamente hätten die Aufgabe,

- den Regierenden die Bestrebungen im Volk deutlich zu machen,
- die Verwaltung, in einem beschränkten Umfang auch die Staatsfinanzen, zu
  kontrollieren und
- dem ärmeren Volk die Gewissheit zu geben, dass auch seine Sache gebührend
  vertreten werde.

Die Regierungsbildung behandelte Frege nicht.[6]

Ernst und verantwortungsbewusst hatte er sich fast zwei Jahre dieser selbst gewählten politischen Aufgabe zugewandt. Sie war sehr anspruchsvoll, viele Überlegungen und Erfordernisse waren zu berücksichtigen und wurden erläutert.
Frege fügte auch zwei Zahlentabellen an, die exemplarisch zeigten, wie sich das
Wahlgesetz auf die Stimmenverteilung der politischen Parteien auswirken könnte.

Seit 1916 wohnte Exzellenz Dr. Clemens von Delbrück ganz in der Nähe des Forstwegs in Jena. Der ehemalige preußische Staatsminister, der von 1909 bis 1916 sogar Staatssekretär des Reichsamtes des Innern und Vizekanzler im Kaiserreich war, erschien als der geeignete Adressat. Frege konnte ihm noch in Jena seine detaillierte Ausarbeitung in Maschineschrift zukommen lassen. (Dathe & Schlotter, 2012, S. 145)

Von Delbrück war der eigentliche Leiter der Innenpolitik des Reiches und Organisator der deutschen Kriegswirtschaft gewesen. Er zeigte sich entschlossen, auch nach dem Krieg maßgeblich wirksam zu werden. Von Delbrück bejahte eine staatliche Sozialpolitik und wollte sich, wie er Frege zu verstehen gab, für eine Umwandlung des Staates in eine demokratische Monarchie einsetzen. (Ritter, 1957)

Frege hoffte, dass seine Vorschläge bei der Ausarbeitung einer neuen Verfassung von Nutzen sein könnten. Für alle Fälle leitete er weitere Abschriften auch an Abgeordnete und verschiedene Gruppierungen weiter. Aber nur der Bauernverband übermittelte Frege eine Antwort. Sie war sogar zustimmend.

Die Nationalliberale Partei war im Laufe des Jahres 1918 nicht mehr in der Lage, ihre schon vorher sichtbaren Strömungen und Spannungen auszugleichen. Sie ging am Ende des Jahres in der Deutschen Volkspartei auf. Frege lagen die politischen Wandlungen und Winkelzüge überhaupt nicht. Er beschloss, der neuen Partei nicht mehr beizutreten.

*

Der Einzug der Freges in das Haus Waldstraße 17 in Bad Kleinen geschah am 1. Oktober 1918.

Vieles dort brachte neuen Lebensmut. Von Anfang an erfreute die Familie die wunderbare Natur am Nordufer des Schweriner Sees. Das geräumige Haus mit einem Obergeschoss und das große Grundstück lagen außerdem am Ende der Waldstraße. Diese Straße, die nur einseitig bebaut war, grenzte an ein Waldstück. Das würde Freges Arbeiten förderlich sein. In Bezug auf die Ernährung lebte es sich auf dem Lande besser. Auch blieb ihnen in Bad Kleinen der klägliche Eindruck erspart, den die Städte im Reich jetzt infolge des Krieges machten. Besonders wichtig war, dass Alfred wie in Neuburg seine Große Stadtschule in Wismar mit der Bahn erreichen konnte.

Schon zwei Tage nach dem Einzug saß Gottlob Frege in seinem Arbeitszimmer im Obergeschoss des Hauses am Schreibtisch, dem schönen ›Cylinderbüro‹. Es hatte mehrere kleine Schubfächer, vor allem eine gewölbte hölzerne Deckplatte, die von oben herabgezogen den Tisch abdeckte und sich immer ordentlich verschließen ließ. Hier wollte sich Frege nun ungestört seinen Themen zuwenden.

Abbildung 14-1   Das Wohnhaus Gottlob Freges in der Waldstraße in Bad Kleinen

Auch der Garten um das Haus war einladend. Eine kleine Linde, die er auch vom Arbeitszimmer aus sah, würde im Sommer wohltuenden Schatten spenden.

Sicherlich konnte er seiner geliebten Neigung, in der Umgebung spazieren zu gehen, zu wandern und dabei über große Dinge nachzudenken, auch künftig jeden Tag nachgehen.

Doch schon eine Woche nach dem Umzug sollte Freges Gemüt furchtbar erschüttert werden. Er las in der ›Wismarschen Zeitung‹ eine Rede des soeben ernannten Reichskanzlers Max von Baden, die dieser am 5. Oktober 1918 im Reichstag gehalten hatte. Der als liberal geltende Kanzler sprach zunächst über sein neues Kabinett, in das zur Überraschung Freges erstmals auch zwei Vertreter der Sozialdemokratie, Philipp Scheidemann und Gustav Bauer, eingetreten waren. Schon das behagte Frege überhaupt nicht. Würde dadurch womöglich eine ›stille Revolution‹ im Reichstag stattfinden? Immerhin verfügte die SPD dort über die Mehrheit! Er las weiter. Die Rede des Kanzlers klang zunächst wohlgesetzt und zuversichtlich. Aber dann fand sich der folgende Satz:

»*Gestützt auf das Einverständnis aller dazu berufenen Stellen im Reich und auf die Zustimmung der gemeinsam mit uns handelnden Bundesgenossen habe ich in der Nacht zum 5. Oktober durch Vermittlung der Schweiz an den Präsidenten der Vereinigten Staaten von Amerika eine Note gerichtet, in der ich ihn bitte, die*

Herbeiführung des Friedens in die Hand zu nehmen und hierzu mit allen krieg-
führenden Staaten in Verbindung zu treten.«[7]

Um Friedensverhandlungen gebeten? Was hatte das Reich zu *bitten?* Was bedeutete das? Kein einziger feindlicher Soldat stand auf deutschem Boden! In Jena
hätte er mit dem Historiker Alexander Cartellieri, dem Philologen Bertold Delbrück und dem Mathematiker Robert Haußner sowie manchem anderen darüber
sprechen können. Aber hier? Er kannte noch kaum jemanden! Er eilte mit der
Zeitung in der Hand aufgewühlt zu Meta in die Küche.

»Herr Professor, Sie sind ja ganz außer sich!«

»Ganz recht, es ist etwas Unglaubliches passiert! Hören Sie einmal.« Frege ent-
faltete die Zeitung und las ihr die Passage vor.

»Ist das denn nicht etwas Gutes, den Frieden zu wollen und diesen furchtbaren Krieg zu beenden?«, gab Meta zu bedenken.

»Meta, diese Rede zeigt mir, dass der Krieg verloren ist, es ist eine Kapitulation!«, antwortete Frege bestürzt.

»Aber es war doch stets von Erfolgen zu lesen. Man wirbt sogar in diesen Tagen überall für die neunte Kriegsanleihe! Da muss der Kaiser doch von einem Sieg
ausgehen«, meinte nun Meta unsicher.

»Ja, das kann man wirklich glauben. Der Kaiser hat am selben Tag, so steht
es in der Zeitung, noch einen Erlass an das Heer und die Marine gerichtet. Un-
ermüdlich soll dem Ansturm der Feinde standgehalten werden. Er will nur zu
einem ehrenvollen Frieden die Hand reichen. Aber der Reichskanzler bittet die
Feinde um einen Frieden nach *ihren* Bedingungen! Meta, das kann nichts Gutes
bedeuten. Es ist unerhört! Frankreich und England werden in ihren Forderungen
maßlos sein. Friedensvertrag oder nicht, noch härtere Zeiten werden sicher auf
uns zukommen.«

»Gott bewahre!«, rief Meta aus. Sie wusste, dass diese Worte des Professors
Gewicht hatten. Der Schatten des Krieges würde noch lange auf dem Land lasten.

Gottlob Frege hatte sich inzwischen wieder an seinen Schreibtisch zurückgezogen.
Er las weiter in der ›Wismarschen Zeitung‹, jetzt den Kommentar. Dort schrieb
man, dass es die deutsche Ehre nicht gestatte, um Frieden zu ersuchen. Wie? Ver-
kannten die Redakteure etwa die Situation? Undenkbar, dass Kanzler Max von
Baden ohne die ausdrückliche Zustimmung der obersten Heeresleitung gehandelt
und gesprochen hatte. Vermutlich war die militärische Lage völlig aussichtslos!
Meta hatte die Kriegsanleihen erwähnt, schoss ihm in den Kopf. Die Kriegsanleihen! Eine große Unruhe stieg plötzlich in ihm auf.

Die Kriegsanleihen waren **verloren**!

Frege stand auf. Er musste an die Luft, griff nach Hut und Mantel, stürzte sprach-
los aus dem Haus und lief hinunter an den See. Er wollte alles bedenken. Sein
sonst so strenger methodischer Geist war verwirrt. Viel Geld sollten alle patrio-
tisch Gesinnten einzahlen, eine Verzinsung von 5 Prozent war nach dem Sieg versprochen worden. ›Zeichnet Kriegsanleihen‹, hieß es immer wieder in Aufrufen
und Annoncen in der Zeitung. Auch auf Plakaten stand es unübersehbar, ergänzt
durch ›Die Zeit ist hart, aber der Sieg ist sicher!‹ Wer wollte da zurückstehen!
Selbst Pastoren hatten von den Kanzeln geworben.

Mein Gott, und ich habe 48 500 Mark eingezahlt, den größten Teil meiner
Geldmittel und Ersparnisse! Das sollte doch die Sicherheit für mein Alter und
eine Rücklage für Meta und Alfred sein. Frege atmete tief ein, versuchte sich zu
beruhigen und schaute unglücklich über den See. Hatte er denn nicht gewusst,
dass Kriege auch verloren gehen können? Sein Glaube an den Sieg Deutschlands
war so groß gewesen, war ja überall und ständig genährt worden. Auch er hatte
sich in die Irre führen lassen, soviel war gewiss. Nur gut, dass Wittgenstein Anfang 1918 darauf bestanden hatte, ihm Geldmittel zukommen zu lassen. Frege war
für einen Augenblick gerührt, die Anspannung ließ etwas nach. Er wollte sich für
die Schenkung noch einmal ausdrücklich bedanken.[8]

In den folgenden Wochen wurde zur Gewissheit, dass Deutschland nicht nur den
Krieg verloren hatte, sondern auch im Innern schwer erschüttert war. Matrosen
in Kiel widersetzten sich einem Befehl der Seekriegsleitung, die die Marine noch
einmal in eine unsinnige Schlacht gegen die britische Royal Navy schicken wollte.
Der Aufstand weitete sich aus und griff auch auf Mecklenburg über. Am 9. November musste Frege in der Zeitung lesen, dass der Aufstand Wismar erreicht
hatte:

> *»Alle Behörden, die bisher die Verwaltung der Stadt Wismar in den Händen*
> *hatten, sind dem Arbeiter- und Soldatenrat unterstellt.«*[9]

So einfach war das, ein Machtwechsel von unten. Die Revolution! Frege war
entsetzt. Davor hatte er sich am meisten gefürchtet. Auch auf dem Bahnhof in
Bad Kleinen hielt sich eine Gruppe von Soldaten auf. Sie fahndete in den Zügen
nach Offizieren und Mannschaften, die nicht mehr an die Front gelassen werden
sollten.[10]

Am 10. November 1918 erfuhr Frege dann von der Abdankung des Kaisers
Wilhelm II.[11] Zwei Tage später wurde mitgeteilt, dass die neue deutsche Reichsregierung die Waffenstillstandsbedingungen der feindlichen Mächte angenommen hatte.[12] Die Sozialisten besaßen jetzt die Macht im Lande und hatten bereits
am 9. November die Republik ausgerufen. Blutige Kämpfe folgten in Berlin, es

Abbildung 14-2   Aus der ›Wismarschen Zeitung‹ vom 9. 11. 1918

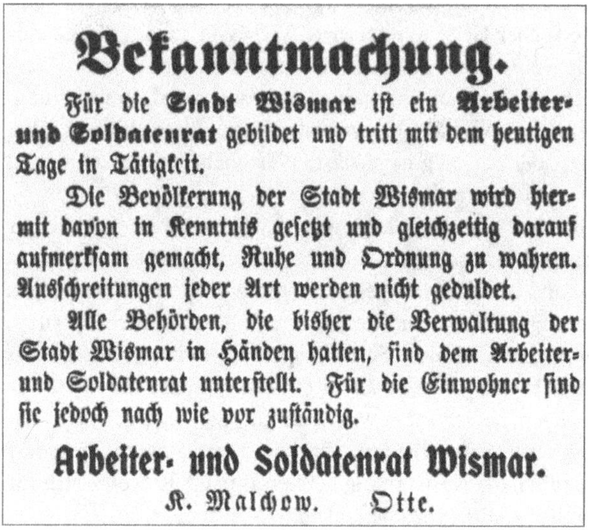

Bekanntmachung.

Für die Stadt Wismar ist ein Arbeiter- und Soldatenrat gebildet und tritt mit dem heutigen Tage in Tätigkeit.

Die Bevölkerung der Stadt Wismar wird hiermit davon in Kenntnis gesetzt und gleichzeitig darauf aufmerksam gemacht, Ruhe und Ordnung zu wahren. Ausschreitungen jeder Art werden nicht geduldet.

Alle Behörden, die bisher die Verwaltung der Stadt Wismar in Händen hatten, sind dem Arbeiter- und Soldatenrat unterstellt. Für die Einwohner sind sie jedoch nach wie vor zuständig.

Arbeiter- und Soldatenrat Wismar.

K. Malchow.   Otte.

wurde auch über die Flucht des Kaisers nach Holland berichtet. Dass der Großherzog in Schwerin sowie alle anderen Fürsten im Reich abgedankt hatten, war dann schon fast eine Nebensache. Was für Zeiten! Gottlob Frege litt sehr unter diesen Ereignissen, die sein Weltbild nachhaltig erschütterten. Der große Einfluss des Militärs auf die Politik in Deutschland mochte viel verdorben haben.

Frege dachte in diesen Tagen an Ernst Abbe. Hatte der das Scheitern des Kaiserreiches gar vorausgesehen? Aber eine Revolution hätte er auch nicht gewollt.

***

Am 8. Dezember 1918, inmitten dieser schicksalhaften Wochen, wurde Gottlob Frege in den Ruhestand versetzt. Das war nun gut. Auf zu erwartende Ehrungen musste man auch mit Blick auf die tiefgreifenden Veränderungen im Lande verzichten. Aber was würde er in Bad Kleinen noch leisten können? Er erinnerte sich, wie er manchmal morgens in Jena von seinem Wohnzimmerfenster aus den nebelverhangenen Hausberg nach der Zukunft befragt hatte. Möge Gott ihm beistehen! Denn er wollte doch danach streben, wie er in einem Brief an den Philosophen Hugo Dingler schrieb, *»die Ernte seines Lebens heimzubringen, damit sie nicht verloren gehe.«*[13]

Frege versuchte schon seit einiger Zeit, seine Logik allgemeinverständlich darzustellen. Er hoffte, auf diese Weise auch die Ursachen dafür zu finden, dass seine Bemühungen um die logische Begründung der Arithmetik gescheitert waren. Die von ihm vorgesehene Schriftenserie ›Logische Untersuchungen‹ wollte Frege in Bruno Bauchs Zeitschrift ›Beiträge zur Philosophie des Deutschen Idealismus‹ veröffentlichen. Dieser hatte ihn dazu angeregt.

Es ging in dieser Zeitschrift vor allem um die Wahrung deutscher Eigenart im philosophischen Denken.[14] Sie war im Gegensatz zu Freges Artikeln eher politisch national ausgerichtet, was ihn jedoch wenig störte. Im Jahre 1918 wurden seine zwei Beiträge ›Der Gedanke‹ und ›Die Verneinung‹ angenommen. (Frege, 1918–1919a), (Frege, 1918–1919b)

∗∗∗

Frege reflektierte nochmals seine Grundsätze aus dem ersten Beitrag der ›Logischen Untersuchungen‹. (Frege, 1918–1919a) Einiges davon war schon in den Diskussionen mit Bruno Bauch zur Sprache gekommen.

Zunächst will ich die Stellung der Logik im Wissenschaftsgebäude klarstellen: »*Wahrheiten zu entdecken, ist Aufgabe aller Wissenschaften: der Logik kommt es zu, die Gesetze des Wahrseins zu erkennen.*« (Frege, 1966, 2003, S. 35)

In der Logik sehe ich die strengste Wissenschaft, denn sie »*ist auf die Wahrheit gerichtet und nur auf die Wahrheit.*« (Frege, 1966, 2003, S. 42)

Obwohl die Philosophen sich schon lange um Erklärung bemühen, was Wahrheit eigentlich bedeutet, komme ich zu dem Schluss, »*daß der Inhalt des Wortes ›wahr‹ ganz einzigartig und undefinierbar ist.*« (Frege, 1966, 2003, S. 38)

Im Gegensatz zum Wortgebrauch in der ›Begriffsschrift‹ verwende ich bei Sätzen jetzt lieber die Bewertungen ›wahr‹ und ›falsch‹ statt ›zu bejahen‹ und ›zu verneinen‹. Ebenso bei Gedanken, denn Ausdrücke wie ›bejahende‹ oder ›verneinende Gedanken‹ passen nicht ins Bild. Sie sind missverständlich.

Der Titel der ersten Schrift gibt an, welchen Begriff ich hier in den Mittelpunkt stelle. Es ist der ›Gedanke‹. Ich unterscheide

1. ›*das Fassen des Gedankens – das Denken*‹,
2. ›*die Anerkennung der Wahrheit eines Gedankens – das Urteilen*‹,
3. ›*die Kundgebung dieses Urteils – das Behaupten*‹.
(Frege, 1966, 2003, S. 41)

Man kann also einen Gedanken fassen, ohne schon darüber zu urteilen. Gedanken werden in sprachlichen Sätzen ausgedrückt. Ein Behauptungssatz lautet zum Beispiel:

›Der Mond umkreist die Erde.‹

In einem Fragesatz steckt dagegen die Aufforderung, die Wahrheit oder Falschheit des Satzes zu klären. Also in diesem Falle:

›Umkreist der Mond die Erde?‹

Beiden Sätzen gemeinsam ist der entsprechende Gedanke. Natürlich enthalten Sätze oft weitere Bestandteile, Wörter, die Gefühle oder Stimmungen ausdrücken und die die Behauptung nicht betreffen, etwa ›leider‹ oder ›gottlob‹. In der Dichtung treten sie am häufigsten auf, in der Wissenschaft sind sie überflüssig. (Frege, 1966, 2003, S. 42)

Neben der Außenwelt der physischen Dinge gibt es die Innenwelt des menschlichen Bewusstseins, zu der auch Vorstellungen zählen. Diese sind nicht mit den Sinnen wahrnehmbar und subjektiv. Sie sind bei jedem Menschen anders, also abhängig vom menschlichen Träger. (Frege, 1966, 2003, S. 47–48)

Für Gedanken braucht man nun ein *drittes Reich*, denn sie sind keine wirklichen Dinge, keine Dinge der Außenwelt und keine Vorstellungen oder Entschlüsse, keine Dinge der Innenwelt. Gedanken sind von ganz anderer Art. Wir brauchen ihre Welt als Mittler zwischen den beiden anderen Welten. Ohne diese wäre logische Wahrheit nicht möglich.

Gedanken sind objektiv. Sie sind zeitlos wahr, unabhängig davon wahr, ob jemand sie für wahr hält. (Frege, 1966, 2003, S. 50, 62)

Menschen können den gleichen Gedanken fassen, obwohl sie davon verschiedene Vorstellungen haben. ›Fassen‹ scheint mir das passende Wort für diesen Denkvorgang zu sein. (Frege, 1966, 2003, S. 57)

Wenn ich auf jene Linde in unserem Garten schaue, so habe ich davon eine Vorstellung, Meta wohl eine andere. Aber jene Linde ist ein Gegenstand der Außenwelt und nicht meine Vorstellung.

Andererseits ist ein Gegenstand noch kein Gedanke. Der würde erst durch einen Satz der folgenden Art zum Ausdruck kommen:

›Jener Gegenstand in unserem Garten ist eine Linde.‹

Auch davon habe ich eine Vorstellung. (Frege, 1966, 2003, S. 49)

Frege hatte weiter die feste Absicht, eine sprachphilosophische Erörterung für sein Gesamtwerk zu geben. Im zweiten Beitrag der ›Logischen Untersuchungen‹ mit dem Titel ›Die Verneinung‹ stellte Frege deren Bedeutung für die Logik heraus. (Frege, 1918–1919b) Sie überführt jeden Gedanken in einen entgegengesetzten, ihm widersprechenden Gedanken. Auf der sprachlichen Ebene gehört dazu eine Aussage und ihre Verneinung. Dabei ist von den beiden die eine wahr und die andere falsch. (Frege, 1966, 2003, S. 78)

Frege erklärte, dass das Sein eines Gedankens nicht in seinem Wahrsein besteht. Man kann auch falsche Gedanken zum Gegenstand des Denkens machen. Zur Gewinnung der Wahrheit sind sie gelegentlich sogar unentbehrlich. Bei sogenannten indirekten Beweisen geht man vom Gegenteil einer Behauptung aus, um einen Widerspruch zu erzeugen, der das Gegenteil als falsch, also die Behauptung selbst als wahr erkennen lässt. Dazu muss man aber auch falsche Gedanken erst einmal fassen.

In einem weiteren Beitrag wollte Frege die Kombination von Gedanken, die Gedankengefüge, und generalisierende Gedanken, die Allgemeinheit, untersuchen. Dann hätte er das inhaltliche Programm der ›Begriffsschrift‹ im Wesentlichen abgehandelt.

*

Bad Kleinen erwies sich in mehrfacher Hinsicht als glückliche Wahl. Der Ort verfügte nicht nur über einen Bahnanschluss, nein, er hatte sich zu einem Verkehrsknotenpunkt entwickelt.

»Man kann in alle Himmelrichtungen fahren«, stellte Pflegesohn Alfred bald fest, »nicht nur nach Wismar und Schwerin, sondern auch nach Lübeck und über Bützow nach Rostock.« Meta freute sich, ganz leicht mit der Bahn nach Rostock zu kommen: »Dann werde ich meinen Bruder Johannes besuchen«, erklärte sie. Der Bruder war verheiratet und hatte zwei Töchter. Er war dort schon seit einigen Jahren Lehrer an der Realschule.

Wie gut, dass man wie schon in Neuburg eine Poststelle nutzen konnte. Verschlafen war Bad Kleinen nicht, im Gegenteil. In Bahnhofsnähe lagen Gaststätten, die beliebte Ausflugsziele waren. Das Lokal »Waldeck« des Herrn Burmeister verfügte sogar über einen Festsaal. Dort fanden alle zwei Wochen Gottesdienste statt. Aber auch die einige Kilometer entfernte Kirche in Hohen Viecheln war für Frege leicht erreichbar.

Meta war erstaunt, dass es so viele Gewerbe gab: »Bäcker, Schlachter, Friseur, auch ein Kolonialwarenhändler und ein Kaufmann haben sich hier angesiedelt. Sogar eine Arztpraxis ist vorhanden!« Der Ort hatte wirklich alles, was man brauchte. Das Haus in der Waldstraße, das ihnen viel Platz bot, gefiel ihr sehr.

Bad Kleinen wies noch eine Besonderheit auf, die Wasserheilanstalt. Bereits 1895 vom Arzt Dr. Armin Steyerthal eröffnet, hatte sie seitdem viele Kurgäste angezogen. Diese Anstalt führte sogar dazu, dass der Ort 1915 die Zusatzbezeichnung ›Bad‹ erhielt.

Abbildung 14-3   Die Wasserheilanstalt in Bad Kleinen um 1920

Von der Promenade am Seeufer aus wirkte das stattliche Gebäude mit seinem Turm und den vielen Balkonen fast klassizistisch. Wenn Gottlob Frege die Freitreppe hinaufging, um seine Schwiegermutter zu besuchen, die dort seit einiger Zeit Wohnstatt und Betreuung gefunden hatte, drehte er sich gern noch einmal um. Er wollte den beeindruckenden Blick über den Schweriner See genießen.

Durch die große Eingangstür gelangte man ins Empfangszimmer der Anstalt. Auf dieser Etage befanden sich außerdem das Bureau, ein Lesezimmer und ein Billardzimmer, ein Damenzimmer und der Speisesaal, der über einen Aufzug mit der Küche verbunden war. Dr. Steyerthal hatte ihm einmal alles gezeigt. Es hatte sich inzwischen herumgesprochen, dass ein Professor Frege im Ort wohnte. Man wollte unter gebildeten Herrschaften einen besonderen Umgang pflegen. In solcher Gesellschaft erfuhr man bedeutsame Dinge, die über den üblichen Austausch von Lebensumständen hinausgingen.

Mit Nachdruck sprach Dr. Steyerthal über die therapeutischen Möglichkeiten seiner Anstalt. Wie beeindruckend modern wirkten die 23 mechanischen Apparate, die zum Muskeltraining bei Gelenkbeschwerden eingesetzt wurden! Frege fühlte sich bei deren Anblick an Laboratorien der Jenaer Universität erinnert. Es gab natürlich auch ein Massagezimmer und die Badeeinrichtungen im Untergeschoss. Interessant, dass man sogar elektrische Apparate therapeutisch einsetzte. Etwa 7 000 Patienten waren bereits betreut worden. Eine imponierende Zahl. Der Arzt ging davon aus, dass Mathematiker an Zahlen ein besonderes Interesse haben.

»Ja, Herr Professor, aber längst belasten uns die Auswirkungen dieses unseligen Krieges. Wir haben immer weniger Gäste«, erklärte Dr. Steyerthal sorgenvoll.

Abbildung 14-4   Dr. Armin Steyerthal

Durch seine Empfehlung konnte sich Gottlob Frege einem Gesprächskreis anschließen, der regelmäßig in den Gesellschaftsräumen der Anstalt zusammenkam.

Es hatte sich als ungünstig erwiesen, dass der Schienenstrang den direkten Zugang zur Promenade am See verhinderte. Daher ließ Dr. Steyerthal darunter einen Tunnel bauen, den alle nur ›Eiertunnel‹ nannten, weil er wie ein Ei oval gebaut war. Die Patienten konnten nun ungestört zwischen der Wasserheilanstalt und dem See hin und her spazieren.

Meta erfuhr dazu eine hübsche Anekdote: »Eines Tages, kurz nach der Eröffnung, hatte ein junges Mädchen den Tunnel betreten. Sie wollte zum See. Plötzlich donnerte es mächtig, ein Zug fuhr über ihr hinweg. Zu Tode erschrocken umklammerte sie einen jungen Mann, der von der anderen Seite gekommen war und genau in diesem Augenblick vor ihr stand. Als sich beide danach in die Augen schauten, war es um sie geschehen. Aus ihnen wurde ein glückliches Paar. Seither heißt es, dass junge Menschen, die sich zufällig im Tunnel treffen, später glückliche Paare werden.«

»Der Doktor hat mit seinem Tunnel offenbar viel Gutes gestiftet«, bemerkte Frege erheitert. Gerade in schweren Zeiten waren solche lustigen Geschichten willkommen.

✳✳✳

Im August 1919 bekam Frege einen Brief seines Jenaer Kollegen, des Philosophen Paul Linke. Dieser versuchte, Psychologie und Phänomenologie, die Lehre von den Erscheinungen, auf neue Weise in Beziehung zu setzen. Paul Linke schrieb, er finde einige Ausführungen in Freges Schriften bemerkenswert und akzeptabel. Hier wurde Frege hellhörig. Es freute ihn, dass die Verbindung nach Jena nicht völlig zum Erliegen kam. Linke berichtete weiter, dass er mit dem philosophierenden Schriftsteller Hans Blüher aneinandergeraten war.

Blüher hatte in der Zeitschrift ›Die Tat‹, einer Monatszeitschrift für die ›Zukunft deutscher Kultur‹, einen Artikel verfasst[15]. Linke nahm mit einem eigenen Artikel unter der Überschrift ›König Literat und die Ethik‹ dazu Stellung. (Linke, 1919) Ein Sonderdruck der Arbeit lag dem Brief bei.

Linke bezog sich in dem Brief insbesondere auf die Stellen, bei denen Freges Ansichten zu Wort kamen. Während Blüher die logischen Vereinbarungen den jeweiligen, auch subjektiven Zwecken unterwarf, verwies Linke auf den vor Willkür geschützten Ort des Objektiv-Nichtwirklichen, der das Allgemeine, das Absolute und Ewige der Wirklichkeit bewahrte. Er nannte Lotze den Wegbereiter und Frege den Entdecker dieses Ortes. Linke bezeichnete ihn allerdings in Anlehnung an den altgriechischen Philosophen Platon als ›Reich der Ideen‹ und wollte darin auch die Ideen der Ästhetik und Ethik unterbringen, in denen es um Werte ging.

Frege sah, dass seine Schriften nicht vergessen waren, hielt aber die Einbeziehung von ethischen Werten in sein Reich der Gedanken für problematisch. Er bedankte sich bei Linke in der Antwort vom 24. August 1919 für die Würdigung seiner Ansichten, ohne die frühere kritische Polemik gegen ihn vorzubringen. Er wusste, dass damit wenig zu gewinnen war. Trotzdem stellte er nochmals seine Ansichten zu ›Merkmal‹ und ›Eigenschaft‹ sowie ›Begriff‹ und ›Gegenstand‹ dar. Er erwähnte außerdem, dass Paul Linke und der Mathematiker Paul Koebe ihn vor einigen Jahren in Jena besucht hatten. Es ging damals um die Bedeutung des Gleichheitszeichens in der Mathematik. Stand es für die Gleichheit zweier Objekte oder für deren Identität oder für beides?[16]

Im Nachhinein erkannte Frege, dass er als wertvoller Gesprächspartner geschätzt wurde, wenn es Grundlagenfragen betraf. Leider war es ihm in Jena nicht vergönnt, eigene Doktoranden zu haben. Vielleicht wäre er damit an der Universität wirksamer gewesen. Andererseits hätte er dafür wohl seinen Lehrstil ändern müssen, ein zu hoher Preis! Er wollte lieber nach vorn schauen.

Frege entschloss sich noch, Mitglied der ›Deutschen Philosophischen Gesellschaft‹ zu werden, deren Organ die Zeitschrift ›Beiträge zur Philosophie des Deutschen Idealismus‹ war. Offensichtlich wurden seine Beiträge dort wahrgenommen und zitiert. Daher fühlte er sich dieser Gesellschaft verbunden.

Am 9. August 1919 war Ernst Haeckel verstorben. Nun gab es auch diesen Heroen nicht mehr, dachte Gottlob Frege, als er davon erfuhr. Dessen antiklerikales Werk »Die Welträthsel« hatte der Evolutionstheorie inzwischen auf breiter Front zum Durchbruch verholfen. 1910 war Haeckel aus der Kirche ausgetreten. Schon 1906 gründete er den »Deutschen Monistenbund«. Haeckels Monismus war der einer durchgeistigten Materie. Wie schon Carl Snell und Hermann Lotze sah er Gott als Verkörperung des allgemeinen Naturgesetzes an. Einen Briefkontakt hatte es nicht gegeben. Frege wusste, dass Haeckel auch einer freiwilligen und unfreiwilligen Sterbehilfe das Wort geredet hatte. Das fand keine allgemeine Zustimmung. 1917 war Haeckel noch an der Gründung der »Deutschen Volkspartei« beteiligt gewesen, die einen ›Siegfrieden‹ propagierte. Nach dem Tod seiner Frau Agnes 1915 hatte dann Haeckels Gebrechlichkeit sehr zugenommen. Bereits 1908 schenkte er der Universität Jena ein ansehnlich großes Gebäude für die Einrichtung eines Phyletischen Museums.

**

Anfang September 1919 traf man sich wieder im Lesezimmer der Wasserheilanstalt. Gottlob Frege und die anderen Herren waren sehr aufgebracht. Nach und nach wurde nun die ganze Wahrheit über den Inhalt des Versailler Vertrages bekannt.

»Das ist ja ein ungeheuerliches Diktat«, rief einer aus der Runde entsetzt. Die Empörung war überall groß. Überraschend hart waren die Bedingungen. Der milde Frieden, wie er noch vor einem Jahr mit den Vorschlägen des amerikanischen Präsidenten in Aussicht stand, war Illusion geworden. Stattdessen sollten Gebietsabtretungen, hohe Reparationszahlungen auf lange Zeit sowie eine weitgehende Abrüstung erfolgen. Vor allem Frankreich wollte Deutschland entscheidend schwächen. Gottlob Frege las allen noch einmal den Kriegsschuldartikel vor:

> *»Die alliierten und assoziierten Regierungen erklären, und Deutschland erkennt an, daß Deutschland und seine Verbündeten als Urheber für alle Verluste und Schäden verantwortlich sind...«*[17]

»Wie konnten Sozialdemokraten und Zentrumspartei das bloß unterschreiben?«, fragte jemand erregt.

»Unsere ehrenwerte Nationalversammlung in Weimar hat eindeutig dafür votiert«, sagte Frege verbittert. Aber er fragte sich auch, welche Alternative es gegeben hätte. Die Feindmächte wollten sonst quer in Deutschland einmarschieren, die gewonnene Einheit Deutschlands wieder zerreißen. Einen neuen Krieg konnte und durfte niemand im Reich wollen. Vor allem musste die Hungersnot überwunden werden. Englands Seeblockade, die so vielen Deutschen das Leben gekostet hatte, wurde erst jetzt, nach der Unterzeichnung des Vertrages, aufgehoben.

Wie Frege bei diesem Treffen auch erfuhr, waren in Bad Kleinen Flüchtlinge aus dem Elsass und aus Westpreußen eingetroffen. Sie wurden in einer Baracke am See untergebracht.

Nur gut, sagte sich Frege, dass uns wenigstens eine Flucht erspart blieb. Sehr verstört, sehr mutlos ging er wieder nach Hause.

Mit der Weimarer Republik, die aufgrund der Wahlen im Januar 1919 entstanden war, konnte sich Gottlob Frege gar nicht abfinden. Den Herren in der Wasserheilanstalt und vielen anderen Deutschen ging es genauso. Einflussreiche Führer der alten Armee und Marine wollten es nicht hinnehmen, dass die Reichswehr durch den Versailler Vertrag erheblich abgebaut und die meisten der 120 Freikorps aufgelöst werden sollten. Es kam zu einem militärischen Staatsstreich, Truppen rückten auf Berlin vor. Die Zeitung berichtete, dass es am 13. März 1920 vor dem Reichstag blutige Kämpfe gegeben hatte. Wolfgang Kapp, der Rittergutsbesitzer, gab als Vertreter der ›Nationalen Vereinigung‹ politisch den Ton an.

In Deutschland wurde der Generalstreik ausgerufen. Auch in Bad Kleinen kam es zu Unruhen. Ein Zug, der mit einem kriegsstarken Bataillon von Kapp eingesetzter Zeitfreiwilligen unterwegs nach Schwerin war, wurde auf dem Bahnhof zur Entgleisung gebracht. Große Aufregung herrschte im Ort. Tote gab es nicht, aber das Bataillon geriet in Panik und löste sich auf. Wie Frege erfuhr, blieb die gesamte militärische Ausrüstung zurück. Arbeitertrupps zogen auf die umliegenden Güter und suchten nach Waffen. (Brinker, 2008, S. 63)

Dann ereignete sich noch Schreckliches: Der Arbeiter Wilhelm Wittke und sein Stiefsohn Johann Steinfurth wurden im benachbarten Niendorf von einem anderen Verband, dem Freikorps Roßbach, standrechtlich erschossen. Man erzählte sich im Ort, dass sie öffentlich die Aufteilung der Güter gefordert hatten.[18]

Auch der Tod eines Försters in Hohen Viecheln gab Rätsel auf. War er umgebracht worden? Und wenn ja, warum?

Was ist nur aus dem ruhmvollen Deutschen Reich geworden? Frege sann verbittert vor sich hin. Aufruhr und Mord, ganz in seiner Nähe. Dass der Kapp-Putsch vier Tage später scheiterte, beruhigte ihn nicht.

Wie Gottlob Frege von seinem ehemaligen Kollegen Bruno Bauch erfuhr, promovierte Rudolf Carnap 1921 bei diesem über den Raumbegriff. Frege erinnerte sich dunkel an den aufgeweckten Studenten, der auch seine Vorlesung zur Begriffsschrift besucht hatte, ihm aber sonst kaum aufgefallen war. Schade, das wäre vielleicht nach Wittgenstein ein zweiter junger Gesprächspartner geworden. Die innere Bindung an die Universität Jena mit all ihren Facetten blieb noch ein wenig erhalten.

Der Niedergang der Wasserheilanstalt ließ sich offenbar nicht aufhalten. Dr. Steyerthal musste den doch so segensvollen Kurbetrieb 1920 einstellen, was ihn sehr schmerzte. 1922 wurde die Anstalt verkauft. Sie diente bald anderen Zwecken. Dr. Steyerthal aber blieb in Bad Kleinen als Arzt tätig.

*

Auch nach dem Kapp-Putsch und seiner Niederschlagung beruhigte sich die politische Lage nicht. Gewaltsame Auseinandersetzungen zwischen linken und rechten Kräften waren an der Tagesordnung. Frege las in der Zeitung, dass am 24. Juni 1922 Dr. Walter Rathenau, seit Februar Reichsaußenminister der Republik, im offenen Wagen auf einer Dienstfahrt in Berlin erschossen wurde. Rathenau, ein linksliberaler jüdischer Naturwissenschaftler und Industrieller, wehrte sich als Diplomat wohl nicht entschieden genug gegen die unmäßigen Reparationszahlungen an die Siegermächte und zog den Hass rechter Kräfte auf sich. Wie die Zeitung wenig später berichtete, gab die ›Organisation Consul‹ den Mord in Auftrag. Die beiden Mörder selbst flüchteten.

Am 29. Juni fand im Konzertsaal des Staatstheaters in Schwerin eine Sitzung des Mecklenburger Landtages statt. Dort machte die SPD die Deutschnationale Volkspartei für das Attentat auf Rathenau verantwortlich. Die aufgewühlte Debatte endete in einer wüsten Schlägerei zwischen linken und rechten Abgeordneten. Frege dachte wieder einmal an den Kanzler Bismarck, der solche Zustände bestimmt unterbunden hätte.

Wie man schließlich erfuhr, hielten sich die Mörder von Rathenau auch in Mecklenburg auf, in Schwerin und sogar in der Nähe von Bad Kleinen. Als Frege das erfuhr, hatte die Polizei die Verbrecher allerdings schon auf Burg Saaleck bei Naumburg gestellt. Einer wurde von der Polizei erschossen, der andere richtete sich selbst.[19]

*

Anfang Oktober 1922 wollte Gottlob Frege wieder von Bad Kleinen nach Wismar wandern. Er kannte die Strecke schon aus seiner Jugendzeit.

»Dann kann ich Alfred gleich von der Schule abholen«, sagte er aufgeräumt zu seiner Haushälterin.

»Der wird sich bestimmt freuen«, meinte Meta zustimmend. Sie brachte Frege belegte Brote, die er im Rucksack verstaute. Meta belächelte allerdings seine Ausrüstung. Mit diesem Lodenmantel wird der Herr Professor wohl kaum in Wismar Eindruck machen, dachte sie. Aber sie wusste, dass er an seinem alten Mantel hing. Die Wanderung würde ihm jedenfalls guttun.

Frege ging hinunter an den See, er wollte zunächst die Promenade am Ufer nutzen. Der Blick auf das leicht bewegte Wasser, die Insel Lieps und Uferpartien in der Ferne erzeugten angenehme Gefühle. Doch dann musste er unweigerlich den Schweriner See verlassen, passierte den Ortsausgang des Dorfes Kleinen und bog in Richtung Norden ab. Er kam durch eine Waldpartie an den Lostener See. Mächtige Buchen umgaben ihn. Welche Riesen! Er verweilte und blickte dankbar in die Höhe. Alt war er zwar, aber alt wie so ein Baum noch lange nicht.

Dann wechselte die Stimmung. Bald wird die karge Winterwelt wieder auf meiner Seele lasten, dachte Frege sorgenvoll. Er erreichte die Brusenbecker Mühle, eine Wassermühle. Schon kam die gute Laune wieder. Wie hatte es ihn stets erfreut, wenn Meta und der kleine Alfred gemeinsam mit ihm das schöne Lied von der ›Klappernden Mühle am rauschenden Bach‹ sangen und dazu mit den Händen ›Klipp klapp‹ machten. Die Erinnerungen an gute Zeiten werden bleiben. Daran musste man sich halten!

In der Gastwirtschaft gewährte Frege sich nur eine kleine Rast für ein erfrischendes Getränk. Es drängte ihn weiter. Er wollte Alfreds Schulschluss keinesfalls verpassen, hatte ja sein Kommen nicht angekündigt.

Von nun an ging es am Wallensteingraben entlang. Ein kräftiges Rauschen war zu hören. Unaufhaltsam zog das Wasser wie das Leben seine Bahn. Der antike Spruch ›Alles fließt‹ kam ihm in den Sinn. Die Naturgesetze wirken und bringen Veränderungen hervor. Der Mensch muss sich anpassen. Wer nicht mehr mitkommt, ist verloren. Über die Natur wird die Wissenschaft noch manches herausfinden. Aber die Gesetze der Logik gelten für immer und ewig, dachte er befriedigt, bevor ihn die Landschaft wieder gefangen nahm.

Frege kam zu einer freien Niederung und passierte die Ortschaft Dorf Mecklenburg. Von einem Hügel sah er dann in Gestalt der hohen Backsteinkirchen die alte Heimatstadt Wismar, mächtig und in Stein gemeißelt. Er war tief bewegt. Von Menschen in langer und harter Arbeit geschaffen!

Auf dem leicht abschüssigen Weg kam Frege zügig voran. Schließlich stand er vor der Großen Stadtschule. Bereits 1893 wurde der schöne, würdige Neubau im gotischen Stil vollendet. Die Schulglocke war zu hören, erste Schüler stürmten heraus. Dann sah Frege seinen Sohn. Der hatte überrascht den Vater erkannt.

»Du bist den ganzen Weg gewandert?«

»Ja, Alfred, das schaffe ich noch. Es lag mir daran, einmal wieder mit dir durch die Stadt zu gehen. Alte Erinnerungen tun mir gut, und ich kann dir einiges erzählen.«

Der Löwe über der Apotheke glänzte golden wie einst, als sie über den Hopfenmarkt auf die Böttcherstraße zugingen. Dort blieb Frege vor einem Gebäude stehen und sagte: »Schau, mein Elternhaus! Ich war manchmal krank, konnte dann die Große Stadtschule nicht besuchen und brauchte länger bis zum Abitur. Von Mutter Auguste wurde ich umsorgt, mit Vater Alexander habe ich viel über die Suche nach der Wahrheit gesprochen. Ich denke gerne an meine Kindheit und Jugend zurück. Du magst dich wohl schon öfter gefragt haben, warum wir 1918 nach Mecklenburg umgezogen sind. Wir hatten doch das große Haus im Forstweg. Jena und seine Umgebung waren uns lieb.

Was soll ich dir dazu sagen? Vielleicht hängt es mit dem Älterwerden zusammen. Es mag eine Sehnsucht sein, dorthin zurückzukehren, wo man herkommt, seine Wurzeln hat. Wie gerne denke ich an meinen Vater und meine Mutter. Sie haben uns Kinder behütet großgezogen, fühlten sich berufen, für die Bildung junger Mädchen tätig zu sein. Auch Meta war der Umzug recht. Mecklenburg hat uns beide geprägt. Mein Sohn, trotz der politischen Wirren, der Folgen des schlimmen Krieges, es ist für mich eine Gnade, wieder hier zu sein.«

Nahezu jedes Jahr hatte Gottlob Frege Wismar besucht und die Entwicklungen und Veränderungen seiner Heimatstadt wahrgenommen. Der Cousin Emanuel Frege gewährte ihm in der Lübschen Straße stets Quartier. Er war allerdings 1912 verstorben. Natürlich hatte Gottlob Frege jetzt nur noch wenige Bekannte in Wismar. Aber der Kontakt zu Dr. Goetze, dem Enkel Emanuels, und dessen Familie war erhalten geblieben.

»Alfred, wie du weißt, bedeutet mir auch die Nähe zur Ostsee viel. In ihrer Weite kann man sich so schön verlieren!«

Der 19-jährige Sohn, der jetzt schon als Primaner vor dem Abitur stand, hörte verständig und voller Anteilnahme zu. Sie gingen langsam die Krämerstraße herauf.

Abbildung 14-6   Die Wasserkunst auf dem Marktplatz in Wismar

Wie die Giebelhäuser von der Oktobersonne angestrahlt wurden! Natürlich hatte auch Wismar in diesen Jahren des Krieges gelitten, hier und da fehlte die Farbe. Das Geschäftsleben war noch nicht wieder richtig in Gang gekommen. An einer Kreuzung standen sie vor dem ansehnlichen, großen Kaufhaus, das 1907 von Rudolf Karstadt errichtet wurde. In der langgestreckten und repräsentativen Lübschen Straße blickten sie auf die Heilig-Geist-Kirche. Auch dort und in der Altwismarstraße waren alte Giebelhäuser zu sehen. Zusammen mit der Hegede schienen die vier Straßen so angelegt zu sein, dass sie nahezu den vier Himmelsrichtungen folgten.

»Wismar hat ein schönes, überschaubares Maß«, bemerkte der Vater. Dann gingen sie an der stilvollen Rats-Apotheke vorbei auf den Marktplatz und standen vor der beeindruckenden Wasserkunst, die in den Jahren 1579 bis 1602 erbaut wurde. Sie bewunderten noch die würdigen Giebelhäuser am Markt und die nahe Marienkirche mit ihrem hohen Turm.

Ja, der Reichtum früherer Epochen war vergangen. Doch durch die Pflege ihrer Denkmäler könnte die alte Hansestadt einmal besondere Wertschätzung erlangen.

Es war wirklich erfreulich, dass Alfred in der Schule so gut vorankam. Eine besondere Neigung für die Mathematik konnte man bei ihm nicht erkennen, aber sein Eifer und die Benotungen waren beachtlich. Frege stand ihm bei den Hausaufgaben wirksam zur Seite. Natürlich trug Metas Fürsorge zu den guten Ergebnissen bei. In Bad Kleinen hatte Alfred wieder ein eigenes Zimmer, die ländliche Umgebung gefiel ihm. Mit Erreichen seiner Volljährigkeit wurde er von Gottlob Frege adoptiert. Ein wichtiger Schritt, den beide Männer herbeigesehnt hatten.

*

Schon Mitte Januar 1923 verkündete Alfred zu Hause froh, dass er zusammen mit neun anderen Primanern zum Abitur zugelassen ist.[20] Das hatte Gottlob Frege erwartet.

»Meine Mitschüler Hennings und Jenrich dürfen wegen unzureichender Leistungen nicht antreten«, berichtete er noch.

»In welchen Fächern wirst du eigentlich geprüft?«, wollte Meta von ihm wissen.

»Wir schreiben Deutsch, Mathematik, Französisch, Englisch und Chemie.« Das waren immerhin fünf Prüfungen. Gottlob Frege erinnerte sich: »Mir ging es damals ähnlich. Statt Englisch und Chemie hatte ich aber Griechisch und Latein.«

Am 5. Februar 1923 musste das Mathematik-Abitur bewältigt werden.[21] Alfred war in der Vorbereitung vom Vater unterstützt worden. Sie sprachen dabei auch über Gottlobs Mathematik-Abitur von 1869 an der Großen Stadtschule. Inzwischen wurden Kurvenuntersuchungen gefordert, die die Kenntnis der Differenzialrechnung einschlossen. Der Vater erklärte: »Das haben wir damals erst im Studium behandelt. Ich sehe aber, dass du es verstanden hast.«

Abbildung 14-7   Die Große Stadtschule in Wismar – Ansicht des an der Schulstraße gelegenen Gebäudeteils (mit Aula)

Am frühen Morgen verließ Alfred das Haus. Voller Ungeduld warteten Gottlob und Meta auf seine Rückkehr. Als Alfred am späten Nachmittag eintraf, wirkte er entspannt. Er berichtete: »Professor Menzel hatte uns vier Aufgaben gestellt. Ich konnte also nicht aus zwölf Aufgaben einige auswählen wie du, Vater. In der ersten mussten wir aus einer Funktionsgleichung die Lage der Kurve bestimmen und zeichnen. Es ergab sich eine Ellipse. In der zweiten Aufgabe war einem Kegel ein Zylinder mit einem anteiligen Rauminhalt einzuschreiben. Beim Höhenverhältnis der beiden Körper stieß ich auf eine kubische Gleichung.«

»Oh, eine kubische Gleichung musste ich damals auch lösen«, bemerkte Gottlob. In der Erinnerung tauchten die Bilder seiner Mathematikprüfung von 1869 auf. Es gab damals drei Lösungen, von denen zwei komplex sein konnten. Beim Höhenverhältnis kam aber nur eine reelle Lösung in Frage.

Alfred lachte und fuhr fort: »Da haben wir etwas gemeinsam. Weiter war eine gebrochen-rationale Funktion zu untersuchen und zu zeichnen. Das ist mir ganz gut gelungen. Ich hatte aber keine Zeit mehr für die vierte Aufgabe. Es ging dort um einen zusammengesetzten Körper, dessen Grundriss und Aufriss gesucht waren. Sogar der Lichteinfall spielte eine Rolle.«

»Das klingt nicht gerade einfach«, meinte Gottlob noch.

»Vater, ich habe alles in allem ein gutes Gefühl. Es wird bestimmt reichen!«

Gottlob wollte nicht weiter nachbohren. Der Junge sollte auch seine Ruhe haben.

Das Deutsch-Abitur fand am 7. Februar 1923 statt. Meta hatte am Morgen das Frühstück besonders liebevoll bereitet. Es war noch ganz dunkel, als Alfred munter und voller Zuversicht in Richtung Wismar aufbrach.

Natürlich wurde er gleich nach der Rückkehr von seinem Vater befragt: »Wie war es denn, mein Junge?«

»Die Romantik in Gerhart Hauptmanns Drama ›Die versunkene Glocke‹ war das Thema. Da der Stoff im Unterricht behandelt wurde, ließ es sich ganz gut an. Es hängt viel von der Vorstellung des Prüfers ab. Ich habe genug geschrieben, weiß aber nicht, ob ich die Note ›Zwei‹ in Deutsch halten kann. «

»Es ist schon alles in Ordnung, die Deutschzensur wird dich beim Studium nicht behindern. Aber es gefällt mir, wie ihr auch an die Literatur herangeführt worden seid.«

Es folgten die weiteren schriftlichen Prüfungen und schließlich die mündlichen. Am 5. März 1923 berichtete Alfred dann zu Hause voller Stolz: »Ich habe die Reifeprüfung bestanden! Den dritten Platz unter den Schülern konnte ich behalten. Jaenke und zwei weitere Schüler, die von außerhalb zur Prüfung kamen, sind durchgefallen. Unser Direktor Dr. Stoppel hat mir gratuliert.« Er wies sein Zeugnis vor: »Schau nur, Vater!« Gottlob Frege las es mit froher Miene: »Mein Sohn, ich freue mich sehr mit dir!« Die Noten in Physik und Chemie wie auch in Erdkunde und Geschichte waren mehr als respektabel. Die verbale Beschreibung lautete jeweils ›Gut‹. Dass bei der Mathematik nur ein ›Genügend‹ stand, minderte die Freude kaum. Es entsprach der Note 3. Frege wusste, wie streng die Schüler in diesem Fach bewertet wurden. Er las die letzte entscheidende Passage langsam vor:

> *»Die unterzeichnete Prüfungskommission hat ihm demnach, da er jetzt die Oberrealschule verläßt, um sich dem Maschinenbau zu widmen, das Zeugnis der Reife zuerkannt und entläßt ihn mit den besten Hoffnungen und Wünschen...«*[22]

Ein besonderer Moment. Gottlob Frege schaute versonnen vor sich hin. Er dachte zurück an den kleinen Jungen, dem er einst in Thalbürgel begegnete. Damals war keineswegs sicher gewesen, dass aus ihm ein derart tüchtiger junger Mann werden würde. Wie segensreich sich alles gefügt hatte! Dann sagte er gerührt zu Alfred: »In unseren schweren, betrüblichen Zeiten hast du nun solch ein beachtliches Reifezeugnis bekommen. Das ist ehrenvoll!« Die Entscheidung für den Maschinenbau, für ein Studium an der Technischen Hochschule in Berlin-Charlottenburg war richtig. Sie hatten sich dafür schon vor einiger Zeit gemeinsam entschieden.

»Ich werde dich nach Berlin begleiten, wenn du im Oktober immatrikuliert wirst. Was meinst du dazu?«

Alfred blickte froh um sich, er strahlte. Meta, die bei diesem Gespräch dabei war, schaute liebevoll auf Vater und Sohn.

Unser Alfred! Wie gut hat der Junge das gemacht, ging es auch ihr durch den Kopf. Sie war voller Zuversicht. Viele gemütsbewegende Erinnerungen stiegen auf, Tränen traten in ihre Augen. Sie wischte sie verstohlen ab. Es war ihr lieb, dass Alfred noch eine Weile in ihrer Nähe sein würde, bevor er nach Berlin ging.

Aber dann müssen wir ihn wohl ziehen lassen, dachte sie noch.

Unweigerlich kam dieser Tag heran. Meta hatte das Reisegepäck für die Männer zusammengestellt und für Proviant gesorgt. Sie winkte ihnen etwas wehmütig nach, als beide sich auf den Weg in Richtung Bahnhof machten.

Während der Fahrt nach Berlin hatten Vater und Sohn noch einmal Gelegenheit, ausführlich miteinander zu reden. Vieles bewegte Gottlob. Er erzählte auch davon, wie er selbst in das ferne Jena zum Studium aufbrach und so viel Neues auf ihn einstürmte.

»Die erste Zeit beim Studium ist nicht leicht. Wissenschaftliche Fragen drängen stärker in den Vordergrund. Aber du wirst dich bestimmt in alles hineinfinden. Übrigens, Jena und Wismar, das war immer eine lange Tagesreise. Bei dir ist es anders, du kannst Bad Kleinen in wenigen Stunden erreichen, wenn du unsere

Hilfe brauchst. Das große Berlin ist nicht Jena, das Studium an der Technischen Hochschule wird sicher unpersönlicher, aber auch abwechslungsreicher sein.«

Ganz frei von Bedenken war der Vater nicht: »Ich habe damals bald gemerkt, dass die vielen studentischen Ablenkungen nicht das Richtige für mich waren. Für andere dagegen waren sie willkommen. Natürlich suchte ich auch den Ausgleich. Für mich waren das Bewegung und frische Luft. Du weißt ja, Wandern hatte bei mir schon immer große Bedeutung.« Alfred hörte beglückt zu. Diese erste Reise würde er in besonderer Erinnerung behalten. Dass der Vater nach Berlin mitkam, versprach Sicherheit.

»Ich werde schon auf mich aufpassen!«, gelobte er freudig.

»Sieh zu, dass du Kommilitonen findest, die wie du zielstrebig sind. Gemeinsam wird es leichter sein. Ganz besonders wünsche ich dir inspirierende Professoren. Ach, welch ein Glück ich damals hatte, Ernst Abbe zu begegnen! Er war das große Geschenk in meinem Leben. Aber es gibt sicher auch in Berlin Professoren, die ihr Fach hervorragend vertreten und die motivierte Studenten tatkräftig unterstützen wollen. Mache nur die Augen auf, du wirst sie finden. Ich wünsche es dir von Herzen.«

Ihr Ziel war bald erreicht. Für die Nacht hatten sie sich in einer Pension in der Nähe der Technischen Hochschule einquartiert. Zum Abendessen wurde ein einfaches nahrhaftes Gericht angeboten. Ein Humpen mit Bier durfte nicht fehlen. Entspannt erzählte der Vater von seinen Studium in Jena und von seinem feuchtfröhlichen Trinkgelage im Geleitshaus. Er ließ auch den anschließenden Marsch durch die Stadt mit dem Ritual um den ›Hanfried‹ auf dem Marktplatz nicht aus.

»Du wirst es nicht glauben, es gab damals in Jena um die 100 Schankwirtschaften. Im Geleitshaus war mir nach dem vielen Bier hinterher speiübel. Das sollte dir eine Lehre sein, mein Sohn. Du musst deinem Vater nicht alles nachmachen!« Alfred lachte und staunte. Jugendsünden hätte er dem alten Herrn nicht zugetraut.

Am nächsten Tag, am 19. Oktober 1923, war es dann soweit. Alfred Frege wurde immatrikuliert.[23]

Dankbar kehrte Gottlob Frege nach Bad Kleinen zurück und erzählte Meta von seinen Eindrücken. Wie beglückend war die Feier nach der Immatrikulation gewesen. Erwartungsgemäß bereitete Alfred der Studienanfang keine Schwierigkeiten. Die Lehrer der Großen Stadtschule in Wismar hatten ihn gut vorbereitet.

∗∗∗

Im Jahre 1923 erschien ›Gedankengefüge‹, der dritte Beitrag von Freges logischen Untersuchungen, und zwar wieder in der Zeitschrift ›Beiträge zur Philosophie des Deutschen Idealismus‹. (Frege, 1923)

Frege versteht darunter Gedanken, die sich aus mehreren einzelnen Gedanken und deren Verbindungsgliedern zusammensetzen. Sie werden in Sätzen ausgedrückt, in denen mehrere einzelne Sätze mit Bindewörtern gekoppelt sind. Im Gegensatz zur Begriffsschrift stellt er neben der Verneinung nicht die Bedingtheit ›wenn B – so A‹ an den Anfang, sondern die Konjunktion ›A und B‹. Das logische ›und‹ kommt dem ›und‹ in der Umgangssprache einfach näher. Außerdem wird dadurch klarer, dass man mit verschiedenen logischen Verknüpfungen beginnen kann, um andere dann damit auszudrücken.

Frege erinnerte sich, wie mühsam es war, Mutter Auguste die Bedingtheit ›wenn B – so A‹ mit den verschiedenen Wahrheitswerten nahezubringen. Der neue Ansatz hätte ihr wohl besser gefallen.

Ergänzung: Gedankengefüge

Gottlob Frege unterscheidet sechs Gedankengefüge, neben ›A und B‹ sowie ›A oder B‹ auch entsprechende Varianten mit Verneinungen und schließlich die Bedingtheit ›wenn B – so A‹, die einen hypothetischen Charakter hat. Er nennt B die Bedingung und A die Folge. Dieses Gefüge ist in der Wissenschaft von besonderer Bedeutung. Beweise enthalten oft eine Kette von Bedingtheiten (Folgerungen).

Aus der Verschiedenheit von logischen Ausdrücken folgt nicht immer die Verschiedenheit ihres Sinnes. So hat offensichtlich ›A und B‹ den gleichen Sinn wie ›B und A‹.

Wird in einem Satz ein Gedanke vermittelt, so gilt das nicht unbedingt für seine Teile. Frege gibt ein Beispiel:

Wenn *jemand* ein Mörder ist, so ist *er* ein Verbrecher.

Die beiden Satzteile, der Bedingungssatz und der Folgesatz, enthalten die unbestimmten Ausdrücke ›jemand‹ und ›er‹, die nichts bezeichnen. So ist ›Jemand ist ein Mörder‹ kein beurteilbarer Satz und beschreibt daher keinen eigenständigen Gedanken. Dasselbe gilt für ›Er ist ein Verbrecher‹. Aber durch die Bedingtheit und durch den Bezug von ›jemand‹ zu ›er‹ drückt der Satz einen Gedanken aus. (Frege, 1966, 2003, S. 100)

Erst wenn man einen Gedanken beurteilt hat, kann man etwas aus ihm folgern. Die Feststellung der Wahrheit des hypothetischen ›wenn B – so A‹ allein stellt noch keinen logischen Schluss dar. Ist aber auch ›B‹ wahr, so schließt man auf die Wahrheit von ›A‹. Genau so hatte es Frege schon in der ›Begriffsschrift‹ eindeutig abgeleitet!

Am Ende der Schrift erklärt Frege, dass die Wahrheitswerte der Gedankengefüge durch die Wahrheitswerte der einzelnen Gedanken bestimmt werden und nicht durch deren konkrete Inhalte. (Frege, 1966, 2003, S. 107)

Um eine verständliche Formulierung bemüht, überlegte er, wie er das wohl Mutter Auguste erläutert hätte. Er würde das einfache Gefüge ›A und B‹ nehmen und auf die Urteilstabelle verweisen, die er damals bei ihrer Einführung in seine ›Begriffsschrift‹ aufgestellt hatte. Wenn ›A‹ und ›B‹ beide wahr sind, so ist auch die logische Verknüpfung ›A und B‹ wahr. Dabei wird aber über den Inhalt von ›A‹ und ›B‹ nichts ausgesagt.

So konnte man wahre Gedanken durch andere wahre Gedanken ersetzen, ohne dass die Wahrheit des Schlusses verloren ging.

Danach sollte noch ›Die Allgemeinheit‹ als vierter Teil der logischen Untersuchungen folgen. Doch Frege kam in diesen politischen Wirren nur langsam voran. Andererseits reifte in ihm die Einsicht, dass selbst die Arithmetik teils synthetischer Natur war, also nicht rein logisch begründet werden konnte. Schließlich blieb es bei einem Fragment.[24]

*

Immer stärker machte sich die Inflation in Freges Leben bemerkbar. Sein Ruhegeld war schon ab 1919 nicht mehr vierteljährlich, sondern monatlich überwiesen worden, ab November 1922, um der rapiden Geldentwertung zu begegnen, sogar halbmonatlich. Bis die Zahlungsanweisung aus Jena Freges Bank erreichte, vergingen Tage. So verminderte sich die Kaufkraft des Geldes noch einmal zusätzlich. Schwindelerregende Beträge waren es inzwischen geworden. Am 1. Juli 1923 erhielt Gottlob Frege 6 116 Millionen Mark, am 15. Juli waren es bereits 12 233 Millionen! Ein Verhängnis. (Kreiser, 2001, S. 563)

Dass die Kriegsanleihen keinen Wert mehr hatten, war gewiss. Aber Frege hatte auch seine sämtlichen anderen Geldmittel und Ersparnisse in staatlichen Fonds angelegt. Der Weimarer Staat konnte offenbar nicht mehr dafür einstehen, ja er schien sich durch den Verfall aller Geldwerte entschulden zu wollen. Wahrscheinlich war man dazu sogar durch den Versailler Vertrag, die dort vereinbarten Zahlungen an die feindlichen Mächte und den schleppenden Aufbau der Friedenswirtschaft gezwungen. Was sollte daraus werden? Drohte schon wieder eine Revolution?

Und nicht nur das. Gottlob Frege hatte sich vor vielen Jahren im Sinne einer Erbregelung verpflichtet, seinem Bruder Arnold nach dem Tod der Mutter jährlich 1 250 Mark zu zahlen. Dieser Betrag wurde auch bis zum Juli 1917 überwiesen.

Nach dem Verkauf des Hauses in Jena hinterlegte Frege entsprechende Geldmittel für den Bruder bei der Preußischen Rentenversicherungs-Anstalt. Diese Anstalt erwies sich nun Ende 1923 als zahlungsunfähig. Das war sehr bedrückend, weil Arnold, der als Kaufmann und zuletzt auch als Schriftsteller in der kleinen Stadt Neudamm im Landkreis Königsberg lebte, darauf angewiesen war.[25]

Sie mussten in dieser furchtbaren Zeit bei jeder Ausgabe genau überlegen. Gottlob Frege wie auch die treue Seele Meta waren zwar Sparsamkeit gewöhnt, aber diese Situation belastete sie erheblich. Dass die sich ständig überschlagende Inflation im November 1923 durch die Einführung der sogenannten Rentenmark sofort beendet werden konnte, half zunächst wenig.

Betrüblich war auch, dass die Schwiegermutter, eigentlich ja Stiefmutter und Tante seiner Frau, Mathilde Lieseberg, mit 88 Jahren verstarb. Gottlob Frege hatte sie immer wieder aufgesucht. Gerne erinnerte er sich dabei an die ersten Begegnungen im Hause Lieseberg in Grevesmühlen. Mathilde hatte ihn damals freundlich aufgenommen. Dahin, dahin. Wo war die Zeit geblieben?

Schwer war das Leben durch den furchtbaren Krieg geworden. Frege dachte manchmal daran, wie beglückt er in seiner Jugend war. Hätte er damals geahnt, was ihm alles widerfahren würde, er wäre nicht so unbeschwert und voller Energie gewesen. Aber das Leben ging weiter. Er wollte das Beste daraus machen.

Anmerkungen zu Kapitel 14

1   Google: Adressbücher Thüringer Städte: Jena-JPortal. Adressbuch der Residenz- und Universitäts-Stadt Jena. Zeitraum 1862–1920.
2   Universitätsarchiv Jena (UAJ), Bestand M, Nr. 678, Bl. 267. Siehe auch (Kreiser, 2001, S. 515).
3   Zu Freges Kontakten mit Wittgenstein zu dieser Zeit siehe (Kreiser, 2001, S. 577 ff.).
4   Siehe (Wille, 2020, S. 244) und (Frege, Briefe an Ludwig Wittgenstein, 1989).
5   Russell hatte dieses Beispiel wohl selbst vorher schon einmal gehört oder gelesen. Siehe dazu den Artikel von Godehard Link in der Süddeutschen Zeitung vom 19./20. Mai 2001 mit dem Titel ›Vom Barbier, der sich nicht selbst rasieren darf‹.
6   Siehe (Kreiser, 2001, S. 539) und (Vorschläge für ein Wahlgesetz von Gottlob Frege, 2000) in (Gabriel & Dathe, 2000).
7   Mecklenburger Tageblatt, Wismarsche Zeitung vom 8.10.1918.
8   Zur Schenkung Wittgensteins an Frege siehe (Kreiser, 2001, S. 504 unten) und Brief Freges an Wittgenstein vom 9.11.1918 in (Frege, 1989, S. 17).
9   Siehe Wismarsche Zeitung vom 9.11.1918.

10   Siehe Chronik Bad Kleinen (Brinker, 2008, S. 63).

11   Siehe Wismarsche Zeitung vom 10.11.1918.

12   Siehe Wismarsche Zeitung vom 12.11.1918.

13   Siehe (Dathe, 2008). Brief Gottlob Freges vom 17.11.1918 aus Bad Kleinen an Hugo Dingler.

14   Die Zeitschrift erschien von 1918 bis 1927 als Organ der ›Deutschen Philosophischen Gesellschaft‹. Ziel war die Pflege, Vertiefung und Wahrung deutscher Traditionen auf dem Gebiet der idealistischen Philosophie im Sinne von Kant und Fichte. Ab 1927 wurde sie in ›Blätter für Deutsche Philosophie‹ umbenannt.

15   Die Zeitschrift wurde in Jena vom Verleger Eugen Diederichs herausgegeben. In dessen Haus fanden auch Diskussionen und Streitgespräche statt. (Kreiser, 2001, S. 570)

16   Siehe (Frege, Wissenschaftlicher Briefwechsel, 1980, S. 153 ff.) oder (G. Gabriel, 1980, S. 113–116).

17   Der Friedensvertrag von Versailles, Artikel zur Kriegsschuld (Artikel 231) als Grundlage für Reparationsforderungen. Quelle: Wikipedia. Die Frage der Kriegsschuld ist heute aber durchaus umstritten. Siehe etwa (Simonnot).

18   Siehe Schulz, Wilhelm: Chronik des Kirchspiels Beidendorf, handschriftliche Aufzeichnungen zwischen 1902 und 1933. Archiv der Mecklenburgischen Landeskirche, Schwerin.

19   Siehe (Sabrow, 2022). Allerdings wird dort der historisch vermerkte Aufenthalt der Mörder in einem Wäldchen bei Bad K. so gedeutet, als handle es sich um Kühlungsborn. Den Namen ›Kühlungsborn‹ gab es zu dieser Zeit noch nicht. Es wird sich daher um Bad Kleinen gehandelt haben.

20   Abitur Ostern 1923. Alfred Otto Paul Frege. Stadtarchiv Wismar, Große Stadtschule, No. 82.

21   Siehe oben Abitur. Mathematische Aufgaben.

22   Siehe oben Abitur. Reifezeugnis.

23   Immatrikulation. Technische Universität Berlin, Referat I. B., Band VIII, Studierende 1923–1928, Bl. 70 (Rückseite) – Bl. 71. Siehe auch (Kreiser, 2001, S. 507).

24   (Frege, Nachgelassene Schriften, 1969, erw. 1983, S. 278–281), Fragment zur logischen Allgemeinheit. Siehe auch (Frege, 1966, 2003, S. 6).

25   Siehe (Kreiser, 2001, S. 568). Neudamm war eine Kleinstadt im ehemaligen Landkreis Königsberg in Westpommern. Heute heißt sie Debno, Woiwodschaft Westpommern, Polen.

Das Lebensende
1924–1925

*

Es war Montag, der 10. März 1924. Gottlob Frege hatte seinen Morgenspaziergang beendet. Einigermaßen erfrischt setzte er sich an seinen Schreibtisch. Er wollte die vielen Gedanken aufschreiben, die ihn in letzter Zeit auf seinen Wanderungen beschäftigten. Das war doch immer das beste Mittel, Klarheit zu gewinnen. Kurze Niederschriften würden als Gedächtnisstütze hilfreich sein. Wenn es seine Kräfte zuließen, könnten sie später ausgearbeitet werden.[1]

Frege beschäftigte immer noch die plötzliche deutsche Kapitulation 1918, die ihn wie viele völlig unvorbereitet getroffen hatte. Schließlich gab es keine Besetzung Deutschlands durch ausländische Truppen. Die Legende, dass die Juden und die Linken das Land verraten hatten, fand allgemein Verbreitung. Diesen Teilen der Bevölkerung begegnete das Bürgertum schon lange mit Argwohn. Die Legende wurde scheinbar dadurch gestützt, dass das Kaiserreich unterging und die Sozialdemokraten in der neuen Republik die Führung übernahmen. Der Vertrag von Versailles belegte Deutschland mit hohen Reparationslasten und schränkte die Souveränität des Landes ein. Er schürte den Hass auf die Sieger weiter und fügte letztendlich der Weltwirtschaft schweren Schaden zu. Das alte Kaiserreich erschien nicht nur in Freges Umfeld als goldene Zeit, die junge Republik als Schande. Dieser Eindruck erwies sich als schwere Hypothek für eine demokratische Entwicklung. Linke und rechte politische Strömungen gingen aufeinander los. Das ließ für die Zukunft nichts Gutes erwarten.

Frege begann in einer Rückschau mit Betrachtungen über Professor Abbe, seinen großen Förderer und Freund. Besonders dessen ausgeprägte soziale Neigung hatte Frege immer wieder imponiert und zum Nachdenken angeregt:

»…Er verwandelte das Zeisswerk zu Gunsten der darin beschäftigten Arbeiter in eine Zeissstiftung. … In Wirklichkeit war es eine großartige Schenkung an die Arbeiter, nach Abbes Meinung aber hatten es die Arbeiter mit erarbeitet und gehörte es also ihnen von Rechts wegen. … Es war ein aus edelster und echt christlicher Gesinnung hervorgegangener Versuch, die Arbeiter in ihrer wirtschaftlichen Lage und damit überhaupt zu heben.«[2]

Frege nahm die Schreibfeder aus der Hand und blickte auf. Allerdings hätte es Professor Abbe nie zugelassen, dass seine Arbeiter entscheidenden Einfluss auf die Betriebsleitung ausübten, obwohl er sie ermutigte, ihre Wünsche auszusprechen und diese gern entgegennahm. Es tat gut, über diesen großen Mann nachzudenken.

Am nächsten Tag kritisierte Frege in einer Niederschrift Theologen, die sich zu Lasten anderer für die ärmeren Arbeitnehmer einsetzten. Denn sie versuchten es mit einem moralischen Druck auf die reichen Arbeitgeber.

»… Während Abbe auf eigene Kosten die wirtschaftliche Lage der Arbeiter zu heben suchte, wollten es diese Theologen auf fremde Kosten. …«[3]

Das Magenleiden meldete sich wieder. Verdrossen hielt Frege inne. Es war besser, sich vor dem Mittagessen noch etwas auszuruhen.

Am 12. März 1924 schrieb Frege:

»…Zwei Teufel haben uns sehr geschadet durch Vergiftung des Verhältnisses von Arbeitgebern und Arbeitnehmern, hier der Teufel des Hochmuts, da der Teufel des Neides. …«[4]

Es gab bestimmt viele Theologen, die diese Teufel ohne viel Aufhebens bekämpften. Aber Frege wollte es nicht hinnehmen, dass andere Theologen/Geistliche radikalen Vorstellungen folgten und danach trachteten, die privaten Arbeitgeber ganz abzuschaffen.

Am Tag danach schrieb Frege kurz etwas zu historischen Entwicklungen in Frankreich nach der Niederlage im Krieg 1870/71. Dort hätten konservative Kräfte den darauffolgenden Aufstand der Pariser Commune niedergeschlagen. Die Konservativen konnten dann in der Folgezeit eine Politik durchsetzen, die verbunden mit starker militärischer Aufrüstung dem Land seine gegenwärtige Machtstellung ermöglichte. Frege hätte sich dies auch für Deutschland gewünscht. Aber es sei zu spät gewesen.[5]

Am 16. März 1924 hielt er für sich fest:

»Der Ausbreitung der Sozialdemokratie war die sozialistische Verseuchung, die große Teile des deutschen Volkes schon lange vor dem Krieg ergriffen hatte, sehr förderlich. ...«[6]

Die Politik von Bismarck, dem ›eisernen‹ Kanzler, beschäftigte ihn sehr. Der letzte Teil von dessen dreibändigen ›Gedanken und Erinnerungen‹, erschien 1921 [BO2]. Frege hatte dieses Werk erworben und sich voller Verehrung damit auseinandergesetzt. Er schätzte auch den alten Kaiser, Wilhelm I. Beide seien gemeinsam sehr erfolgreich gewesen.

Nach wie vor beschäftigte sich Frege mit sozialen Fragen. Er betonte:

»...Weniger leuchtet die Forderung ein, es sei anzustreben die wirtschaftliche Lage der ärmeren Arbeitnehmer auf Kosten der Arbeitgeber zu heben. So kann es nicht gelingen, weil jede Last, die auf die Arbeitgeber gewälzt wird, weil sie Arbeitgeber sind, mit der Zeit auf die Arbeitnehmer zurückfallen muß. ...«[7]

Das Weltgeschehen blieb ihm angesichts des ungeheuerlichen Krieges und seiner Nachwirkungen rätselhaft. Am 30. März 1924 schrieb Frege:

»...Erscheint nicht alles als ein blinder fürchterlicher Unsinn? ...«[8]

Frege dachte an den Satz ›Gott sitzt im Regimente und führet alles wohl‹ und erinnerte sich an die entschiedene Ablehnung solcher Glaubensvorstellungen durch Ernst Haeckel. Demütig bemerkte er an:

»...Doch hier weiter zu fragen, ziemt sich für uns Menschen nicht. ...«[9]

Jedenfalls seien Theologen kaum hilfreich, wenn es um Arbeitskämpfe und wirtschaftliche Entwicklungen ginge. Davon war Frege überzeugt.

*

Stiller war es im Haus, seit Alfred in Berlin studierte. Aber in der vorlesungsfreien Zeit, im Frühjahr 1924, war er einmal wieder heimgekommen. Welche Freude, als er, etwas schmal geworden, vor seinem Vater und Meta stand! Da mochte die tiefe Sorge um das Heil des deutschen Vaterlandes etwas zurücktreten. Wohltuende Gespräche mit dem Sohn konnten fortgesetzt werden.

»Wie kommst du denn mit dem Studieren zurecht, Alfred?«, hatte der Vater gleich wissen wollen.

»Die Vorlesungen sind interessant. Ich arbeite den Stoff oft nach und kann überall weitgehend folgen«, lautete die Antwort. Frege war erleichtert, das zu erfahren. Die Große Stadtschule in Wismar hatte wirklich ein solides Fundament gelegt.

»Mit deinem Fleiß wirst du die Anforderungen sicher auch in Zukunft bewältigen. Wie du weißt, werde ich dir in der Mathematik oder Physik gern beistehen«, ermutigte ihn Gottlob. Doch sie sprachen nicht nur über das Studium.

»Ach, Vater, in Berlin wird überall gefeiert, es ist sehr viel los. Du glaubst gar nicht, wie herausgeputzt sich die noble Gesellschaft auf dem Kurfürstendamm und auf der Friedrichstraße bewegt, wie viel Verkehr es auf dem Alexanderplatz und dem Potsdamer Platz gibt. Fußgänger, Droschken, Straßenbahnen, Autos und Lastwagen, alles bewegt sich in mehr oder weniger geordneten Bahnen. Theater locken, Kinos gibt es inzwischen, Varietés, Klubs und Restaurants. Wir Studenten sind da weniger gefragt, aber es ist aufregend, wie das Leben auch sein kann.« Er fügte hinzu: »Alle wollen hier Ablenkung und ihren Vergnügungen nachgehen. Als hätte es den Krieg nie gegeben.«

Frege schüttelte den Kopf: »Solche Welten des Vergnügens sind mir im Leben nicht begegnet.« Er verbarg, dass ihn diese Schilderungen eher betrübten. Was sollte aus alledem werden? An Alfred gewandt sagte er: »Dieses oberflächliche Berliner Leben wird für dich wohl keine Verlockung sein. Aber wie steht es mit den politischen Strömungen an eurer Hochschule? Ich denke in diesen Wochen viel über die Zukunft unseres Landes nach und habe angefangen, einige Überlegungen zu Papier zu bringen. Vielleicht hast du später einmal Zeit, das zu lesen. Aber eines lass dir gesagt sein. Nimm dich vor den Marxisten und den radikalen Sozialdemokraten in Acht! Sie bringen uns Unglück!«

Alfred gestand, dass er völlig mit dem Studium ausgelastet sei: »Ich will jetzt erst meine berufliche Ausbildung beenden.«

Gottlob Frege war beruhigt, dass der Junge zielstrebig seine Bahn zog. So hatte er es selbst auch gehalten. Am Ende würde sich das auszahlen.

*

Am 1. April 1924 dachten viele im Lande an Bismarcks Geburtstag. Frege trug in sein Tagebuch ein:

> *»...Wieviel hätte besser und glücklicher für Deutschland ausfallen können, wenn die Deutschen von ihm hätten lernen wollen! ...«*[10]

Immer wieder setzte Frege sich mit den Lehren der ›vaterlandslosen‹ Sozialdemokraten auseinander. Sie blieben ihm fremd und unverständlich. Entschieden wiederholte er:

»…Nur dadurch, daß die wirtschaftliche Lage des ganzen Volkes gehoben wird, kann die wirtschaftliche Lage der ärmeren Volksschichten dauerhaft gehoben werden. …«[11]

Auf die Jugend stützte er seine Hoffnung, schrieb dann sogar am 3. April 1924:

»Junge Deutsche, vor euch steht eine Aufgabe von furchtbarer Größe, die Aufgabe, das Vaterland wieder aufzurichten. … Laßt euch die richtige Stunde angeben von unseren großen Heerführern im Weltkriege. Laßt die erst wägen, dann mögt ihr wagen.«[12]

Diese Botschaft hatte er auch Alfred nahegebracht. Der war darüber still und bedrückt gewesen. Würde es bald einen neuen Krieg geben? Wo sollte das denn hinführen?

Der Vater empörte sich aber auch öfter über die Börsenspekulanten, die ohne jeden Gemeinsinn seien.

»Aktienbesitzer stehen nur in ganz lockerer Verbindung mit dem Unternehmen«, hatte er zu Alfred gesagt und vom unsichtbaren, herzlosen Kapital gesprochen.

Aktien sollten am besten im Besitz von Deutschen bleiben, und nur Deutsche mit vollem Bürgerrecht sollten Grundbesitz erwerben dürfen. Sonst bestünde die Gefahr fremder Einflussnahme.[13] Frege befand am 8. April 1924 außerdem:

»Wenn man genauer hinsieht, erkennt man, daß die Arbeiter bisher ihre politischen Rechte zu ihrem Schaden gebraucht haben. Möglichst niedrige Steuern war ihr leitender Gedanke. Daher ungenügende Kriegsrüstung, daher Krieg und schlechter Ausgang des Krieges. …«[14]

Nicht nur für die aktuelle Situation Vorschläge zu machen, fühlte er sich berufen. Seine Überlegungen zielten auf eine fernere Zukunft:

»…Für die Politik des Augenblicks bedürfen wir eines Mannes, der nicht nur die Gegenwart sieht, sondern dem ein Plan vorschwebt, wie er Deutschland vom französischen Drucke befreien kann. …«[15]

Auf die großen deutschen Heerführer Ludendorff und Hindenburg hoffte er nicht mehr so sehr:

»…Es gehört wohl jugendliche Frische dazu, um die Leute fortzureißen. …«[16]

Der unergiebige Streit der Parteien im Parlament gefiel Frege gar nicht:

»…und zeigt es sich nicht immer aufs Neue, wie ungeeignet im Grunde das uns vom Westen zugeführte parlamentarische Wesen ist. …«[17]

Frege schwebte eine kaiserliche Dynastie vor. Der deutsche Kaiser müsste dabei zugleich das Heer befehligen.

Am 16. April 1924 äußerte er, ganz im Sinne der allgemeinen nationalen Verblendung:

»Junge Deutsche feiert jetzt keine Feste! Wartet damit, bis ihr Deutschland durch einen Sieg über die Franzosen wieder zu einigem Ansehen unter den Völkern gebracht habt… Aber bis Deutschland wieder das alte Ansehen zurückerhalten hat, das es unter Wilhelm I. hatte, müssen vielleicht noch die Söhne und Enkel der jetzt lebenden jungen Deutschen Heldentaten vollbringen.«[18]

Unruhig ging er danach in seinem Arbeitszimmer hin und her. Schon wieder schmerzte der Magen stark, sodass er im Formulieren innehalten musste. Was würde sein Sohn Alfred zu diesen Vorstellungen sagen? Mit Meta konnte er auch nicht darüber sprechen, dachte Frege verstimmt. Gut, dass sich der Kontakt zu den Herren in Bad Kleinen erhalten hatte, mit denen er sich seit Ende 1918 immer wieder traf. Dort konnte er auf Zustimmung hoffen, wenn er seine Gedanken äußerte. Zum Beispiel wäre es doch zum Wohle der Arbeiter gewesen, wenn man vor dem Krieg mehr Geld für die Heereszwecke bewilligt hätte. Es sei leider anders gekommen. Er schlussfolgerte am 17. April 1924 erneut:

»…Daher die zu geringe Heeresstärke, daher die Neigung unserer Feinde, uns zu überfallen, daher der Weltkrieg, … daher die ungeheuren, noch gar nicht abzuschätzenden Lasten, die der Frieden von Versailles uns aufgebürdet hat. …«[19]

Gottlob Frege hatte mit jüdischen Mitbürgern in Jena persönlich gute Erfahrungen gemacht. Zum Beispiel mit seinem langjährigen Mieter Professor Rudolf Hirzel, dem von Abbe geförderten theoretischen Physiker Felix Auerbach, der an der Universität unberechtigterweise manche Ablehnung erfuhr, oder dem Philosophen Otto Liebmann, mit dem er sich gern verständigt hatte. Dennoch erwog er in seinen Aufzeichnungen am 22. und 30. April 1924 staatliche Maßnahmen, die den Einfluss des Judentums eindämmen sollten.[20]

»…Ich habe den Antisemitismus eigentlich erst in den letzten Jahren begreifen lernen. …«[21]

Wieder machte er sich allgemein verbreitete Vorbehalte zu eigen. Auch in Bezug auf den linksradikalen ›Marxismus‹ befürwortete Frege harte staatliche Eingriffe. Es

»… ist die Austilgung des Marxismus oder wenigstens seine Ausschließung aus der Gesamtheit der Vollbürger eine nötige Vorbedingung für die Möglichkeit der …Errichtung eines starken Reiches… Nun nach der Revolution … bleibt nichts anderes als abzuwarten, bis der Marxismus an sich selbst zu Grunde gegangen ist.«[22]

Seine Anklagen richteten sich außerdem an die katholisch orientierte Zentrumspartei, die nach wie vor viele Stimmen im Reichstag hatte.

Im Aprilheft der Zeitschrift ›Deutschlands Erneuerung‹[23] hatte er darüber wieder einen Aufsatz von General Ludendorff gelesen und empfahl, ihn gründlich zu durchdenken.

»…Das ist der ärgste Feind, der Bismarcks Reich unterwühlt hat. … Sie werden immer nach dem Papst blicken, um von diesem ihre Weisungen zu erhalten.«[24]

In seinen Aufzeichnungen am 27. April 1924 empörte sich Frege gegen die ›Demagogen ohne jedes deutsche Gefühl‹ und meist auch wohl ›undeutscher Abstammung‹.[25]

Der Staat sollte die Willkür bekämpfen und dem Recht zum Siege verhelfen.[26]

Frege, der das klare Denken, das von subjektiven Einflüssen befreite Denken, über alles schätzte, schrieb auch:

»…Und doch scheint zuweilen eine … Gemütsbeteiligung zu einem richtigen, verstandesmäßigen Urteilen in staatlichen Fragen erforderlich zu sein.«[27]

Er beklagte vor allem ›bei sonst klugen Leuten einen auffallenden Mangel an politischer Einsicht‹ und hatte als Grund dafür ›oft den völligen Mangel an Vaterlandsliebe‹ herausgefunden.

Wenn ich es recht bedenke, kann diese Erkenntnis nicht ohne weitere Schlussfolgerungen für mein drittes Reich bleiben, sagte sich Frege nun. Er wollte eigentlich nur Gedanken dort angesiedelt wissen, wo sie dem Prüfstein der Wahrheit unterliegen. Das Konzept seines Kollegen Linke, auch ethische Gedanken zuzulassen, hielt er damals für falsch. Ließe sich nun ›das Wahre‹ auch auf ›das Gute‹ und ›das Schöne‹ beziehen? Er war sich nicht sicher und staunte, wie feste Überzeugungen unter neuen Umständen ins Wanken geraten können. Nur durfte der Glaube an das Gute nicht unbedingt mit dem Guten gleichgesetzt werden.

Ähnlich verhielt es sich mit dem Schönen. Überall lauerten die Fallstricke des Irrtums.

> *»Wie das Wort ›schön‹ der Ästhetik und ›gut‹ der Ethik, so weist ›wahr‹ der Logik die Richtung. Zwar haben alle Wissenschaften Wahrheit als Ziel; aber die Logik beschäftigt sich noch in ganz anderer Weise mit ihr.«* (Frege, 1918–1919a, S. 58)

Die Ergebnisse der Reichstagswahl, die am 4. Mai 1924 stattgefunden hatte, standen in der Zeitung. Gottlob Frege prüfte sie eingehend. Wie bedrückend! Genau das hatte er befürchtet. Zu viele Parteien bemühten sich um die Gunst der Wähler. Dadurch entstand Streit, ja Hass, gerade auch selbst bei Parteien, die sich eigentlich nahestanden.

»Gibt es denn gar keine Parteiführer, die Einsicht und Kraft haben, diesen Unsinn zu steuern?«, fragte er sich.[28] Höchst bedenklich, dass die KPD, die Partei der radikalen Kommunisten, auf fast 13 Prozent der Stimmen kam. Die SPD und das Zentrum, die er ebenfalls so beargwöhnte, hatten sich behauptet. Dagegen verloren die gemäßigten bürgerlichen Parteien deutlich. Dass die rechten Parteien 26 Prozent erreichten, mochte aus seiner Sicht angehen. Deren Zerstrittenheit war allerdings offensichtlich. Im Wahlbezirk Mecklenburg-Lübeck gewannen sie aber sogar 47 Prozent der Stimmen, wie man noch einige Tage später lesen konnte.[29]

*

Frege war voller Verbitterung über die derzeitigen politischen Zustände. Was sollte aus dieser gespaltenen Weimarer Demokratie werden? Wie er erfuhr, hatte auch in seiner zweiten Heimat Thüringen die Wahl im Februar 1924 keine bürgerliche Mehrheit gegen Sozialdemokraten und Kommunisten ergeben. So kam es zu einer konservativen Minderheitsregierung, die teils mit radikalen Gruppierungen paktierte. Er konnte sich darunter beim besten Willen nichts Gutes vorstellen. Sein Ideal blieb die Kaiserzeit unter Wilhelm I. und Bismarck, in deren Dienst er sich als akademischer Lehrer und Wissenschaftler gern gestellt hatte.

Natürlich war es richtig, seine Einsichten zu notieren. Aber Frege wollte sie nicht ausarbeiten, obwohl es seine Kräfte gestattet hätten. Die gegenwärtige Politik, das spürte er, hatte ihre eigenen Gesetze. Sie gefielen ihm nicht, und sie gingen vielleicht über seinen Horizont hinaus.

Frege wollte sich aber noch einmal theologischen Themen zuwenden. Enttäuscht von der protestantischen Kirche formulierte er am 8. Mai 1924:

»Wir bedürfen dringend einer Erneuerung der Religion. Die lutherische Kirche ist z. Teil in Orthodoxie erstarrt. … Aber auch da, wo die Orthodoxie nicht herrscht, wird die Wirksamkeit des Pfarrers durch die Dogmen behindert. Er weiß, wer die Altgläubigen in seiner Gemeinde sind; er fühlt sich verpflichtet, bei diesen keinen Anstoß zu erregen. …«[30]

Wieder dachte Frege voller Dankbarkeit an seinen Vater Alexander, der ihn mit seinen konsequenten religiösen Ansichten so geprägt hatte. Am 9. Mai 1924, am letzten Tag seiner Aufzeichnungen, schrieb er noch dazu:

»Das Leben Jesu müßte erzählt werden nach den Ergebnissen der deutschen Forschungen, ganz wahrheitsgemäß. … die Absicht des Erzählenden muß auf die lauterste Wahrheit gerichtet sein. Er darf möglichst nichts vorbringen, was ihm nicht sicher erscheint…«[31]

Da trat sie wieder in Erscheinung, seine Überzeugung, dass die Wahrheit das edelste aller wissenschaftlichen Ziele ist.

*

Gottlob Frege dachte jetzt häufiger über sein wissenschaftliches Vermächtnis nach. Immerhin 40 wissenschaftliche Arbeiten hatte er publiziert. Mit zahlreichen Gelehrten seiner Zeit wie Russell, Husserl, Peano, Hilbert und Wittgenstein war er im Kontakt gewesen. Deren Briefe wurden in seinem Schreibtisch aufbewahrt. Frege verfügte, dass sie einmal der Autographensammlung des Dr. Ludwig Darmstaedter von der Preußischen Staatsbibliothek in Berlin übergeben werden sollten.[32]

Natürlich belastete ihn der Misserfolg seines großen Programms, die Gesetze der Arithmetik logisch zu begründen. Auch die Missachtung und kritische Distanz einiger Kollegen in seinem ehemaligen Jenaer Umfeld und darüber hinaus in Deutschland bedrückten ihn in Bad Kleinen noch.

Aber wenn er es recht bedachte, war sein Wirken nicht erfolglos geblieben. Es hatte inzwischen vor allem durch die Schriften von Russell und Wittgenstein über das Deutsche Reich hinaus große Beachtung gefunden. Er gehörte neben wissenschaftlichen Gesellschaften in Deutschland auch dem 1884 gegründeten angesehenen italienischen ›Circolo matematico di Palermo‹ an. In seinem ›Cylinderbüro‹ bewahrte er einige mathematische und philosophische Manuskripte auf, die bisher unveröffentlicht geblieben waren. Darunter befanden sich die beiden Arbeiten zur Verteidigung seiner Begriffsschrift, die damals niemand haben wollte.

Es hängt fast alles mit meiner Logik zusammen, sann er vor sich hin. Letztlich hatte auch Abbe sie hoch geschätzt. In der Jenaer Universitätsverwaltung war dieses Urteil nach Freges Emeritierung noch gegenwärtig.[33] Mit der Begriffsschrift kam er schließlich zu dem Ergebnis, dass logische Mittel für die Arithmetik nicht ausreichen. Also standen Arithmetik und Geometrie doch auf einer Stufe, was für die Einheit der Mathematik sprach.

Als Alfred einmal wieder in Bad Kleinen war, hatte Gottlob Frege ihm Abhandlungen und Entwürfe vorgelegt und eindringlich darum gebeten, sie nach seinem Tod sorgsam aufzubewahren.

»Mein Junge, auch Gold wird darin zu finden sein!«, sagte er ihm mit einiger Zuversicht. *»Manches wird noch einmal weit höher geschätzt werden als jetzt. Nichts darf davon verloren gehen. Es ist ein großer Teil meiner selbst.«*[34]

Alfred war unglücklich, dass der Vater von seinem Ableben sprach. Verständig und voller Respekt gelobte er, mit diesen Manuskripten verantwortungsvoll umzugehen.

»Deine neuen Aufzeichnungen sind etwas schwer zu lesen, ich werde sie mit der Maschine abschreiben«, sagte er noch. Den Vater wollte er nicht enttäuschen. So viel hatte er ihm zu verdanken.

Frege war von Herzen froh über seinen Sohn, der mit dem Studium in Berlin offenbar gut vorankam.

*

Am 8. November 1924 beging Gottlob Frege mit Meta seinen 76. Geburtstag. Wie oft in dieser Jahreszeit war es draußen dunkel und kalt. Die schönen Tage waren vorbei. Gottlob Frege fühlte sich nicht gut. Der Magen! Die Schmerzen hatten sich weiter verstärkt, Schwäche stellte sich ein. Wie lange würde sein Leidensweg noch dauern? So kam es, dass er mit Meta erneut über sein Testament sprach, das er schon vor zwei Jahren aufgesetzt hatte.[35]

»Es bleibt dabei. Alfred soll meinen Nachlass erben, Meta, und Sie erhalten den lebenslänglichen Nießbrauch meines Grundbesitzes«, erklärte er der treuen Seele. Das fand Metas Zustimmung, zumal Alfred bestimmt zu ihr stehen würde. Sie war doch wie eine Mutter für ihn.

»Meine Bücher philosophischen oder theologischen Inhalts vermache ich Pastor von Lüpke. Ich verfüge aber, dass mein Bruder Arnold und Sie das Recht haben, sich zuvor die Bücher auszusuchen, die sie beide gerne hätten«, erwähnte Frege noch.

Meta freute sich über diese Festlegung, wurde aber gleich wieder sehr traurig, da das Ende ihrer langen Gemeinschaft nahe schien. Sie gab sich besondere Mühe beim Kochen, aber der Professor aß immer weniger. Seine Kräfte ließen noch mehr nach. Die unglückliche Situation mit den finanziellen Rücklagen belasteten ihn zudem so sehr, dass er es jetzt sogar Meta überließ, darüber amtliche Auskunft zu geben.[36]

Die Staatsanleihen, die Frege stets bevorzugt hatte, erwiesen sich als weitgehend entwertet. Er verfügte nur noch über ein Kapital von 4 500 Mark. Aus den Zinsen dieser umgewerteten Wertpapiere konnten sie gerade die Steuern bezahlen, die auf dem Haus und dem dazu gehörenden Grundstück lasteten. Ansonsten blieb nur die Pension des Professors zum Leben.[37] Vermutlich müssten Meta und Alfred bei seinem Tod trotz der Erbschaft alles verkaufen und eine Mietwohnung auf dem Lande beziehen. Denn Freges Pension würde nicht mehr zur Verfügung stehen. Aber das schreckte Meta nicht, sie würden zurechtkommen. Anderen ging es noch schlechter.

*

Gottlob Frege sehnte sich immer nach dem Frühling, der die frischen Kräfte der Natur auch auf die Menschen übertrug. Etwas davon verspürte er trotz seiner zunehmenden Gebrechlichkeit auch an einem Nachmittag im April 1925.

»Meta, ich versuche, noch einmal an den See zu gehen«, verkündete er mit schwacher Stimme.

»Herr Professor, passen Sie gut auf sich auf«, sagte sie besorgt. »Sie wissen doch um Ihre Schwäche.«

Abbildung 15-1   Blick auf den Schweriner See vom Ufer Bad Kleinen.

Als Frege es schließlich bis an das Ufer geschafft hatte, setzte er sich auf eine Bank. Sein Blick fiel auf die weite Wasserfläche und ging in die Ferne. Himmel und Wasser schienen sich zu vereinen, nur ein schmaler Waldstreifen trennte sie voneinander.

Weite, die in die Ewigkeit zu münden schien. Dort, wo auch seine Logik ihren Platz hatte. Wie viel Zeit würde ihm noch bleiben? Doch er hatte das Seine getan, in der Grundlegung der Wissenschaft, im wissenschaftlichen Meinungsstreit und im Familienleben. Gottlob Frege schritt gedankenvoll langsam zurück.

In diesen Wochen fand Gottlob Frege trotz seines schlechten Gesundheitszustandes noch Kraft für wissenschaftliche Überlegungen. Er war selbst erstaunt darüber. Liebenswürdig korrespondierte er am 26. April 1925 mit Richard Hönigswald, dem Herausgeber der Zeitschrift › Wissenschaftliche Grundfragen‹.

> *»Eigentlich habe ich Ihnen mehr zu danken als Sie mir; denn es muss mir sehr daran liegen, dass etwas aus meiner Feder in Ihren wissenschaftlichen Grundfragen erscheint, zumal, da wir in den Hauptpunkten so gut übereinstimmen. Natürlich finde ich es ganz in der Ordnung, dass Sie einige Bemerkungen dazu machen und Wünsche äussern in Ihrem vorgestrigen Briefe. Es wird mir leid tun, wenn ich infolge meines Gesundheitszustandes und Gedächtnisschwäche nicht ganz Ihren Anforderungen, die ich für ganz berechtigt halte, genügen kann.«*

Es folgten sehr detaillierte, auch ausführliche Erläuterungen, vor allem zum Begriff der Menge. Frege ließ aber in seinem Schreiben gegenüber dem Herausgeber auch erkennen, dass ihn die Entdeckung der Antinomie nach wie vor belastete. (G. Gabriel, 1980)

Dr. Steyerthal kam bald immer häufiger ins Haus. Freges Arzt wirkte in letzter Zeit bedrückt, wenn er sich von Meta verabschiedete. Das schlimme Magenleiden ließ sich nicht beherrschen, man konnte so wenig dagegen tun. Der Patient wurde zusehends bettlägerig, das Ende nahte unaufhaltsam. Er wurde in einen schlafähnlichen Zustand versetzt, um ihn die Schmerzen nicht so spüren zu lassen. Meta schaute oft nach ihm und litt zusehends. Alfred wurde gebeten, nach Bad Kleinen zu kommen.

In der Nacht vom 25. zum 26. Juli 1925 schloss Gottlob Frege die Augen für immer. Liebevoll gab Alfred Frege das Ableben in der Zeitung bekannt.

Gottlob Frege war in Wismar Eigentümer einer Grabstelle, auf der bereits sein Vater beigesetzt war. Dort fand auch er am 29. Juli 1925 seine letzte Ruhe.[38]

Abbildung 15-2   Annonce in der Wismarschen Zeitung

In der Nacht von Sonnabend auf Sonntag nahm mir der liebe Gott meinen guten, lieben Vater, den

Universitäts-Professor

Hofrat Dr. Gottlob Frege

im 77. Lebensjahre.

Alfred Frege

stud. rer. techn.

Bad Kleinen, den 27. Juli 1925.

Beerdigung in Wismar am Mittwoch, den 29. Juli 1925, mittags 12 Uhr auf dem alten Friedhof.

Kranzspenden bitte ich im Sinne des Verstorbenen zu unterlassen.

Abbildung 15-3   Grabkreuz für Gottlob Frege auf dem Friedhof in Wismar

Anmerkungen zu Kapitel 15

1   Es folgen exemplarisch Einträge aus Gottlob Freges handschriftlichen Aufzeichnungen (Frege, 1924), später von den Herausgebern (Gabriel & Kienzler, 1994) kommentiert und allgemein als ›Politisches Tagebuch‹ bezeichnet.
2   Eintrag vom 10.3.
3   Eintrag vom 11.3.
4   Eintrag vom 12.3.
5   Eintrag vom 13.3. (sinngemäß)
6   Eintrag vom 16.3.
7   Eintrag vom 26.3.
8   Eintrag vom 30.3.
9   Weiterer Eintrag vom 30.3.
10 Eintrag vom 1.4.
11 Eintrag vom 2.4.
12 Eintrag vom 3.4.
13 Einträge vom 5.4., 6.6., 17.4., 19.4. und 20.4. (sinngemäß zusammengefasst)
14 Eintrag vom 8.4.
15 Eintrag vom 10.4.
16 Weiterer Eintrag vom 10.4.
17 Eintrag vom 13.4.
18 Eintrag vom 16.4.
19 Eintrag vom 17.4.
20 Einträge vom 22.4. und 30.4. (sinngemäß)
21 Eintrag vom 22.4.
22 Einträge vom 23.4. und 24.4.
23 Monatsschrift für das Deutsche Volk, gegründet 1917, Verlag Lehmann, München und Berlin.
24 Eintrag vom 26.4.
25 Eintrag vom 27.4. (sinngemäß)
26 Eintrag vom 1.5. (sinngemäß)
27 Eintrag vom 2.5.
28 Eintrag vom 7.5.
29 Siehe Wismarsche Zeitung vom 8.5.1924.
30 Eintrag vom 8.5.
31 Eintrag vom 9.5.
32 Verfügung Gottlob Freges vom 8.12.1919. Siehe (Kreiser, 2001, S. 626).
33 Schreiben von Max Vollert, Universitätskurator in Jena, aus dem Jahr 1922.
    Universitätsarchiv Jena, C 842, Bl. 154–55. Siehe (Gabriel & Kienzler, 1997,
    S. 31).

34 Siehe dazu (Frege, Nachgelassene Schriften, 1969, erw. 1983, S. XXXIV). Zitiert in (Kreiser, 2001, S. 627).

35 Gottlob Frege: Letztwillige Verfügung vom 4.9.1922. Siehe (Kreiser, 2001, S. 625–626).

36 Mitteilung von Meta Arndt als ›Wirtschafterin in Freges Haus‹ an das Universitätsrentamt Jena vom 12.3.1924. UAJ, Bestand D, Nr. 766 unpaginiert. Siehe (Kreiser, 2001, S. 564–565).

37 Mecklenburgisch-Schwerinsches Amtsgericht Wismar. Akten in Sachen betreffend das Testament G. Frege, V 9/25, Siehe (Kreiser, 2001, S. 565–566).

38 Das Grabkreuz für Gottlob Frege enthielt irrtümlich als Datum des Todes den 28.7.1925 statt den 26.7.1925. Das Datum auf dem Grabkreuz wurde inzwischen berichtigt. Siehe auch Abb. 15-2.

Nachwort

> *Die Weisen sagen: Beurteile niemand, bis du an seiner Stelle gestanden hast.*
>
> Johann Wolfgang von Goethe

Die vorliegende Romanbiografie bezieht vielfach den geschichtlichen Hintergrund mit ein. Dabei geben die Äußerungen der historischen Personen nicht die Meinung der Autoren wieder. Das ist eigentlich selbstverständlich, soll aber hier ausdrücklich betont werden.

Es ist uns wichtig, nicht nur die wissenschaftlichen Leistungen Freges zu würdigen, sondern auch sein persönliches Schicksal, seine Eigenheiten und Bedürfnisse sowie seine Einsichten und Vorurteile im Spiegel der damaligen Zeit zu beschreiben.

Neben dem Misserfolg, die Arithmetik logisch zu begründen, und der geringen wissenschaftlichen Anerkennung in Deutschland musste Frege auch den frühen Tod seiner Ehefrau hinnehmen. Dazu kamen die wirtschaftlichen und seelischen Nöte während des Ersten Weltkrieges und in der Nachkriegszeit. Die vom Versailler Vertrag auferlegten Sanktionen trafen die Bevölkerung hart.

Aufgewachsen in einem gebildeten evangelischen Elternhaus entwickelte Frege später eine Abneigung gegen die revolutionären Ideen linker Sozialdemokraten und gegen den starken Einfluss der katholischen Kirche auf die Staatsgeschicke. In der bewegten Epoche, in der er im Alter lebte, wünschte er sich einen zentral geführten deutschen Staat, der die eigene große Geistesgeschichte pflegt und fortschreibt sowie zugleich die deutschen Interessen nach außen mit Nachdruck vertritt. Dabei schwebte ihm an der Spitze ein deutscher Kaiser vom Format Wilhelm I. vor, dessen Wirken ihm vorbildhaft erschien.

In dieser Zeit suchten die Menschen nach Schuldigen. Wie viele Deutsche aus dem Bildungsbürgertum hatte auch Frege die medial propagierten generellen Vorbehalte gegenüber Linken, Klerikern, Juden und Franzosen. Da er seine politischen Vorstellungen nur bei nationalliberalen beziehungsweise rechten Parteien wiederfand, fühlte er sich zu ihnen am ehesten hingezogen. In seinem ›Politischen Tagebuch‹, eine von anderen nachträglich gewählte Bezeichnung, schrieb er zu seinen Ansichten Fragmentarisches auf. Die dort enthaltenen politischen Vorbehalte wurden von ihm aber nur privat aufgezeichnet und erst sieben Jahrzehnte nach seinem Tod veröffentlicht.

Aus heutiger Sicht sind bestimmte Passagen daraus für uns nicht akzeptabel. Sicher schwingt auch ein wenig Enttäuschung mit, weil man einem zurückhaltenden, feinsinnigen und überragenden Denker gern andere Ansichten gewünscht hätte. Wir werden Gottlob Frege jedoch nur gerecht, wenn wir die damalige Situation und seinen Lebenskreis berücksichtigen. Der Leser möge sich selbst fragen, ob er an Freges Stelle damals mit Sicherheit Fehleinschätzungen vermieden hätte. Was aus der kritischen und aufgeheizten politischen Situation der zwanziger Jahre noch Schreckliches folgen sollte, ahnte Frege gewiss nicht.

Anmerkung: Freges Ideologie

So schreibt Kreiser in seinem Buch über Gottlob Frege:

> »Nicht aus den späteren historischen Folgen dieser Ideologie heraus ist Frege zu be- und vielleicht gar zu verurteilen, zwischen 1925 und 1939 lag noch manches, was für ihn Anlaß zur Besinnung hätte sein können, ...«[1]

In der Politik ist die Wahrheit oft weit schwieriger zu finden als in den logisch aufgebauten wissenschaftlichen Theorien. Zu komplex und weitreichend sind die historischen Vorbedingungen, zu stark gehen das subjektive Empfinden und das Eigeninteresse der Wortführer in die persönliche Sicht ein. So überwiegt beim Urteilenden leicht der Glaube, die Wahrheit zu kennen, obwohl er möglicherweise irrt oder es die eine Wahrheit gar nicht gibt. Auch logisches Denkvermögen hilft hier nur begrenzt.

Lassen wir Frege also die verdiente Ruhe und würdigen wir ihn als überragenden Wissenschaftler, dem wir alle viel zu verdanken haben.

> **Würdigung: Freges Leistungen**
>
> An erster Stelle steht sicher die Begriffsschrift, die zweiwertige, axiomatisch auf-
> gebaute und Quantoren (wie Allgemeinheit, Existenz) einbeziehende Logik. Sie
> ist unverzichtbar geworden: in der Wissenschaft, in der Computertechnik und
> bei der Entwicklung der Künstlichen Intelligenz, die unser 21. Jahrhundert nach-
> haltig prägen wird.
>
> Beeindruckend ist auch sein Vorhaben, mit der Begriffsschrift die Mathema-
> tik logisch zu begründen. Obwohl das Projekt scheiterte, ermöglichten doch
> erst seine ›Grundgesetze der Arithmetik‹, die wahren Ursachen dafür aufzu-
> decken.
>
> Schließlich führten seine sprachphilosophischen Untersuchungen, seine
> dabei formulierten Fragen und Einsichten, zu einer neuen Bewertung der Spra-
> che im wissenschaftlichen Erkenntnisprozess. Er gilt als Vater der Analytischen
> Philosophie.[2]

Nachdem Gottlob Frege zunächst völlig vergessen schien, wurden seine wissenschaftlichen Leistungen später zuerst im anglo-amerikanischen Sprachraum gewürdigt. Inzwischen wird er weltweit hoch geschätzt und verehrt. Seine Werke
wurden in mindestens zwölf Sprachen übersetzt und regen auch heute noch zur
fruchtbaren Auseinandersetzung mit ihnen an.

Zu den Lebenswegen von Meta Arndt und Alfred Frege

Über das weitere Schicksal von Meta Arndt und Alfred Frege gibt es nur wenig zu
berichten. Durch den Tod Gottlob Freges hatte sich ihre finanzielle Situation dras-
tisch verschlechtert. Nach dem Verkauf des Hauses in Bad Kleinen, den Frege vermutlich noch zu Lebzeiten vorbereitet hatte, bezogen beide eine Mietwohnung in
Pastow, einem Dorf in der Nähe von Rostock. Sie fanden dort ihr Auskommen.[3]

Alfred Frege konnte sein Studium in Berlin ohne Unterbrechung fortsetzen
und 1929 als Diplom-Ingenieur abschließen. Er erlangte in den folgenden Jahren die Dienststellung eines Regierungsrates und wurde Beamter auf Lebenszeit
in Braunschweig. Am 18. Dezember 1943 zum Kriegsdienst einberufen, fiel er am
15. Juni 1944 in Montesson bei Paris. Er ruht auf der Kriegsgräberstätte in Cham-
pigny-St. André.[4]

Alfred Frege hat sich sehr um den wissenschaftlichen Nachlass seines Vaters
verdient gemacht. Durch die großen Bemühungen von Professor Heinrich Scholz

wurde dieser an der Universität Münster archiviert und für die Allgemeinheit zugänglich gemacht.

Meta Arndt zog später nach Rostock um. Sie verstarb dort am 8. Januar 1943 in ihrer Wohnung in der Bahnhofstraße 9.[5] Alfred Frege wird sie immer als Mutter empfunden haben. Vermutlich auf seine Veranlassung wurde sie von Rostock nach Wismar umgebettet. Hier fand sie am 17. April 1943 auf der Grabstelle Gottlob Freges die letzte Ruhe. Das Grab war seit 1942 im Besitz von Alfred Frege.

Anmerkungen zum Nachwort

1   Siehe (Kreiser, 2001, S. 484).
2   Eine ausführliche Auflistung von Freges wissenschaftlichen Leistungen findet man z. B. in (Kutschera, 1989, S. 194–196).
3   Siehe (Kreiser, 2001, S. 630).
4   Siehe (Kreiser, 2001, S. 507–508).
5   Standesamtliche Feststellung der Seestadt Rostock, Blatt Nr. 35 vom 9.1.1943. Die Angaben zu *Meta Arndt* wurden von Herrn Torsten Gertz, Malchin, aus den Kirchenbüchern von Gorschendorf, Malchin und Rostock entnommen, die über www.ancestry.de einzusehen sind.

Anhang

Lebenslauf

8. 11. 1848	Geboren in Wismar
1854–1869	Besuch der Großen Stadtschule in Wismar
1869–1873	Studium in Jena und Göttingen
	Promotion in Göttingen mit
	Über eine geometrische Darstellung der imaginären Gebilde in der Ebene
16. 5. 1874	Habilitation in Jena mit *Rechnungsmethoden, die sich auf eine Erweiterung des Grössenbegriffes gründen*
1874–1918	Lehrtätigkeit in Jena, zunächst als Privatdozent
1879	*Begriffsschrift, eine der arithmetischen nachgebildete Formelsprache des reinen Denkens*
2. 8. 1879	Verpflichtung als außerordentlicher. Professor für Mathematik
1884	*Grundlagen der Arithmetik*
14. 3. 1887	Heirat von Margarete Lieseberg (1856–1904)
1892	Über *Sinn und Bedeutung*
1893	*Grundgesetze der Arithmetik* – Band I
26. 5. 1896	Annahme einer ordentlichen Honorarprofessur
1903	*Grundgesetze der Arithmetik* – Band II
21. 12. 1903	Ernennung zum Großherzoglich-Sächsischen Hofrat
1908	Vormund von Alfred (*1903) und Toni (*1905) Fuchs
1918	Übersiedlung nach Bad Kleinen
8. 12. 1918	Emeritierung
1922	Adoption des Pflegesohnes Alfred
26. 7. 1925	Gestorben in Bad Kleinen, begraben in Wismar

1. **Computer** nutzen das *Dualsystem* mit nur zwei verschiedenen Ziffern (1, 0). Daher kann man die *Wahrheitswerte* (wahr, falsch) der zweiwertigen Logik dort ganz einfach darstellen.
2. **Die Hardware** von Computern besteht aus elektronischen Schaltungen, die ihre Funktionsabläufe realisieren. Sie nutzt auch zweiwertige *logische Funktionen* wie Implikation (Bedingtheit), Negation (Verneinung), Konjunktion (und), Alternative (oder). In gewissem Sinne ähnelt die (zweidimensionale) *Begriffsschrift* den (zweidimensionalen) Blockplänen dieser Schaltungen.
3. **Die Software** von Computern besteht aus Programmen, die Algorithmen zur Lösung von Aufgaben abarbeiten. Dazu werden *Programmiersprachen* verwendet, die *logische Funktionen* enthalten (siehe 2.)
4. **Die Wissensgenerierung und -verarbeitung** mit dem Computer (künstliche Intelligenz)
   - verwendet *Quantoren* (Allaussagen, Existenzaussagen).
   - geht von *Grundaussagen* (Axiomen) aus und gelangt mithilfe von *logischen Schlussregeln* zu neuen Aussagen (Erkenntnissen).

Daher ist die zweiwertige Aussagenlogik im Allgemeinen unzureichend. Man braucht eine *Quantorenlogik*. Gerade das leistet die *Begriffsschrift*. Außerdem wird der Denkprozess des Wissenschaftlers auf diese Weise automatisiert. Obwohl sich die Notation der Begriffsschrift nicht durchgesetzt hat, wird die zugrundeliegende Logik Freges hierzu angewendet.

»Wir begegnen auf einmal einem in der Geschichte einzigartigen Phänomen. Ganz unvermittelt, ohne dass es möglich wäre, eine historische Erklärung abzugeben, entspringt die moderne Aussagenlogik in einer beinahe höchsten Vollkommenheit dem genialen Kopfe Gottlob Freges, dieses größten Logikers unserer Zeiten.«
Prof. Jan Łukasiewicz über die Begriffsschrift (1938)

»Dieser Frege ist einer der größten deutschen Denker gewesen. Ja einer der größten abendländischen Denker überhaupt. Ein Denker vom Rang und der Tiefe eines Leibniz und einer schöpferischen Kraft, die von der seltensten Mächtigkeit ist.«
Prof. Heinrich Scholz, Münster (1941) in (Scholz, 1961, S. 68)

Bezogen auf Frege: »Seine philosophischen Grundauffassungen sind Allgemeingut geworden; als Begründer der modernen mathematischen Logik wird er dem Erfinder der Logik als Wissenschaft, dem großen Aristoteles, gleichrangig an die Seite gestellt.«
Prof. Günther Patzig, Göttingen in (Patzig, 1988, S. 275–276)

Hält man sich seine Leistungen »vor Augen, so wird man in Frege zuerst eine der hervorragendsten Gestalten in der gesamten Geschichte der Logik sehen, dann aber auch seine Bedeutung für die Philosophie anerkennen müssen, zumal die Logik in ihrer modernen Form in unserem Jahrhundert ihre Bedeutung als wichtiges philosophisches Organon zurückgewonnen hat.«
Prof. Franz von Kutschera, Regensburg in (Kutschera, 1989, S. 196)

»In der Tat: Gottlob Frege hat durch sein Lebenswerk die Entwicklung der mathematischen, logischen und philologischen Wissenschaften, der elektronischen
Datenverarbeitung, der Informatik und der Philosophie mit dem 20. Jahrhundert
beginnend in so fundamentaler Weise mit geprägt, dass sein Namen für immer in
die Geschichte von Wissenschaft und Technik eingegangen ist.«
Prof. Lothar Kreiser, Leipzig in (Kreiser, 2012, S. 84)

Lateinübersetzung

An Melpomene

Welchen du, Melpomene, einmal bei seiner Geburt mit sanften Auge angeblickt (hast), den wird nicht der Isthmische Kampf als Faustkämpfer verherrlichen, nicht das schnelle Ross auf Achäischem Wagen als Sieger führen, noch der Krieg (wird) ihn, den Feldherrn, mit delischen Blättern geschmückt, weil er der Könige stolze Drohungen zermalmt hat, auf dem Capitole zeigen;

Aber die Waßer, welche am fruchtbaren Tibur hinfließen und das dichte Laub der Wälder werden ihn bilden zu einem ausgezeichneten Dichter im Aeolischen Liede.

Rom's, der Stadt der Städte, Sprößling würdigt mich unter den liebenswürdigen Chören der Dichter zu stehen. Und schon werde ich weniger vom neidischen Zahne benagt. O Muse, die du den süßen Ton der goldenen Cither hervorrufst und auch den stummen Fischen, wenn du willst, den Gesang des Schwans verleihen kannst. Dies Alles ist deine Gnade, daß von den Vorübergehenden ich als Spieler der Römischen Leier bezeichnet werde: was ich athme und gefalle, wenn ich es thue, ist dein Werk.

Commentar

In den ersten beiden Strophen sagt Horaz, daß die Muse der lyrischen Poesie nicht in den Wettkämpfen oder im Kriege den von ihr Begünstigten Ruhm gewähre sondern (in der ersten Strophe) eben nur durch die lyrische Poesie.

In der dritten Strophe kommt er schon mehr aus der Abstraction heraus und
bereitet den Uebergang auf sich selbst vor, indem er von Tibur spricht, wo sein
Lieblingsaufenthalt war, und die lyrische Poesie durch das Beiwort Aeolio näher
als die subjective Lyrik bezeichnet. Zugleich wird angegeben, daß der Lyriker in
einer schönen Natur die Stimmung für seine Lieder suchen müße. Dann kommt
Horaz auf die Veranlaßung und [den] Hauptgrund seines Gedichtes, daß nämlich
Augustus ihm seine Bewunderung ausgedrückt hatte und gemeint, seine Werke
würden unsterblich sein. In den letzten beiden Strophen sagt er, daß er diesen seinen Ruhm als erster Römischer Lyriker der Melpomene verdanke.

Geschichtsaufsatz

Wie erklärt es sich, daß die Römische Republik innerlich verfiel, während sie die
Weltherrschaft errang?

Die Römische Geschichte besteht seit Errichtung der Republik während zweier Jahrhunderte fast nur aus den Parteikämpfen der beiden Stände, der Patricier
und Plebejer. Endlich kam ein schönes Gleichgewicht besonders durch die Licinische Gesetzgebung zu Stande. Von da an sehen wir die Republik ihre Kraft
nach außen wenden und die Eroberung Italiens unternehmen. In den Kriegen gegen die Somniter, Etrusker, Gallier, endlich gegen Tarent und Pyrrhus entwickelt
Rom eine besonders würdige Kraft und Ausdauer, welche aus dem Patriotismus
der Bürger hervorging und die daher durch keine Niederlagen sich beugen läßt
[ließ]. Am großartigsten zeigt sich diese Kraft in den beiden ersten Kriegen gegen
die Carthager. Um so auffallender ist der [innere] Verfall der Republik, während
des[r beiden] folgenden Jahrhunderts[e, wo sie sich die Weltherrschaft errang]
und ihr endlicher Uebergang ins Kaiserthum.
Eine der Hauptursachen dieser Erscheinung ist die Menge der Sclaven, welche nach der Eroberung Griechenlands und Asiens in Rom zusammenströmte[n].
Von diesen Sclaven wurde fortan alle körperliche Arbeit verrichtet. Sie dienten
nicht nur im Haushalt der Großen, sondern auch alle Handwerkerarbeiten wurden von ihnen geleistet. Daher verloren die ärmeren Bürger die natürliche Quelle ihres Verdienstes; sie verarmten und geriethen in vollkomm[e]ne Abhängigkeit
von den Reichen. Und dieser bei weitem größte Theil der Römischen Bürgerschaft
hatte die höchsten politischen Rechte, [machte nicht nur (in seinen Tribusver-
sammlungen) ohne der Beistimmung des Senats zu bedürfen, die Gesetze,] er
wählte alle hohen Magistrate. Die stolzesten Aristokraten konnten nur durch das
arme Volk ein Amt im Staate erlangen.
Daraus ging die nothwendige Folge hervor, daß einzelne Optimaten durch Be-

stechungen diese Masse für sich zu gewinnen suchten. Und die Armen konnten
auf keine andere Art ihren Lebensunterhalt gewinnen. Das sittliche Gefühl, die
Achtung vor den Gesetzen mußten untergehen, wo die Herrn des Staates selber
die Gesetze brachen. Das niedre Volk hatte natürlich ein Gefühl von der Unwürdigkeit seiner Lage. Denn es lebte ja von der Hand in den Mund; durch Arbeit war
es unmöglich sich herauf zu bringen und wo sollte Arbeitslust herkommen, wenn
man nicht erwerben konnte? Liebe zum Vaterlande, welches ihnen ein solches Leben gewährte, war unmöglich. Die Menge dieses Standes vermehrten noch die
Freilaßungen der Sclaven, wodurch einzelne Optimaten ebenfalls ihren Einfluß
vergrößern wollten. Dadurch verbreiteten sich alle Laster, welche die Sclaverei bei
den Unterdrückten hervorzurufen pflegt in diesem Stande. Auch bei den Herren
hatte sie wie immer, einen verderblichen moralischen Einfluß. Die Sittlichkeit beruht ja zum großen Theil auf dem Gefühl von der Würde des Menschen, welche
durch die Sclaverei auf das vollkommenste mit Füßen getreten wird.

Die übermäßige Bereicherung der Vornehmen war ein zweiter Grund für den
Untergang [Verfall] der Republik. Der Reichthum entstand theils aus der Kriegsbeute, wie sie z. B. Aemilius Paulus aus Griechenland nach Rom brachte und wie
sie bei der Eroberung Asiens und Syriens gewonnen wurde, theils durch die Ausplünderung dieser reichen Provinzen [, welche sie] im Frieden durch die Statthal-
ter, die Zollpächter und die wucherischen Banquiers [zu erleiden hatten].

So kam es, daß einige Optimaten einen fabelhaften Reichthum gewannen. Es
liegt nun in der menschlichen Natur, daß übermäßiger Reichthum entweder Habsucht und Geiz oder Verschwendung hervorruft. Beide Laster sehen wir in der
That zur Zeit des Untergangs der Republik in Rom herrschen. Aus dem Reichthum
der Großen ging Verweichlichung und Luxus hervor. Die Vaterlandsliebe, die
Aufopferungsfähigkeit verschwand; an ihre Stelle trat Egoismus, Bestechlichkeit.

Kein Decius Mus weiht sich mehr der Unterwelt [dem Tod], um seiner Vater-
stadt den Sieg zu geben. Kein Fabricius verabscheut die Bestechung [mehr Geschenk vom Feind anzunehmen], wenn sie auch [nicht] zum Wohle [Nachtheil]
Roms dienen würde [sollen], sondern Römische Consuln laßen sich von dem
Feinde Jugurtha durch Geld für ihre schwächliche Kriegführung belohnen.

»Sie lieben ihre Fischteiche mehr, als den Staat« sagt Cicero. Je größer der
Reichthum war, desto mehr mußten die Ehrgeizigen unter das Volk vertheilen,
um seine Stimmen zu gewinnen, desto mehr mußten sie als Proconsuln aus den
Provinzen pressen, um sich bezahlt zu machen.

So standen sich nun einander gegenüber ein Volk ohne Besitz, das lebte ohne
zu arbeiten, entsittlicht durch die Einwirkungen der Sclaverei, welches [das] nach
einer würdigeren und gesicherteren Existenz verlangte, und ein Adel, welcher von
der Arbeit [der Unterthanen] des ungeheuren Reiches lebte, von [und in] allen
nur denkbaren Genüßen verwöhnt [schwelgte], welcher [zu allen seinen Hand-

lungen] allein getrieben wurde von der Besorgnis, daß diese seine Vortheile ihm geraubt werden könnten. Daraus gingen die Unruhen und Bürgerkriege hervor, welche zuletzt zur Aufrichtung des Kaiserthrons führten. Die Gracchen versuchten durch Ackervertheilungen und Colonien das besitzlose Volk zu Eigenthum zu verhelfen. Sie unterlagen, weil dem Volke, das seine Stimmen verkaufte, die politische Einsicht abhanden gekommen war, sie thätig genug zu unterstützen. Auch die Optimaten sahen nicht ein, daß sie durch ihren Widerstand nur das gewaltsame Ende ihrer Herrschaft herbeiführten. Danach traten weniger gewißenhafte Führer des Volkes auf, die durch Gewalt ihr Ziel erreichen wollten. Die Optimaten hatten schon lange die Achtung vor den Gesetzen verloren, die durch Bestechungen [nicht selten auf gewaltsame Entfernung der Andersgesinnten] zu Stande kamen. Die Bürgerkriege verwüsteten Italien. [und die siegreichen] Die Feldherrn gewöhnten sich nur ihrem Ehrgeiz zu folgen. Die Proscriptionen gaben freies Feld dem persönlichen Haß und allen bösen Leidenschaften. Anfangs freilich unterlag die Volkspartei noch einmal, wegen eignen Unverstandes und aus Mangel eines Führers, der sich zu beherrschen wußte. Als ein solcher gefunden war, mußte der als Kaiser, als Führer des Volkes, den Staat leiten und eine Republik vernichten, die nur dem Vortheil einer geringen Zahl Optimaten diente und der alle Grundlagen fehlten: der lebhafte Antheil aller Bürger am Staate und seinem Bestehen, ihre Aufopferungsfähigkeit für das Vaterland, die politische Einsicht, die Achtung vor den Gesetzen, endlich eine gleichmäßige Vertheilung des Reichthums und der Mangel eines [tüchtiger] Mittelstandes.

Hinweis: Gestrichene Worte und [Worte in Klammern] sind Teil der Korrektur durch den Prüfer. Dabei sind die durch den Lehrer gestrichenen Worte von Frege geschrieben worden, die Worte in Klammern Ergänzungen oder Verbesserungen des Lehrers.

Aufgaben beim Mathematikabitur

1. Jemand zahlt am Anfang seines 45. Jahres 4 000 Taler bei einer Altersversicherungsgesellschaft ein, um vom 65. Jahre ab eine am Schlusse jedes Jahres zahlbare Pension von 630 Taler zu beziehen. Wieviel Jahre kann er dieselbe erhalten, wenn die Gesellschaft das Geld [*von Anfang an jährlich*] zu $3\frac{1}{2}$ Prozent benutzt [*verzinst*]?

2. Aus $x^3 - 3x^2 - 12x - 112 = 0$ folgt $x = ?$
   [*Lösen Sie* $x^3 - 3x^2 - 12x - 112 = 0$]

3. Man sucht drei positive ganze Zahlen von solcher Beschaffenheit daß, wenn die erste mit 5, die zweite mit 13, die dritte mit 18 multipliziert wird, die Summe der Produkte 997 sei, wenn aber die erste mit 11, die zweite mit 20, die dritte mit 37 multipliziert wird, die Summe der Produkte 1866 sei. Welche Zahlen sind es?
   [*Ergänzung: Wie viele solcher Zahlen gibt es überhaupt?*]

4. Aus $\dfrac{4}{y^2} + \dfrac{4+y}{y} = \dfrac{8+4y}{x} + \dfrac{12y^2}{x^2}$ und $4y^2 - xy = x$ folgt $x = ?\ y = ?$
   [*Lösen Sie das Gleichungssystem* $\dfrac{4}{y^2} + \dfrac{4+y}{y} = \dfrac{8+4y}{x} + \dfrac{12y^2}{x^2},\ 4y^2 - xy = x$]

5. Die Summe von 700 Mark wurde unter vier Personen A, B, C und D [*in dieser Reihenfolge*] so verteilt, daß die einzelnen Antheile eine geometrische Progression bildeten. Die Differenz der Antheile von A und D verhielt sich zur Differenz der Antheile von B und C wie 37 zu 12.
   Wieviel bekam jeder? [*Oder: Bestimmen Sie die Anteile!*]

6. Das Verhältnis der Diagonalen eines Vierecks im Kreise [*d. h. eines Sehnenvierecks*] ist zu finden, wenn die Seiten a, b, c und d gegeben sind.

7. [*Zeigen Sie:*] In jedem Paralleltrapez [*heute: Trapez*] ist die Summe der Quadrate über den Diagonalen gleich der Summe der Quadrate über den nicht parallelen Seiten vermehrt um das doppelte Rechteck aus den parallelen Seiten.

8. Von einem Sehnenviereck kennt man die vier Seiten a, b, c, d, man sucht die Winkel α, β, γ, δ und den Flächeninhalt F.
   (B. [*Bemerkung:*] die gefundenen Werthe sind logarithmisch zu machen.)
   [*Die Bezeichnungen wurden geändert, weil sie heute so nicht gebräuchlich und daher eher irreführend sind.*]

9. Die Höhe eines Thurmes beträgt $a = 150$ Fuß und seine Entfernung von dem
    Ufer eines Stromes $b = 300$ Fuß. Wie groß ist die Breite desselben, wenn sie von
    der Spitze des Thurmes unter einem Winkel $\beta = 14° 59' 58{,}9''$ erscheint?

10. Die Seiten eines Dreiecks *sind* zu berechnen, wenn zwei Winkel α und β und
    der Halbmesser [*d. h. der Radius*] ρ des eingeschriebenen Kreises gegeben sind.
    Beispiel: $\alpha = 50° 12' 25''$, $\beta = 74° 4' 40''$, $\rho = 250$ Fuß.

11. Aus dem Inhalte [*d. h. dem Volumen*] I und der Oberfläche F eines geraden Ke-
    gels [*genauer: Kreiskegels*] ist die Höhe h zu bestimmen.

12. Die Radien der Grundkreise eines abgekürzten geraden Kegels [*heute: eines ge-
    raden Kreiskegelstumpfes*] sind r und ρ, der Inhalt [*d. h. das Volumen*] desselben
    ist V. Wie groß ist [*heute: sind*] die Seite [*gemeint ist die Länge der Mantellinie*]
    und die Mantelfläche des abgekürzten Kegels?
    (B. [*Bemerkung:*] Mit Einführung eines Hilfswinkels.)
    Beispiel: $r = 16{,}4$ Fuß, $\rho = 10{,}8$ Fuß, $V = 1648{,}72$ Cubikfuß.

Von den hier aufgezählten Aufgaben waren den Abiturienten 6 bis 8 in beliebiger
Auswahl zur Lösung gestellt.

Wismar, d. 9. Februar 1869   Sievert
                               [*Gymnasiallehrer Dr. Sievert*]

Hinweis: Ergänzungen und Erläuterungen in moderner Rechtschreibung *kursiv*
in […] von D. Schott

Formelbilder aus der Begriffsschrift

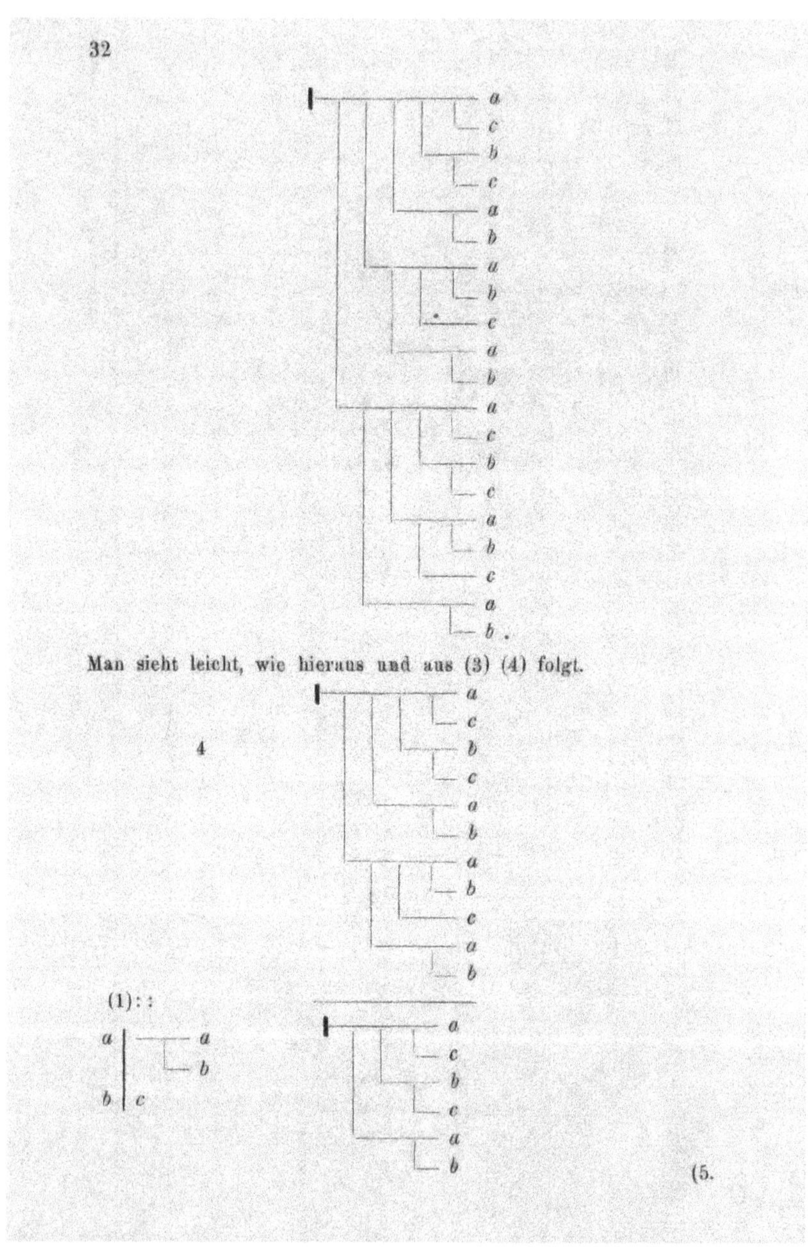
32
Man sieht leicht, wie hieraus und aus (3) (4) folgt.
4
(1)::
(5.

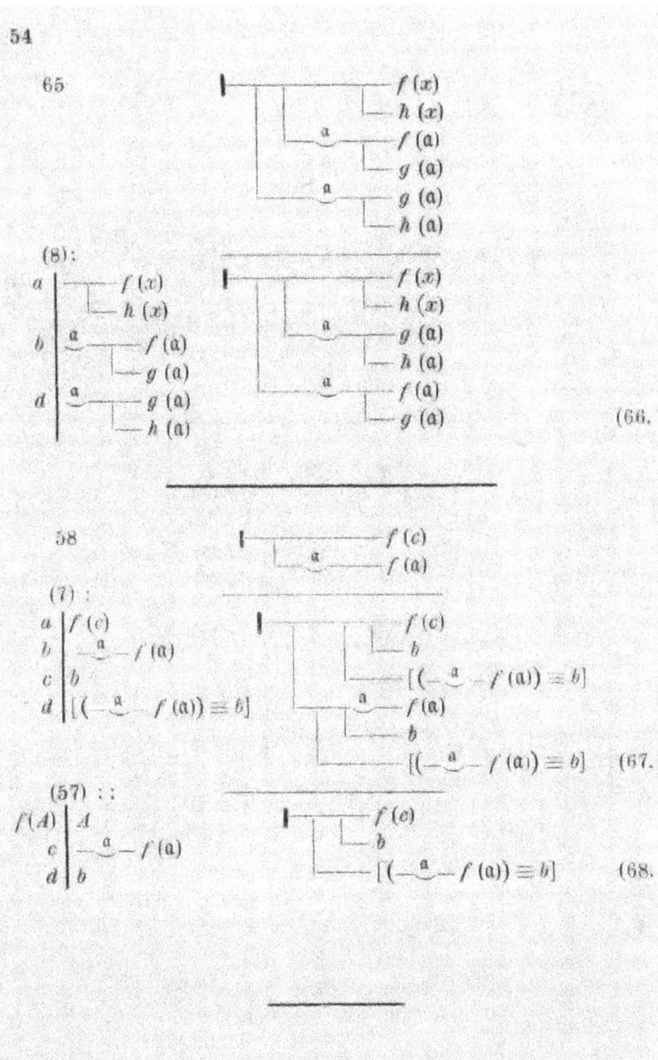

54
65
(8):
(66.
58
(7) :
(57) : :
(67.
(68.

Quellen von besonderer Bedeutung

Framm, Edith; Framm, Joachim und Schott, Dieter: *Gottlob Frege. Der Aristoteles aus Mecklenburg.* Romanbiographie. Erster Teil: Von der Kindheit und Jugend bis zur Begriffsschrift. Verlag Koch und Raum, Wismar 2022.

Frege, Gottlob: *Begriffsschrift, eine der arithmetischen nachgebildete Formelsprache des reinen Denkens.* Verlag Louis Nebert, Halle a. d. Saale, 1879.

Frege, Gottlob: *Grundlagen der Arithmetik.* Verlag Wilhelm Koebner, Breslau 1884.

Frege, Gottlob: *Grundgesetze der Arithmetik. Begriffsschriftlich abgeleitet. I. Band.* Verlag Hermann Pohle, Jena 1893.

Frege, Gottlob: *Grundgesetze der Arithmetik. Begriffsschriftlich abgeleitet. II. Band.* Verlag Hermann Pohle, Jena 1903.

Gabriel, Gottfried und Kienzler, Wolfgang (Hrsg.): *Frege in Jena. Beiträge zur Spurensicherung.* Königshausen und Neumann, Würzburg 1997.

Kreiser, Lothar: *Gottlob Frege Leben – Werk – Zeit.* Meiner Verlag, Hamburg 2001.

Kutschera, Franz von: *Gottlob Frege.* Verlag Walter de Gruyter. Berlin u. a. 1989.

Mayer, Verena: *Gottlob Frege.* Beck'sche Reihe Denker. Verlag C. H. Beck, München 1996.

Schott, Dieter (Hrsg.): *Gottlob Frege – ein Genius mit Wismarer Wurzeln.* Leipziger Universitätsverlag 2012.

Stelzner, Werner: *Gottlob Frege. Jena und die Geburt der modernen Logik.* Buchdruckerei Richter, Stadtroda 1996.

Wille, Matthias: *Frege. Einführung und Texte.* Wilhelm Fink, UTB 2013.

Wille, Matthias: *Gottlob Frege – Begriffsschrift, eine der arithmetischen nachgebildete Formelsprache des reinen Denkens.* Springer Spektrum, Berlin 2018.

Wille, Matthias: *»alles in den Wind geschrieben«. Gottlob Frege wider den Zeitgeist.* Mentis Verlag, Paderborn 2020.

Historische Stadtpläne von Wismar, Jena und Göttingen

Stadtplan von Wismar 1857

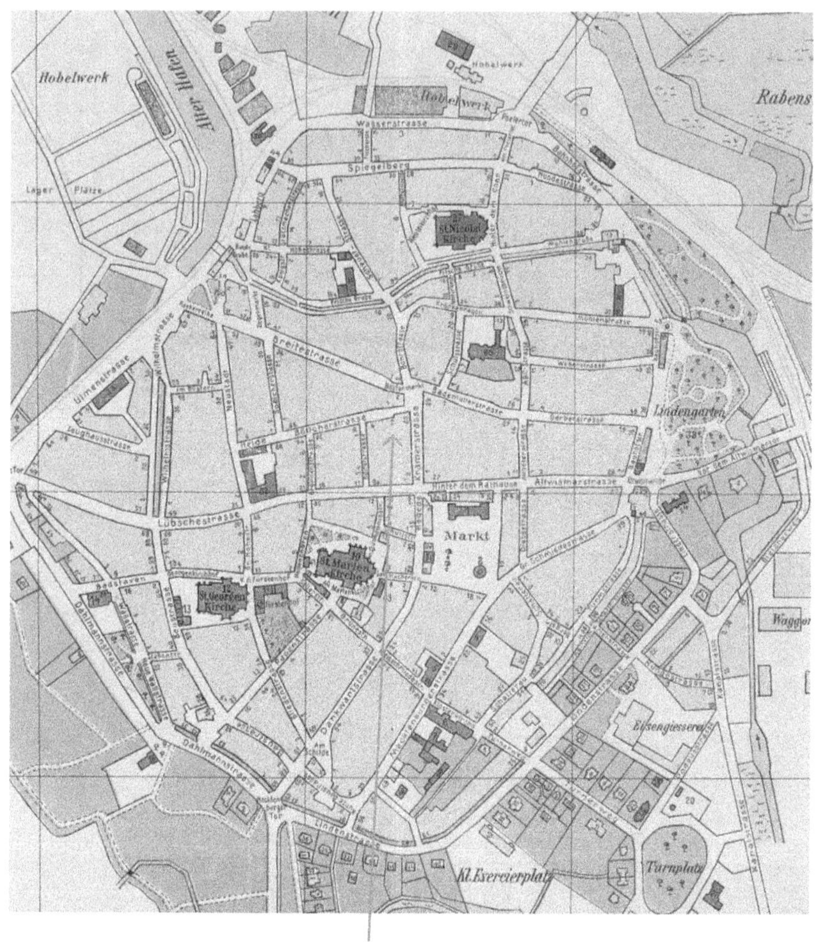

Geburtshaus von Gottlob Frege/Höhere Töchterschule in der Böttcherstraße 2

Stadtplan Jena 1910

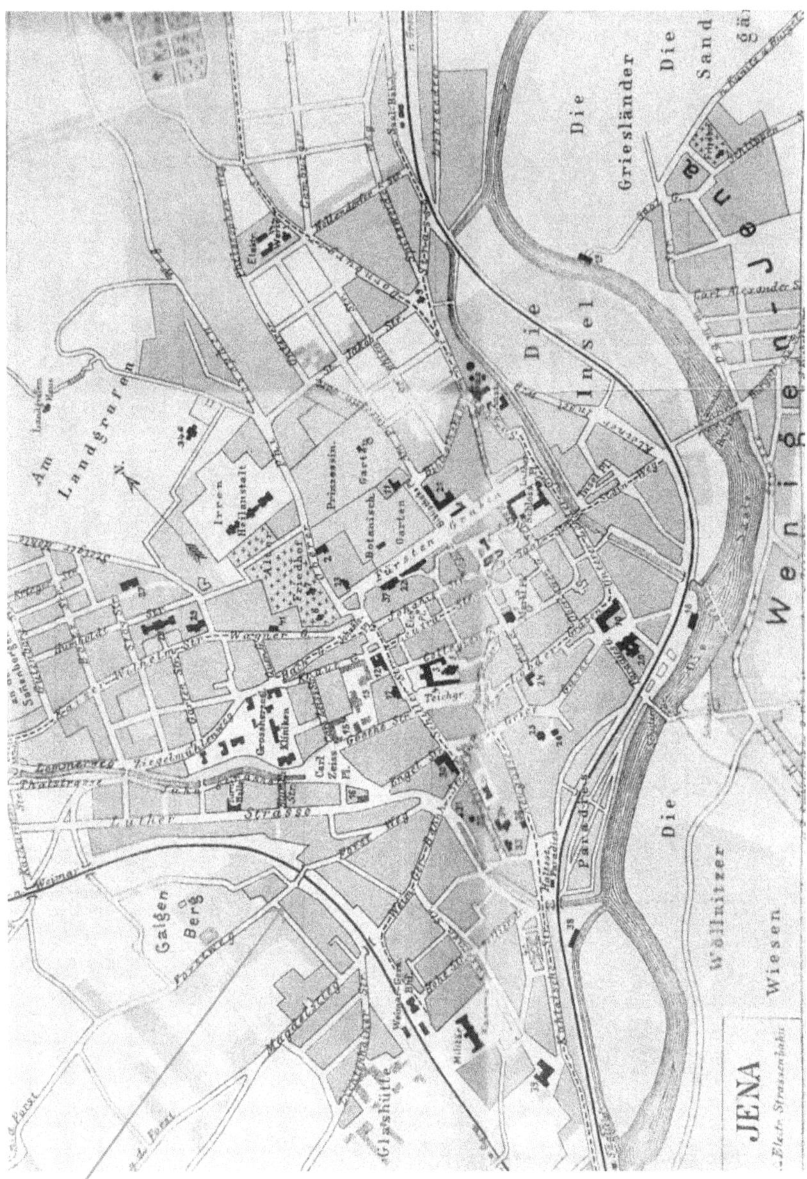

Wohnhaus von Gottlob Frege, Forstweg

Stadtplan Göttingen 1910

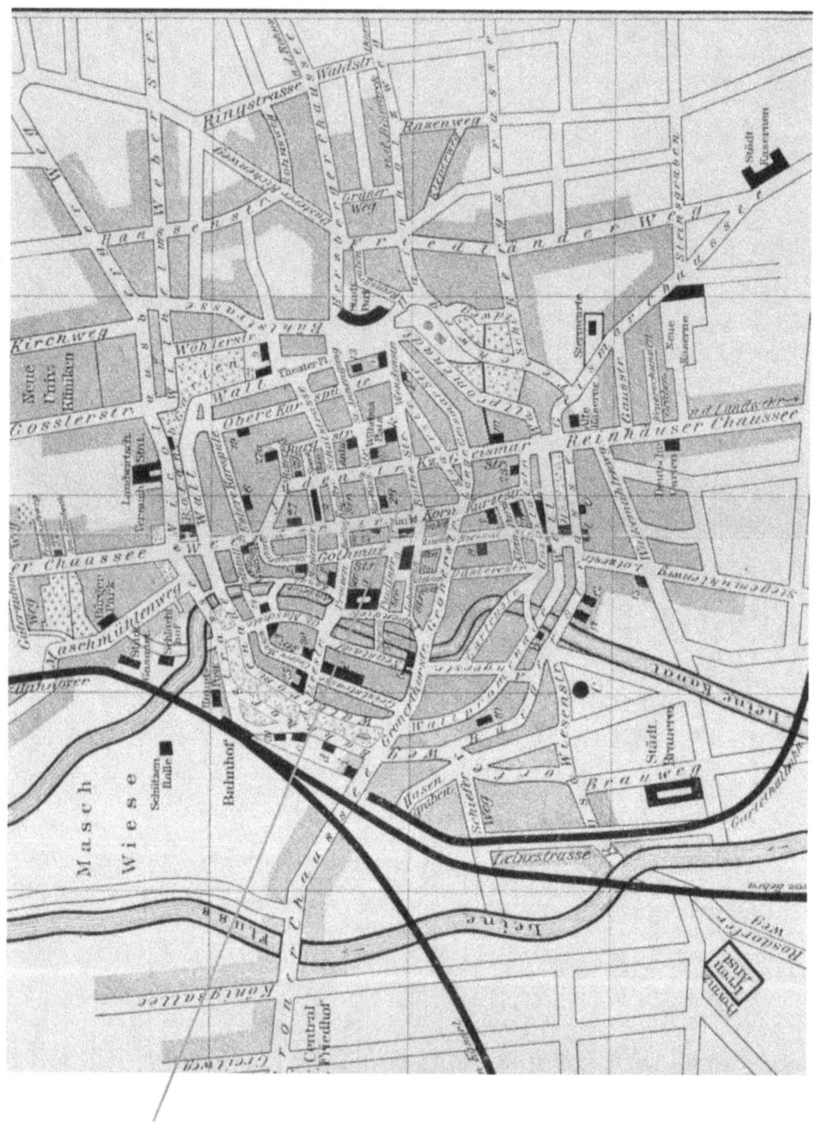

Freges Unterkunft in der Rothe Straße

Danksagungen

Entscheidende Grundlage für die Erarbeitung dieser Romanbiografie war das umfangreiche Buch ›Gottlob Frege. Leben – Werk – Zeit‹ des 2023 verstorbenen Professors Lothar Kreiser aus Leipzig, erschienen 2001 im Meiner Verlag Hamburg. Diesem Buch konnten wir sehr viele wichtige Fakten und Einsichten über das Leben Freges entnehmen. Weitere von uns intensiv genutzte Bücher findet man im Anhang unter ›Quellen von besonderer Bedeutung‹.

Dem Gottlob-Frege-Zentrum an der Hochschule Wismar gebührt Dank für die freundliche Unterstützung unseres Romanprojektes.

Wir danken herzlich allen, die uns beim Mitlesen der einzelnen Kapitel wertvolle Hinweise zum Verständnis und zur Korrektheit der Texte gegeben haben, teilweise eigene Vorschläge zur Formulierung einbrachten oder Materialien zur Verfügung stellten, insbesondere

Prof. Lothar Kreiser, Leipzig
Prof. Ingolf und Astrid Max, Leipzig,
Prof. Christian Thiel, Erlangen,
Prof. Uwe Lämmel, Rostock,
Prof. Heinz-Helmut Bernd, Wismar,
HDoz. Dr. Gerhard und Monika Lischke, Apolda,
Dr. Eilhard Mix, Rostock,
Prof. Dietrich Mania, Jena,
Prof. Gottfried Gabriel, Jena,
PD Dr. Wolfgang Kienzler, Jena,
HDoz. Dr. Bernd Liebermann, Jena,
Anne Jagemann, Jena,

Dr. Thomas Bach, Haeckel-Haus Jena,
Dr. Wolfgang und Ingrid Hildebrandt, Schwerin,
Elvira Pilz-Lang, Uetikon am See, Schweiz,
Christian Hill, Schlossverwaltung Dornburg,
Inge Schultz, Berlin,
Dr. Heinz-Georg Sewcz, Rostock,
Gerd Weidenbruch, Leipzig,
Torsten Gertz, Malchin,
Wolfgang Lübbe, Rostock,
Peter Alexander Frank, Grevesmühlen,
Alexander Rehwaldt, Grevesmühlen,
Hans Kreher, Bad Kleinen,
Harald Thrams, Bad Kleinen,
PD Dr. Sabine Tunn, Kägsdorf
Dr. Michael Kunze, Proseken,
Dr. Peter Voß, Proseken,
Jens Goetze, Wismar,
Emil Lieseberg, Barnekow,
Ines Bloempott und Nils Volster, Wismar,
Urs Heinrich, Wismar,
Ralf Peplau, Wismar.

Unser besonderer Dank gilt weiterhin dem Leiter des Stadtarchivs Wismar, Dr. Nils Jörn, und der Mitarbeiterin Mara Geyer, die uns berieten und viele Unterlagen zugänglich machten.

Ann-Luise Napierski, Wismar, danken wir herzlich für lektorielle Begleitung des Romanprojektes.

Wir sind Ines Raum und Carsten Raum vom Wismarer Verlag Koch & Raum zu großem Dank verpflichtet. Sie haben mit ihrer Erfahrung und vielen Anregungen die Gestaltung des Buches wirksam beeinflusst.

Wir danken abschließend dem Springer-Verlag, vor allem Frank Schindler für die lektorielle Beratung und Daniel Hawig für die technische Umsetzung unserer Texte.

Abb. 1-1: Die Große Stadtschule Wismar vor dem Neubau 1891–1893. Archiv der Hansestadt Wismar. Siehe auch (Schott, 2012, S. 106).
Abb. 1-2: Die Familie Frege um 1860. Universitäts- und Landesbibliothek Münster, S. Frege A 44,005.
Abb. 1-3: Der Marktplatz in Wismar. Archiv der Hansestadt Wismar.

Abb. 2-1: Annonce in der Wismarschen Zeitung vom 12.12.1866. Archiv der Hansestadt Wismar.
Abb. 2-2: Die Höhere Töchterschule (Mitte) in der Böttcherstraße 2, Wismar. Die dritte Etage wurde etwa 1880 aufgesetzt. Foto von A. Eulert 1936, Stadtgeschichtliches Museum der Hansestadt Wismar I 1405.
Abb. 2-3: Das Lösungsblatt von Aufgabe 5 aus Freges Mathematik-Abitur. Archiv der Hansestadt Wismar.
Abb. 2-4: Das Innere von St. Marien mit Blick auf Altar und Chor. Archiv der Hansestadt Wismar.
Abb. 2-5: Das Innere von St. Marien mit Blick auf die Orgel. Archiv der Hansestadt Wismar.
Abb. 2-6: Stahlstich von Wismar, Mitte des 19. Jahrhunderts. Archiv der Hansestadt Wismar.

Abb. 3-1: Das Rathaus in Jena. Foto von Konrad Hädener, Thun in der Schweiz vom 2.10.2017, geändert. In: Wikimedia Commons. Diese Datei ist unter der Creative-Commons-Lizenz »Namensgebung 2.0 generisch« (US-amerikanisch) lizensiert.
Abb. 3-2: Ansicht von Jena um 1880. Städtische Museen Jena.

Abb. 3-3: Die Gaststätte ›Geleitshaus‹ an der Camsdorfer Brücke in Jena. Städtische Museen Jena.

Abb. 4-1: Haus von Professor Carl Snell mit Auditorium in der Neugasse in Jena, später auch Wohnhaus von Professor Ernst Abbe. Foto im Besitz der Autoren.
Abb. 4-2: Bernhard Bolzano. Foto Wikipedia gemeinfrei, übertragen aus cs.wikipedia, hochladender Benutzer Petrus 2003.

Abb. 5-1: Figur im Giebel des Aula-Gebäudes in Göttingen. Grafik Ruth Hammelehle, Bad Boll.
Abb. 5-2: Das sogenannte *Auditorium* der Universität Göttingen. Museum der Stadt Göttingen.
Abb. 5-3: Altar in St. Jacobi von 1402 (Sonntagsseite). Foto im Besitz der Autoren.
Abb. 5-4: Titelblatt der ›Inaugural-Dissertation der philosophischen Facultät zu Göttingen zur Erlangung der Doctorwürde vorgelegt von G. Frege aus Wismar‹. Jena, 1873, Druck von A. Neuenhahn. (Frege, 1873).
Abb. 5-5: Ansicht von Göttingen um 1880. Lithografie »Panorama von Göttingen« Ansicht der Stadt vom Hainberg. Rob Geissler, Berlin, Städtisches Museum Göttingen.
Abb. 5-6: Titelblatt der ›Dissertation zur Erlangung der Venia Docendi bei der philosophischen Fakultät in Jena von Dr. Gottlob Frege‹. Jena, 1874, Druck von Friedrich Frommann.

Abb. 6-1: Gottlob Frege, um 1875. Siehe auch (Kreiser, 2001, S. 113).
Abb. 6-2: Titelblatt der Begriffsschrift von Privatdocent Dr. Gottlob Frege. Siehe (Frege, 1879).

Abb. 7-1: Der Ordinarius Johannes Thomae. Bildquelle Wikipedia, gemeinfrei.

Abb. 8-1: Titelblatt der Schrift ›*Die Grundlagen der Arithmetik*‹. Dr. G. Frege, Verlag von Wilhelm Koebner, Breslau 1884.
Abb. 8-2: Gottlob Frege. Bildquelle Wikipedia, gemeinfrei.
Abb. 8-3: Die zur Gartenfläche gerichtete Seitenansicht des Hauses Forstweg 10 (später Forstweg 29), gezeichnet vom Architekten Dr. Weber, etwa Frühsommer 1886. Zeichnung abgebildet mit Genehmigung von Prof. Dietrich Mania, Jena.
Abb. 8-4: Sankt Nikolai in Grevesmühlen. Foto im Besitz der Autoren.

Abb. 9-1: Blick von den Dornburger Schlössern in das Saaletal. Foto im Besitz der Autoren.
Abb. 9-2: Das Renaissance-Schloss in Dornburg. Foto im Besitz der Autoren.

Abb. 9-3: Das sogenannte ›Collegienhaus‹, auch ›Neues Collegienhaus oder ›Collegiengebäude‹, von 1861 bis 1908 zentrales Vorlesungs- und Universitätshauptgebäude. Jena, Am Fürstengraben 23. Foto von Andreas Praefke 2010. Wikipedia, unter Creative-Commons lizensiert, »Namensnennung 3.0 nicht portiert«. Änderungen wurden vorgenommen.

Abb. 9-4: Freges Wohnhaus in Jena, Forstweg 10 (später Forstweg 29), abgebildet mit Genehmigung von Prof. Dietrich Mania, Jena. Foto im Besitz der Autoren.

Abb. 9-5: Verlagshaus von Hermann Pohle in Jena. Foto: Autor F. Tropschug.

Abb. 9-6: Titelblatt der ›*Grundgesetze der Arithmetik*‹. I. Band. Dr. G. Frege, Verlag von Hermann Pohle, Jena 1893.

Abb. 9-7: Frege im Verzeichnis von Vorlesungen im Neuen Collegienhaus. Siehe dazu Abb. 9-3. Das Foto hängt heute in einem Flur des seit 1908 bestehenden neuen Hauptgebäudes der Universität. Foto im Besitz der Autoren.

Abb. 10-1: Ernst Haeckel, Ursprung unbekannt. Bildquelle Wikipedia, gemeinfrei.

Abb. 11-1: Lage von Groß Siemz bei Grevesmühlen. Ausschnitt einer Landkarte von Nordwestmecklenburg. Foto und dessen Bearbeitung von Volster GbR, Wismar.

Abb. 11-2: Bertrand Russell 1907, Ursprung unbekannt. Bildquelle: Wikimedia commons.

Abb. 12-1: Ernst Abbe, Heliogravüre nach Emil Tesch. Bildquelle Wikipedia, gemeinfrei.

Abb. 12-2: Das Volkshaus in Jena. Bildquelle Wikipedia, gemeinfrei.

Abb. 12-3: Unterschrift von Gottlob Frege 1906. Foto im Besitz der Autoren.

Abb. 12-4: Nordseite des neuen Hauptgebäudes der Universität Jena, Blick vom Fürstengraben auf den Seitenflügel in der Schlossgasse. Foto Gustav Kerp 1908. Städtische Museen Jena.

Abb. 12-5: Festakt zum 350-jährigen Jubiläum der Universität Jena am 1.8. 1908. Foto Universitätsarchiv Jena.

Abb. 12-6: Rudolf Eucken. Foto von Rudolph Dürkoop. Bildquelle Wikipedia, gemeinfrei.

Abb. 12-7: Skulptur von Ernst Abbe in der Aula der Universität Jena. Sie stammt vom Bildhauer Adolf von Hildebrand aus dem Jahr 1909 und befindet sich in einer Mauernische. Foto im Besitz der Autoren.

Abb. 13-1: Ludwig Wittgenstein um 1910. Autor unbekannt. Bildquelle Wikipedia, gemeinfrei.

Abb. 14-1: Das Wohnhaus Gottlob Freges in der Waldstraße in Bad Kleinen. Foto veröffentlicht und zur Verfügung gestellt vom ›Tourismusverein Schweriner Seenland e.V‹.
Abb. 14-2: Bekanntmachung in der ›Wismarschen Zeitung‹ vom 9.11.1918, Archiv Hansestadt Wismar.
Abb. 14-3: Die Wasserheilanstalt in Bad Kleinen um 1920. Amt Dorf Mecklenburg-Bad Kleinen.
Abb. 14-4: Dr. Armin Steyerthal. Amt Dorf Mecklenburg-Bad Kleinen.
Abb. 14-5: Die Krämerstraße in Wismar 1906/1907. Foto von ›Buchhandlung Inge Peplau e. K.‹ aus dem ›Wismarer Wochenkalender‹ zur Verfügung gestellt.
Abb. 14-6: Die Wasserkunst auf dem Marktplatz. Archiv Hansestadt Wismar.
Abb. 14-7: Die Große Stadtschule in Wismar – Ansicht des an der Schulstraße gelegenen Gebäudeteils (mit Aula). Foto im Besitz der Autoren.

Abb. 15-1: Blick auf den Schweriner See vom Ufer Bad Kleinen. Foto im Besitz der Autoren.
Abb. 15-2: Annonce in der Wismarschen Zeitung. Stadtgeschichtliches Museum der Hansestadt Wismar.
Abb. 15-3: Grabkreuz für Gottlob Frege auf dem Friedhof in Wismar. Foto im Besitz der Autoren.

Aristoteles. (2013). *Organon. Über die sophistischen Widerlegungen* (Holzinger Ausg.). Berlin.

Aristoteles. (I 4–6). *Erste Analytik.*

Auerbach, F. (1918). *Ernst Abbe. Sein Leben, sein Wirken, seine Persönlichkeit nach den Quellen und aus eigener Erfahrung geschildert.* Leipzig.

Bartsch, H.-J. (1993). *Taschenbuch mathematischer Formeln.* Leipzig-Köln: Fachbuchverlag.

Bast, E.-M., Schlüter, K., & Thissen, H. (2017). *Jenaer Geheimnisse. 50 spannende Geschichten aus der Lichterstadt an der Saale* (2. Ausg.). Überlingen: Ostthüringische Zeitung in Kooperation mit Bast Medien.

Bismarck, O. v. (2. August 1892). Rede auf dem Marktplatz in Jena am 31.7.1892. *Berliner Börsen-Zeitung* (Nr. 356, Abendausgabe).

Bolzano, B. (1816). *Der binomische Lehrsatz und als Folgerung aus ihm der polynomische und die Reihen, die zur Berechnung der Logarithmen und Exponentialgrößen dienen, genauer als bisher erwiesen.* Abhandlung, Prag.

Bolzano, B. (1851). *Paradoxien des Unendlichen. Schriftlicher Nachlass.* (F. Prihonsky, Hrsg.) Leipzig.

Braasch, A. H. (1887). *Die Wahrheit des Christenthums.* Jena: Hermann Dabis.

Braasch, A. H. (1902). *Der Wahrheitsgehalt des Darwinismus.* Weimar: Hermann Böhlaus Nachfolger.

Brinker, J. (2008). *Chronik des Ortes Bad Kleinen 1178–2008.* (G. B. Kleinen, Hrsg.) Obotritendruck Schwerin.

Cantor, G. (16. Mai 1885). Rezension von G. Freges ›Die Grundlagen der Arithmetik‹. *Deutsche Literaturzeitung, 6,* Nr. 20, S. 728–729.

Cantor, G. (1932). Über unendliche lineare Punktmannigfaltigkeiten. In E. Zermelo (Hrsg.), *Georg Cantor. Gesammelte Abhandlungen mathematischen und philosophischen Inhalts.* Berlin: Julius Springer.

Carnap, R. (1963). The Development of my Thinking. In P. Schilpp (Hrsg.), *The Philosophy of Rudolf Carnap* (S. 3–43). Cambridge: University Press.

Courbe, H. (1894). Rezension von G. Freges ›Grundgesetze der Arithmetik‹. *Polybiblion. Revue bibliographique universelle, 71*, S. 428–429.

Darwin, C. (1860, 1963). *The Origin of Species* (2 Ausg.). (C. Neumann, Übers.) Stuttgart: Reclam jun.

Dathe, U. (1995). Gottlob Frege und Rudolf Eucken – Gesprächspartner in der Herausbildungsphase der modernen Logik. *History and Philosophy of Logic, 16*, S. 245–255.

Dathe, U. (2008). ›Zu sagen habe ich ja noch manches‹ – Gottlob Freges letzte Schriften im Spiegel unbekannter Briefe. In C. Schildknecht, D. Teichert & T. van Zantwijk (Hrsg.), *Genese und Geltung. Für Gottfried Gabriel* (S. 33–43). Paderborn: Mentis.

Dathe, U., & Schlotter, S. (2012). Frege in Jena. In D. Schott (Hrsg.). Leipzig: Leipziger Universitätsverlag.

Dedekind, R. (1893). *Was sind und was sollen die Zahlen?* (2. Ausg.). Braunschweig: Vieweg.

Dörband, B., & Müller, H. (2005). *Ernst Abbe – das unbekannte Genie.* Quedlinburg und Jena: Dr. Bussert und Stadeler.

Eucken, R. (1886). Rezension von G. Freges ›Die Grundlagen der Arithmetik‹. *Philosophische Monatshefte, 22*, S. 421–422.

Eucken, R. (1921, 2017). *Lebenserinnerungen. Ein Stück deutschen Lebens* (Neuausgabe). (K. M. Guth, Hrsg.) Berlin: Hofenberg.

Fesser, G. (2018). Jena – Bismarckbesuch 1892. In R. Stutz & M. Mieth (Hrsg.), *Jena – Lexikon der Stadtgeschichte.* Berching: Tümmel.

Fischer, K. (1860). *Immanuel Kant. Entwicklungsgeschichte und System der kritischen Philosophie.* Mannheim.

Frege, A. (1840). *Das Leben Jesu als treffliches Urbild ächter Frömmigkeit* (2. Ausg.). Quedlinburg und Leipzig: Ernst'sche Buchhandlung.

Frege, A. (1847). *Uebersicht der Weltgeschichte.* Wismar: W. C. Beck.

Frege, A. (1850). *Hülfsbuch zum Unterrichte in der deutschen Sprache für Kinder von 9 bis 13 Jahren.* Wismar und Ludwigslust: Hinstorff.

Frege, A. (1866). *Die Entwicklung des Gottesbewusstseins in der Menschheit.* Wismar: W. C. Beck.

Frege, G. (1873). *Ueber eine geometrische Darstellung der imaginären Gebilde in der Ebene.* Jena: Neuenhahn.

Frege, G. (1879). *Begriffsschrift.* Halle a. d. Saale: Louis Nebert.

Frege, G. (1879). Anwendungen der Begriffsschrift. *Jenaische Zeitschrift für Naturwissenschaft, XIII, Supplement II*, S. 29–33.

Frege, G. (1882). Ueber die wissenschaftliche Berechtigung einer Begriffsschrift. *Zeitschrift für Philosophie und philosophische Kritik, 81 (LXXXI)*, S. 48–56.

Frege, G. (1882/83). Ueber den Zweck der Begriffsschrift. *Jenaische Zeitschrift für Naturwissenschaft, XVI*, S. 1–10, Supplement.

Frege, G. (1884). *Die Grundlagen der Arithmetik. Eine logisch mathematische Untersuchung über den Begriff der Zahl.* Breslau: Wilhelm Koebner.

Frege, G. (1886). Über formale Theorien der Arithmetik. *Jenaische Zeitschrift für Naturwissenschaft, XIX, Supplement,* S. 94–104.

Frege, G. (1891). *Function und Begriff.* Jena: Hermann Pohle.

Frege, G. (1892). Ueber Begriff und Gegenstand. *Vierteljahresschrift für wissenschaftliche Philosophie, XVI,* S. 192–205.

Frege, G. (1892). Ueber Sinn und Bedeutung. *Zeitschrift für Philosophie und philosophische Kritik, C,* S. 25–50.

Frege, G. (1893). *Grundgesetze der Arithmetik. Begriffsschriftlich abgeleitet. I. Band.* Jena: Hermann Pohle.

Frege, G. (1894). Dr. E. G. Husserl: Philosophie der Arithmetik. Psychologische und logische Untersuchungen. Erster Band. *Zeitschrift für Philosophie und philosophische Kritik, CIII,* S. 313–332.

Frege, G. (1897a). Ueber die Begriffsschrift des Herrn G. Peano und meine eigene. *Jahresbericht der Deutschen Mathematiker-Vereinigung, 4,* S. 129.

Frege, G. (1897b, 1967). Über die Begriffsschrift des Herrn Peano und meine eigene. *Berichte über die Verhandlungen der Königlich Sächsischen Gesellschaft der Wissenschaften. Mathematisch-Physische Klasse* (Bd. XLVIII, S. 361–378). Leipzig.

Frege, G. (1899). *Ueber die Zahlen des Herrn H. Schubert.* Jena: Hermann Pohle.

Frege, G. (1903). *Grundgesetze der Arithmetik. Begriffsschriftlich abgeleitet. II. Band.* Jena: Hermann Pohle.

Frege, G. (1903a). Über die Grundlagen der Geometrie I. *Jahresbericht der Deutschen Mathematiker-Vereinigung, 12(6),* S. 319–324.

Frege, G. (1903b). Über die Grundlagen der Geometrie II. *Jahresbericht der Deutschen Mathematiker-Vereinigung, 12(7),* S. 368–375.

Frege, G. (1906a). Über die Grundlagen der Geometrie I. *Jahresbericht der Deutschen Mathematiker-Vereinigung, 15(6),* S. 293–309.

Frege, G. (1906b). Über die Grundlagen der Geometrie II. *Jahresbericht der Deutschen Mathematiker-Vereinigung, 15(7),* S. 377–403.

Frege, G. (1906c). Über die Grundlagen der Geometrie III. *Jahresbericht der Deutschen Mathematiker-Vereinigung, 15(8/9),* S. 423–430.

Frege, G. (1906d). Antwort auf die Ferienplauderei des Herrn Thomae. *Jahresbericht der Deutschen Mathematiker-Vereinigung, 15(12),* S. 586–590.

Frege, G. (1908a). Die Unmöglichkeit der Thomaeschen formalen Arithmetik aufs Neue nachgewiesen. *Jahresbericht der Deutschen Mathematiker-Vereinigung, 17(1),* S. 52–55.

Frege, G. (1908b). Schlußbemerkung. *Jahresbericht der Deutschen Mathematiker-Vereinigung, 17(1),* S. 56.

Frege, G. (1918–1919a). Der Gedanke – eine logische Untersuchung. *Beiträge zur Philosophie des deutschen Idealismus, 1(2),* S. 58–77.

Frege, G. (1918–1919b). Die Verneinung – eine logische Untersuchung. *Beiträge zur Philosophie des deutschen Idalismus, 1(3–4),* S. 143–157.

Frege, G. (1923). Logische Untersuchung – Dritter Teil. *Beiträge zur Philosophie des deutschen Idealismus, 3(1),* S. 36–51.

Frege, G. (1962, 2008). *Funktion, Begriff, Bedeutung. Fünf logische Studien.* (G. Patzig, Hrsg.) Göttingen: Vandenhoek & Ruprecht.

Frege, G. (1964, 2020). *Begriffsschrift und andere Aufsätze.* (I. Angelelli, Hrsg.) Hildesheim u. a.: Georg Olms.

Frege, G. (1966, 2003). *Logische Untersuchungen.* (G. Patzig, Hrsg.) Göttingen: Vandenhoeck & Ruprecht.

Frege, G. (1969, erw. 1983). Booles logische Formelsprache und meine Begriffsschrift. In H. Hermes, *Nachgelassene Schriften und wissenschaftlicher Briefwechsel* (Bd. 1, S. 53–59). Hamburg: Felix Meiner.

Frege, G. (1969, erw. 1983). Booles rechnende Logik und die Begriffsschrift. In H. Hermes, *Nachgelassene Schriften und wissenschaftlicher Briefwechsel* (Bd. 1, S. 9–52). Hamburg: Felix Meiner.

Frege, G. (1969, erw. 1983). *Nachgelassene Schriften und wissenschaftlicher Briefwechsel. Erster Band: Nachgelassene Schriften* (Bd. 1). (H. Hermes u. a., Hrsg.) Hamburg: Felix Meiner.

Frege, G. (1976, 1980). *Nachgelassene Schriften und wissenschaftlicher Briefwechsel. Zweiter Band: Wissenschaftlicher Briefwechsel* (Bd. 1). (G. Gabriel u. a., Hrsg.) Hamburg: Felix Meiner.

Frege, G. (1989). Briefe an Ludwig Wittgenstein. *Grazer Philosophische Studien, 33/34.*

Frege, G. (1999). *Zwei Schriften zur Arithmetik.* (W. Kienzler, Hrsg.) Hildesheim, Zürich, New York: Georg Olms.

Frege, G. (2000). Vorschläge für ein Wahlgesetz. In G. Gabriel & U. Dathe (Hrsg.), *Gottlob Frege. Werk und Wirkung* (S. 282–313). Paderborn: Mentis.

Gabriel, G. & Dathe, U. (Hrsg.). (2000). *Gottlob Frege – Werk und Wirkung.* Paderborn: Mentis.

Gabriel, G. & Kienzler, W. (Hrsg.). (1997). *Frege in Jena. Beiträge zur Spurensicherung.* Würzburg: Königshausen & Neumann.

Gabriel, G., Kambartel, F. & Thiel, C. (Hrsg.). (1980). *Gottlob Freges Briefwechsel mit D. Hilbert, E. Husserl, B. Russell sowie ausgewählte Einzelbriefe.* Hamburg: Felix Meiner.

Gabriel, G. & Kienzler, W. (Hrsg.) (1994). Gottlob Freges politisches Tagebuch. *Deutsche Zeitschrift für Philosophie 42,* 6, S. 1057–1098.

Grassmann, H. (1845). Über Elektrodynamik. *Poggendorffs Annalen, 64,* S. 1 ff.

Haeckel, E. (1899, 2016). *Die Welträthsel. Gemeinverständliche Studien über monistische Philosophie* (Sammlung Hofenberg Sonderausgabe Ausg.). (K.-M. Guth, Hrsg.) Berlin: Cuntumax & Co.

Heblack, T. (1997). Wer war Leo Sachse? Ein historisch-biographischer Beitrag zur Frege-Forschung. In G. Gabriel, & W. Kienzler (Hrsg.), *Frege in Jena. Beiträge zur Spurensicherung* (S. 41–52). Würzburg: Königshausen & Neumann.

Hilbert, D. (1897). Die Theorie der algebraischen Zahlkörper. *Jahresbericht der Deutschen Mathematiker-Vereinigung, 4,* S. 175–546.

Hilbert, D. (2015). *Grundlagen der Geometrie (Festschrift 1899)* (7. umgearbeitete und vermehrte Ausg.). (K. Volkert, Hrsg.) Berlin: Springer Spektrum.

Husserl, E. (1887). *Ueber den Begriff der Zahl. Psychologische Analysen.* Halle a. d. Saale: Heynemannsche Buchdruckerei (F. Beyer).

Husserl, E. (1891a, 1992). *Philosophie der Arithmetik. Logische und psychologische Untersuchungen. Erster Band.* Hamburg: Felix Meiner.

Husserl, E. (1891b). Rezension von Schröder, Ernst. Vorlesungen über die Algebra der Logik (Exakte Logik), I. Band. *Göttingische gelehrte Anzeigen, 1,* S. 243–278.

Husserl, E. (1900, 1992). *Logische Untersuchungen.* Hamburg: Felix Meiner.

Hollatz, N. (2006). *Wismarer Gesichter. Ein kleines Kaleidoskop bedeutender Wismarer Persönlichkeiten.* Wismar: Weiland.

Hoppe, R. (1895). Rezension von G. Freges ›Grundgesetze der Arithmetik. I. Band‹. *Archiv der Mathematik und Physik, Zweite Reihe 13. Litterarischer Bericht IL,* S. 8.

Horaz (1981). *Oden und Epoden: lateinisch und deutsch.* Zürich/München: Artemis.

Kant, I. (1781). *Kritik der reinen Vernunft.* (K. 1877, Hrsg.) Riga: Hartknoch, Johann Friedrich.

Korselt, A. (1903). Über die Grundlagen der Geometrie. *Jahresbericht der Deutschen Mathematiker-Vereinigung, 12(8/9),* S. 402–407.

Krauß, E. (2000). Pithecanthropus erectus DUBOIS (1891). In U. H. R. Brömer (Hrsg.), *Evolutionsbiologie von Darwin bis heute* (S. 69–88). Berlin: Verlag für Wissen und Bildung.

Kreiser, L. (2000). Gottlob Frege: Ein Leben in Jena. In G. Gabriel, & U. Dathe (Hrsg.), *Gottlob Frege – Werk und Wirkung* (S. 9–24). Paderborn: Mentis.

Kreiser, L. (2001). *Gottlob Frege. Leben – Werk – Zeit.* Hamburg: Felix Meiner.

Kronecker, L. (1887a). Ueber den Zahlbegriff. In R. Reisland (Hrsg.), *Philosophische Aufsätze. Eduard Zeller zu seinem fünfzigjährigen Doctor-Jubiläum gewidmet.* Leipzig: Fues's Verlag.

Kronecker, L. (1887b). Ueber den Zahlbegriff. (Crelle, Hrsg.) *Journal für die reine und angewandte Mathematik, Heft 101,* S. 337–355.

Kutschera, F. v. (1989). *Gottlob Frege. Eine Einführung in sein Werk.* Berlin, New York: de Gruyter.

Labatut, B. (2021). *Das blinde Licht. Irrfahrten der Wissenschaft.* Berlin: Suhrkamp.

Laßwitz, K. (1879). Rezension ueber die Begriffsschrift von G. Frege. *Jenaer Literaturzeitung, Heft 18,* S. 248–249.

Laßwitz, K. (1886). Rezension von G. Freges ›Die Grundlagen der Arithmetik‹. *Zeitschrift für Philosophie und philosophische Kritik, N. F. 89,* S. 143–148.

Leibniz, G. W. (1875–1890). *Die Philosophischen Schriften.* (C. Gerhardt, Hrsg.) Berlin/Leipzig.

Linke, P. F. (August 1919). König Literat und die Ethik. *Die Tat, XI,* S. 359.

Lotze, H. (1884). *Grundzüge der Religionsphilosophie* (2 Ausg.). Leipzig: Salomon Hirzel.

Michaelis, C. T. (1893–1894). Rezension der ›Grundgesetze der Arithmetik. I. Band‹ von G. Frege. In *Jahrbuch über die Fortschritte der Mathematik* (Bd. 25, S. 101–102).

Pasch, M. (1882). *Vorlesungen über neuere Geometrie.* Leipzig: Teubner.

Patzig, G. (1969). *Die aristotelische Syllogistik. Logisch-philologische Untersuchung über das Buch A der ›Ersten Analytik‹.* (3 Ausg.). Göttingen.

Peano, G. (1894). *Notations de logique mathématique. Introduction au Formulaire de Mathématique.* Turin: Charles Guadagnini.

Peano, G. (1895, 1971). Rezension der ›Grundgesetze der Arithmetik‹ von G. Frege. *Southern Journal of Philosophy, 9(1)*, S. 27–31.

Richter, G. (1902). *Jena und sein Gymnasium. Eine Festrede.* Jena, Leipzig.

Ritter, G. A. (1957). Delbrück, Clemens von. *Neue Deutsche Biografie, 3*, S. 575–576.

Russell, B. (1896a). The Logic of Geometrie. *Mind, 5*, S. 1–23.

Russell, B. (1896b). The A Priori in Geometrie. In *Proceedings of the Aristotelian Society* (Bd. 2, S. 97–112).

Russell, B. (1903). *The Principles of Mathematics.* Cambridge.

Russell, B. (1918). The Philosophy of Logical Atomism. In *The Collected Papers of Bertrand Russell* (Bd. 8).

Sabrow, M. (2022). *Der Rathenaumord und die deutsche Gegenrevolution.* Göttingen: Wallstein.

Sachse, L. (1892). *An der Saale hellem Strande (Gedichtband).* Jena: Sachse, Leo.

Schott, D. (2012). *Gottlob Frege - ein Genius mit Wismarer Wurzeln. Leistung - Wirkung - Tradition.* Leipzig: Leipziger Universitätsverlag.

Schott, D. (Dezember 2020). Das Mathematikabitur von Gottlob Frege. *Wismarer Frege-Reihe.* Heft 01/2020.

Schröder, E. (1880). Rezension der Begriffsschrift. *Zeitschrift für Mathematik und Physik, XXV,* S. 81–94.

Schubert, H. (1898). Grundlagen der Arithmetik. In Akademie der Wissenschaften zu Göttingen (Hrsg.), *Encyklopädie der mathematischen Wissenschaften mit Einschluss ihrer Anwendungen* (Bd. 1, Teil I: Arithmetik und Algebra, S. 1–27). Leipzig: Teubner.

Schüler, W. (1983). *Grundlegungen der Mathematik in transzendentaler Kritik. Frege und Hilbert.* Hamburg: Felix Meiner.

Simonnot, P. (1924). *»Die Schuld lag nicht bei Deutschland«. Anmerkungen zur Verantwortung für den Ersten Weltkrieg* (Europolis Ausg.). Paris.

Simonyi, K. (2001). *Kulturgeschichte der Physik. Von den Anfängen bis heute* (3. Ausg.). Frankfurt am Main: Harri Deutsch.

Springer, A. (1870). *Friedrich Christoph Dahlmann.* Leipzig: Salomon Hirzel.

Steiger, G. (1989). *Ich würde doch nach Jena gehen. Geschichte und Geschichten, Bilder, Denkmale und Dokumente aus vier Jahrhunderten Universität Jena.* Weimar: Hermann Böhlaus Nachfolger.

Stelzner, W. (1996). *Gottlob Frege. Jena und die Geburt der modernen Logik.* Stadtroda: Buchdruckerei Richter.

Stelzner, W. (1997). Ernst Abbe und Gottlob Frege. In G. Gabriel, & W. Kienzler (Hrsg.), *Frege in Jena. Beiträge zur Spurensicherung* (S. 5–32). Würzburg: Königshausen & Neumann.

Stepanians, M. (2001). *Gottlob Frege zur Einführung.* Hamburg: Junius.

Stutz, R., & Mieth, M. (Hrsg.). (2018). *Jena – Lexikon zur Stadtgeschichte.* Berching: Tümmel.

Tannery, P. (1879). Rezension der Begriffsschrift. *Revue philosophique de la France et de l'étranger, VIII,* S. 108–109.

Thomae, C. J. (1880). *Elementare Theorie der analytischen Functionen einer complexen Veränderlichen.* Halle a. d. Saale: Louis Nebert.

Thomae, C. J. (1906a). Gedankenlose Denker. Eine Ferienplauderei. *Jahresbericht der Deutschen Mathematiker-Vereinigung, 15(8/9)*, S. 434–438.

Thomae, C. J. (1906b). Erklärung. *Jahresbericht der Deutschen Mathematiker-Vereinigung, 15(12)*, S. 590–592.

Thomae, C. J. (1908). Bemerkung zum Aufsatze von Herrn Frege. *Jahresbericht der Deutschen Mathematiker-Vereinigung, 17(1)*, S. 56.

Toepell, M.-M. (1986). *Über die Entstehung von David Hilberts ›Grundlagen der Geometrie‹.* Göttingen.

Venn, J. (1880). Rezension der Begriffsschrift. *Mind, 5 (18)*.

Whitehead, A., & Russell, B. (1910, 1912, 1913). *Principia Mathematica* (Bde. I (1910), II (1912), III (1913)). Cambridge: University Press.

Wille, M. (2020). *›alles in den Wind geschrieben‹. Gottlob Frege wider den Zeitgeist.* Paderborn: Mentis.

Willgeroth, G. (1925). *Die Mecklenburgisch-Schwerinschen Pfarren.* Wismar.

Willgeroth, G. (1932). *Beiträge zur Wismarschen Familienkunde.* Selbstverlag Willgeroth.

Wittgenstein, L. (1921, 1984). *Logisch-Philosophische Abhandlung (Tractatus Logico-Philosophicus)* (Bd. 1). London, Frankfurt a. Main: Suhrkamp.

Wittgenstein, L. (2023). *Logisch-Philosophische Abhandlung. Tractatus Logico-Philosophicus.* (W. Kienzler, Hrsg.) Stuttgart: Philipp Reclam jun.

Wittig, J. (1989). *Ernst Abbe.* Leipzig: Teubner.

Wußing, H. (2008/2009). *6000 Jahre Mathematik. Eine kulturgeschichtliche Zeitreise* (Bde. 1–2). Berlin/Heidelberg: Springer.

Wußing, H. & Arnold, W. (1983). *Biographien bedeutender Mathematiker* (3. Ausg.). Berlin: Volk und Wissen.

Zeidler, E. (Hrsg.). (1996). *Teubner-Taschenbuch der Mathematik.* Stuttgart, Leipzig: Teubner.

Verwandtschafts-Bezüge gelten, wenn nicht anders erwähnt, für Gottlob Frege, akademische Titel werden nur bei seinen Zeitgenossen erwähnt.

Abbe, Elise, geb. Snell	1844–1914	Ehefrau von Ernst Abbe
Abbe, Ernst, Prof.	1840–1905	Physiker, Mathematiker, Unternehmer, Jena
Ampère, André-Marie	1775–1836	Französischer Physiker u. Mathematiker
Aristoteles	384–322 v. Chr.	Griechischer Universalgelehrter
Arndt, Johannes		Bruder von Meta Arndt, Lehrer, Rostock
Arndt, Meta	1878–1943	Haushälterin Gottlob Freges
Auerbach, Felix, Prof.	1856–1933	Physiker, Jena
Augustus	63 v. Chr.–14 n. Chr.	Römischer Kaiser
Bach, Johann Nikolaus	1669–1753	Komponist
Bach, Johann Sebastian	1685–1750	Komponist
Baden, Max von	1867–1929	Reichskanzler
Bassermann, Ernst	1854–1917	Jurist, Reichstagsabgeordneter
Bauch, Bruno, Prof.	1877–1942	Philosoph, Jena
Bauer, Gustav	1870–1944	Politiker, Berlin
Baumann, Heinrich		Mitschüler
Bialloblotzky, Friedrich	1799–1869	Onkel, Theologe, Sprachlehrer
Bialloblotzky, Johann	1757–1828	Großvater, Pfarrer
Binswanger, Otto, Prof.	1852–1929	Psychiater und Neurologe, Jena

Darmstaedter, Ludwig, Dr.	1846–1927	Chemiker und Historiker
Darwin, Charles	1809–1882	Englischer Zoologe
Dedekind, Richard, Prof.	1831–1916	Mathematiker, Braunschweig
Delbrück, Berthold, Prof.	1842–1922	Philologe, Jena
Delbrück, Clemens von, Dr.	1856–1921	Politiker, Staatssekretär, Berlin
Delling, Christian senior	1799–1850	Seidenkrämer, Wismar
Delling, Christian junior	1832–1916	Kaufmann, Wismar
Delling, Friederike, geb. Gosbeck	1804–1890	Großmutter von Margarete Frege
Demosthenes	384–322 v. Chr.	Griechischer Staatsmann
Descartes, René	1596–1650	Französischer Philosoph und Mathematiker
Diederichs, Eugen	1867–1930	Buchhändler und Verleger, Jena
Dingler, Hugo, Prof.	1881–1954	Philosoph, München
Diophant (Diophantos von Alexandria)	um 250	Griechischer Mathematiker
Dirichlet, Peter, Prof.	1805–1859	Mathematiker, Berlin, Göttingen
Dohrn, Anton, Prof.	1840–1909	Zoologe, bis 1888 in Jena
Dörpfeld, Wilhelm, Prof.	1853–1940	Architekt und Archäologe, Jena
Dubois, Eugène	1858–1940	Niederländischer Anatom, Geologe und Militärarzt
Einstein, Albert, Prof.	1879–1955	Physiker
Epimenides	5., 6. oder 7. Jh. v. Chr.	Griechischer Philosoph
Ernst August I.	1771–1851	Engländer, König in Hannover
Eucken, Arnold	1884–1950	Physikochemiker, Sohn von R. Eucken
Eucken, Ida Marie	1888–1943	Sopranistin, Tochter von R. Eucken
Eucken, Irene, geb. Passow	1863–1941	Ehefrau von R. Eucken
Eucken, Rudolf, Prof.	1846–1926	Philosoph und Philologe, Jena
Eucken, Walter	1891–1950	Nationalökonom, Sohn von R. Eucken

Euklid von Alexandria	365–300 v. Chr.	Griechischer Mathematiker
Euler, Leonhard	1707–1783	Schweizer Mathematiker
Fichte, Johann Gottlieb	1762–1814	Philosoph
Fischer, Kuno, Prof.	1824–1907	Philosoph, Jena
Fischer, Theodor, Prof.	1862–1938	Architekt, Stuttgart
Flegel, Heinrich		Kanzleirat, Universitäts-Kuratelsekretär, Jena
Fortlage, Carl, Prof.	1806–1881	Philosoph, Jena
Fortlage, Frl.		Tochter von C. Fortlage
Franz Ferdinand	1863–1914	Erzherzog von Österreich-Este
Frege, Alexander	1809–1866	Vater, Lehrer, Schulleiter, Wismar
Frege, Alfred, geb. Fuchs	1903–1944	Adoptivsohn, Diplomingenieur, Braunschweig
Frege, Arnold	1852–19…	Bruder, Kaufmann, zuletzt Neudamm
Frege, Auguste, geb. Bialloblotzky	1815–1898	Mutter, Lehrerin in Wismar, Jena
Frege, Caesar, Dr.	1802–1874	Onkel, Gymnasiallehrer, Wismar
Frege, Dorothea, geb. Vorast	1838–1904	Ehefrau des Cousins E. Frege
Frege, Emanuel	1832–1912	Cousin, Rechtsanwalt, Wismar
Frege, Gottlob, Prof.	1848–1925	Mathematiker und Logiker, Jena
Frege, Gottlob Emanuel	1779–1811	Großvater, Kaufmann, Hamburg
Frege, Hedwig	1876–19..	Nichte zweiten Grades
Frege, Louis	1780–1855	Kaufmann, Hamburg
Frege, Margarete, geb. Lieseberg	1856–1904	Ehefrau, Jena, Forstweg
Frege, Martin Heinrich		Bankier, Berlin
Friedrich Franz I.	1756–1837	Großherzog von Mecklenburg-Schwerin
Friedrich Franz II.	1823–1883	Großherzog von Mecklenburg-Schwerin
Friedrich Wilhelm IV.	1795–1861	König von Preußen
Frommann, Carl	1765–1837	Verleger und Buchhändler, Jena
Frommann, Eduard	1834–1881	Verleger und Buchhändler, Jena
Frommann, Friedrich	1797–1886	Verleger, Buchhändler, Politiker, Jena
Fuchs, Toni	1905–1990	Pflegetochter, Gniebsdorf
Fulda, Ludwig, Dr.	1862–1930	Schriftsteller
Galilei, Galileo	1564–1642	Astronom, Mathematiker, Physiker

Pythagoras	um 570–510 v. Chr.	Griechischer Philosoph und Mathematiker
Rathenau, Walter	1867–1922	Industrieller und Politiker
Reger, Max	1873–1916	Musiker, Komponist
Reimer, Karl August	1801–1858	Buchhändler und Verleger, Leipzig
Reuter, Fritz	1810–1879	Norddeutscher Dichter
Richter, G., Dr.		Rektor des Jenaer Gymnasiums
Riemann, Bernhard, Prof.	1826–1866	Mathematiker, Göttingen
Röntgen, Wilhelm Conrad, Prof.	1845–1923	Physiker, Würzburg und München
Rosen, Friedrich Ernst, Dr.	1774–1855	Patenonkel, Kanzler Fürstentum Lippe
Roßbach, Gerhard	1892–1967	Anführer eines Freicorps
Rothe, Karl, Dr.	1848–1921	Staatsminister, Weimar
Rousseau, Jean-Jacques	1712–1778	Französischer Philosoph
Russell, Bertrand, Prof.	1872–1970	Englischer Mathematiker und Logiker
Sachse, Emilie		Ehefrau von Leo Sachse, Jena
Sachse, Leo, Dr.	1843–1909	Gymnasialprofessor, Jena
Schaeffer, Hermann, Prof.	1824–1900	Physiker und Mathematiker, Jena
Schäfer, Dietrich, Prof.	1845–1929	Historiker, bis 1884 Jena
Scheidemann, Philipp	1865–1939	Politiker, Berlin
Schering, Julius, Prof.	1833–1897	Mathematiker und Physiker, Göttingen
Schiller, Friedrich von	1759–1805	Dichter, Weimar
Schleiden, Matthias, Prof.	1804–1881	Botaniker, Jena
Scholz, Heinrich, Prof.	1884–1956	Philosoph, Logiker, Münster
Schön, Franz, Dr.		Mieter in Jena, Oberlehrer
Schönherr, Wilhelm		Mitschüler und Student in Jena
Schott, Otto, Dr.	1851–1935	Chemiker und Unternehmer
Schröder, Ernst, Prof.	1841–1902	Mathematiker und Logiker, Karlsruhe
Schubert, Hermann	1848–1911	Gymnasialprofessor, Hamburg
Schwann, Theodor, Prof.	1810–1882	Anatom und Physiologe, Löwen
Seebeck, Moritz	1805–1884	Kurator der Universität Jena

Personenregister

Anmerkung. Die Hauptperson, Gottlob Frege, wurde hier nicht erfasst. Von ihm ist fast überall die Rede.

GPSR Compliance
The European Union's (EU) General Product Safety Regulation (GPSR) is a set
of rules that requires consumer products to be safe and our obligations to
ensure this.

If you have any concerns about our products, you can contact us on

ProductSafety@springernature.com

In case Publisher is established outside the EU, the EU authorized
representative is:

Springer Nature Customer Service Center GmbH
Europaplatz 3
69115 Heidelberg, Germany